"十二五"国家重点出版物出版规划项目

绿色建筑发展与可再生能源应用

Green Building Development and Application of Renewable Energy

杨洪兴　姜希猛　等编著

中国铁道出版社
CHINA RAILWAY PUBLISHING HOUSE

内 容 简 介

　　本书集合了近年来国内外建筑领域最新的绿色节能材料、技术、施工方法和实例，系统论述了绿色建筑节能技术基本概念、基本方法及其光明前景。全书主要论述了绿色建筑设计、施工等方面的节能技术和相关实例，具体按墙体、幕墙、门窗、屋面、楼地面等分别加以阐述。同时还对绿色建筑节能评估体系、既有建筑节能改造技术与实例进行了重点叙述和系统讲解，充分体现了建筑设计过程中追求的节能、节地、节水、节材料及环保，注重室内空气质量的深刻内涵。

　　迄今我国对绿色建筑系统性研究还很不够，本书填补了这方面的空白。本书对我国现代建筑设计、节能评估、建筑用能评估等方面具有积极的指导意义。

　　本书适合建筑设计、施工、建材、城市规划等专业工程技术人员参考，也可供相关政府部门及高校师生参考。

图书在版编目(CIP)数据

绿色建筑发展与可再生能源应用/杨洪兴，姜希猛等编著.
—北京：中国铁道出版社，2016.12
ISBN 978-7-113-21689-4

Ⅰ.①绿… Ⅱ.①杨… Ⅲ.①生态建筑—节能设计
Ⅳ.①TU201.5

中国版本图书馆 CIP 数据核字(2016)第 076393 号

书　　名	绿色建筑发展与可再生能源应用
作　　者	杨洪兴　姜希猛　等编著

策　　划	李小军	读者热线：	(010) 63550836
责任编辑	李小军　许　璐		
封面设计	刘　颖		
封面制作	白　雪		
责任校对	张玉华		
责任印制	郭向伟		

出版发行：中国铁道出版社（100054，北京市西城区右安门西街 8 号）
网　　址：http://www.51eds.com
印　　刷：中煤（北京）印务有限公司
版　　次：2016 年 12 月第 1 版　　2016 年 12 月第 1 次印刷
开　　本：787 mm×1 092 mm　1/16　印张：27　字数：570
书　　号：ISBN 978-7-113-21689-4
定　　价：98.00 元

前　言

　　绿色建筑(Green Building)的概念起源于 20 世纪 60 年代的美国,由著名建筑师保罗·索勒瑞提出的"生态建筑"理念衍生而来。其后的 50 多年间,绿色建筑的概念和相应的评估系统已经覆盖包括美国、英国、欧盟、中国、新加坡、日本、澳大利亚等国家和地区。绿色建筑作为解决地球上日益严峻环境问题挑战的一种有效方式,旨在保证人们在健康、舒适和高效的人工环境基础上最大限度节约资源和保护环境生态系统,以达到人与自然的和谐共生及可持续发展的目标。绿色建筑作为一种综合性理念,要求设计者、施工者、使用者和维护管理人员等充分考虑建筑在全生命周期内对场地、能源、材料和水资源的高效利用以及室内环境、施工和运行的优化管理等各方面影响因素。近年来,不断有研究指出绿色建筑在考虑以上因素之外,还应该重视其对社会经济、文化和艺术等方面的影响,以便因地制宜地推进绿色建筑的产业化和市场化。

　　目前,发达国家绿色建筑市场已经趋于成熟,美国的绿色建筑评估体系已经覆盖全球近 70 个国家和地区,参与评估的商业建筑项目近 75 000 个。相比之下,我国绿色建筑产业虽然起步较晚,但发展迅速,仅 2008—2015 年间,全国已认证项目总计 3 979 个。其中,设计标识项目 3 775 项,占总数的 94.9%;运行标识项目 204 项,占总数的 5.1%。

　　"十二五"期间,全国累计新建绿色建筑面积超过 10 亿 m^2,完成既有居住建筑供热计量及节能改造面积 9.9 亿 m^2,完成公共建筑节能改造面积 4 450 万 m^2。稳步推广绿色建材,对建材工业绿色制造、钢结构和木结构建筑推广等重点任务作出部署,启动了绿色建材评价标识工作。

　　节能是绿色建筑指标体系中的重要组成部分,也是增量成本的主要来源。节能技术在绿色建筑中体现为:充分利用建筑所在环境的自然资源和条件,在尽量不用或少用常规能源的条件下,创造出人们生活和生产所需要的室内环境。具体来说,绿色建筑节能是通过优化建筑规划设计、围护结构的节能设计、提高建筑能源效率、可再生能源的利用等方法实现的,而其中可再生能源利用由于成本较高,部分技术应用普遍性较小,将是未来绿色建筑发展的主要挑战之一。香港理工大学可再生能源小组为迎接这一挑战,多年来致力于研究包括太阳能光伏光热利用、太阳能制冷、地源热泵空调、空调余热回收、微型风力水力发电、环保建材等在内的各种建筑一体化应用技术,旨在从多个层面全方位、大幅度提升建筑能源利用效率和室内环境品质。

　　本书图文并茂,强调实用,内容涵盖了绿色建筑的评估体系、国内外发展状况、建筑节能技术、环保建材和各种可再生能源建筑一体化应用，从基本原理、设计方法、施工方法、节能效果、经济适用性分析等方面结合实际建筑案例对每种技术和材料进行详细讲解、说明和验证，内容丰富翔实，旨在让读者对国内外绿色建筑的发展和可再生能源的应用有更加系统直观的认识，配合国家相关立法起到促进、宣传和科普的功效。

　　本书除署名作者外，参加编著的还有汪远昊博士、陈曦先生、崔明现博士。杨洪兴教授领导的可再生能源研究小组成员罗伊默、高晓霞、余颖、刘迪、郭晓东、王蒙、张文科、钟洪、马涛等人也参与了资料收集和部分编著工作。此外，特别感谢深圳孔雀科技开发有限公司提供相关技术说明和产品图片。我们衷心希望本书能积极促进绿色建筑发展和可再生能源应用的普及，为我国建筑和能源的可持续发展贡献一份力量。

编著者

2016 年 11 月

目　　录

第1章 绿色建筑发展概况

1.1 绿色建筑基本概念

据统计，人类社会每天消耗资源的速度大约是资源自然再生速度的1.5倍，严重威胁到地球生态系统的可持续发展。如果这种趋势延续下去，在2030年将需要两个地球来满足我们每年的需求，生态的不可持续性已经成为必须引起人类关注的课题。在这种趋势的背后是人口60多年来的快速增长，从20世纪50年代的25亿激增到目前的70亿。如果简单地将消耗的资源变成废物、有毒物质和二氧化碳等排放到大气、水体和土壤当中，地球上有限的不可再生资源将很快消耗殆尽，气候环境将进一步恶化。

我国与建筑业相关的资源消耗占全国资源使用总量的40%～50%，能源消耗约占全国能源用量的30%，其中仅中国香港特别行政区的建筑用电量就占到其区域用电总量的92.7%。在建筑物的完整生命周期内，其设计、施工、调试、维护、使用和拆除的过程需要消耗大量的资源，并且对社会、经济和自然环境产生重大影响。建筑物一方面为人们提供居住、商业、教育和娱乐等室内环境，直接或者间接地影响区域性和全球性的经济文化发展；另一方面向环境排放废物、污染以及温室气体等有毒有害物质。工业化社会带来的能源危机和日益严重的环境问题促进了人们对节能环保型建筑的需求。一系列建筑理念，如低能耗建筑（low energy building）、零能耗建筑（zero energy building）、可持续建筑（sustainable building）、生态建筑（ecological building）和绿色建筑（green building）陆续被设计师、工程师、专家学者们提出。

绿色建筑的概念起源于20世纪60年代的美国，由著名建筑师保罗·索勒瑞提出的"生态建筑"理念衍生而来。紧接着，70年代的石油危机加速了可再生能源等新技术在建筑领域的应用，节能建筑概念逐渐成为潮流。80年代，世界自然保护组织和联合国环境署公告确立了"可持续发展"的理念。90年代，英国、美国、中国香港特别行政区和中国台湾地区先后诞生了自己的绿色建筑评估标准；2001年日本开发了相对独立的绿色建筑评估体系；2006年，我国第一部全国性绿色建筑标准出版并于两年后开始正式施行。短短50年间，绿色建筑的理念已经覆盖全球主要国家和地区。

绿色建筑的概念绝不仅仅是一般意义上的绿化，也不止步于强调低能耗或者零能耗。生态建筑所倡导的生态平衡和生态系统多样性也只是绿色建筑涵盖的一个层面。真正意义上的绿色建筑是解决地球上日益严峻环境问题挑战的一种方式，旨在保证人们在健康、舒适和高效的人工环境基础上最大限度节约资源和保护环境生态系统，以达到人与自然的和谐共生及可持续发展的目标。绿色建筑也是一种综合性理念,要求设计者、施工者、使用者和维护管理人员等在整个建筑生命周期内考虑节约能源、材料和水资源,减少环境污染(包括尘、声、水、有害物质和光污染等),恢复生态系统多样性,提供便捷的交通和设施、健康舒适的室内环境,以及良好的视听效果等。近年来,不断有研究指出绿色建筑在考虑以上因素之外,还应该重视其对社会经济、文化和艺术等方面的影响,以便因地制宜地推进绿色建筑的产业化和市场化。

目前,绿色建筑在我国政府和相关规范推动下迅速发展,但是也面临着一些问题和误区。例如,很多绿色建筑技术在实际运行使用阶段并没有达到其设计工况和效率,存在监管监控不到位现象;既有建筑的改造缺乏相关绿色建筑标准支持;绿色建筑设计中盲目堆砌高成本技术,不重视因地制宜的指导方针等。随着绿色建筑的产业化和系统化以及科学技术的革新,绿色建筑的成本必将逐年降低,绿色建筑的发展尚有广阔的空间。

1.2 绿色建筑评价标准和技术

鉴于绿色建筑的概念和内涵牵涉多个领域,需要建筑设计、景观设计、结构工程、水电暖工程、物业管理、开发商和使用者之间的广泛密切合作,共同参与和完成设计、建造、维护、使用和拆除等各个阶段的目标。这种多层次的跨界合作,需要一个统一的指导原则来凝聚各方朝着一个明确的共同的目标结果努力。这种指引就是绿色建筑的评估标准,是现在绿色建筑体系迫切需要的科学方法,也是绿色建筑进一步实现产业化的前提条件。目前,发达国家绿色建筑市场已经趋于成熟,美国的绿色建筑评估体系已经覆盖全球近 70 个国家和地区,参与评估的商业建筑项目达到近 75 000 个。而我国绿色建筑尚处于起步和发展阶段,绿色建筑标准体系和评估细则有待完善。

传统的建筑设计疏于考虑场地、资源、室内环境和功能之间的相互影响。绿色建筑通过整体性设计方法,充分发挥各方面因素之间的协同作用。绿色建筑评价体系鼓励建筑项目团队在设计阶段早期就制订明确清晰的框架,以便整合场地规划、建筑设计营造以及运行维护等诸方面的策略。例如,可在早期确定项目中使用各种能源和材料的比例,明确不同选择对室内环境和功能的影响,以达到节约和循环利用资源的相关指标,采用最符合绿色建筑理念的设计。

当前社会上各种所谓绿色环保建筑比比皆是,如何较为客观公正地判断其内涵,保证建筑质量和真正做到对使用者和环境负责?评估体系也为解决这一问题提供了有效的管理机制。通过独立的第三方机构的考核,对建筑的不同表现给予明确的分级别的质量认证。

绿色建筑评估体系通常包含:针对不同种类建筑的评价标准,对每种建筑各方面指标的专业背景知识介绍(包括各种技术对资源、环境和人类社会的影响),实现途径和方法,以及最终量化该建筑综合表现的参数体系(通常采用评分和等级制)。该指标体系不但可以吸引和培养专业人才,为绿色建筑市场推广打下坚实的基础,还可以对公众起到科普教育作用,提高社会整体的环境生态意识。

世界上主要的绿色建筑标准包括英国的 BREEAM、美国的 LEED、日本的 CASBEE、澳大利亚的 Green Star、德国的 DGNB、新加坡的 Green Mark、中国香港特别行政区的 BEAM、中国内地的《绿色建筑评价标准》等。每个国家或地区的标准都在互相借鉴的基础上充分考虑了本国家或地区的特点和适用性。我国绿色建筑标准的制定应遵循可持续发展原则,通过科学的整体设计,集成场地绿化、自然通风采光、高性能围护结构、高效暖通空调系统、可再生能源应用、环保材料和智能控制等高新技术,充分优化资源配置和管理效率,创造经济、生态和社会效益多方面结合的新型人工环境。

　　绿色建筑评估体系主要包含了以下方面的指标:绿化指标,生态文化指标,水资源指标(包括水质监测、节约回收利用、场地排水等),能耗指标(包括建筑运行能耗、生命周期能耗等),场地选择指标(包括交通、周边设施、土地性质等),场地排放指标(包括光污染、温室气体以及施工的尘土、噪声和污水排放等),微气候环境指标(包括场地周边风环境和日照采光的优化设计等),材料指标(包括垃圾处理、建筑废料处理、原材料选择加工等),室内环境指标(包括安全、健康、热舒适度和视听效果等),管理指标(系统运行调试、楼宇日常维护和物业管理人员培训等),创新设计指标(主要包括新技术和显著超过资源环境效益相应标准要求的应用)。

1.2.1　绿化指标

　　绿化指标作为绿色建筑基本要求之一,是指利用建筑场地,建筑物外墙、屋顶、阳台等各种表面以及室内空间覆以土壤来种植不同高度、外观和适应本地环境的低维护成本植物,起到调节温湿度、室外风环境,减少地表径流,吸附有害气体和降低噪声等功效。

　　植被是天然的温湿度调节器,吸收蓄积的降水量以蒸腾作用的形式重新散发到大气当中,可在较为干燥的天气下增加空气湿度。与此同时,蒸发带走的热量和乔木灌木类植物的遮阳效果,可有效降低地表附近的温度,缓解以钢筋混凝土为主的建筑和铺地表面引发的城市热岛效应。场地周围或者建筑周围的树木布置,可以在一定程度引导风向。树木相对建筑物的距离、数量、高矮和排列可以有效改变建筑物附近的风场,以便充分利用自然通风或者减弱场地内过高风速对室外活动的负面影响。此外,植物的光合作用可以制造氧气并吸收二氧化碳,减轻大气温室效应,许多植物还可以吸收来自工业或者交通运输过程中排放的二氧化硫、氮氧化物和一氧化碳等有毒有害气体。以叶面粗糙、面积大和树冠茂密的树木为主的种植林带还可以有效减弱和阻隔交通噪声对建筑室内环境的负面影响。

　　绿化设计应以合理配置、便于维护和保护生物多样性为原则。鼓励采用本地物种或者适应物种,可以依靠植物本身耐候性减少日常维护的用水量和人工费用。室外绿化结构以乔、灌、草相结合,实现多层次错落有致的景观,以达到人工植物群落与自然生态系统和谐统一。室内绿化应充分考虑日照、通风、采光、除虫和灌溉等方面的要求。绿化配置应合理利用项目场地地面,建筑物的屋顶、阳台、立面、平台和室内闲置空间。位于建筑屋顶的植被可以降低热岛效应,减少顶层空调房间的负荷,实现雨水回收利用;位于建筑立面和阳台的植被可以有效减少噪声,吸收有害物质,减少通过建筑墙体的传热;位于场地周边和空地上的植被可以提高雨水渗透量,降低地表径流,防止水土流失,降低交通噪声和污染的影响;布置于室内的植被有益于降低日间二氧化碳浓度,提高人们的工作效率并起到赏心悦目、消除视觉疲劳的效果。

图 1-1 和图 1-2 所示为屋顶绿化土壤构造和德国某建筑的屋顶绿化效果,屋顶花园的种植可以考虑不同种类植物和水体,因此对屋顶结构的承重能力要求较高,在人造土壤厚 20～50 cm 的情况下每平方米载荷为 2～3 N。德国是近代最早研究和实践屋顶绿化的国家,早在 2003 年屋顶绿化率已经达到 14%,首都柏林有近 45 万 m² 的植被化屋顶。

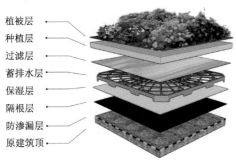

图 1-1　屋顶绿化土壤构造
(来源:http://www. nanjing2014. org/a/20140403/015628. htm)

图 1-2　德国某建筑的屋顶绿化效果图
(Europäische Investmentbank Luxemburg / IGA Rostoc)

垂直绿化(或者墙体绿化)是指充分利用不同的立面,选择攀缘植物(或其他植物)依附或者铺贴于建筑物或者其他空间结构上的栽植方式。垂直绿化的植物选择必须考虑不同习性植物对环境条件的要求、观赏效果和功能,创造适应其生长的条件。图 1-3 所示为位于中国香港特别行政区上环酒店墙体上的绿化效果。室内绿化利用植物与其他构件以立体的方式装饰空间。室内绿化常用方式是悬挂,运用花搁架、盆栽以及室内植物墙等。室内绿化的实施应严格选择适应性物种,最小化能源和水资源的消耗,减少杀虫剂的使用,确保植物的健康生长。图 1-4 所示为中国香港特别行政区绿色建筑议会总部办公室内的立体绿化。

图 1-3　香港 Hotel Holiday Inn Express
HONG KONG SOHO 墙体绿化

图 1-4　香港绿色建筑议会(HKGBC)
办公室内的立体绿化

1.2.2　生态文化指标

恢复生物栖息地和保护历史文化也是绿色建筑的重要评估标准之一。栖息地的恢复包括土壤、植被和生物种类恢复，旨在保护自然生态系统；历史文化的保护包括对有古迹价值的文物、建筑和遗迹采取隔离防护措施，尽量降低损害，保证历史文化的传承。

栖息地的恢复是一种重要的减少人类社会发展对自然环境和濒危物种影响的方式。自然环境不仅对于这一代人，对子孙后代更是宝贵的财富。在恢复栖息地的过程中，要充分考虑其生物种类的复杂性，重建生态系统所需时间和努力以及各种不确定因素，这是生态价值被纳入绿色建筑评估体系的主要原因。伴随着中国城市化的进一步发展，交通和建筑用地不断侵蚀自然景观和野生动植物的生态群落。因此，在建筑规划选址阶段应对潜在的场地进行综合生态价值评估，仔细考察其现有物种和植被状态，鼓励在已经开发过的或者污染过的低生态价值的土地上营造建筑。如果必须选择未开发过的土地，一定要按照生态价值评估结果，尽最大努力减少建筑工程对周边生态系统的影响，并且在建筑场地内通过绿化等手段恢复或保留原系统的多样性。

中国是有着五千多年历史的文明古国，历史建筑和文化遗产是极其宝贵的人文社会资源。有关历史古迹的定义和范畴应参考各国各地区对考古、宗教、历史遗迹等的相应法规。文化遗产通常包括考古遗址、历史建筑、古生物学遗址和其他各种形式的文化遗产（如老街道、石灰窑、陵墓等）。文化遗产是了解历史的重要途径和方法，有助于人们建立对所在地区和国家的归属感。建筑项目的选址应尽量避免位于文物古迹附近，如果需要在该地区发展，务必采取措施保护场地内和邻近的古迹以实现文化传承的连续性。图 1-5 所示为中国香港特别行政区文物地理资讯系统网站界面，该平台可以通过链接电子地图定位全港超过 450 处历史建筑和考古遗址并显示其与建筑开发项目的相对距离。

图 1-5　中国香港特别行政区文物地理资讯系统网站界面

1.2.3　水资源指标

　　水资源指标主要衡量场地排水、水资源的回收利用、节约用水和水质保证等方面的技术及应用。场地排水旨在评估场地的蓄水能力，采取多种措施减少市政排水管网负担；水资源的回收利用包括雨水回收、中水污水处理和循环利用等技术；节约用水主要依靠节水器具的推广应用；水质保证重点强调市政供水的净化处理和质量监控。

　　传统的场地开发方式通过采用非透水性地面压结土壤，造成植被和自然排水渠道的损失，从而扰乱了自然界的水循环，长此以往必将破坏水系统平衡。典型的场地雨水管理方式是通过人工下水管网集中排放收集到的雨水，虽然可以通过增加下水管道容量减少洪涝灾害的可能性，却也从某种程度上延长了地表径流的持续时间并且侵蚀了水道，对生态系统产生其他负面影响。采用渗水地砖、镂空地砖或者增加绿化面积等模仿自然水文的绿色基建方式有利于雨水渗透，减少地表径流，可有效控制洪涝灾害和减少市政地下水管网压力。此外，蓄积在土壤和渗水材料中的雨水通过蒸发作用有助于缓解城市热岛效应。图1-6和图1-7所示为生态渗水地砖和镂空地砖。

图1-6　生态渗水地砖　　　　　　　　图1-7　镂空地砖

　　回收利用中水不仅可以减少市政用水，还能够保证供水连续性。如经过适当处理，几乎全部的建筑用水可以得到有效回收利用。所谓中水回收系统，是指回收盥洗、沐浴用水和空调冷凝水等经过处理后，重新用于灌溉、清洁和冲厕等用途。回收用水的质量必须根据相关标准严格保障，同时应根据建筑用水模式进行用水量平衡计算。雨水回收利用对于降水量丰富的地区也是一种有效地提高水资源利用效率的方式。有效雨水收集面积和水缸体积都要经过严格的设计与核算，尤其对于高层住宅，雨水水缸的负荷要结合结构设计一起考虑。与中水类似，收集的雨水也要经过沉降、过滤和消毒等一系列程序与主供水缸混合后共同承担冲厕、灌溉和空调循环水的供给。图1-8所示为典型的雨水回收系统设计图，通常应包含收集系统（屋面、斜坡等），输送管道，雨水集水箱，沉降、过滤和消毒杀菌设备，以及混合水缸等。此外，其他非传统水源（如海水）也可作为沿海城市的冲厕用水，该系统的水管须具有达标的防腐蚀性能。设计合理的回收水系统可以配合市政供水系统实现连续高效的水资源利用。

节水器具和节水技术的应用主要体现在直饮水、生活杂用水(洗漱、沐浴、洗衣、厨房和冲厕用水等)、灌溉用水等方面。直饮水和生活杂用水的节水主要依靠采用符合一定供水压力下流量限制的节水器具,如节水水龙头、淋浴花洒、小便器、大便器和洗衣机等。灌溉节水主要依靠喷灌、滴灌等技术取代传统的漫灌和人工喷淋。其中结合气候感应器(包括温湿度、降水量、太阳辐射等)的自动滴灌技术较传统漫灌方式可以节约绿化用水 70% 以上。节水率是衡量节水器具效果的重要指标,其计算要根据水量平衡,在估算出建筑总用水量的基础上,根据各种水资源间的相互关系,核算给排水和回收水量,从而进行合

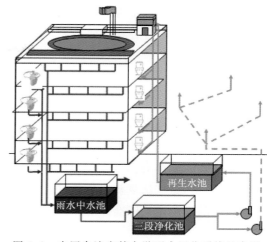

图 1-8　中国台湾省某大学雨水回收系统示意图
(来源:http://www.lhu.edu.tw/m/safe/rain.htm)

理的安排配置。图 1-9 所示为典型的红外线感应水龙头(左图)和红外线感应小便器(右图)。中国香港特别行政区水务署正在实施的"用水效益标签计划"是一项有代表性的节水器具推广措施。凡参加计划的产品将贴上用水效益标签,向用户说明其耗水量及用水效益以供参考选择。目前该计划已经涵盖淋浴花洒、水龙头、洗衣机、小便器和节流器,并且向各类用水装置开放登记注册。

图 1-9　感应式节水器具实物图

水质保证是水资源评估准则的一个重要考察点,包括饮用水、生活用水的水质监测。虽然目前自来水供水厂的处理技术已经可以达到直饮水的要求,但传输管道的维护问题仍然可能影响用户端的水质。各地区水务机构都有类似的规定以保障用户端的水质,如中国香港特别行政区水务署的"大厦优质食水认可计划"于 2002 年开始施行,认证成功的建筑物能够保证内

部管路的优质维护和用水端的水质达标。供水管网的管材和管件也有相应的标准,根据管路的不同安装方式还有各种附加要求。水质样本监测是保证水质的主要手段,监控的日程表、程序和技术应遵循各地法规,并且以高效的有统计学代表性的方式进行。

1.2.4 能耗指标

正如本书开篇介绍的那样,建筑能耗约占全国总能耗的 30%,在香港特别行政区该比率更是高达 60%,因此建筑节能是保护资源减少环境负荷和缔造可持续发展城市的重要途径。世界上主要国家都有自己相应的节能法规,比如我国的《公共建筑节能设计标准》,美国的 ASHRAE 等,这些法规被绿色建筑能耗评估条文用于建立各自的参照标准。

目前的绿色建筑标准针对能耗的评估主要采取建筑综合模拟和描述性节能措施两种路线。建筑综合能耗模拟依靠计算机软件对现有建筑结构和系统建模,包括建筑外形、围护结构、内部空间布局、暖通空调系统、照明系统、生活热水系统、通风系统以及其他辅助设备(电梯和水泵等)。常用模拟软件有 eQUEST、ESP-r、EnergyPlus、IES-VE、ECOTECT、DeST 等,均能够实现动态实时仿真计算并提供全年能耗和峰值能耗以用于进一步节能比较分析。

图 1-10 为 IES-VE 平台下的建模效果图,该软件可以模拟建筑群内部的相互遮挡以及周边建筑的影响,提高冷热负荷的计算精度。当前的主流模拟软件都具有较为友好的使用界面和经过理论实验论证的计算精确性,是广泛应用的节能评价工具。与建筑综合能耗模拟相对应的方式是描述性规范方法。顾名思义,该评估方法要求建筑设计和系统选用满足现有节能技术的效率或者设计参数,而每项应用技术的节能效果都经过实践检验。实施

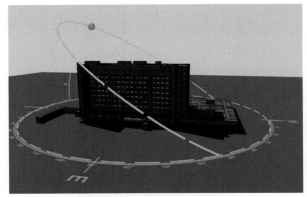

图 1-10　IES-VE 平台下的建模效果图
(来源:www.iesve.com)

该方法不需要特别全面的知识系统和专业训练,只要建筑和系统设计满足每项技术的描述性规定,就可以代替较为复杂的模拟计算而获得相应的分数。但是,此方法缺乏对不同技术间相互作用的分析,有可能导致实际系统整体节能效果下降。目前的主要绿色建筑标准当中,LEED 并不鼓励采取描述性路线,其评分系统会授予采取综合能耗模拟路线的项目更高的得分;而我国香港特别行政区的 BEAM 对两种方式赋予基本相同的得分空间;相比之下我国最新的《绿色建筑评价标准》GB/T 50378—2014 中去掉了有关综合建筑能耗模拟的评估方法。

传统的建筑节能技术可以分为被动式节能技术和主动式节能技术两类。被动式节能技术特指不需要依靠外部动力和功耗的跟建筑规划设计或者结构本身相结合的应用。常见的被动式节能技术包括以下几个方面:

(1)建筑规划布局:因应周边建筑群设计建筑自身朝向、建筑形体等宏观参数,优化自然通

风和采光设计,以减少辐射的热量。

(2)建筑结构物理:提高非透光围护结构的传热、蓄热性能和控制透光玻璃结构的遮阳系数以减少辐射、传导和对流的传热量,降低峰值冷热负荷。

(3)建筑几何结构:改变窗墙面积比、窗地面积比和遮阳板尺寸等设计参数以便调节室内冷热负荷,提高自然通风和自然采光效率。

(4)建筑渗透换气系数和气密性:提高建筑门窗气密性可以降低室内空调区域的冷热损失。

与被动式节能技术相反,主动式节能技术通常需要额外的能耗输入,包括提高空调、热水、通风、照明和其他机电设备的运行效率。传统的主动式节能技术包括:

(1)使用冷水机组代替风冷式机组,采用高效压缩机(如数码涡旋压缩机、变频压缩机和无润滑油压缩机等)、换热器等提高机组的制冷/制热系数(EER/COP)。

(2)采用 T5 或者 LED 光管代替传统 T8 荧光灯,利用光感或者声感元件实现照明系统随室内光照水平和实际使用情况的自动控制。

(3)提高空调通风输送系统效率,采用变风量系统或者变频风机、水泵等。

(4)采用高效气流组织形式:如分层空调、局部制冷、置换通风等。

(5)采用新型空调系统末端装置:如顶板辐射制冷、地暖系统等。

(6)采用高效节能的设备:选用符合节能能效标准的设备(如单元式空调器、热水器、洗衣机、冰箱等)。

鉴于传统能源的日益匮乏,开发可再生能源(包括太阳能、风能、地热能、海洋能等)不仅可以缓解日趋严峻的能源供需矛盾,还有利于低碳城市和经济的发展。近年来,可再生能源在建筑节能方面的应用潜力被不断发掘,能够与建筑相结合的可再生能源系统主要有以下几类:

(1)太阳能光伏系统:包括建筑附加光伏系统(特指附加在建筑表面结构之外的系统)和建筑一体化光伏系统(特指与建筑围护结构形成整体的系统)。光伏应用通常分为孤立系统和并网系统:孤立系统需要较高成本的储能设备,多用于偏远地区;而并网系统是电网覆盖地区较为常用的系统设计方式。

(2)太阳能光热系统:利用集热器吸收太阳辐射能用于生活热水或者供暖的系统,可安装于建筑屋顶和用户阳台,与蓄热系统相结合可以提高系统太阳能利用率及稳定性。

(3)太阳能光伏光热一体化系统:又称 PV/T 系统,是利用流体降低光伏板表面温度,同时将升温的流体用作供暖或者生活热水。

(4)太阳能制冷系统:利用太阳能驱动吸收式或者吸附式制冷系统,可提供较高温度的冷源,多与其他空调技术配合共同承担建筑冷负荷。

(5)太阳能除湿系统:适用于空气湿度和潜热负荷较大的亚热带热带气候,利用太阳能加热再生除湿溶液。

(6)风力发电系统:指可以安装于建筑顶部或者花园平台的小型风力发电机,可以分为垂直型和水平型两种，其中垂直型更适用于风速较小的情况。

（7）水力发电系统：指利用建筑给水系统的剩余压头或者排水势能驱动小型水轮发电机的技术。

（8）地源热泵系统：指利用水平或者垂直地埋管作为热泵机组的热源（制热工况下）或者热汇（制冷工况下）的装置。土壤与空气相比，全年温度较为恒定、蓄热性能较好，为热泵蒸发/冷凝器提供了良好的换热条件，当土壤本身不足以容纳或者提供热泵系统排出或吸收的热量时，还可以与太阳能集热器或者冷却塔耦合形成更为高效的混合系统。

（9）热回收系统：虽然不符合传统的可再生能源系统定义，但该系统通过排风与新风之间的热量、质量交换（通过转轮等），有效节约新风预处理能耗，是一种能源循环利用技术，故而在本书将其与其他典型可再生能源技术一起讨论。

可再生能源系统能够在被动式节能技术基础之上进一步降低建筑冷热负荷，抵消部分或者全部建筑设备能耗，有助于实现低能耗甚至接近零能耗建筑。可再生能源系统的选择和设计要因地制宜，仔细考察建筑场地和周边的气候环境，适当地组合不同种类的技术以助于实现产能最大化。部分可再生能源系统由于其来源本身的不稳定性（如风能、太阳能随天气的变化），通常与其他系统联合使用。图 1-11 所示的风光互补混合发电系统，将风力发电系统、光伏系统与储能系统并联，可以在一种资源不足时采用另一种资源或者储备能源。应用太阳能

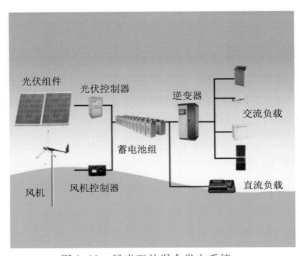

图 1-11 风光互补混合发电系统

（来源：http://www.kefulai.com/shehui/6434.html）

和风力发电技术时应首要考虑当地的可利用资源，如在遮挡较为严重或者风力资源较匮乏的地方安装系统则得不偿失。图 1-12 所示为一种太阳能与地源热泵耦合系统的能量平衡示意图。虽然土壤是较为理想的热源/热汇，但长期的吸热/放热不平衡也会导致地区土壤温度的升高或者下降，影响系统的运行效率和土壤圈的生态系统。如果在冬季供暖期使用太阳能集热器作为辅助热源，非供暖季节利用太阳能加热生活用水或者回灌土壤蓄热，就可在提高热泵效率的同时降低土壤的积累温度变化。

在高密度城市如上海、香港等地，可再生能源的应用受到建筑密度、可用安装面积和人工成本等因素限制，但是从可持续发展的长远战略高度出发，绿色建筑评估标准仍应坚持鼓励该类技术应用。例如近年来在高层建筑中出现利用光伏幕墙代替普通玻璃幕墙的技术，可在保证部分可见光透过的前提下减少室内负荷并且联网发电。

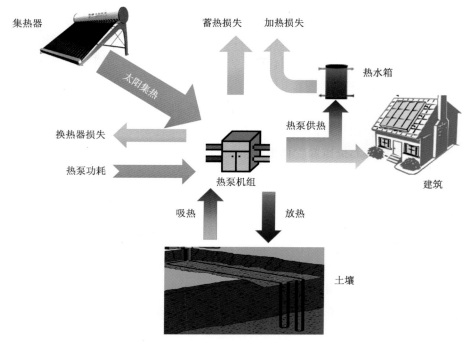

图 1-12　太阳能与地源热泵耦合系统的能量平衡示意图[1]

1.2.5　场地选择指标

　　场地选择指标包含场地周边交通、设施和土地性质三个层面：鼓励选址于临近公共交通的枢纽地区，以倡导低碳出行；鼓励选址于周边各类设施齐全的地带，以提高室内人员的生活和工作效率；鼓励选址于已发展过的土地，以减少对自然生态系统的侵蚀。

　　数量不断增加的私家车不仅恶化交通拥堵现状，而且严重污染大气环境。目前使用中的机动车辆仍以化石能源为主，大量排放的尾气经过高楼林立的城市街道峡谷效应不断聚集，造成了当前最棘手的交通污染问题。车辆尾气所含的挥发性污染物不但含有致癌物质，更能够加速光化学烟雾的生成。废气中的一氧化碳、氮氧化物和二氧化硫等有害气体也严重危害环境和人类健康。除空气污染外，交通噪声也是不容忽视的环境问题。解决交通污染问题的有效方法之一是减少道路上私家车和出租车的数量，鼓励建筑物用户使用临近的公共交通工具。因此，绿色建筑的场地规划应考虑与交通站点的相对位置，通常要求该站点位于场地主要出入口的指定步行距离内，并且应能够在不同时间段内都可以提供一定频率的车次，以减少建筑物用户对私人交通工具的依赖。相应地，规划指标还应要求停车场规模适度、布局合理、符合用户出行习惯，按照国家和地方有关标准适度设置，并且科学管理、合理组织交通流线，保证不对人行道、活动场所产生干扰。例如，美国的绿色建筑标准（LEED）相关指标要求建筑除提供法律规定的最小车位数量之外不预留其他私家车车位，或者提供一定比例的绿色低碳车型包括电动车、混合燃料机动车等的优先车位。交通需求管理策略也是减少道路机动车辆的有效途径，如提供拼车（car pool）的优先车位等。值得特别注意的是，自行车是一种极为低碳和健康的出行工具,其每千米碳排放较普通机动车可减少约 280 g,同时可增强体质,甚至在一定程度上提高人类平均寿命。绿色建筑设计应考虑提供自行车的停放空间,配套室内洗浴设施,以及确保周边一定距离内可顺利连接到自行车专用的道路网络(所谓自行车道路网络,指包括单车以及各种低速行驶道路,将居住、工作和其他地点连接为一体的公共交通枢纽)。

在建筑附近提供基本生活设施(如教育、医药、金融、邮政、购物、餐饮等)可有效提高用户的生活质量和工作效率。用户可以从周围已有和项目发展将要提供的新设施中获益。娱乐设施和休闲空间对用户的身心健康和工作生活方式的可持续性起到重要的作用。娱乐休闲空间既包括动态设施(如球场、泳池等),也包括静态设施(如空中花园、公园和休憩空间等)。相关绿色建筑指标通常要求规划中的周边设施在建筑开始使用前完工,而且对设施种类的多样性和相对建筑的距离都有严格的规定。此项目的评估鼓励建筑规划选址于高密度、较成熟的发展区域,进一步减少远程交通工具的使用。

生态敏感地带是自然环境和人类社会不可或缺的一部分:农业用地可以有效利用降水生产食物;冲积平原富含营养,是潜在的农耕地和动植物群落栖息地;濒危物种栖息地对生物多样性影响深远;湿地和自然水体是洪涝灾害的缓冲地带,以及碳回收和水循环的核心环节。建筑发展应该避免选择以上所述生态敏感地带,以避免侵害自然环境和造成人身财产损失。例如在冲积平原上发展建筑,可能受到洪水泛滥和海平面升高的影响,同时减少粮食的产量。因此绿色建筑提倡选择已开发过的场地,尽量利用已有的基础设施和周边有利条件。如果不得不选择未开发过的土地,要严格遵守相关规定最小化对生态系统的不良影响。在规定生态敏感地带的同时,绿色建筑标准也定义了鼓励发展的场地,如低收入地区(经济萧条导致的空置区域)和历史发展区域(周边地区有着悠久的发展历史,较为成熟的社区)和污染过的土地(需要进行土壤质量恢复工作,保证不影响人类健康居住)。

1.2.6 场地排放指标

场地排放指标用于限制建筑物施工和运行过程中对周边环境和大气层造成的负面影响:包括光污染、噪声污染、水污染、臭氧层破坏和温室气体排放等。

1.2.6.1 施工过程的场地排放

建筑施工中不恰当的排放行为可能造成对水环境的污染。挖掘或者钻孔工程产生的泥浆,清洗车轮等压制扬尘措施产生的废物,以及工人食堂和厕所的排放物等都是潜在的污染源。未经处理的施工废水含有大量淤泥和沙石,有可能堵塞下水管道和污染周边自然水体。因此,承建商在施工开始前应获得有关部门的污水排放许可,并且安装现场的污水沉降、分离和净化处理设施,使得排入下水管网的废水达到相应标准。

噪声污染也是施工期间值得注意的问题:施工现场进出的车辆,大型的挖掘、搅拌、打桩和钻井机器等都是潜在的噪声污染源。绿色建筑标准要求在周围敏感建筑前设置规定数量的监测点,通过定时监测判断是否满足该地区环境噪声水平规定。如果超过规定上限,应采取合理措施降低噪声。常见的措施有：液压打桩锤、液压破碎机、线锯切割混凝土、用于手持式破碎机和发电机的隔声罩、用于大型设备的噪声屏障，以及其他临时性噪声阻隔措施等。

施工扬尘污染是空气中悬浮颗粒来源之一，不但能引起呼吸疾病，还会降低能见度污染室外空气。场地排放控制要求定时定点监测场地周边的空气质量（包括温湿度、悬浮颗粒等参数）。如超过规定上限，应采取以下措施减少空气污染：利用水喷雾湿润裸露土壤；覆盖现有颗粒物材料防止扬尘；冲洗离开场地车辆轮胎；工程结束后所有裸露地面迅速做喷草处理（在地面上开挖横沟后迅速喷撒草籽）等。

1.2.6.2　运行期间的场地排放

室外人工照明不仅可以保证建筑用户的安全和舒适度，还能够提高生产效率和延长使用时间。合理的室外人工照明设计是提高安全保障、建筑识别、美观视觉效果和导航功能的前提，而较差的室外人工照明设计会对周边建筑用户和自然环境造成光污染。光污染是指溢出场地之外的多余光线的一系列负面影响：如产生天空辉光和眩光、影响夜间自然生态、侵扰周围室内人员等。某些野生动物习惯夜间捕食，植物依靠昼夜长短变化调节新陈代谢，迁徙中的候鸟依靠星星的亮光导航，它们都会被过度的室外人工照明误导，甚至伤害，人类自身的生活习惯和健康也会受到影响。好的室外人工照明设计需要结合本地区的相应标准（如英国的 CIBSE 和美国的 IES/IDA 等），限制影响周围环境和生物的光照水平。目前的光污染评估主要依靠模拟计算，DIALux 是一款常用的室内、室外、街道和隧道照明的精确计算软件，其模拟的夜间室外景观照明效果如图 1-13 所示。

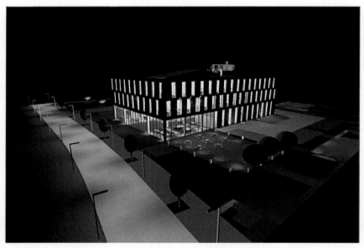

图 1-13　DIALux 模拟的夜间室外景观照明效果
（来源：http://discover.dialux.com/）

建筑运行期间的空调系统和保温材料的气体排放是另一个影响大气环境的因素。《蒙特利尔公约》规定了含氯和溴的制冷剂、溶剂、发泡剂、气溶胶推进剂和灭火剂等受控物质的淘汰时间表，各国家或地区相应法规也对每种材料的使用做出了详细的规定和限制。制冷剂作为建筑空调系统广泛采用的工质，除具有良好的工程热力学性能外，还应该满足无毒性、不可燃、稳定性、经济性、润滑性和材料兼容性等方面的要求。实际应用中并不存在理想的制冷剂，其化学成分中氟、氯、溴等元素的含量决定了其臭氧消耗潜能值（ODP）和温室效应潜能值（GWP）。目前，CFC 和 HCFC 基于其高 ODP 值，已经在淘汰过程中，而 HFC 类制冷剂需要通过 ODP 和 GWP 综合计算来评估其性能优劣。

冷却塔、空调室外机组和通风系统排风口在建筑运行期间产生的噪声可能会影响到临近的其他建筑使用者或者自然生态群落。在建筑设计和设备选型阶段，要对其在一定距离内的噪声影响进行预评估计算，以保证周边用户的室内噪声环境达到相关标准。

1.2.7 微气候环境指标

微气候环境指标主要考察建筑规划布局与场地周边既有建筑群落相互影响下的风环境和日照条件。风环境指建筑项目施工前后地面行人高度水平上（1.5～2 m）风向、风速的水平和分布；而日照条件包含周围建筑和项目建筑的相互遮挡以及对辐射传热和自然采光效果的影响。

受到限制的自然通风可能会影响建筑周边的微气候环境，造成污染物沉积、局部温度升高的流动停滞区域。另一方面特殊地形、地势可能造成局部风速放大，威胁行人的安全并且降低室外活动的舒适感。根据建筑的形态差别，建筑物周边的风速可能较开阔地带增加 2～3 倍，尤以狭窄走廊处为甚。根据相关研究[2]，当室外风速未超过 5 m/s 时，过大风速出现的可能性较低，户外活动的人体感觉尚处于舒适范围。室外风环境模拟通常使用计算流体力学（CFD）软件，通过对一定区域内（按照香港特别行政区的规定，通常从场地边界算起到项目建筑群中最高建筑物 2 倍高度的距离内）的地形和建筑模型划分网格，规定边界条件、初始条件、收敛条件和离散法则，可以获得较为精确的行人高度平面上各点的瞬时风速和风向。图 1-14 所示为室外风环境模拟结果。

新建建筑与既有建筑群落之间互为遮挡，会影响各自的日照和采光效果。对于有自然采光要求的建筑，需要比较项目竣工前后模拟采光性能的变化。除采光要求之外，如新建建筑打算采用太阳能光伏光热系统，还需要研究其潜在安装表面在全年间各个时段的阴影（受遮挡）状况。图 1-15 所示为 IES-Radiance 环境下模拟的某一时刻建筑物表面的自然采光效果。此外，周围建筑的遮蔽效果可显著减小建筑的冷负荷，应在能耗模拟计算的有关指标中予以全面考虑。

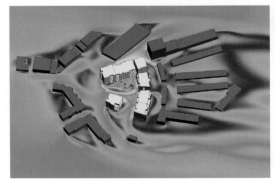

图 1-14 建筑周边风速 CFD 模拟
（来源：http://www.onesimulations.com/index.php?
p=environment&lang=en&sub=wind)

图 1-15 建筑日照采光模拟效果图
（来源：www.iesve.com)

1.2.8　材料指标

建筑材料指标以材料资源的高效利用为宗旨,包含以下几个方面:施工材料的回收利用、原材料的选用和高效节材的设计。

1.2.8.1　施工材料的回收利用

根据美国环境保护局 US Environmental Protection Agency 统计,仅美国国内的纸张、食物、玻璃、金属、塑料等所有可回收材料占到了城市生活垃圾的 69%。如果成功将这部分可回收材料从堆填区中转移出来重新利用,建筑开发商和用户可以节省相当可观的原材料和运输成本。建筑垃圾回收处理的前提是保障足够的垃圾回收储存空间。在建筑设计的早期就应该开始考虑材料回收利用设施的规划,应准确预计垃圾的产量并精心布置收集地点,设计使用方便的废物处理设施。这样才有助于建筑使用者养成垃圾回收的行为习惯和环保理念。根据各地法例规范,垃圾回收储存空间大小可按照建筑类型和面积计算而得。近年来,电子废物(e-waste)包括计算机、照相机、键盘等,其数量不断增加,逐渐成为固体废物的主要来源。所以确定其储存空间大小、所需处理设备和运输工具是非常重要的。电池、荧光灯等电子废物较传统的纸张、金属、玻璃和塑料等废物对环境的负面影响更大。因此,材料相关指标要求建筑项目团队设计和指定详细的废物管理规程,特别要规定电子废物等有害物质的回收处理方式。图 1-16 所示为垃圾分类回收设施示意图。

图 1-16　垃圾分类回收处
(来源:http://zh.wikipedia.org/wiki/%E5%9E%83%E5%9C%BE%E5%88%86%E9%A1%9E)

施工废物是另一个主要的垃圾来源。美国环保局估计在 2003 年有 1.7 亿 t 施工废物产生,而欧盟的统计是每年全部成员国的施工废物产量为 5.1 亿 t。回收施工废物可以大幅度减少水和土壤污染。与生活垃圾的管理类似,施工废物的管理也应该在施工开始之前制定好管理规程,确定最有效的回收策略、技术和运输、储存设备。通常施工废物处理策略包括源头减少和回收利用。从源头减少施工废物的策略包括一系列高效节材设计措施如预制构件、模块化设计等,做好垃圾分类也可以提高回收系统的效率。同样地,在设计阶段正式开始前制定好施工废物管理规程,有利于施工的计划、协调以及策略和相关协议的制定。做好项目设计团队、施工现场工人和废物运输人员的管理培训工作,保证管理规程高效实施,减少堆填区和焚烧炉的负担。贯彻施工废料管理规程,通过回收利用废料和买卖有价值的边角料等方式可有效降低成本实现更大投资回报率。

1.2.8.2　原材料的选用

原材料选用准则旨在鼓励采用经过生命周期分析的具有较高环境、经济和社会效益的产品和原料,鼓励从经过生命周期环境影响评估的制造商和企业采购建筑材料。生命周期评估(life cycle assessment,LCA)是一种用于评估产品或者材料在开采、加工、使用、废弃、回收的完整循环周期中的环境影响。ISO 14040(ISO 国际标准化组织)详细介绍了实行生命周期评估的原则框架和基本要求。

美国的绿色建筑评价标准提出了环保产品声明(environmental product declaration)的概念:用一种标准化的方式证明该产品在开采、能耗、化学成分、产生废物以及对大气、土壤、水源的排放等方面的环境影响潜力。

香港特别行政区的绿色建筑材料指标提倡采用快速再生材料(rapidly renewable materials)、可持续性林木产品(sustainable forest products)、循环利用材料(recycled materials)和区域制造材料(regionally manufactured materials)。其中,快速再生材料指该材料或者资源的自我再生速度超过其传统开采速度从而减轻对自然生物、土壤和空气质量的影响。典型快速再生材料包括竹子、油毡、软木、速生杨木、松木等。使用快速再生材料可有效减少环境影响,提高经济效益。可持续性林木产品来源于经森林管理委员会(forest stewardship council)或同等机构组织认证过的林地。该林地所采用的管理体系应严格遵守保护生物多样性和维持森林生态体系的原则。循环利用材料指废料或者工业副产品中的有效成分经过处理后作为原材料或者混凝土材料中的一部分重新用于建筑当中(可用于结构性或者非结构性材料)。煤粉灰混凝土(PFA concrete)是一种典型的含有循环利用成分的材料。区域制造材料不但减少了交通运输过程中的能耗和污染排放而且支持了本地产业经济发展,是建筑材料的首选之一。

1.2.8.3　高效节材的设计

常见的高效节约材料的设计有构件预制、模块化设计和灵活适应性设计等。

构件预制是把建筑的一部分在工厂中预先成形,运输到施工现场后可以迅速组装的营造方式,能够较大程度提高施工效率。与传统的现场搅拌制作工艺相比,工厂预制可以更好地控制生产流程和实现废料的高效处理。施工现场的噪声、扬尘、排水污染等问题也一并得到解决。内部磨光和定制金属工艺应当在工厂内完成并高度组装以限制现场所需喷涂和修整工作。在我国香港特别行政区,预制混凝土构件已经广泛应用于公共租住房屋的建造,包括预制卫生间,预制楼板、立面、楼梯间等。

模块化设计是基于标准化网格系统便于工厂加工和组装统一尺寸构件的技术。细节的标准化有助于实现最优的材料量化生产,并且通过简化设计和现场操作实现其品质和环境效益。

标准化模块的尺寸形状要经过仔细设计,以最小化生产过程中边角料的浪费。

　　建筑的适应性指其满足实质性改变要求的能力,常用的适应性设计策略可以分为以下三个方面:空间布局和微量改变的灵活性;建筑内部空间使用方式的可变性;建筑面积和空间的可拓展性。适应性的设计还可以延长建筑的使用寿命、提高运行性能和空间利用效率并产生经济效益。建筑所有权、用途的变化以及常住人口增长等因素都可能产生改变和拓展已有建筑的需求,伴随大量固体废物的产生。灵活适应性设计给予建筑使用者改变建筑布局的空间,通过使用易于拆除的结构实现改建过程中资源消耗和环境影响的最小化。图 1-17 所示为一种可移动隔板,有利于提高空间利用和功能的灵活性。适应性设计的核心原则包括各个系统的独立性、系统的可升级性以及使用寿命内各个建筑组成部分的相容性。此外,建筑的设计也要考虑未来解体的需要。解体是一个系统的、有选择性的拆卸过程,从而生成能够用于建造和恢复其他建筑结构的合适材料。考虑解体需要的建筑设计有利于回收可循环材料,减少资源消耗和提高经济效益。

图 1-17　可移动的建筑隔板
(来源:http://www.multispacesystems.co.uk/
gallery/multifold-gallery.aspx)

1.2.9　室内环境指标

　　现代社会人们在室内停留的时间远多于室外,我国香港特别行政区 85% 的人类活动都在室内进行。室内环境品质是绿色建筑标准评估的重点之一。建筑的设计、管理、运行和维护过程中都要求保持良好的室内环境,优化利用能源和其他资源。高质量的室内环境不但可以保证用户的健康和舒适,还可以创造高效安全的工作、居住和生产环境,从而提升建筑的综合价值。室内环境指标包括安全、卫生、空气品质、热舒适度、通风效果、自然采光、人工照明、声环境等几个主要方面。

1.2.9.1　安全

　　有安全保障的环境一直是建筑使用者关注的焦点之一,通常涵盖人身和财产两个方面。即使对于商业和教育等类型建筑,其公共厅堂、楼梯间、厕所等空间的安全问题也很重要。建筑及其室外景观的合理设计辅以充分的安全措施可以防范盗窃等犯罪现象。所需的安全措施取决于建筑的类型和安全等级。常用的安全措施包括:天然和人工屏障,保安及电子监控系统。硬件安全系统(监控录像、安全屏障等)和完善的管理通信系统(保安巡逻等)的结合可以提高保安的效率和质量。图 1-18 所示为结合了通信系统、门禁识别系统、监控系统和报警系统的楼宇安防自动化解决方案。

1.2.9.2 卫生

建筑内部的疾病传播（如军团病、SARS等）是威胁使用者健康的一大隐患。生物污染容易通过给排水系统、冷却塔和垃圾储藏传播，因此定期的检查、维护和清洁是全面管理和保障楼宇卫生的必要途径。

自2003年的SARS病毒全面爆发以来，楼宇卫生越来越引起公众关注，有足够证据显示病毒的传播方式之一是通过排水系统。因此，绿色建筑标准应要求确保给排水系统的设计和维护，减少病毒细菌和异味传播的风险。所有的卫生器具的排水口（包括地漏）都应在连接至共同

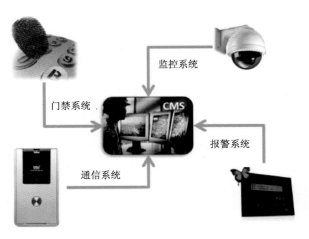

图1-18 楼宇安防自动化系统
（来源：http://www.britechnologies.com.my/
system-integration/）

排水主管之前提供水封存水弯。保持存水弯的水封在高层建筑中是一个难点。空气穿过水封有以下两种情况：管路水压变化导致夹带气泡穿过水封；或者水封部分甚至全部失效。保持水封主要通过人工补给和用户日常排水，如果水封失效被污染或者管路泄漏，病毒细菌将乘机进入室内。在给排水系统正常运行条件下需要保持一定高度的水封（如25 mm）。自吸水型水封，如将盥洗盆排水管接入地漏排水管和水封之间可以省去人工补水工序，但该水封需要防止地漏水回流。

军团病在历史上人类聚居区多次大规模爆发，该病原体不但存在于自然水体和土壤中，也可由建筑循环水体传播。对新建建筑中的空调、通风和水系统做定期监测和维护可以有效防止军团病一类的病原体扩散和传播。

建筑内的垃圾房储存着大量食物残渣和其他有机废物，如果没有良好的控制处理措施，散发的异味将威胁用户的健康，污染周边环境。装配有净化、过滤和除臭的通风系统可有效处理垃圾房内的异味和有害气体。同时，也可以考虑在垃圾房安装厨余机，将有机废物变成二氧化碳、水以及可用于建筑场地内绿化区的肥料。

1.2.9.3 室内空气品质

室内空气质量（IAQ）在客观上是由一系列空气成分定义的指标。主观地讲，IAQ是人体感应到的空中的刺激性成分。美国暖通与空调工程师协会（ASHRAE）对可接受的室内空气品质的定义是：经权威组织鉴定，没有任何有害成分超标，同时绝大部分（不小于80%）暴露人群没有表示不满意的空气水准。决定适当空气质量标准的一个关键因素是室内人员的暴露时间。暴露于室内污染物时间长短，从几分钟（如停车场）到几小时（如娱乐场所）甚至全部工作时间（如办公室、教室等），以及人员的活动状态（静坐或者运动）决定了各种污染物的不同的允许上限。

室内污染物可能来自室外通风渗透、建筑围护结构、保温材料、室内装修材料、机电设备、小型电器和室内人员等各个方面。因此,建筑设计选择低放射环保材料和高气密性阻渗透的围护结构。室外新风入口应远离污染源防止新风排风短路,采用高效通风过滤系统稀释室内污染物浓度。

常见的来自室外的污染物有一氧化碳(CO)、二氧化氮(NO_2)、臭氧(O_3)、可吸入悬浮颗粒(RSP 如 PM10)等。一氧化碳是一种可以阻碍血液中氧气运输的气体,吸入不同浓度的CO 可导致头痛、恶心和胸闷等不同级别的症状。氮氧化物可刺激呼吸道和眼睛,主要来自汽车尾气和不完全的燃烧过程。臭氧在大气层中可防护紫外线,但也会刺激眼睛和呼吸系统,除来自室外渗透,臭氧也可产生于室内利用紫外线电离空气的仪器如打印机等。可吸入悬浮颗粒 PM10 指空气动力学当量直径小于 10 μm 的悬浮颗粒。近年来引起国内广泛关注度的 PM2.5 较 PM10 直径更小。RSP 引起的健康问题取决于颗粒的形状、大小和化学活性,主要来源于交通尾气排放、工业废气和建筑工地扬尘。室内 RSP 浓度是衡量空调过滤器效率的重要指标,相同用途的室内空间应至少选择一个代表作样本测试,以便验证过滤有效性。

主要来源于室内的污染物包括挥发性有机化合物(VOC)、甲醛(HCHO)和氡气(Rn)等。当室内处于无新风的循环通风的工况下,此类污染源的危害尤其显著。挥发性有机化合物包含上百种物质,可引起从轻微不适到眼睛刺痛、呼吸困难和头痛等不同程度的症状。虽然挥发性有机化合物也可能来自室外,但主要产生于室内装修材料、保温材料和杀虫剂、清洁剂等。甲醛因其在建筑材料、黏合剂、纺织物和地毯中的广泛存在,被当作一种单独测量的挥发性有机化合物指标。甲醛除刺激人体引起敏感症状外更是一种致癌物质。与 RSP 的测试方法类似,相近用途的室内空间应至少选择一个代表检验甲醛样本。氡气是一种无色无味的放射性气体,人体在一定程度的暴露下有罹患肺癌风险。大理石和花岗岩是氡气的主要来源,因此选择建筑材料和表面覆盖应充分考虑其氡气放射率指标。

建筑施工过程中在空调系统中残留的有害物质也是室内空气品质的一项隐患。施工过程中的严格管理,辅以完工后及时的清洁和替换工序,可以有效降低施工引起的空气污染。设计者应考虑采用空调系统保护、污染源和传播途径控制、加强清洁维护等措施。施工过程由于水管泄漏、冷凝水、降雨造成的潮湿表面容易滋生细菌,使用吸收性材料(如石膏制品,隔绝材料等)可最小化施工带来的负面影响。绿色建筑标准要求对施工期间的空气质量予以实时监控和报告。

建筑施工和室内装修工程结束,空调系统平衡测试和控制功能校验等步骤完成后,在用户正式入住之前,还应展开冲洗工序。冲洗可以利用现有空调系统,也可采用符合标准通风量和温湿度的临时系统(利用门窗作为临时通风口)。冲洗过程中需要防范气流短路,保证各个区域充分换气且气流均匀。如果使用现有的空调系统,内部的所有临时过滤器都应拆除,现有的过滤介质要及时更换。虽然室外空气随季节变化,但室内温湿度在冲洗过程中应保持在某一恒定的范围内。

1.2.9.4 热舒适度

大量的理论研究和实验数据表明建筑物内部的热环境可以直接影响使用者的满意程度和工作效率。通常人们很容易将热舒适与温度联系在一起,但是事实上热舒适是六种主要因素:房间表面温度、空气温度、湿度、空气流动、人体新陈代谢和衣着共同作用的结果。有效的热舒适设计需要全面考虑以上因素,要求建筑设计师、工程师和使用者的相互配合。更改六个要素中的任何一个都有可能在不改变舒适度的前提下减少能源消耗。例如,给予办公室职员灵活的着装要求可以在制冷季节设定更高的室内温度或者在供暖季节调低室内温度。如果给予使用者对室内环境一定程度的控制权,可以提高其舒适感和工作效率。国际室内环境与能源研究中心的多项研究显示:给予用户±3 ℃的室温控制可以提高工作效率 2.7%～7%。

热舒适度的评价指标主要有两个:PMV 和 PPD。PMV 是通过让实验对象在环境可调的房间里对各自舒适程度给予 7 个等级的评分,+3 分表示最热,-3 分表示最冷,0 分表示中立。在 PMV 评分的基础上,PPD 表示在某一室内热环境条件下感到不舒适的用户的百分比。

此外,对于自然通风条件下的热舒适度 ASHRAE 55 有一套基于实验测试的适用模型,是将室内可接受的设计温度范围与室外气候条件参数相结合的参考标准。该标准在实验条件下,基于人体热平衡模型结合主客观因素推导出可以为 80% 用户接受的室内热舒适条件。有关调查结果显示空调房间内的用户对室内温度变化的可接受范围较小,倾向于更低更稳定的温度;与之相反,自然通风房间内的人员能够忍受更大范围的温度波动,其温度范围可以超过空调工况下的舒适区域而更加接近室外气候条件。有关用户行为适应性的调查证明,衣着或者室内空气流速的改变只占到自然通风条件下用户热偏好变化因素的一半,另一半来自生理因素。更高层次的感觉控制和更加丰富的自然通风建筑的使用经验可导致更加宽松的可接受温度范围。ASHRAE 55—2004 规定了使用者可以通过开关门窗控制的自然通风室内环境下可以接受的热舒适条件。有能够开关的可控制门窗是应用此标准的前提,未经处理的机械通风系统可以作为自然通风的辅助方式,但不可使用传统空调系统。该标准只适用于室内人员处于基本静止状态(新陈代谢效率在 1.0～1.3 met)的热舒适度评价。符合以上前提条件的室内可接受操作温度范围如图 1-19 所示。图中允许的室内操作温度不可以在室外平均温度的上限和下限之外插值,所以对于平均室外温度低于 10 ℃和高于 33.5 ℃的情况,目前尚未有适用的标准。

热舒适度的模拟计算可以采用任何通过 ASHRAE 140 标准认证的软件。软件的输入参数通常要包括建筑围护结构、热物理性质和各种减少太阳辐射得热或者增加通风效率的措施。并非所有房间都要进行热舒适度计算,在实际评估当中,只需要考察那些得热量最大或者最不利于通风的情况最恶劣的房间。如果这些处于最不利位置的房间可以满足标准要求,则室内热环境整体可视作达标。

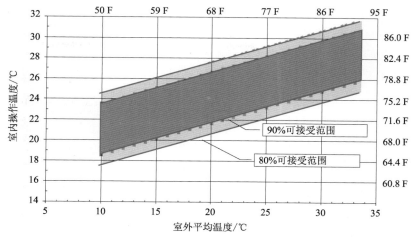

图 1-19　自然通风条件下室内可接受温度范围
（来源：ASHRAE 55—2004）

1.2.9.5　通风效果

绿色建筑标准对空调通风效率的要求体现在以下三个方面：自然通风、局部通风和新风控制。空调系统的设计通常要求满足标准规定的室内人员所需新风量。可以用室内二氧化碳浓度检验新风供给量是否充足。除要求达到规定新风量之外，还需要良好的气流组织以确保新风到达人员活动区域。自然通风可以辅助机械通风在允许的室外空气条件下实现室内最小换气稀释污染物和二氧化碳。局部通风适用于有严重污染的室内空间，如厨房、厕所、打印机房等。

新风控制着眼于提供用于维持室内二氧化碳、甲醛、挥发性有机化合物等污染物浓度在设计范围内的足够新风，同时也要求采用合理的气流组织形式实现人员活动区域的有效换气。大部分新风量和送风方式标准源于美国的 ASHRAE 62.1，该标准不但对新风量做出了要求，更对设备除菌防霉、系统清洗和调试等方面做了详细规定，有关规定在通风指标中应全部予以满足。值得注意的是，ASHRAE 62.1 对于最小新风量的计算是由两部分组成的：人员新风量和单位室内面积新风量。其中人员新风量是根据美国各种类型建筑的平均人员密度推导而来的，因此在世界其他地区使用前应重新核算，不可盲目套用。

自然通风是结合了围护结构的渗透换气和通过可开启门窗的通风换气用于辅助机械通风的节能措施。自然通风可以稀释室内人员和材料散发的二氧化碳、有害气体（甲醛、氡气等）和异味，降低霉菌滋生的概率。目前，我国香港特别行政区对居住区域的自然通风换气次数要求为 1.5 次/h，公共区域要求为 0.5 次/h。而我国内地的绿色建筑评价标准对民用建筑的通风窗地面积比、开窗位置和气流组织分析等方面均提出了相应要求。对流通风是一种有效的自然通风方式，良好的建筑布局，窗口大小、位置和朝向是实现对流通风的必要条件。对于处于建筑群当中的自然通风分析，除考虑以上因素外，还应对室外风环境进行更加精确的模拟计算以确定对流通风的可能性。室内自然通风速度流场在 IES-VE 模拟环境下的实例如图 1-20

所示。

对于建筑内部较为集中的空气污染最好采取源头控制的方法。使用辅助全面通风的局部通风系统是实现污染源隔离的有效策略。在商用建筑的打印室、吸烟室，居住建筑的厕所、厨房等空间都应设置局部排风系统。临时的局部排风系统也可以应用于实施局部装修的室内空间，以防止污染物扩散到其他正常使用的区域。局部通风所需的换气次数可以参考 ASHRAE 62.1 或各国家或地区相应标准。

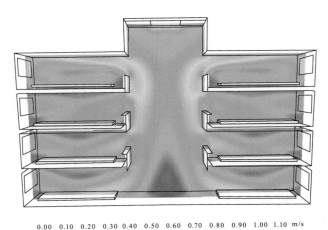

0.00 0.10 0.20 0.30 0.40 0.50 0.60 0.70 0.80 0.90 1.00 1.10 m/s

图 1-20　自然通风模拟效果图
（来源：IES-VE Microflow 使用手册）

1.2.9.6　自然采光与视觉舒适度

随着人口增长和城市建筑密度逐年增加，室内获得自然光的难度越来越高，所以自然采光和保持室内人员视觉舒适度一直是绿色建筑设计关注的一个重要领域。良好开阔的景观视野可以提高用户的满意程度、注意力和工作效率。

房间的自然采光效果由采光系数（daylight factor）决定，采光系数定义为在室内工作平面上的一点，由直接或间接地接收来自假定和已知天空亮度分布的天空漫射光而产生的照度与同一时刻该天空半球在室外无遮挡水平面上产生的天空漫射光照度之比。采光系数的评估可以采用 Radiance 一类软件模拟计算，也可用照度计实地测试。房间的自然采光效果取决于：窗户面积和房间的大小（深度、宽度和高度尺寸）；建筑自身和周边建筑的遮挡；以及玻璃的可见光透过系数和室内表面的光学性能。自然采光结合感光控制器可以有效减少人工照明的使用时间，有助于建筑节能。位于建筑密度较大区域的新建发展项目受制于场地环境，其低层房间很难达到采光要求，因此通常只要一定比例的建筑面积达标即视整个项目满足采光指标。此外，建筑设计可以利用反光板、导光管等装置引导室外光线深入建筑内部空间。图 1-21（a）所示为反光板技术，从遮光板上部射入的光线经过天花板反射可进入房间深处，可以同时缓解太阳辐射较强时的眩光危害。图 1-21（b）所示为导光管技术，通过置于屋顶的收集器导入的光线经过低损耗的高效光纤或者多重反射传输到建筑内部。

融合自然元素的室外景观有更好的视觉吸引力和放松身心的作用，尤其对于常坐计算机前易引发视觉疲劳的工作人员。在医院或者护理中心，自然景观的放松作用还能有效缓解病人的痛苦、压抑和紧张情绪。室外景观的日间和季节变化也有助于养成健康的生活节奏和人体生物钟。提高视觉舒适度要综合室外景观、建筑朝向、窗户大小和室内布局等多方面设计因素。例如室内布局应考虑将较高的隔板垂直于窗户放置，而较低和透明的隔板平行于窗户设置，以最大限度确保房间内部人员的景观视野，设置中庭也是较好的开拓建筑内区视野的方式。图 1-22 所示为根据美国 LEED 绿色建筑标准室内视觉效果达标区域示意图。

（a）　　　　　　　　　　　　　　　　　　（b）

图 1-21　自然采光优化技术示例（左图为反光板，右图为导光管）

（来源：http://www.lighthome.com.au/green-guide-blog/how-do-i-get-the-light-in-part-one）

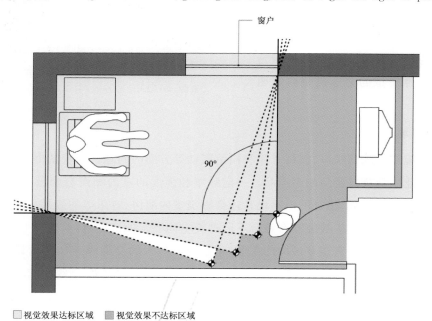

图 1-22　根据 LEED 标准视觉效果达标区域示意图

1.2.9.7　人工照明

当自然采光无法满足要求时，人工照明的辅助必不可少，低质量的照明严重影响工作人员的健康和生产效率。照明设计不仅要考虑光源的性质和提供的亮度，还需要注意光源（灯具）与工作平面的相对位置和使用者的舒适度。另外，美学、安全、社会沟通和情调都是潜在的决定照明设计质量的因素。灯具的安装、清洁、更换和日常维护对照明系统的能耗、经济和环境效益有着重大的影响。

照明质量评估主要考察工作平面上光照亮度、均匀度、差异度、眩光指数和显色指数这四个方面。通过采用较高反射度的室内装修材料可以在不增加灯具亮度或数量的情况下提高工作平面上的亮度。光照均匀度由平面上最小亮度与平均亮度之比表示，主要取决于灯具排布的均匀性，而差异度定义为最大亮度与最小亮度的比值。光照过于均匀或者差异过大都会引起视觉不适。眩光是当直射或者反射光源与周围背景亮度产生强烈对比时，人眼无法适应的现象。通过选择合适的灯罩、减少每盏灯的亮度、调整与室内工作台（即观察者）的相对位置等方式都可以有效减弱眩光的不良影响。显色指数是灯具光照显现物体真实颜色的程度，通常要求显色指数达到 80 以上（范围在 0～100，100 代表理想的白炽灯光源）。计算机模拟、光通法（lumen method）计算和现场测量都是验证光照质量的有效方法。图 1-23 所示为用 DIALux 软件模拟的某建筑室内照明效果。

图 1-23　DIALux 室内照明模拟
（来源：DIALux Version 4.9 User Manual）

1.2.9.8　声环境

建筑声环境包括降低噪声，提高音质和隔绝震动等方面的问题。随着城市化的发展，噪声已经成为现代化生活难以避免的副产品。一定频率和强度的室内噪声会刺激听觉神经，分散注意力甚至引起人体不适，糟糕的声学设计还会影响室内演讲、音乐等的效果。因此建筑内部所有声音的强度和特性都应被控制在符合不同种类空间要求的范围内。

建筑内部的背景噪声有很多可能的来源，包括室外传入的交通噪声和室内设备运行的噪声等。室外噪声通常来自公路、铁路和机场。好的城市规划设计应融合各种减小室外噪声影响的措施。首先从源头着手，采取路面减噪设计，利用非噪声敏感建筑或者设置专门的隔声屏障阻隔噪声源。其次考虑建筑立面、窗户、阳台、空调和通风系统等的设计以进一步减弱噪声传播。即使室外噪声措施已经满足标准，额外的减噪设计也可作为室内隐私和舒适度的多重保障。

混响时间（reverberation time）是评估空间内部声音传播质量的主要参数，定义为当室内声场稳定后停止声源的情况下，声能密度减弱 60 dB 所需的时间长度。不同类型的使用空间如教室、住宅、办公室、会议室和其他室内运动娱乐场所对合适的混响时间有各自的要求。办公室和教室通常要求混响时间在 0.6 s 以内；住宅、酒店和公寓在 0.4～0.6 s 之间；而运动场、健身房等在 2.0 s 以内。

建筑内部运行的设备在不同工况下可能引起噪声和震动干扰。楼板和墙壁的隔声效果可在设备的减噪隔振方面起关键作用，而通风口和门窗等位置常常是隔声设计的薄弱环节。声音穿透等级（STC）表示建筑间隔（如天花板、地板、隔墙、窗户和外墙等）对空气传播噪声的绝缘效果，其数值越大意味着隔声效果越佳。例如，建筑间隔材料可根据美国试验材料学会（ASTM）标准在 125～4 000 Hz 范围内的 16 种频率下测量其对声压水平的减弱作用。各地区对不同类型室内空间的背景噪声都有相应的要求，可以通过模拟计算或者实地测量验证其噪声水平是否达标。通常参考声压级为 A 计全网络下测得的白天、夜晚或者某一时间段内的等效声级。模拟计算可以采用 ODEON、INSUL 等软件，现场测量使用仪器如图 1-24 所示。

图 1-24　噪声测试仪表
（来源：http://www.directindustry.com/
prod/kern-sohn/digital-sound-
level-meters-16909-816417.html）

1.2.10　管理指标

建筑的管理主要包括能耗系统管理、使用人员培训等方面的内容。其中能耗系统管理体现在对建筑设备的调试、监测和运行管理方面；使用者培训着眼于日常环境维护和建筑使用者的环保意识培养。

1.2.10.1　建筑设备调试、运行管理与监控

绿色建筑评估不仅要考察设计阶段的环境影响和资源利用效率，还必须监测和衡量运行期间的实际效果。事实上，有很多建筑正因为忽略了系统调试、数据的记录保存、操作手册的制订等运行期间必要的培训和管理程序，导致建筑在实际使用中未能达到绿色建筑的期望效益。建筑运行期间比较显著的指标有能耗、电网峰值负荷、室内环境条件等，因此所有相关的机电设备都应在调试阶段做好充分的试验和分析。建筑开发商应该保证调试顺利施行并且结果满足能耗等相关标准。所有系统参数、操作说明、设备组成、设定参数和运行调试结果均应详细全名记录并且编写成运行维护手册。

CIBSE、BSRIA、ASHRAE 和我国的国标相关条例都有规定运行调试的步骤，包括：管理、调试设计、设备购买、试验、测量、数据采集和误差诊断等。有效的调试和对未来运行维护的指导作用可以保证建筑生命周期内的能耗和环境效益。调试运行的对象须包括所有的可再生能源系统、节水系统、机电设备和水利循环系统。其中暖通空调系统作为重中之重，其调试内容应至少应包含冷水机组、冷却塔、锅炉、中央控制和自动化系统、单元式空调机组、风扇、水泵、换热器、热水器、管路和阀门、热回收储藏装置等。项目团队须聘请第三方独立机构进行调试，调试前应准备好调试计划书供项目团队审查。

运行调试过程结束后，应对未来物业管理人员进行培训并将调试数据以及有关设备使用

方法制作成手册,保证运行维护人员能够正确、安全地操作维修设备(包括设备运行模式和参数的合理设定、控制策略以及设备连锁联动等)并且有效实行能耗管理措施。

楼宇设备能耗监测系统是实现高效运行管理的另一个重要方面。大量的现有建筑没有安装或者安装了不够完善的能耗使用监测装置,这是提高设备运行效率的主要障碍。好的监控系统可以辅助控制设备的部分负荷运行工况,提高运行效率和室内热环境质量。通过实时能耗数据分析,不但可以了解不同运行策略的作用,还可以发现微小的设备故障。监控测量设备要有一定精度以提供准确数据分析结果,其额外成本费用与潜在的节能效果相比并不显著。因此,建筑监控与测量具有较高的能源和经济效益,在绿色建筑应用策略中具有广阔的前景。图 1-25 所示为建筑智能监控管理系统的计算机平台。

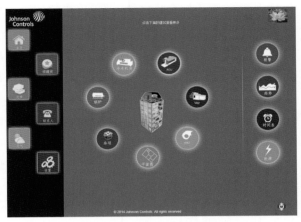

图 1-25　建筑智能监控管理系统
（来源：江森自控）

1.2.10.2　建筑使用人员培训

培养建筑使用者的环保意识和行为是决定建筑运行效率的另一个重要因素。行为意识的养成并非一朝一夕,也很难量化衡量,因此有关评估着眼于设计阶段使用者培训机制的建立和运行期间的实施。

项目团队应提交专为使用者设计的建筑日常运行维护手册或者提示板。手册或提示板的内容应简洁易懂并且至少包括以下方面:建筑周边的公共交通和自行车设施的位置和时间表等;绿色交通方式例如拼车、穿梭巴士、电动车和充电桩的信息;日常清洁和维护信息(包括适用的环保清洁材料等);有关建筑使用的环保装修材料的介绍;节能措施和控制方法讲解(包括空调、照明、热水和电器选择等);节水方法介绍(如感应水龙头、双缸冲水坐便器等);垃圾分类回收的设施和管理条例说明(包括回收分类、回收地点等);室内空气品质信息(包括室内空气品质定期监测结果和获得的证书等)。

此外,用户使用手册或者提示板的内容应实时更新,并且指定负责讲解和沟通的工作人员。建筑维护的历史记录和照片应该完好保存,并且制定时间表对使用者进行定期的宣传讲解。

1.2.11　创新设计指标

创新相关指标允许参评项目凭借采用其他指标中未涉及的环保技术或者大大超过所规定的环保效益范围从而获得额外奖励分数。

采用绿色建筑标准中尚未提及的新技术,并且能够证明该项技术应用在建筑中的量化环境或者社会效益,就可以在创新指标中获得相应的加分。该项技术可以应用于建筑生命周期内的任何阶段,通常包括非传统的建筑设计、营造法式、建筑设备或者运营控制技术等。通过鼓励该项技术的采用,推广至之后参评的绿色建筑,逐渐达到该技术的市场化,提高行业整体环保效益。

如果采用其他指标中已经提及的技术,但是远超过目前标准中规定的最大环保效果(即最大得分条件),也可以获得额外创新奖励分数。例如,根据绿色建筑节能标准,如果建筑节能45%可以得到该部分满分15分,那么当苏某建筑因采用大量可再生能源技术达到节能90%时,就可以在创新指标中获得加分。通常已有指标中可以通过显著提高环保效益加分的情况会在该指标执行细则中予以详细说明。

1.3 国内外绿色建筑标准发展及现状

自20世纪90年代第一部绿色建筑标准在英国诞生以来,世界各国致力于发展各自的绿色建筑评估系统。在建筑设计师、工程师、学者和其他环保组织团体的合作下,美国、德国、日本、澳大利亚、新加坡、中国先后出台了有各自地区特色的评估体系。总体来讲,从评估体系结构的类似性角度分析,澳大利亚、欧洲和中国香港特别行政区的标准很多都是在英国的体系基础上发展起来的;而中国内地和新加坡的标准是在美国体系基础上发展起来的。日本的体系相对独立,尤其在结构层次和计分方法上与英美体系有明显不同。因此,本章对于国内外发展现状的介绍主要围绕英国、美国、日本、中国内地和中国香港特别行政区这五个地区的绿色建筑标准展开。

1.3.1 国外主要绿色建筑标准发展及现状

本节主要围绕英国的绿色建筑评价标准 BREEAM、美国的标准 LEED 和日本的标准 CASBEE 展开介绍。首先将简单介绍每个评价系统的发展历史、现状、成果统计以及系统特色和覆盖建筑范围,接下来以各系统的新建建筑评价标准的最新版本为例予以详细分析和讲解,包括评估条文的种类、算分方法、等级制度、评估流程和与国内标准的交流互动等。

1.3.1.1 英国 BREEAM

BREEAM 由英国建筑研究所(building research establishment,BRE)开发,是所有绿色建筑标准的始祖,起源于20世纪90年代初。其第一个版本是1993年发行的针对办公建筑的评价标准,接下来的第二版本发行于1998年,扩大了参评建筑类型,包含办公、工业、商业和教育建筑等。其后每隔数年 BREEAM 都会审核并推出修订的新版本,例如2008年的新建建筑标准、2010年的数据中心标准、2012年的住宅改造标准和2014年的新建非住宅标准等。BREEAM 经过多年发展在国内和国际上享有较高声誉并且在德国、荷兰、挪威、西班牙、瑞典和澳大利亚都有其经过改编的本土化应用版本,同时也吸引了一些国家和地区参照其发展自已的绿色建筑体系,如澳大利亚的 Green Star 和中国香港特别行政区的 BEAM。

截至 2014 年,全球范围内有跨越 60 多个国家的 190 万余项目参与了 BREE-AM 评估,其中超过 42.5 万个建筑已经通过认证,达到优秀等级以上的项目有 2 500 余个,在欧洲绿色建筑市场中占有率高达 80%,接受培训的绿色建筑专业人才累计 14 000 位。1990—2012 年已通过认证的新建非住宅的建筑类型分布和逐年数量变化趋势如图 1-26 和图 1-27 所示。

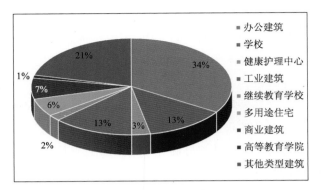

图 1-26　已认证新建非住宅建筑的建筑类型分布
(来源:The Digest of BREEAM Assessment Statistics Volume 01,2014)

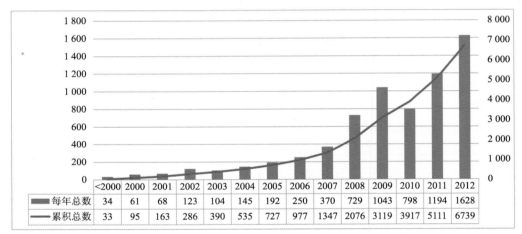

图 1-27　已认证的新建非住宅建筑数量逐年变化趋势
(来源:The Digest of BREEAM Assessment Statistics Volume 01,2014)

BREEAM 系统具有应用最广泛、第三方认证、自愿性、可信性、全面性以及以客户为中心等特点,是全球首次提出建筑生命周期碳排放概念的标准。在不断全球化和本土化的过程当中,BREEAM 已经形成社区(communities)、新建非住宅(non-domestic)、新建住宅(domestic)、住宅改造(domestic refurbishment)和运营(in-use)五个主要体系。另外,2015 年相继推出了基础建设(infrastructure)和非住宅改造(non-domestic refurbishment)。本书将以新建非住宅标准 2014 年版(BREEAM UK new construction non-domestic buildings 2014)为例,对 BREEAM 评估系统予以详细分析讲解。

新建非住宅标准 2014 版的所有评分项目条文分为十大类:管理(management),健康和舒适(health and wellbeing),能源(energy),交通(transport),水(water),材料(materials),废物(waste),土地使用和生态(land use and ecology),污染(pollution)和创新(innovation)。其中创新项目作为对新技术应用的额外奖励,需由评估师根据情况申请相关分数,再通过 BRE 审核确认。每个种类都有不同的总分数和权重系数。权重系数由每组条文类别对建筑环境效益的潜在影响大小决定,主要通过总结相关领域专业意见的统计数据获得。以多用途住宅建筑(multi-residential)评审为例,每个类别的可获得的最高分数和权重比例见表 1-1。

评估体系的认证等级分为:通过(pass)、好(good)、非常好(very good)、优秀(excellent)和卓越(outstanding)五个等级。通过等级只是比当地的建筑环境的法例规范稍微严格了一些,而最高的卓越等级代表最杰出的建筑设计,是行业的领先水平和区域的标志。为保证建筑性能不低于环境法规的基本要求,每个等级的实现都需要预先满足六个重要类别(能源、水、管理、废物、土地使用和材料)中的某些最小前提条件。将每个种类所得分数占最大可得分数的比例乘以该类别的权重系数

表 1-1　各种类权重系数和最高得分

评估条文种类	最高可得分数	权重系数
管理	21	12.0%
健康与舒适	18	15.0%
能源	26	15.0%
交通	12	9.0%
水	9	7.0%
材料	14	13.5%
废物	9	8.5%
土地使用	12	10.0%
污染	13	10.0%
创新	10	12.0%

后,再相加求和即得到最终总分数(满分为 110)。创新类别占到总分数比率接近 10%,对评估结果的影响至关重要。各个等级的总得分数和最小前提条件见表 1-2。

表 1-2　BREEAM 等级标准和最小要求

项目条文	等级				
	通过 分数≥30%	好 分数≥45%	非常好 分数≥55%	优秀 分数≥70%	卓越 分数≥85%
管理条例 1: 项目摘要与设计	无要求	无要求	得 1 分	得 1 分	得 1 分
管理条例 3: 负责的施工措施	满足准则 2	满足准则 2	满足准则 2	满足准则 2 得 1 分	满足准则 2 得 2 分
管理条例 4: 调试与交接	无要求	无要求	无要求	满足准则 9	满足准则 9
管理条例 5: 后期维护	无要求	无要求	无要求	得 1 分	得 1 分
能源条例 1: 节能减排	无要求	无要求	无要求	得 5 分	得 8 分
能源条例 2: 能耗监测	无要求	无要求	得 1 分	得 1 分	得 1 分
水条例 1: 用水量	无要求	得 1 分	得 1 分	得 1 分	得 2 分
水条例: 水系统监测	无要求	满足准则 1	满足准则 1	满足准则 1	满足准则 1
材料条例 3: 负责的材料分类	待定	待定	待定	待定	待定

项目条文	等　　级				
	通过 分数≥30%	好 分数≥45%	非常好 分数≥55%	优秀 分数≥70%	卓越 分数≥85%
废物条例1： 施工废物管理	无要求	无要求	无要求	无要求	得1分
废物条例3： 运行期间废物	无要求	无要求	无要求	得1分	得1分
土地使用条例3： 生态影响最小化	无要求	无要求	得1分	得1分	得1分

BREEAM 新建非住宅标准的评估程序包括：设计预评估（项目规划和设计纲要阶段）、设计阶段评审、暂定认证（设计）、施工阶段评审和最终认证（竣工后）。其中暂定认证是针对设计阶段的模拟计算和提交证明材料的预认证，鼓励项目在施工前充分做好绿色建筑的设计和规划。相比之下，改建建筑和建筑运营的评估则没有中间的暂定认证，实行一次性评估。

BREEAM 在全球化的发展过程中注重根据当地的自然、气候环境和人口密度等因素，通过科学完善的体系重新计算并调整评估条文种类的权重系数。自 2011 年李克强总理访问英国建筑研究所以来，中英之间正式开展绿色建筑标准的交流和互认工作。2014 年，BRE 更与清华大学签署战略合作协议，共同研究建筑环境技术和标准。如果中国的绿色建筑标识与BREEAM 系统互认成功，中国当地的法规标准就可以用来实施 BREEAM 的本地化评估和重塑权重体系，同时 BREEAM 的相关研究和应用成果也可推动中国绿色建筑的发展和国际化。

1.3.1.2　美国 LEED

LEED 是由美国绿色建筑协会（US green building council，USGBC）研发以市场为导向的另一个从建筑生命周期和整体性能表现出发的绿色建筑评估系统。首个版本 LEEDTM 1.0颁布于 1998 年，用于新建建筑的评估，随后的 LEEDTM 2.0 于 2000 年获准执行。早期的LEED 标准主要用于新建建筑的评估，在接下来的十年间 LEED 系统获得迅速发展和国际化，截至 2010 年发布的 LEED 2009 其体系已经相对完整。目前最新版本的 LEED 为 2014 年颁布的 LEED V4。LEED V4 在 LEED 2009 的基础上对条文项目种类和标准技术细则都有较大改动，从整体上提高了 LEED 评审的要求。

截至 2014 年，全球注册的 LEED 总项目不少于 76 507 个（官方网站公布数据），已经通过验证的项目大于 35 328 个，总面积超过 1 900 万 m^2。中国（包括大陆、香港、澳门和台湾）注册的项目数量从 2004 年（2 个）开始逐年递增，2013 年全年共有 499 个，累计注册项目达到 1 961个，其中 582 个已经通过认证。图 1-28 所示为 LEED 项目在中国的注册规模变化。

LEED 评估体系包含新建建筑（LEED BD＋C）、室内设计和施工（LEED ID＋C）、既有建筑的运行与管理（LEED O＋M）和邻舍区域发展（LEED ND）。其中新建建筑已经涵盖多种情况：包括新建和重大改建建筑（new construction and major renovation），核与壳建筑（core and shell develop-

ment),学校(schools),商业建筑(retails),
数据中心(data centers),仓储和物流中心
(warehouse and distribution centers),医
院(hospitality),健康护理中心(health-
care),家庭和多家庭低层建筑(homes
and multifamily lowrise),多家庭中层建
筑(multifamily midrise)。接下来同样以
最新版的新建建筑标准(LEED BD+C)
为例,对 LEED 评估系统进一步分析
讲解。

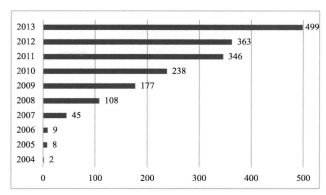

图 1-28　中国 LEED 项目注册逐年变化趋势
（来源：LGEES Ltd.）

　　LEED 新建建筑评分条例分为以下九类:选址与交通(location and transportation),可持
续场地(sustainable sites),用水效率(water efficiency),能源与大气(energy and atmosphere),
材料与资源(materials and resources),室内环境品质(indoor environmental quality),创新(in-
novation),整体规划与设计(integrative process),地区优先性(regional priority)。其中区域
优先性是 LEED 独有的为适应不同区域气候条件的评分调整方法。当该建筑所在区域的某
种类环境资源对绿色建筑的综合效益更加重要时,在该种类中某些条文的既得分数可以在地
区优先性类别中获得额外加分。LEED 与 BREEAM 不同,不采用复杂的权重系数对每个种
类的得分加以调整,根据美国绿色建筑协会的说明,LEED 系统的权重已经通过分配给各个种
类的不同分数值来体现。图 1-29 所示为各个评估条文种类的分数值差异。

　　LEED 认证等级可分为:合格级(certi-
fied,40～49 分),银级(silver,50～59 分),
金级(gold,60～79 分),铂金级(platinum,
≥80 分)。在满足参评基本要求的基础
上,各个部分条文得分总和即可决定参评
项目的认证等级。基本要求包括:参评建
筑必须是处于现有土地上的非临时性结
构;项目必须有合理的场地或者空间边界
和范围;项目建筑面积必须满足最小要
求。与其他绿色建筑标准不同,LEED 允

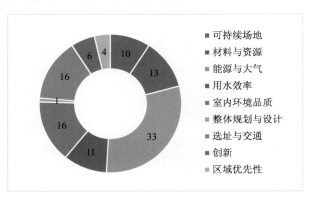

图 1-29　LEED 各种类评估条文分布

许以团体途径(group approach)和校园途径(campus approach)对处于同一场地的建筑采取特
殊评估方法。团体途径旨在将处于同一场地且设计类似的建筑以作为一个整体进行认证;而
校园途径可使分享同一场地的建筑分别获得各自的认证。LEED 倡导整体性设计和规划,强
调把前期探索规划阶段、中期设计和施工阶段以及后期运行、维护和反馈阶段有效结合,将环
境可持续发展概念贯穿于建筑的全部生命周期。

　　LEED 体系中除核与壳(core and shell)申请流程中存在预认证之外,其他所有标准都采

取一次性认证。采用 LEED 在线系统(LEED online)可以从始至终引导项目团队完成全部认证步骤,包括:初始探索阶段(收集项目信息),选择合适的 LEED 体系(根据建筑的设计、功能和所需施工规模),检验是否满足基本项目要求(每个参评的项目必须符合的最小要求),建立项目目标(结合项目背景资料制定目标等级),确定项目评估范畴(根据初始探索阶段收集到的资料检查场地周边相关设施,通过土地所有权和最小项目要求等规定项目边界,决定是否采取团体或者校园途径),建立分数计算表(根据确定的等级和项目实际情况讨论确定需要达标的条文和优先级别),继续发现探索(对能耗、用水量等进一步分析计算),持续迭代过程(重复以上研究分析和计算直到获得满意解决方案),分配任务明确责任(对项目团队成员分工,决定每个成员负责的条文和相关资料的收集验证),提供连续一致的证明材料(有规律地在设计和施工过程的各个阶段收集材料并确保目标达成),检验证明材料的准确性并予以正式提交(提交评审前的最后内部检查)。

根据美国绿色建筑协会 2014 年公布的项目排行榜,除美国本土之外,中国已经成为项目认证总数排名第二的国家。仅 2013 年,中国就有 29 个通过铂金级认证的项目和 281 个金级认证的项目。北京侨福芳草地的海沃氏展厅(Haworth Beijing Organic Showroom)更成为全世界第一个获得 LEED V4(ID+C)(最新版)金级认证的建筑。图 1-30 所示为该展厅的室内设计效果。

图 1-30　北京乔福芳草地的海沃氏展厅室内设计
(来源:http://blog.sina.com.cn/s/blog_8e4d7e210102v12e.html)

1.3.1.3　日本 CASBEE

自 1994 年《环境基本法》颁布以来,日本建筑界致力于减少生命周期内环境负荷的各种研究。2002 年,由日本绿色建筑协会(JaGBC)、日本可持续建筑财团(JSBC)和其他分机构共同设计了第一部用于办公建筑的 CASBEE 标准。接下来,新建建筑、既有建筑和改造建筑标准分别于 2003、2004 和 2005 年问世。经过多年发展,CASBEE 已经形成了包括各种建筑类型的新建、既有和改造建筑,从独立住宅到城市区域发展标准的评估系统。目前 CASBEE 发展的最新成果是 2010 年的新建建筑标准。CASBEE 是针对日本以及亚洲地区的自然气候条件和人口密度等因素制定的,曾经作为原型开发了用于 2008 年北京奥运会的绿色奥运建筑评价标准(green olympic building assessment system,GOBAS)。

根据 CASBEE 官方统计,在 2008 年到 2014 年间,参与独立式住宅评估的项目有 111 个,其中达到 S 级的有 92 个,A 级别的有 16 个,B+级别的有 3 个。图 1-31 所示为独立式住宅评估项目的统计结果,可以看出 80% 以上的达标建筑都做到了最高级别。

CASBEE 评估体系目前包含:独立式住宅(detached house),新建建筑(new construction),既有建筑(existing building),改建建筑(renovation),热岛效应(heat island)和城市区域发展(urban development)六大标准系列。其中,新建建筑标准又分为临时性建筑(temporary use),普通新建建筑简化版和地方政府建筑(local government);而城市区域发展标准分为"城市区域和建筑"(urban area + buildings)以及城市

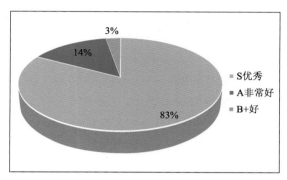

图 1-31 独立式住宅评估认证等级分布

区域发展简化版。新建建筑标准覆盖了大部分现有建筑类型,包括各种居住和非居住类建筑。其中居住类建筑涵盖酒店、公寓(不含独立式住宅)和护理中心;非住宅建筑有办公楼、学校、商业建筑、餐厅、门厅(含礼堂、健身房、电影院等)、工业建筑等(如工程建筑、车库、仓库、计算机房)。

其中,新建建筑标准涵盖了预设计、执行设计以及施工和竣工阶段,接下来主要围绕该标准进行分析讲解。日本评估系统与英美标准的关键分别在于加之于条例种类之上的另一个结构层次。贯彻所有 CASBEE 标准的另一个层次是指建筑环境质量(Q)和建筑环境负荷(L),以及由这两参数计算而得的建筑环境效率(BEE)指标。其中建筑环境负荷在实际评估条文中以减少建筑环境负荷的效率(LR)体现。建筑环境质量主要涉及三个方面:室内环境,室内服务性能和室外场地环境。相应地,建筑环境负荷减少也由三个方面组成:能源、资源与材料,场地外环境。以上每个条文种类都有各自的权重系数,每个种类或者子类别的权重系数相加一定等于 1,所有系数都是通过层次分析法(AHP)统计,以建筑设计师、开发商、运营商和相关团体为对象的调查问卷得到的。种类内每个条文项目的分数都按照 1~5 分成五个等级。其中,1 表示相关法规的要求水准,3 表示普通建筑所能达到的水准,5 表示性能优秀的建筑水准。对于建筑环境质量的条文,得分越高则所提供的环境越符合可持续发展理念,而对于环境负荷,分数越高意味着环境负荷减少越明显。图 1-32 所示为各个种类条文分配的权重比例。

2008 版本之前的 CASBEE 认证根据建筑环境效率(BEE)的数值决定,而 BEE 由以下公式计算:

$$BEE = \frac{Q}{L} = \frac{25 \times (SQ-1)}{25 \times (5-SLR)}$$

其中,SQ 表示建筑环境质量的分数总和,由每个种类的所得分数乘以权重系数再求和得到;

SLR 表示建筑环境负荷减少的分数总和,由与 SQ 相同的方法计算而得。

如果 BEE<0.5,则该建筑表现差(poor),等级为 C,用一颗红星表示;如果 0.5≤BEE<1.0,则建筑表现比较差(fairly poor),等级为 B−,用两颗红星表示;如果 1.0≤BEE<1.5,则建筑表现好(good),等级为 B+,用三颗红星表示;如果 1.5≤BEE<3.0 且 Q<50,则建筑表现为非常好(very good),等级为 A,用四颗红星表示;如果 BEE>

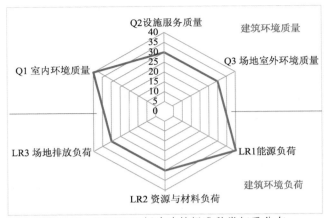

图 1-32　CASBEE 新建建筑标准种类权重分布

3.0 且 Q≥50,则建筑表现优秀(excellent),等级为 S,用五颗红星表示。图 1-33 所示为建筑环境效率与认证等级的关系。

CASBEE 2008 版本开始引入生命周期二氧化碳排放(LCCO$_2$)的指标。生命周期二氧化碳排放指标计入建筑从施工、运行到拆除阶段的所有碳排放,与 BEE 指标共同构成可持续建筑的衡量标杆。2009 年以来,日本政府设定了在 2020 年实现较 1990 年减排 20%的目标。2010 版的 CASBEE 新建建筑标准为实现这一目标和推进低碳减排理念,提倡提高

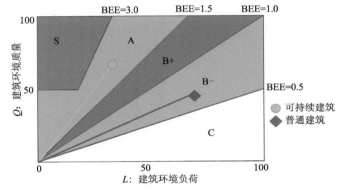

图 1-33　建筑环境效率与评估等级

能源使用效率,采用生态环保材料,延长建筑寿命,利用可再生能源以及采取非现场的碳补偿和购买绿色电力等方案,并且明确了 LCCO$_2$ 指标与 1～5 颗绿星相对应的评估体系。LCCO$_2$ 值与满足节能法规标准的参考建筑碳排放量的比值与星级的对应情况如下:比值>100%为非节能建筑,授予一颗绿星;比值≤100%为达到当前节能标准的建筑,授予两颗绿星;比值≤80%相当于运行阶段节能达到 30%的建筑,授予三颗绿星;比值≤60%相当于运行阶段节能50%的建筑,授予四颗绿星;比值≤30%为相当于运行阶段零能耗建筑,授予五颗绿星。

2014 年,CASBEE 成功认证了首个海外项目,位于天津的泰达 MSD H$_2$ 低碳示范建筑(见图 1-34)。整幢大楼采用了从雨水收集利用到太阳能光伏发电、热水和地源热泵系统等在内的多种低碳技术,并通过内部结构、双层幕墙、可再生能源、电器与照明系统、给排水与暖通等多方面的建筑及工程设计创造节能、舒适的建筑室内环境。该项目不仅探索了新型建筑材料和系统的可行性,还试图将低碳环保设计融入智能、新颖的建筑表现形式中,是一个极具代表性的科技示范项目。除 CASBEE 外,该建筑还获得了 BREEEAM、LEED 和中国绿色建筑

标识三星级认证。

图 1-34　天津泰达 MSD H2 低碳示范建筑

1.3.2　国内主要绿色建筑标准发展及现状

自 1992 年参加巴西里约热内卢联合国环境与发展大会以来,中国政府相继颁布了若干相关纲要、导则和法规,大力推动绿色建筑的发展。2004 年 9 月建设部启动"全国绿色建筑创新奖",标志着国内开始进入绿色建筑全面发展阶段。紧接着,2005 年召开的首届国际智能与绿色建筑技术研讨会暨技术与产品展览会(其后每年举办一次)公布了"全国绿色建筑创新奖"获奖单位,并于同年发布了《建设部关于推进节能省地型建筑发展的指导意见》。2006 年住房与城乡建设部正式颁布了《绿色建筑评价标准》;同年 3 月,国家科技部和城乡建设部签署了"绿色建筑科技行动"合作协议,为绿色建筑产业化奠定基础。随后,住建部于 2007 又推出了《绿色建筑评价技术细则(试行)》和《绿色建筑标识管理办法》,进一步完善了中国特色的绿色建筑评估体系。2008 年一系列推动绿色建筑评价标识和示范工程的措施展开,中国城市科学研究会节能与绿色建筑专业委员会正式成立。2009 年中国政府出台《关于积极应对气候变化的决议》,并于哥本哈根气候变化会议召开前制定了到 2020 年国内二氧化碳排放总量比 2005 年下降 40%～45% 的中长期规划。2009—2010 年间,绿色建筑评估体系进一步完善,先后启动了《绿色工业建筑评价标准》和《绿色办公建筑评价标准》编写工作。2011—2012 年间参与绿色建筑评价标识的项目数量迅速增长,财政部发布《关于加快推动中国绿色建筑发展的实施意见》。2013 年 3 月住建部出台《"十二五"绿色建筑和绿色生态城区发展规划》，明确了新建绿色建筑面积要求、绿色生态城区示范建设数量要求，以及既有建筑节能改造要求等。2013 年 6 月份，《既有建筑改造绿色评价标准》编制工作正式开始。同年年底，《绿色保障性住房技术导则》试行版发布，以提高政府投资或主导的保证性住房的安全性、健康性和舒适性为目的，全面提升保障性住房的建设质量和品质。2014 年，新版《绿色建筑评价标准》《绿色办公建筑评价标准》和自评估软件 iCodes、《绿色工业建筑评价标准》相继出台或开始实施，从而推动国内绿色建筑产业进入新一轮高速发展阶段。

"十二五"期间，全国累计新建绿色建筑面积超过 10 亿 m²，完成既有居住建筑供热计量及节能改造面积 9.9 亿 m²。完成公共建筑节能改造面积 4 450 万 m²。稳步推广绿色建材，对建材工业绿色制造、钢结构和木结构建筑推广等重点任务作出部署，启动了绿色建材评价标识工作。在经济奖励政策上，对于获得绿色建筑标识二星级和三星级的建筑分别按照 45 元/m² 和 80 元/m² 给予补贴，而对于生态城区建设，资金补助基准为 5 000 万元。据统计，2015 年，中国内地新建建筑中取得绿色标识数量排名前三位的分别是江苏省、广东省和上海市。

上海市早在 2005 年就开始低碳城区的生态实践，先后有嘉定新城、崇明陈家镇（见图 1-35）等一批以低碳生态理念为目标的城区发展项目诞生[3]。2014 年上海市人民政府办公厅制订《上海市绿色建筑发展三年行动计划（2014—2016）》，要求新建民用建筑原则上全部按照绿色建筑标识一星级或以上标准建设。其中超过一定面积的大型公共建筑和国家机关办公建筑需按照二星级或以上标准设计施工，并规定八个低碳发展实践区和六大重点功能区内的新建民用建筑中，达到二星级或以上标准的绿色建筑应占同期新建民用建筑总面积的 50% 以上。广东省、江苏省和国内其他地区也有各自相应的地方绿色建筑和财政补贴规范。

图 1-35 上海崇明陈家镇

（来源：http://blog.fang.com/24527726/7883801/articledetail.htm）

　　我国香港特别行政区作为一个高密度的现代化城市，能源与环境问题也促进了一系列地方法规的出台。为促进香港绿建环评（BEAM Plus）标准的推广普及，屋宇署先后出台了多项有关条例。PNAP APP—151 优化建筑设计缔造可持续建筑环境条例规定：如果新建建筑项目在向屋宇署申请图纸批核时，同时提交 BEAM Plus 的暂定认证结果，并且于入住许可签发日期起 18 个月内提交最终认证结果，则授予该项目高达 10% 楼宇建筑面积宽免（该部分面积仅可用于提供环保、舒适性设施和非强制性非必要机房或设备）。图 1-36 所示为建筑面积宽免示意图，虽然多出的 10% 建筑面积只能用于提供指定的绿色设施，但这样就赋予开发展商更多可出售空间。PNAP APP—130 规定：对于改造整栋旧工业大厦或其他类型建筑用作办公室的方案，如果因周边环境导致设计无法达到自然采光和通风的相关法例规定时，若能在香港绿色建筑议会授予的 BEAM Plus 认证中就"能源使用"和"室内环境质素"两大类别中达到 40% 水平，仍可考虑批准该

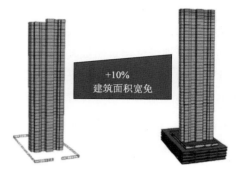

图 1-36　香港建筑宽免面积规定示意图

项目施工。PNAP APP—152 规定：某些建筑因长度和体积方面有特殊要求（如基建、交通、体育文化和娱乐设施等）而无法满足楼宇间距规定时，如果能够在满足 BEAM Plus 认证中建筑微气候条例对室外空气流通评估（AVA）（使用风洞法或 CFD 模拟计算）要求的基础上，再通过人行区域风速增大影响证明或缓解热岛效应措施中的任意一条，就认为该建筑符合法例规定。

　　香港特别行政区除官方机构之外，非政府组织香港绿色建筑议会（HKGBC）也发起了倡导节能减排的 HK3030 运动。香港特别行政区建筑耗电量常年居高不下，占地区全部用电总量的 90% 以上（根据机电工程署 2013 年的能源统计），相当于该地区 60% 的二氧化碳排放。HK3030 运动的终极目标是在 2030 年之前将香港特别行政区年用电量降低到 2005 基准的 30%。香港特别行政区人口在 2030 年预计达到 830 万，实现 60% 的减排目标要依靠"技术创新应用"（占 48%）和"改变使用者行为模式"（占 12%）双管齐下，图 1-37 所示为实现 HK3030 减排 60% 的目标预期各个方面做出的努力和贡献。HK3030 运动包含三大战略支柱：既有建筑、新建建筑和公众环保意识，总计提出 28 项建议。其中的 4 项建议对实现该运动目标起到关键作用：加大公众教育力度，从认知转向实践；建立能耗指标公众数据平台，允许建筑之间能耗比较（平台建设已经展开，预计 2018 年完善所有建筑类型的数据库）；加大对高能效建筑的财政补贴（尤其

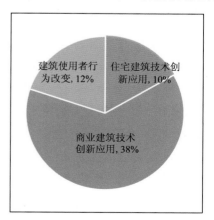

图 1-37　实现 HK3030 节能 60% 目标的各方面预期贡献
（来源：https://www.hkgbc.org.hk/eng/news/hk3030launch_news.aspx）

加大对能耗监测设备的投入);强化建筑面积宽免条件(例如根据不同 BEAM Plus 等级给予不同比例的宽免:授予铂金级绿色建筑 15% 面积宽免,金级 10%,银级 8%,铜级或者无级别的建筑 5%)。

我国内地和香港特别行政区的绿色建筑发展迅速,成果显著,但也面临类似的问题。前住建部副部长仇保兴表示,中国绿色建筑面临一些问题,如高成本、绿色技术实施不理想、绿色物业管理脱节、少数常用绿色建筑技术由于存在缺陷并未运行。要解决这些问题,必须实现专家评审机构尽责到位、政府监管到位、社会监督到位、补贴机制到位、绿色物业运行维护服务到位等"五个到位",严把绿色建筑质量关[3]。除加强管理外,技术革新和降低成本是解决面临问题的另一种途径。绿色建筑并不一定要堆砌使用大量尖端的新技术,某些适应地区气候、环境和人口等因素的传统建筑结构中也蕴含着低碳环保的精髓,比如黄土高原的窑洞和云南一带的竹楼。

1.3.2.1 香港绿建环评标准

香港绿建环评标准(BEAM Plus)的初始版本由香港绿色建议会(HKGBC)和建筑环保评估协会(BEAM Society Ltd.)在 1996 年推出,当时的名称为 HK-BEAM。初代版本仅适用于新建和既有的办公建筑。接下来的十几年间,HK-BEAM 在建筑界、学术界和环保组织的推动下迅速发展,分别于 1999 年、2003 年、2005 年、2009 年和 2012 年经历过五次主要改动,目前的最新版本为 BEAM Plus Version 1.2。2013 年 BEAM Plus Interiors 作为针对室内设计与施工的标准正式开始运行,该标准采用了与新建和既有建筑不同的评估条文种类和简化的条文准则。未来几年之内,既有建筑的重要更新版本(考虑采用分种类评估和逐步评估代替目前的一次性评估方案)以及邻舍区域发展的评估标准还将陆续出台。

自 BEAM Plus 于 2010 年首次实施到 2015 年 1 月为止,香港绿色建筑议会已经有 30 余位注册评审专家,2400 多位绿建专才(绿色建筑评估师),超过 611 个注册项目,其中 7 个项目已经获得最终认证。已经注册的项目当中以住宅为主,有 264 个,占总数的43%;排在第二位的是商业建筑,占项目总数的 17%。图 1-38 所示为注册项目的建筑类型的分布。611 个注册项目中有 217 个已经获得暂定或者最终等级认证。其中未获得任何等级的

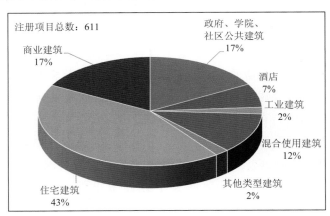

图 1-38　BEAM Plus 已评估建筑类型分布(2010—2014)
(来源:香港绿色建筑议会)

项目为 58 个,占总数比例高达 27%,紧随其后的是评定为金级的项目有 56 个,占总数约 1/4。图 1-39 所示为已评估项目的等级分布情况。

目前 BEAM Plus 系统包括新建建筑、既有建筑以及室内设计和施工三套标准(见图 1-40)。

其中新建建筑标准同时适用于新建和重要改
建建筑,重要改建的定义是当楼宇的主要结
构或者大部分(50%)的设备系统被更改或
替换的情况。新建建筑认证的有效期为 5
年,过期后如未有重要改建,则应适用于既
有建筑的评估,之前未经过认证的建筑如果
具备三年以上的运营记录,也可以申请参评
既有建筑。既有建筑评估主要针对建筑当
前的管理运营状况和性能,有效期也是 5
年。内部设计和施工的标准针对的是楼宇
内部某一非住宅使用空间(设备和服务设施
等特殊用途空间除外,如游泳池、冷库、车

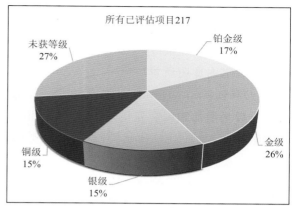

图 1-39　BEAM Plus 已评估建筑等级分布(2010—2014)
(来源:香港绿色建筑议会)

库、服务器房等)的装修和改造过程的评价,其认证有效期和前两个标准一样都是 5 年,但如果
空间使用者(租客)提前结束合约,则认证即时失效。根据绿色建筑议会的最新议程,既有建筑
的标准正处于修订当中,考虑采用更加灵活的评估步骤和认证方法,例如改变一次性评估为逐
步评估,将不同条文种类拆分开来认证等。关于绿色社区,即邻舍区域发展(neighborhood de-
velopment)的标准也已经在编制当中。

图 1-40　BEAM Plus 体系的三大标准

　　BEAM Plus 新建建筑和既有建筑的评分条文都分为六大类:场地方面(site aspects),材
料方面(materials aspects),能源使用(energy use),水源使用(water use),室内环境质量(in-
door environmental quality),创新与其他(innovations and additions)。与 BREEAM 评估系
统类似,BEAM Plus 的每个条文种类(除"创新与其他"外)都有各自的权重系数用于调整所得
分数。新建和既有建筑因所考察侧重点不同,而采用了不同的权重系数分配,见表 1-3。室内
设计与施工标准因其评估对象为建筑内部某一租客的装修空间,而设置了不同的条文种类,主

要由绿色建筑属性(green building attributes)、管理(management)、材料方面(material aspects)、能源使用(energy Use)、水源使用(water use)、室内环境质量(indoor environmental quality)和创新(innovation)七方面组成。除条文种类数量增加和内容变化外,每个种类不再有权重系数,与 LEED 体系类似,每个种类的权重由其最大可得分数决定。

表 1-3　BEAM Plus 新建与既有建筑条文种类权重

条 文 种 类	新建建筑权重	既有建筑权重
场地方面	25%	18%
材料方面	8%	12%
能源使用	35%	30%
水源使用	12%	15%
室内环境品质	20%	25%

新建与既有建筑的分数计算方法与 BREEAM 系统类似,每个种类得分的百分比乘以权重系数再相加求和就是总得分比率。总得分比率以及重要的评估种类(场地、能源使用、室内环境品质和创新四方面)的得分比率共同决定了最终的评价等级:铂金级,金级,银级,铜级,未获等级。这里的"未获等级"是指一个参评项目满足了各个评估条文种类里的所有前提条件(prerequisites),但没能够达到铜级要求的情况,详细的等级要求可见表 1-4。室内设计与施工标准采用同样的等级分配方式,但算分时只将所得分数相加。由于室内设计评估偏重不同的环境因素,所以除总分外参考的重要评估种类(材料、能源使用和室内环境质量)也不同于其他两套标准。另外,室内设计与施工标准的所有评估条文适用于全部规定的建筑类型,因此对于任何参评建筑可获得分数都是一致的,这一点不同于新建和改建标准,前两者允许根据实际情况减少参评的条文数量,详细的等级要求见表 1-5。

表 1-4　新建和既有建筑的评估等级要求

级　　别	种　　类				
	总体/%	场地/%	能源使用/%	室内环境质量/%	创新与其他/%
铂金级	75	70	70	70	3
金级	65	60	60	60	2
银级	55	50	50	50	1
铜级	40	40	40	40	—

表 1-5　室内设计与施工的评估等级要求

级　　别	种　　类			
	总体/%	场地/%	能源使用/%	室内环境质量/%
铂金级	75	15	18	17
金级	65	13	16	15
银级	55	11	12	12
铜级	40	9	10	10

BEAM Plus 新建建筑的评估分两个阶段,允许参评建筑在设计阶段完成后施工阶段开始前获得暂定等级评估(provisional certification),通过设置暂定评估有利于项目团队在早期规划好将要采用的技术和施工方法,及时判断不足之处和寻求改进,以便更加有效地实现最终的

目标等级认证。在每个评审阶段,项目团队都有两次根据评审委员会意见重新提交材料的机会。在收到评审结果之后,项目申请团队如果不同意专家审查结果,可以有两次申诉机会。第一次申诉将由建筑环保评估协会处理,第二次申诉由香港绿色建议会给予最终裁决。相比新建建筑,其他两套标准目前都实行一次性评估认证,但是对于既有建筑的非重大改造情况,也可以在改造完成前申请暂定评估。

香港绿建环评标准近年来发展迅速,已认证的建筑面积超过 1 400 万 m²,其中住宅单位超过 5 万个,按照人均标准计算已经是世界上覆盖最广泛的标准之一。除我国香港特别行政区外,在我国内地也有多个铂金级认证项目,其中有著名的北京环球金融中心、上海恒基名人商业大厦等。北京的环球金融中心总建筑面积 197 766 平 m²,位于北京市三环中路交通枢纽区域,周边各类生活服务设施齐全,属于中央商业区核心地段。该项目采用多项绿色环保设计,分别获得了 HK-BEAM 和 LEED 的铂金级认证。上海恒基名人商业大厦位于上海市交通和基础设施同样方便的外滩,该建筑也获得了 HK-BEAM 的铂金级认证。图 1-41(a)、(b)分别为北京环球金融中心和上海恒基名人商业大厦。

（a）北京环球金融中心　　　　　　　　　　（b）上海恒基名人商业大厦

图 1-41　香港绿建环评标准在我国内地的铂金级认证项目

1.3.2.2　中国绿色建筑评价标识

不同国家和地区的绿色建筑标准通常由非政府组织编写,采取自愿参与的实施原则。然而我国的绿色建筑评价标识系统的各套标准则由住房与城乡建设部编写,并且与其他地方建设主管部门协同开展评审工作,属于政府性组织性的行为。如前文所述,全球采用的绿色建筑评估体系可分为三类:英国的 BREEAM 及其衍生系统,美国的 LEED 及其衍生系统,以及日本相对独立的评估体系 CASBEE。我国绿色建筑体系的发展可以追溯到 2006 年,当时国内尚处于绿色建筑概念和技术的起步阶段,为便于推广普及,绿色建筑评价标准编委会选择了结构简单、清晰,便于操作的初代 LEED 体系作为框架,制定了以措施性条文为主的列表式评价系统(GB/T 50378—2006)。经过 3 年的实践,该系统不断调整评估准确性和适应性,增加对建筑的综合效益分析，于 2008 年正式开启绿色建筑评价标识的注册和评审程序。接下来的 5 年间，参与评估项目不断增加，各地方政府也按照住建部的框架编写了当地的绿色建筑标准，于是一套更加完善的评估标准《绿色建筑评价标准》GB/T 50378—2014 应运而生。最新的评价标准扩展了适用建筑的类型，完善了评估条文的种类，调整了重点条文的评分方法，更加适应当前的绿色建筑发展现状，并且有利于未来的系统优化和推广。

2008—2015 年间，全国已认证项目总计 3 979 个。其中，设计标识项目 3 775 项，占总数的 94.9%；运行标识项目 204 项，占总数的 5.1%。图 1-42 展示了绿色建筑认证项目按照评估等级的逐年递增趋势，从 2008 年的 10 个项目开始，增加到 2015 年的 1 441 个，但绝大部分参评项目均为设计标识，运营标识认证的项目只有 53 个，占当年总认证项目比例不足 4%。从建筑的实际环境效益着眼，未来的绿色建筑发展政策应鼓励运营标识的推广。已认证的绿色建筑多集中在经济较发达的直辖市、省会和东部沿海城市，而西北部地区虽然占了大部分国土面积，却因人烟稀少，绿色建筑的认证数量为全国最低。按照省份排名，江苏省和广东省的绿色建筑认证数量高居榜首；如果按照城市排名统计，上海市拔得头筹。

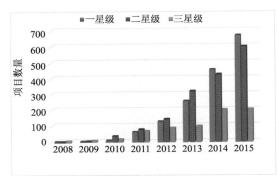

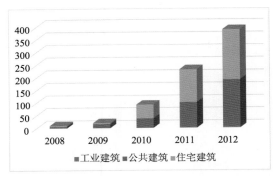

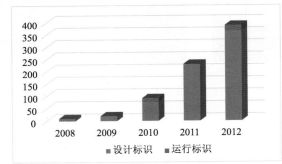

图 1-42　中国绿色建筑评价标识 2008—2012 认证建筑数量变化

目前，我国绿色建筑标识的标准体系主要包括《绿色建筑评价标准》《绿色工业建筑评价标准》《绿色办公建筑评价标准》《绿色商店建筑评价标准》《既有建筑绿色改造评价标准》《绿色医院建筑评价标准》。大部分参评建筑都是根据《绿色建筑评价标准》进行的，分为设计标识和运行标识两种认证：设计标识在建筑工程施工图设计文件审查通过后进行，运行标识应在建筑竣工验收合格并投入使用一年后进行。图 1-43 所示为设计标识和运行标识证书样本[4,5]。最新版(2014)的标准已经适用于住宅建筑、公共建筑等各种类别的民用建筑、工业建筑或者其他类型建筑,可根据自身情况参与相应标准的评审。

图 1-43　中国绿色建筑评价标识证书样本[4,5]

绿色建筑评价标准(2014)的评分条例分为以下八大种类:节地与室外环境,节能与能源利用,节水与水资源利用,节材与材料资源利用,室内环境质量,施工管理,运营管理,提高与创新。如果仅参与设计标识评估,那么施工管理和运营管理有关的分数皆为"不参评"。除创新类别以外的其他七大建筑环境指标都有各自的权重系数用于调整所得分数。根据建筑类型的不同(公共或者居住)以及建筑参评阶段的不同(设计评价和运行评价),各个评估条文种类的权重见表 1-6。

表 1-6　绿色建筑评价指标种类的权重

评　价		指　标						
		节地与室外环境	节能与能源利用	节水与水资源利用	节材与材料资源利用	室内环境质量	施工管理	运营管理
设计评价	居住建筑	0.21	0.24	0.20	0.17	0.18	—	—
	公共建筑	0.16	0.28	0.18	0.19	0.19	—	—
运行评价	居住建筑	0.17	0.19	0.16	0.14	0.14	0.10	0.10
	公共建筑	0.13	0.23	0.14	0.15	0.15	0.10	0.10

绿色建筑评价标准(除"提高与创新"外)的七类指标满分均为 100 分,每类指标的得分按照参评建筑该类别实际得分数值占总参评分数值的比例乘以 100 计算而得。接下来每类指标得分与该种类权重系数乘积求和后再附加创新类别得分数就是该评估项目的总得分。总分数分别达到 50、60 和 80,且七类指标每类得分不少于 40 时,建筑评估等级分别为一星级、二星级和三星级。特别需要注意的是,虽然每类条文中的控制项没有分数,但属于满足认证等级的前提必要条件。

　　评价标识的申请流程包括以下七个主要步骤：申报单位提出申请和缴纳注册费；申报单位在线填写申报系统；绿色建筑评价标识管理机构开展形式审查；专业评价人员对通过形式审查的项目开展专业评价；评审专家在专业评价的基础上进行评审；绿色建筑评价标识管理机构在网上公示通过评审的项目；住房和城乡建设部公布获得标识的项目。评价绿色建筑时，应依据因地制宜的原则，结合建筑所在地域的气候、资源、自然环境、经济和文化等特点进行评估。参评建筑除应符合本标准外，还需要满足国家法律法规和相关标准，以实现经济效益、社会效益和环境效益的统一。评价方法应涵盖建筑全生命周期内的技术和经济效益分析，须合理确定建筑规模、选择技术、设备和材料。

　　中国绿色建筑标识不仅在内地发展迅速，近年来也开始在香港特别行政区建立分会开展项目评估。中国绿色建筑与节能（香港）委员会是经中国科协批准，民政部登记注册的中国城市科学研究会的分支机构，是研究适合我国国情的绿色建筑与建筑节能的理论技术集成系统，协助政府推动我国绿色建筑发展的学术团体。中国绿色建筑与节能（香港）委员会是属中国绿色建筑与节能专业委员会的香港特别行政区分会，于 2010 年 5 月 15 日在香港成立。该会遵循中国绿建委章程，主要任务是辅助绿色建筑产业化发展，积极应用中国绿色建筑评价标识，利用香港学术资源的优势开展绿色建筑的相关研究，搭建与国内外绿色建筑沟通的平台。针对香港的区域性改编标准《绿色建筑评价标准（香港版）》于 2010 年底正式发行。截至 2012 年末已经有 3 个项目获得三星级认证，1 个项目获得二星级认证，分别是落禾沙住宅发展项目"迎海"一期，尚汇、牛头角上邨二、三期重建项目以及香港城市大学邵逸夫创意媒体中心（二星级）。

　　中国绿色建筑标识的评审证明材料中要求提交的成本增量计算和增量效益计算，是其他绿色建筑标准中没有涉及的指标。增量成本在这里的定义是绿色建筑在满足当前法定要求设计建造水平的基准成本之上增加的额外投入。在产生附加成本的同时，绿色建筑也会带来超越单纯经济价值的增量收益，包括比常规建筑在运营生命周期中节省的能源费用，业主及开发商可能获得的政府奖励资助，企业员工在绿色建筑内的生产力提升，企业建立的形象和品牌价值以及绿色建筑对宏观经济带来的收益。

　　通过比较由 55 个认证项目统计而得市场调研成本与申报成本，可以发现平均申报成本一般高于市场调研成本，一星级和二星级住宅建筑的差别尤其明显。市场调查的成本是根据三家以上供应商的询价平均值得到的，与申报价格的差异主要来自建设申报单位对增量成本概念理解的不统一或者特别设备的选用（如项目选用进口的高价设备，或者供应商提供的特别优惠）[6]。详细的平均增量成本比较如图 1-44 和图 1-45 所示。总体来讲，获得星级越高的项目其增量成本水平越高，但个别项目有一定幅度变化。增量成本较早年的调查整体下降幅度明显，表明绿色建筑设计的知识技术水平、市场供应和成本控制日益成熟。一星级建筑增量成本几乎为零，可以考虑全面强制新建建筑达到该星级标准。从技术角度分析，绿色建筑增量成本最主要来源为"节能与能源利用"的相关技术，其中可再生能源技术由于部分应用（如光伏系统、地热利用系统等）成本较高，选择普遍性较小，是未来绿色建筑发展的主要挑战之一。

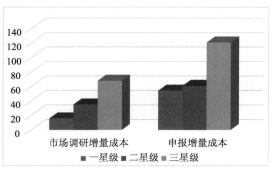

图 1-44　住宅建筑申报增量成本与市场调研
增量成本比较

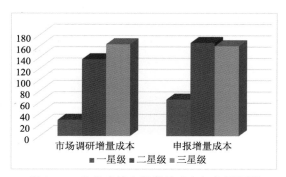

图 1-45　公共建筑申报增量成本与市场调研
增量成本比较

本 章 小 结

　　本章首先论述了绿色建筑概念及其评价标准的起源、发展和现状；接下来集中诠释了绿色建筑评估体系中 11 个重要的指标，每个指标又根据评估条文特点分不同层次和方面对标准的具体要求和特点予以详述；最后以目前国内外主要的绿色建筑标准（包括英国的 BREEAM、美国的 LEED、日本的 CASBEE、中国香港特别行政区的 BEAM Plus 和中国绿色建筑评价标识）为例，结合近年来评估项目和产业发展数据，对世界范围内绿色建筑评估体系的适用范围、系统结构、条文分类、评分方法和发展现状等进行了对比、分析和讲解。

　　从本章对绿色建筑评估指标和标准结构的说明当中可以发现，建筑节能和相关技术是评估过程中一个重要环节和解决全球能源与环境问题的核心所在，同时也是绿色建筑增量成本的主要来源。因此，后面的章节将对建筑节能技术与可再生能源在绿色建筑中的应用潜力进行探讨和论证。

参考文献

[1] CHEN X，YANG H X. Performance analysis of a proposed solar assisted ground coupled heat pump system[J]. Applied Energy. 2012,97(9)：888-896.

[2] HKGBC. BEAM Plus for New Buildings Version 1.2. BEAM Society Ltd. 2012.

[3] 韩继红，张颖，孙桦，等. 上海绿色建筑实践及评价标准研究[J]. 建设科技，2011.

[4] 住房和城乡建设部科技发展促进中心. 绿色建筑评价技术指南[M]. 北京：中国建筑工业出版社，2010.

[5] LING Y E，CHENG Z J，WANG Q Q，et al. Overview on Green Building Label in China[J]. Renewable Energy,2013 (53)：220-229.

[6] 住房和城乡建设部科技发展促进中心. 中国绿色建筑技术经济成本效益分析研究报告[M]. 北京：中国建筑工业出版社，2012.

第2章 绿色建筑与节能

2.1 建筑能源利用

2.1.1 概述

2010 年,中国首次超越美国成为最大能源消耗经济体。美国从 2006 年起新建建筑规模开始下滑,2010 年比 2006 年同比减少 55%,但同期的中国则迈开了高速建设的步伐,中国以及其他地区经济的快速发展带来的是建筑面积的日益增长,舒适的建筑内外部环境也成为人们对高品质生活的追求。但是,这一切都是以非常可观的能源消耗为代价的。

建筑正在日益成长为能耗大户,全社会总能源的 20%~40% 需要用于建筑,并且建筑能耗比例仍在攀升。根据美国能源部的统计数据[1],美国建筑能耗占总能耗的比例 2000 年为 38%,2010 年已达 41%,预计在 2030 年达到 42%。

巨量的能源消耗也意味着大量的 CO_2 排放。中国的 CO_2 排放始终保持着较高的增长率,2008—2010 年的增长率高达 21%。为了完成哥本哈根全球气候变化大会上承诺的 2020 年单位 GDP CO_2 排放比 2005 年下降 40%~45% 的目标,国务院已经连续多次制定了不同的减排要求,其中 2014—2015 年单位 GDP CO_2 排放每年下降 3.9%。但实际效果距离目标还相对遥远。为此,国家对建筑节能降耗的呼声越来越高,绿色建筑的相关标准、政策法规应运而生。住建部先后发布了《"十二五"建筑节能专项规划》(2012 年)、《绿色建筑行动方案》(2013 年)、《住房城乡建设事业"十三五"规划纲要》(2016 年)等专项规划和行动方案,针对新建建筑落实强制性标准和既有建筑的节能改造提出了明确的发展目标和要求。绿色建筑可以有效降低建筑能耗,进而大幅减少 CO_2 排放,部分绿色建筑甚至实现了零 CO_2 排放的目标。

建筑能耗是指建筑物在建造和运行过程中所消耗的能量。建造能耗包括建筑材料、构配件以及设备的生产、运输、施工和安装所消耗的能量;运行能耗包括建筑使用期间的空气调节、照明、电器和热水等所消耗的能量。建造能耗一般仅占总能耗的 10%,基本不会超过 20%,且该部分可归类于绿色建筑的节材与材料资源部分,在本章不予讨论。因此,绿色建筑的核心是节能与能源利用,建筑节能的重点是有效降低建筑运行过程中的能耗。在绿色建筑的评价标准中,不管是设计评价还是运行评价,节能与能源利用所占的项目与比重都是最大的。

节能与能源高效利用的前提是要了解建筑能源的利用方式及能耗,包括建筑用能的类别和其分项用途。确定建筑能耗主要有两种方式:建筑设计阶段的能耗模拟和建筑运行阶段的能耗分项计量统计。两种方式简要介绍如下。

1. 建筑设计阶段的能耗模拟

能耗模拟是在建筑设计阶段,根据设计的建设围护结构和建筑使用方式,对每小时、每月、每年的建筑能耗进行模拟计算和预测分析。代表性的软件有美国能源部的 DOE-2、Energy-Plus,我国香港特别行政区的 HK-BEAM,我国内地的 DeST 等。此外,还可以利用 TRNSYS 等软件对建筑暖通空调系统进行优化设计,降低运行能耗。建筑能耗模拟已成为绿色建筑设计的必要程序。需要注意的是,因为气候、使用条件等原因,模拟得出的能耗通常与实际能耗会存在一定的误差。

2. 建筑能耗分项计量统计

能耗分项计量统计可以提供建筑各项能耗的准确数据,一般通过专业的能耗监测系统来实现。美国很早就开展了建筑能耗监测,而我国直到 2008 年起才通过导则、标准和法规明确规定公共结构建筑应实施"分项计量",且主要对象是国家机关办公建筑和大型公共建筑。建筑能耗分项计量数据能帮助业主进行建筑能耗使用情况统计、量化能耗数据、掌握能耗动态信息、找出节能降耗着手点、对比节能效果差异等,还可以帮助政府利用能耗量化考核指标及能源按量收费等经济指标杠杆效应,达到整体节能的目的。本章的能源利用分析即来源于建筑能耗分项计量统计。

在电力、燃气、煤及油产品三大燃料类别中,建筑所用的主要燃料类别为电力和燃气,煤及油产品则很少使用。迫于节能减排的压力,燃煤和燃油锅炉在很多城市已经被禁止使用。

建筑用能的最终用途一般分为空气调节、照明、动力和其他特殊用电等。不同国家或地区对建筑能耗的划分统计也不尽相同,例如,我国香港特别行政区把商业及住宅建筑能耗细分为空气调节、照明、热水及冷冻、办公室设备、煮食和其他。

空气调节始终占据了建筑能源利用的大头。自从 1905 年美国开利公司发明空调以来,炎热和高湿的气候就再也不是人们生活的噩梦,身处湿热的夏季仍可自如享受惬意的凉爽。大自然已经再无法对人类的室内环境造成影响,人们开始追求对室内舒适度的完全控制,恒温、恒湿,连新风量都要通过机械通风来控制。各种商业和公共建筑中,对空气质量的要求也在逐年上升,从而新风负荷也成为建筑冷负荷不可忽视的部分,部分建筑新风负荷甚至已经达到空调能耗的一半以上。设计师对建筑美观和独特造型的追求逐渐抛弃了以往厚重的围护结构,追求大开窗、全幕墙设计、钢架型结构、轻型设计,导致了建筑冷热负荷的大幅增加。所有这些因素使得空气调节能耗逐年上升,到现在已经占据了整个建筑能耗相当大的部分。根据建筑类别及其所处地区的不同,空气调节能耗占据建筑能耗的比例已达到 20%～60%。我国香港特别行政区 2012 年商业和住宅建筑的能耗分别占到总能耗的 25% 和 34%[2],而美国 2010 年的数据则是 39.6% 和 39.4%[1]。下面简要介绍美国、我国香港特别行政区和内地建筑的能耗利用情况。

2.1.2　美国建筑能源利用

美国建筑能耗为 39 万亿 Btu(1 Btu＝1 055.056 J),占美国总一次能源消耗的 41%,其中,住宅能耗占建筑能耗的 54％,商业建筑占 46％。而同期工业和交通能耗则仅为总能耗的 30％ 和 29％[1]。根据美国能源情报署的统计和预测,在过去的 30 年中,美国建筑总能耗增长了 48％,之后的 20 年将会维持平稳增长,如图 2-1 所示。

美国建筑中能耗最大的四个用途是采暖、制冷、热水和照明,占建筑一次能源总能耗的 70％,如图 2-2 所示。其他最终用途(如电子设备、冷冻、通风、煮食)等占据了其余 30％能耗。

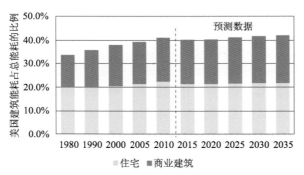

图 2-1　美国住宅和商业建筑能耗占比[1]　　　图 2-2　美国建筑一次能源最终用途

住宅建筑的末端能耗中,采暖和制冷的空调能耗占 53.9％。而在商业建筑中,空调能耗包括采暖、制冷和通风,共占建筑总末端能耗的 42.8％。同时,商业建筑的照明能耗也要比住宅建筑高 7.7％,详见表 2-1。

表 2-1　美国住宅和商业建筑末端能源最终用途

末端能源 最终用途	住宅建筑		商业建筑	
	能耗/万亿 Btu	百分比	能耗/万亿 Btu	百分比
采暖	5.23	44.7％	2.33	26.6％
制冷	1.08	9.2％	0.88	10.1％
通风	—	0.0％	0.54	6.1％
热水	1.92	16.4％	0.58	6.7％
照明	0.69	5.9％	1.19	13.6％
冷冻	0.45	3.9％	0.39	4.5％
电子设备	0.54	4.7％	0.26	3.0％
电脑	0.17	1.5％	0.21	2.4％
煮食和湿洗	0.81	7.0％	0.20	2.3％
其他	0.37	3.2％	1.20	13.7％
误差调整	0.42	3.6％	0.95	10.9％
总计	11.69	100％	8.74	100％

2.1.3　我国香港特别行政区建筑能源利用

随着我国香港特别行政区经济发展和人口数量增加,建筑面积(包括住宅和商业)逐年增长,导致建筑能耗在过去的 20 多年中逐年上升。因为我国香港特别行政区在 20 世纪 80 年代转型为商业和金融中心,所以工业能耗逐年降低。图 2-3 反映了我国香港地区各类能耗在过去 20 多年间的变化情况[2,3]。根据香港特别行政区机电工程署的统计数据,2012 年,香港地区住宅和商业建筑的能耗占总能耗的 63%,其中,住宅占 21%,商业占 42%[2]。

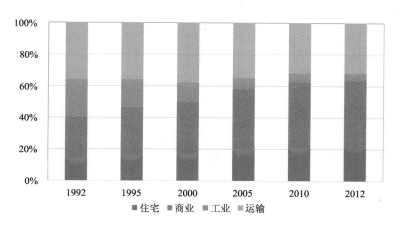

图 2-3　香港地区各类别能耗占比

我国香港地区早在 1984 年就开展了建筑能耗数据的分项计量工作。根据能源最终用途,建筑能源利用被细分为空气调节、照明、热水及冷冻、办公室设备、煮食和其他。不同类别建筑的能源利用方式有很大区别。商业类建筑能耗主要用于空调、照明和冷冻,它们占商业类建筑总能耗的 63%,特别是空气调节能耗占总能耗的 37%;住宅类建筑能耗主要用于空调、热水和煮食,这三类占住宅建筑能耗的 68%,如图 2-4 所示。因为我国香港特别行政区属于湿热气候,常年温度高、湿度大,为了提高室内舒适度,空调的使用越来越广,空气调节能耗也因此占据了商业建筑能耗最大的比例。

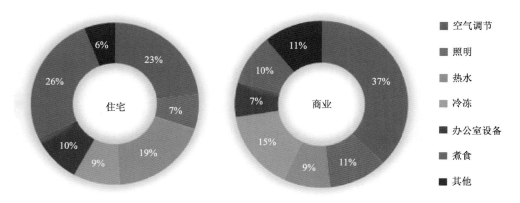

图 2-4　2012 年我国香港特别行政区住宅和商业建筑能源最终用途

2.1.4　我国内地建筑能源利用

我国是建筑大国,城市发展而导致的建筑面积逐年增长是建筑能耗逐年上升的根本原因。

2001—2014 年,全国村镇总建筑面积由 338 亿 m² 增长到 605 亿 m²。同时,建设能源消费总量由 2001 年的约 3 亿吨标准煤增长到 2014 年的 8.14 吨标准煤,增长 2.63 倍,位居全球第二位,如图 2-5 所示。我国建筑规模仍处于急剧扩张之中,预计到 2020 年底,全国房屋建筑面积将达到 686 亿 m²。

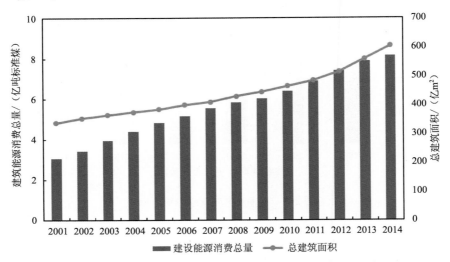

图 2-5　我国建筑面积及总商品能耗增长趋势(2001—2014 年)

关于我国建筑能源利用的现状,之前曾有评价"建筑能源消费水平低、能源浪费严重、用能效率不高、能耗增长潜力大"[4],即建筑能源利用总量和效率都有很大的提升空间。我国建筑能耗主要呈现以下几个特点:

(1)建筑单位面积能耗水平较世界发达国家要低,但单位面积能耗数值在不断上升中。图 2-6 反映了目前各国建筑能耗的状况。圆圈的大小代表国家总的建筑能量(单位是亿吨标准煤),横轴代表人均建筑能耗(单位是千克标准煤/(m²·年)),纵轴代表单位面积平均能耗(单位是千克标准煤/(人·年))。由图可知,我国城镇单位面积平均能耗为 20 千克标准煤/(m²·年),仅为美国的 40%。其中的主要原因是我国对于建筑的服务水平,特别是室内舒适度的要求上要远低于发达国家,并且我国建筑的体型系数比发达国家小。较低的单位面积能耗水平并不意味着建筑节能不重要,相反地,这意味着我们在节能上要付出更多的努力。此外,随着生活水平的提高,单位面积建筑能耗正在不断上升。如图 2-7 所示,2012 年公共建筑单位面积能耗比 2001 年增长了近 40%,而城镇住宅单位面积的能耗则增长了近 60%。

(2)北方城镇采暖能耗大,南方采暖需求增加。我国北方总建筑面积约 75 亿 m²,约 70% 的城镇建筑面积采用集中供暖,总采暖能耗约 1.42 亿吨标准煤/年,单位面积能耗为 3～20 千克标准煤/(m²·年),占我国城镇建筑能耗总量约 40%。我国长江中下游流域建筑面积约 70 亿 m²,目前采暖能耗小于 3 千克标准煤/(m²·年),远小于北方采暖能耗。但目前采暖需求有逐渐增加的趋势。

(3)城乡建筑能耗差异大。我国由于城乡经济发展水平、生活质量的要求以及使用能源种类的差异,城乡建筑能耗差异达到 1 倍。建筑节能的重点仍然是城镇建筑。

(4)公共建筑,特别是大型公共建筑能耗高。2004 年公共建筑面积为 53 亿 m²,占全国建筑面积的 14.7%,但其建筑能耗却占了当年总建筑能耗的 21.7%。而占公共建筑 4% 面积的大型公共建筑,却占据了公共建筑能耗的 15.7%,每平方米每年的耗电量高达 70～350 kW · h,约为住宅的 10～20 倍,是能源消耗的高密度区。

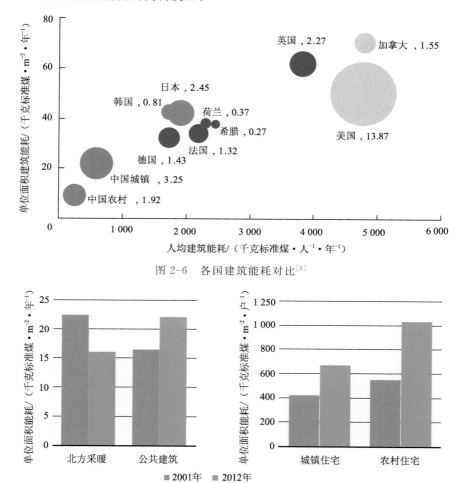

图 2-6 各国建筑能耗对比[6]

图 2-7 中国各类型建筑能耗对比

2.1.5 能源利用与节能技术分析

以上简述了典型地域的建筑能耗利用的总体情况和建筑分项能耗。可以看出,建筑能耗在国家能源消耗中占据着绝对重要的地位。建筑能耗分析不但为建筑节能提供方向和动力,同时也是绿色建筑设计的要求。

绿色建筑中,节能与能源利用主要包括三个方面:降低建筑能耗负荷,提高系统用能效率,使用可再生能源。如果说之前建筑能源利用的目标是节能减排,那么近期对建筑能源利用的要求则更进一步是(近)零能耗。

目前,国际上对零能耗建筑有三种理解,分别是净零能耗建筑、近零能耗建筑和迈向零能耗建筑,这些理解的主要区别源于对零能耗目标的期待。但不管是何种零能耗建筑或零碳建筑,都是要实现节能降耗减排的目标。不少国家或地区已根据各自发展实际,制定了自己的零能耗建筑中长期发展规划。例如,欧洲要求在 2020 年所有新建建筑全部为零能耗建筑。中国建筑科学研究院正在制定中国的零能耗建筑规划,计划在 2030 年实现新建住宅建筑达到零能耗。

要最大限度地实现建筑节能,达到(近)零能耗建筑的目标,主要有四个途径:

(1)被动式节能技术降低建筑冷热负荷,是建筑节能甚至是零能耗建筑的基础,将在本章 2.2 节详细讨论。

(2)高性能建筑能源系统,主要是主动式节能技术的利用,是实现建筑节能的重要途径,将在本章 2.3 节概要介绍。

(3)可再生能源的建筑一体化设计,是实现零能耗建筑的关键,将在本书之后的章节予以探讨。

(4)零能耗运行策略,是实现零能耗建筑的保障。再优秀的设计,如果无法得到有效运行,也难以达到目标。

如果要系统性提高建筑整体用能效率,实现(近)零能耗建筑,这四个途径的顺序不能任意颠倒。不采用被动式节能技术,即使能源系统效率再高,也难以实现有效节能;而即使全部能量都使用可再生能源,但不采用节能措施,也不能称为绿色建筑,因为它造成了不必要的能源浪费。

2.2 被动式节能技术

2.2.1 概述

被动式节能是近年来非常流行的一种建筑设计方法与理念。它主要指不依赖于机械电气设备,而是利用建筑本身构造减少冷热负荷,注重利用自然能量和能量回收,从而降低建筑能耗的节能技术。具体来说,被动式节能技术在建筑规划设计中,通过对建筑朝向和布局的合理布置、建筑围护结构的保温隔热技术、遮阳的设置而降低建筑采暖、空调和通风等能耗。目前,一般把自然通风以及用于强化自然通风效果的辅助机械设备(如泵、风机和能量回收设备等)归类于被动式节能技术。

被动式节能技术虽然包含许多新的技术,但它并不是一个新的概念。中国传统建筑一般都非常巧妙地利用了高效的围护结构、自然通风、自然采光等被动式节能技术来实现节能的目的。例如,我国典型的徽派建筑、岭南建筑等,建筑天井小、四周阁楼围合,建筑自身构成一个烟囱效应的通风口,在带走室内热气的同时,室外凉风可从建筑阴影区底部进入,形成自然的通风廊道散热。又如,我国北方的土筑瓦房,土层厚、保温隔热好,并且采用三角形拱顶结构,有充分的容纳热气的空间,质朴的设计却实现了高效的节能结果。此外,北方地区的窑洞还可以充分利用土壤层与室外的温差,自然而然地实现了冬暖夏凉的效果,除了采光受限外,可称得上是最早的低能耗建筑。

被动式节能技术的流行是因为人们对自然环境的关注,以及碳排放的压力。在 2.1 节中已提到不断增长的建筑能耗使得节能减排的压力也在不断增长。举例来说,清华大学 20 世纪八九十年代修建的教学楼,每平方米耗电大于为 30 kW·h,而 21 世纪初新建的教学楼,每平方米能耗涨到了 60 kW·h 以上。这些因素都使得节能技术,特别是被动式节能技术日益受到重视和流行,传统建筑的一些设计理念又逐渐回归。

被动式节能技术的利用可以使得建筑的冷热负荷大幅降低。在寒冷地区,通过高效的保温措施,并充分利用太阳、家电及热回收装置等带来的热能,不需要主动热源的供给,就能使房屋本身保持一个舒适的温度,消耗的能源非常少。现在,这种基于被动式节能技术建造的建筑又被称为被动式节能屋(德语:passivhaus)或被动式房屋。它不仅适用于住宅,还适用于办公建筑、学校、幼儿园、超市等。普通住宅与被动式房屋的对比如图 2-8 所示。

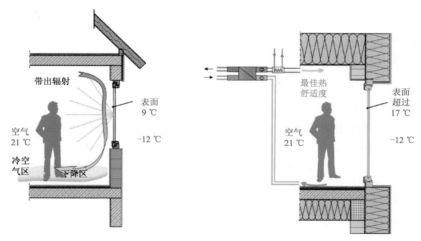

图 2-8　普通住宅与被动式房屋的对比

被动式房屋的概念最早由瑞典隆德大学的 Bo Adamson 教授和德国被动式房屋研究所 (passivhaus institute)的 Wolfgang Feist 博士于 1988 年提出。成立于 1996 年的德国被动式房屋研究所致力于推广和规范被动式房屋的标准。截至 2010 年,仅在德国就有 13 000 多座被动式节能屋投入使用,2012 年全世界有 37 000 座被动式房屋。这些被动式房屋不但有独栋房屋,还有公寓、学校、办公楼、游泳馆等。特别是多层建筑,更能体现它的优势。例如,位于 Innsbruck 的能容纳 354 个住户的 Lodenareal 项目是世界上最大的被动式建筑。

被动式节能技术应用于不同气候条件时,其基本方式是一致的,特别是保温、窗户和遮阳的设计,但却不能直接复制应用,应根据不同地区的气候条件予以调整和优化。在寒冷地区建筑的主要需求是采暖,因此更关心墙体厚度、保温层厚度、采光的设计。而在夏热冬暖地区建筑的主要需求是制冷、除湿,因此遮阳、通风以及热回收才是建筑设计关注的重点。被动式房屋起源于欧洲寒冷地区,在我国多样化的气候条件中应用时,可以借鉴但却不能照搬。

被动式节能技术的方式多样,总体来说,有以下几种分类:

(1)外围护结构节能技术。

(2)节能窗技术。

(3)遮阳。

(4)采光技术。

(5)通风技术和设备。

(6)被动式采暖技术。

(7)建筑热质与相变材料。

下面就典型的被动式节能技术进行介绍。

2.2.2　外围护结构节能技术

建筑围护结构,包括墙体、窗、屋顶、地基、热质量、遮阳等,将室内外环境隔离开来,是决定室内环境质量的重要因素。寒冷和严寒地区冬季采暖负荷高,炎热地区夏季制冷负荷高。这些冷热负荷大部分是由于建筑外围护结构与外界环境的热交换造成的。有效的围护结构可以形成良好的保温隔热系统,从而大幅降低建筑的冷热负荷,进而降低建筑能耗。香港理工大学陈国泰教授的研究表明:设计良好的外围护结构可以降低湿热地区高层公寓楼 36.8% 的峰值负荷,可节能 31.4%。低能耗建筑的一个显著的特点就是具备高效的保温隔热系统。因此,降低建筑空调能耗的重点是提高建筑围护结构的热力学性能,降低传热系数,提高气密性,从而减少热损失。

下面对主要的围护结构节能技术及其最新进展进行介绍。

2.2.2.1　高效能的建筑外墙保温技术

满足建筑节能 50% 的节能外墙,其构造主要有四种:单一材料节能外墙、外墙内保温系统、夹芯保温外墙、外墙外保温系统。

单一材料节能外墙仅限于用保温砂浆砌筑的加气混凝土砌块和煤矸石多孔砖等少数几种材料,且墙体厚度较大,在窗口等热桥部位还需要做保温处理,局限性较大,用量较小;外墙内保温系统则面临热桥问题难以解决、占用室内空间较多、保温层及内粉饰层易开裂、不便于二次装修等许多缺点;夹芯保温外墙最大的优点是内外粉饰均不受影响,且造价较低,但这种做法施工比较麻烦、不易拉结、安全性较差、不易保证工程质量且因保温层不连续,存在较严重的热桥问题、结露问题。

目前比较流行的是外墙外保温系统,即 exterior insulation and finish system(EIFS)或 external wall insulation system（EWIS）。如图 2-9 所示，EIFS 设置在建筑物外墙外侧，由界面层、保温层、抗裂防护层和饰面层（面砖或涂料）构成，对建筑物能起到冬季保温、夏季隔热和装饰保护的效果。保温层通常通过黏结或/和机械方式固定到基底上。外墙外保温系统使用寿命较长，平均为 30 年，有的甚至达到 40 年。

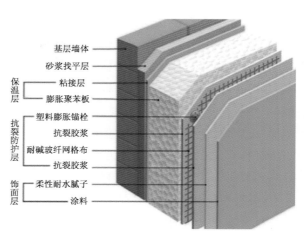

图 2-9　外墙保温系统（EIFS）示意图

外墙外保温系统通常以膨胀聚苯板为保温材料，采用专用胶黏剂粘贴和机械锚固方式将保温材料固定在墙体外表面上，聚合物抹面胶浆作保护层，以耐碱玻纤网格布为增强层，外饰面为涂料或其他装饰材料而形成的。保温材料也可以是 XPS、PU 等其他材料。

外墙外保温系统是欧美发达国家市场占有率最高的一种节能技术，适用地区和范围非常广，包括寒冷地区、夏热冬冷地区和夏热冬暖地区的采暖建筑、空调建筑、民用建筑、工业建筑、新建筑、旧建筑、低层、高层建筑等均可采用。外墙外保温系统有许多优点：外保温可以避免产生热桥；外保温的基层墙体在内侧，具有蓄热好的优点，可减小室温波动，舒适感较好；外保温可减少夏季太阳辐射热的影响，使建筑物内冬暖夏凉；外保温可提高外墙内表面温度，即使室内的空气温度有所降低，也能得到舒适的热环境；外保温可使内部的实墙免受室外温差的影响及风霜雨雪的侵蚀，从而减轻墙体裂缝、变形、破损，以延长墙体的寿命；外保温不会影响室内装修，并可以与室内装修同时进行；外保温适用于旧房改造，施工时不会影响住户的生活，同时会使旧房外貌大为改观。图 2-10 所示为使用外墙保温系统改造的德国一古砖石建筑，改建后，不但节能性能提升，外观也大为改善。

图 2-10　右侧覆盖 EIFS 的德国古砖石建筑

（来源：Handwerker via Wikipedia，http://en.wikipedia.org/wiki/Exterior_insulation_finishing_system）

外墙外保温系统选用的保温材料,对保温层厚度、施工工序、工期和造价等有很大的影响。外墙外保温系统的保温材料的种类很多,常用的有膨胀聚苯板(EPS 板)、挤塑聚苯板(XPS 板)、聚苯颗粒浆料、聚氨酯硬泡体、矿棉、玻璃棉、泡沫玻璃、纤维素和木质保温隔热材料等,图 2-11 所示为典型保温材料的导热系数曲线。从这些保温材料的技术性能来看,各种性能较好的材料是聚氨酯硬泡体和挤塑聚苯板。但从技术成熟度及应用来看,膨胀聚苯板则是目前使用最广泛的绝热

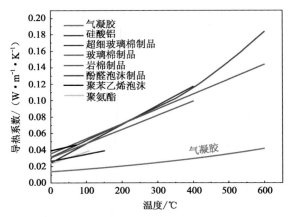

图 2-11　典型保温材料的导热系数曲线

材料,已占据德国 82％以上的市场,在我国也有较为广泛的应用。

膨胀聚苯板(EPS 板)是用含低沸点液体发泡剂的可发性聚苯乙烯珠粒经加热预发泡后,在模具中加热成形。它具有自重轻和极低的导热系数。EPS 板的吸水率比挤塑聚苯板(XPS 板)偏高,容易吸水,这是该材料的一个缺点。EPS 板的吸水率对其热传导性的影响明显,随着吸水量的增大,导热系数也增大,保温效果随之变差,在使用时要特别注意。

除了 EPS 板等常用的保温隔热材料外,还有许多新型的绝热材料被研发应用,效果优异的材料主要包括气凝胶保温材料、真空保温材料等。

气凝胶保温材料是绝热性能非常优异的一种轻质纳米多孔材料,它具有极小的密度和极低的导热系数,非常薄的材料即可达到非常好的绝热效果。气凝胶是由胶体粒子相互聚集构成的,一般呈链状或串珠状结构,直径为 2～50 nm,其内部孔隙率在 80％以上,最高可达 99％。从形态上说,典型的 SiO_2 气凝胶可以制成颗粒、块状或者板状材料。气凝胶密度为 0.05～0.2 g/cm³,是世界上最轻的固体,被誉为“固体的烟”。气凝胶常温下的导热系数低至 0.015 W/(m·K),是目前已知绝热性能最好的固体材料。但由于气凝胶制备较为复杂且强度不高,因此一般与其他材料结合加工成板材等复合绝热材料。目前国内外已有多家公司制作出以气凝胶为填充物、聚酯纤维等材料作为内芯的隔热板材,例如美国波士顿 Cabet 公司,日本 Dynax 公司,国内的纳诺科技、长沙星纳气凝胶有限公司等。这种材料集超级隔热、耐高温、不燃、耐火焰烧穿、超疏水、隔音减震、环保、低密度、绝缘等性能于一体,非常适合于建筑节能墙体材料。

真空保温材料通常采用微孔硅酸作为支撑,硅酸表面包裹一层薄膜,多借助滑道或黏合剂进行固定。真空保温材料的导热系数为 0.007～0.009 W/(m·K),其保温性能优于传统的保温材料 10 倍,2 cm 的真空保温层的保温效果相当于 20 cm EPS 板的保温效果。但真空保温材料极易受损,且需要进行现场质量控制,相对于传统保温材料费用较高。

保温材料的厚度是随着节能意识的提高以及对保温层作用的了解而逐渐增加的。例如,德国法规对保温层厚度的规定,从 1980 年的 4 cm,逐渐提高到 6 cm、8 cm,直到现在的 10 cm。

研究发现,保温层厚度为 20 cm 时,经济性能比达到最佳,因此,在德国新建低能耗住宅外墙保温层的厚度都在 19～20 cm,而被动式房屋中,如果采用 EPS 板,外墙保温层厚度一般为 24～30 cm,如图 2-12 所示。但应注意的是,保温层厚度的确定也与保温材料的选择有关。例如,选用 XPS 板时,因为 XPS 板的导热系数比 EPS 板小,所以厚度可适当降低。另外,保温层也不是越厚越好,保温层越厚,其表面变形越大,对外粉饰产生裂缝的影响也越大,故保温层的厚度不宜过大。保温层的厚度以满足节能设计的标准为宜。

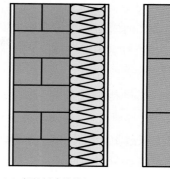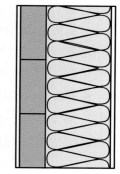

(a) 低能耗建筑的保温层 （b) 被动式房屋的保温层

图 2-12 低能耗建筑与被动式房屋的保温层对比

2.2.2.2 屋顶和地面

建筑围护结构中,屋顶是受太阳辐射和其他环境影响最大的部分,也是建筑得热的主要部分,特别是对于大面积屋顶的建筑,如展览馆、音乐厅、运动馆等。因此,要提高建筑综合热性能,就必须重视屋顶的热性能表现。低能耗建筑对屋顶的传热系数 U 值的限制也在不断加强。例如,英国对新建建筑屋顶传热系数的要求从 1985 年的不大于 0.35 W/(m² · K) 变为现在的不大于 0.25 W/(m² · K)。典型的屋顶绝热系统由屋面、隔热层和反射层组成,如图 2-13(a)所示。图 2-13(b)是优化设计的屋顶绝热系统,它可以使屋顶背面的温度降低 10 ℃以上。

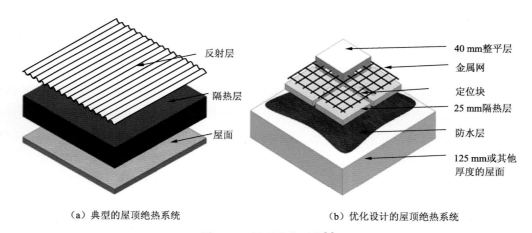

反射层   40 mm整平层

隔热层   金属网

屋面   定位块

25 mm隔热层

防水层

125 mm或其他厚度的屋面

(a) 典型的屋顶绝热系统   (b) 优化设计的屋顶绝热系统

图 2-13 屋顶绝热系统[9]

反射层通过反射阳光而减少对太阳辐射的吸收,进而降低建筑的热负荷。反射层一般为铝箔等材料或涂料,其性能一般用太阳反射率(SR)和红外辐射率来表示。增大 SR 或红外辐射率可以降低屋顶温度。传统屋顶的 SR 一般仅为 0.05～0.25,而带有反射层的屋顶的 SR

可以达到 0.6,甚至更高。例如,白色弹性涂层或铝涂层可以把 SR 提高到 0.5,甚至更高。对部分产品来说,SR 的增加还与涂层厚度有关。试验发现:带反射涂层的屋顶,其最高屋顶温度可以降低 33~42 ℃;对于单层商业或工业建筑,高 SR 的屋顶可以降低制冷负荷 5%~40%,峰值负荷 5%~10%。

屋面保温隔热材料一般分为两类:一是板材型材料,如 XPS 板、EPS 板、硬泡聚氨酯板(PU)、玻璃纤维、岩棉板;二是现场浇注型材料,如现场喷涂硬泡聚氨酯整体防水屋面。研究表明:使用 XPS 板或 PU 板作为绝热层的屋顶能比不使用绝热层的同类屋顶减少 50% 以上的热负荷[5]。保温隔热材料的厚度可根据节能标准进行设计。被动式房屋一般要求保温隔热材料的厚度为 24~30 cm。

除了屋顶绝热系统外,还有很多优秀的被动式节能技术可以应用于绿色建筑的屋顶中来降低建筑热负荷,例如通风屋顶、拱顶、绿色屋顶、蒸发冷却屋顶、光伏屋顶等。

如图 2-14 所示,通风屋顶一般是由双层板构成的一个允许空气流动的通道,这个空气通道可以降低通过屋顶向室内的传热。通风可以是被动式的,利用烟囱效应来实现空气的流动;也可以是主动式的,通过风机来驱动空气的流动。通风屋顶多见于热带地区,更适用于拥有较高且宽阔的屋顶的建筑。在寒冷的冬季,则建议关闭空气通道,或仅保留非常少的通风以排除少量的凝结水。

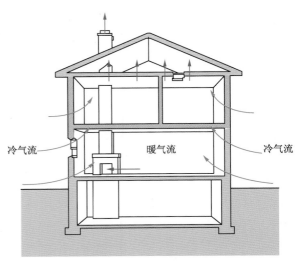

图 2-14 通风屋顶及烟囱效应

拱顶适用于炎热和干燥地区,比如中东地区的传统建筑。通过对拱形屋顶和平屋顶热性能研究发现[6]:拱形屋顶可以在白天有效地反射太阳直射辐射,也可以在夜晚更快速地散热。在应用拱顶的建筑中,75% 的热分层出现在拱形区域,从而使得建筑下部的空间相对凉爽。

绿色屋顶更符合绿色建筑的概念。绿色屋顶是在屋顶全部或部分种植植被,一般由防水膜、生长介质(水或土)以及植被组成,也会包含有防水层、排水和灌溉装置。绿色屋顶不仅能反射太阳光,还可以作为屋顶额外的隔热层。与传统屋顶的对比发现:传统屋顶吸收了 86% 的太阳辐射,仅反射 10%;而绿色屋顶仅吸收 39%,反射却达到 23%[7]。绿色屋顶更适用于没有良好保温隔热的建筑,它可以提高建筑的隔热,但不能取代屋顶隔热层。绿色屋顶的附加载荷一般为 1 200~1 500 N/m²,这对多数建筑来说不会造成影响。

蒸发冷却屋顶利用水的蒸发潜热来冷却屋顶,适用于炎热地区。它利用屋顶的浅水池或在屋顶覆盖湿麻布袋,在夏季可以降低 15~20 ℃ 的室温。

光伏屋顶在屋顶覆盖光伏组件，不但可以降低对太阳辐射的吸收、增强对屋顶的保护，还可以在白天产生可观的电力。

地面在建筑围护结构中的作用略小，但对于体型系数较大的建筑，地面传热也是建筑得热和热损失的一个重要影响因素。为获得较好的保温效果，被动式房屋要求地面保温层厚度应大于 25 cm。

2.2.2.3　无热桥设计

建筑围护结构中的一些部位，在室内外温差的作用下，可形成热流相对密集、内表面温度较低的区域。这些部位成为传热较多的桥梁，故称为热桥（thermal bridge），有时又称冷桥（cold bridge）。所谓热桥效应，即热传导的物理效应，由于楼层和墙角处有混凝土圈梁和构造柱，而混凝土材料比起砌墙材料有较好的热传导性（混凝土材料的导热系数是普通砖块导热系数的 2～4 倍），同时由于室内通风不畅，秋末冬初室内外温差较大，冷热空气频繁接触，墙体保温层导热不均匀，产生热桥效应，造成房屋内墙结露、发霉，甚至滴水。热桥效应是由于没有处理好热传导（保温）而引起的。热桥效应在砖混结构的建筑中出现较多。常见的热桥包括外墙周边的钢筋混凝土抗震柱、圈梁、门窗过梁，钢筋混凝土或钢框架梁、柱，钢筋混凝土或金属屋面板中的边肋或小肋，以及金属玻璃窗幕墙中和金属窗中的金属框和框料等，如图 2-15 所示。无热桥建筑结构可避免上述现象的发生。

要使建筑保温隔热系统发挥良好的作用，除了保温材料和厚度的选择外，加强关键节点的设计与施工，避免热桥非常重要。实现无热桥要求建筑物必须无疏漏地包裹在保温层里，避免穿透保温隔热平面的构件，避免结构件外突的建筑部件。阳台最好能处理成自承重移前的构件，采用预安装结构等，可将热桥最小化。

图 2-15　建筑围护结构中的热桥

2.2.2.4　良好的气密性

低能耗建筑应有良好的气密性。部分建筑无法做到很好的密封，使建筑内部与外界有太多的空气交换，从而大大增加了冷热负荷。

要形成良好的密封，建筑围护结构关键部位（如窗洞口、空调支架与栏板、穿墙预埋件、屋顶连接处、建筑物阴阳角包角等）应采用相应的密封材料和配件隔绝传热，确保保温系统的完整性。主要的密封方法包括玻璃纤维密封、闭孔喷涂泡沫密封、开孔喷涂泡沫密封等。图 2-16 所示为围护结构气密性处理。

被动式房屋要求建筑的气密性应满足 $N_{50} \leqslant 0.6$，即在室内外压差 50 Pa 的条件下，每小时的换气次数不得超过 0.6 次。

图 2-16　围护结构气密性处理

（来源：http://www.buildingenergyexperts.com/services/insulation）

2.2.3　节能窗技术

窗户是建筑保温、隔热、隔音的薄弱环节。为了增大采光面积或体现设计风格，建筑物的窗户面积越来越大，更有全玻璃的幕墙建筑，33%～40%建筑围护结构热损失从窗户"悄然流失"，是建筑节能的重中之重。因此窗户是节能的重点并单独列为一种被动式节能技术。窗户既是能源得失的敏感部位，又关系到建筑采光、通风、隔声、立面造型。这就对窗户的节能技术提出了更高的要求，其节能处理主要是改善材料的保温隔热性能和改进窗户构造并提供窗户的密闭性能。

评价窗户热性能的主要参数是传热系数 U 值。为解决大面积玻璃造成的热量散失问题，目前节能标准中对窗户传热系数 U 值的要求也越来越高。例如，德国 2009 年颁布的《节约能源法》规定窗户的 U_w 限值为 1.3 W/(m² · K)，这就要求玻璃的 U_g 值不大于 1.1 W/(m² · K)，根据表 2-2，基本上只有双层低辐射（Low-E）玻璃填充稀有气体才能满足该要求。在欧洲，除了西班牙的 3.1 W/(m² · K)和法国的 2.6 W/(m² · K)外，其他国家的 U_w 都在 2.0 W/(m² · K)以下。特别是北欧地区，U_w 全部在 1.5 W/(m² · K)以下。被动式房屋标准中，更是要求 U_w 不大于 0.8 W/(m² · K)。而在我国，北京的限制是 2.0 W/(m² · K)，东北地区的是 1.5 W/(m² · K)。

因此，各种中空玻璃、镀膜玻璃、Low-E 玻璃、三玻保温窗等逐渐成为市场主流，常见的保温隔热玻璃的参数见表 2-2。

表 2-2　常见保温隔热玻璃的性能参数[8]

玻璃类型	种类结构	透光率	遮阳系数	U_g 值，W/(m² · K)
单层玻璃	6	89%	0.99	～6
单层热反射玻璃	6	40%	0.55	5.06
中空玻璃	6＋12A＋6	81%	0.87	2.72
双玻，Low-E	6＋12A＋6LowE	39%	0.31	1.66
双玻，Low-E，氩气填充[8]	—	—	—	1.1
双玻，气凝胶填充	—	—	—	1.1
三玻，Low-E，氩气填充[8]	—	—	—	0.65

节能效果非常显著的三层玻璃保温窗在欧美地区开始流行,其结构如图 2-17 所示,采用三玻两腔结构(双 Low-E、双暖边、充氩气或氪气),窗框体通常采用高效的发泡芯材保温多腔框架,具有超强的保温性能。玻璃 U_g 值一般为 $0.7\ \text{W}/(\text{m}^2 \cdot \text{K})$,窗框 U_f 值达到 $0.7\ \text{W}/(\text{m}^2 \cdot \text{K})$,窗户的 U_w 值可低至 $0.8\ \text{W}/(\text{m}^2 \cdot \text{K})$。当然,三层玻璃内腔填充氩气的节能窗造价较高,在国内的推广还有难度。

图 2-17　三层玻璃保温构造节能窗剖解示意图(来源:Ecohome Magazine)

三层玻璃保温窗不仅能减少热量损失,而且还能增加舒适度。当室外温度为 $-10\ ℃$,室内为 $20\ ℃$ 时,若采用双层玻璃保温窗,则窗户内侧玻璃的温度约为 $8\ ℃$;若采用三层玻璃保温窗,则窗户内侧玻璃的温度可高达 $17\ ℃$,在靠窗区域不会觉得寒冷,舒适度大为提升。

除了窗户本身节能外,窗户的安装方式及安装位置、窗户的密封对于提高窗户的气密性都有很大的作用。被动式房屋窗户是安装在外墙外保温的中部,即窗框外侧凸出外墙一部分,窗框外侧落在木质支架上,同时借助于角钢或小钢板固定,整个窗户被嵌入保温层约 1/3 的厚度。窗户密封采用防水材料,如建筑用连接铝或者合适的丁基胶带,胶带可用灰浆嵌入安装。外部密封可采用压缩、浸渍和敞孔的密封条,如人工树脂阻燃的聚氨酯泡沫材料。

2.2.4　遮阳

在夏热地区,建筑遮阳或许是成本最小且最为立竿见影的被动式节能技术。在低能耗建筑等节能建筑标准中,一般会对通过窗户进入到室内的太阳光得热(total energy transmittance)进行限制。遮阳对降低建筑能耗,提高室内居住舒适性有显著的效果,遮阳的种类主要有窗口、屋面、墙面、绿化遮阳等形式,其中窗口无疑是最重要的。窗户作为室内采光的主要通道,同时也是建筑得热的主要途径。因此,在需要制冷的季节,需要对建筑,特别是窗户进行遮阳,以减少建筑的得热和冷负荷。

建筑遮阳针对不同朝向和太阳高度角可以选择水平遮阳、竖直遮阳或者挡板式等三种方式。水平遮阳适用于窗口朝南及其附近朝向的窗户;竖直遮阳适用于窗口朝北及北偏东及偏西朝向的窗户,例如,在建筑西立面中的西晒问题,由于太阳高度角偏低,水平遮阳的阻挡有限,垂直遮阳可以很好地解决;挡板式适用于窗口朝东、西及其附近朝向的窗户,但此种遮阳板遮挡了视线和风,通常需要做成百叶式或活动式的挡板。

以上三种遮阳都可以做成外遮阳、中置遮阳和内遮阳三种形式。外遮阳的最大优势是在遮挡太阳直射光的同时也把太阳直接辐射阻隔在外,遮阳效果优于中置遮阳和内遮阳。

建筑外遮阳可以是固定的,也可以是活动的。固定的建筑遮阳结构如遮阳板、屋檐等。活动式外遮阳如百叶、活动挡板、外遮阳卷帘窗等。相对来说,活动式外遮阳因为可以调节效果更优。传统单层或多层建筑多依靠屋檐或挑檐的设计涵盖遮阳的功能,现代建筑多采用遮阳板、百叶等方式实现外遮阳。优秀的外遮阳应具备遮阳隔热、透光透景、通风透气等特点。

外遮阳卷帘是一种有效的外遮阳措施:完全放下的卷帘能遮挡住几乎所有的太阳辐射;此外卷帘与窗户玻璃之间保持适当距离时,还可以利用烟囱效应带走卷帘上的热量,减少热量向室内传递。百叶帘既可以升降,也可以调节角度,在遮阳和采光、通风之间达到了平衡,因而在办公楼宇及民用住宅上得到了很大的应用。如图2-18所示的导光百叶和挡板式外遮阳,不但起到遮阳的效果,还可以将部分阳光倾斜角度后导入室内的天花板上,补充自然采光,是一种非常有创意的设计。值得注意的是,外遮阳在建筑立面上非常明显,设计不好便会影响美感,而且还有造价的压力,还有可能在强风中变成安全隐患。

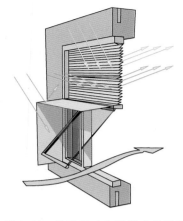

图 2-18　导光百叶和挡板式外遮阳

内遮阳时,太阳辐射穿过玻璃会使室内窗帘自身受热升温,这部分热量实际上已经进入室内会使室内的温度升高,因此遮阳效果较差。内遮阳一般是在外遮阳不能满足需求时的替代做法,窗帘、百叶都是常见的内遮阳方式。对于现代建筑,内遮阳安装、维护方便,对建筑外观无影响,因此使用较多。此外,内遮阳的使用者更容易接近和控制,可以根据自己的喜好调整内遮阳板、帘来提高舒适度。

玻璃自遮阳利用窗户玻璃自身的遮阳性能,阻断部分阳光进入室内。遮阳性能好的玻璃常见的有吸热玻璃、热反射玻璃、低辐射玻璃(Low-E 玻璃),以及近年来得到应用的热致变色和电致变色玻璃等。

吸热玻璃可以将入射到玻璃30%~40%的太阳辐射转化为热能被玻璃吸收,再以对流和辐射的形式把热能散发出去。热反射玻璃在玻璃表面形成一层热反射镀层玻璃。热反射玻璃的热反射率高,同样条件下,6 mm 浮法玻璃的总反射热仅16%,吸热玻璃为40%,而热反射玻璃则可高达61%。热致变色玻璃可以根据环境温度对红外光透过率进行自动调控,在夏天阻挡红外光进入室内,从而可以实现冬暖夏凉的效果。热致变色玻璃主要利用二氧化钒的可逆相变特性。电致变色玻璃可以在电场作用下调节光吸收透过率,可选择性地吸收或反射外界的热辐射和内部的热扩散,不但能减少建筑能耗,同时能起到改善自然光照程度、防窥的目的。这几种玻璃的遮阳系数低,具有良好的效果。值得注意的是,前两种玻璃对采光有不同程度的影响,而低辐射玻璃的透光性能良好。此外,利用玻璃自遮阳时,需要关闭窗户,从而影响房间的自然通风,使滞留在室内的部分热量无法散发出去。因此,玻璃自遮阳必须配合必要的遮阳产品,取长补短。

多孔墙面(porous wall)是一种非常有效的建筑外墙遮阳技术。这样的外遮阳不但可以做到不影响立面效果,同时还便于通风。多孔墙面不是高新技术,早在伊朗、印度等很多干热和湿热地区的传统建筑中出现。图2-19所示为巴西住宅建筑BT House。

图 2-19　巴西 BT House

（来源：Amy Frearson via Dezeen，http://www.dezeen.com/2013/06/20/bt-house-by-studio-guilherme-torres）

此外，建筑可以通过合理选择朝向，处理好建筑立面，进行被动式的遮阳或自遮阳，通过建筑构件本身，特别是窗户部分的缩紧形成阴影区，形成自遮阳；或是利用建筑互相造影形成建筑互遮阳。例如，宁波诺丁汉大学可持续能源技术研究中心大楼（见图 2-20）的设计，扭曲的形体可以形成建筑自遮阳。但是，自遮阳在设计时，应避免对冬季的采暖造成影响。

图 2-20　宁波诺丁汉大学可持续能源技术研究中心大楼（来源：http://www.nottingham.edu.cn）

2.2.5　采光技术

低能耗建筑的设计应在可能的前提下，充分利用自然光。设计良好的采光系统可以减少室内照明的需求，甚至可以在白天的部分时段完全关掉照明。采光不但能减少照明能耗，还可以提高室内舒适度。建筑采光可分为被动式采光和主动式采光。被动式采光技术主要指利用不同类型的窗户进行采光，而主动式采光则是利用集光、传光和散光等装置将自然光传送到需要照明的部位。虽然主动式采光有"主动式"的称呼，但因为它基本不消耗能量而节约了照明能耗，所以在本章中仍把它归类于被动式节能技术。下面从节能的角度讨论采光技术。

2.2.5.1　被动式自然采光

开窗或开口是最常用的自然采光方式，根据采光位置一般有侧窗采光、天窗采光、混合采光三类。从节能的角度来考虑，建筑的自然采光不应是独立的窗户及开口，而应该是与室内舒适度和节能等因素一起构成的建筑采光系统。例如,尽管大开窗甚至是落地窗可以让更多的阳光进入室内,同时也可能增大夏季的冷负荷或加快冬季室内热量的流失。

自然采光建筑设计的一个基本的要点是优化建筑空间布局。以下是一些非常实用的采光建筑设计原则。

限制房间纵深,增大建筑的周边区域面积。在单侧窗采光条件下,光线在室内的传播是有距离限制的,因此,限制室内南北方向的纵深、增大室内周边自然采光的面积,可以让尽可能多的光线进入室内。双侧窗采光可以起到弥补房间纵深的作用。

高侧窗或天窗采光。位于较高位置的开窗、天窗等设计都可以使得自然光获得更大的进深。普通单侧窗的位置较低,光线分布不均匀,近窗处亮,远窗处暗,使房间进深受到限制,并且易形成直接眩光。而高侧窗采光的室内照度均匀度要远优于普通单侧窗。图 2-21 所示为三种侧窗采光方式的室内照度对比。由图 2-21 可知,仅一半面积的高侧窗即可达到相应普通双侧窗采光的室内照度分布。为了可以实现高侧窗采光,建筑的天花板可以采用开放式设计,即不安装吊顶。

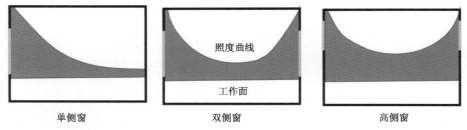

图 2-21　三种侧窗采光方式的室内照度

利用遮光板增加日光的进深以提升室内亮度。遮光板可以把阳光反射到天花板上,然后通过反射和散射让更多的阳光进入室内更深的空间。遮光板可以是水平的(见图 2-22)或带有一定的角度或弧度(见图 2-18),一般置于视线以上的开窗上。可调节遮光板可以根据太阳位置对角度进行调节而让更多的阳光进入室内。遮光板多与置于同等高度的外遮阳装置共同使用。

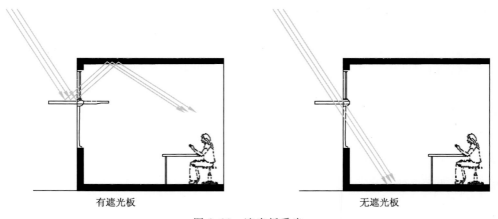

图 2-22　遮光板采光

根据建筑朝向采取合适的采光措施。例如，前面提到的遮光板在南向的开窗非常有效，但对于东向或西向的开窗效果就大打折扣。

美国国家可再生能源实验室 RSF 大楼（见图 2-23）是一个非常好的采光建筑范例，它利用了以上原则使得自然光可以得到最大化利用，整个办公区域在白天大部分时间仅用自然采光即可满足需要。

图 2-23　美国国家可再生能源实验室 RSF 大楼——自然采光
（来源：NREL，http://www.nrel.gov/sustainable_nrel/rsf_interactive.html）

高效的采光系统是让更多的可见光进入室内，而不是更多的热量。窗户大小以满足采光要求为限，大开窗在增加室内亮度的同时也会在夏季带来不必要的得热或是在冬季造成不必要的热损失。这可以通过前文所述的高效绝热玻璃来实现。窗户玻璃应采用普通透明玻璃或淡色低辐射镀膜玻璃的中空玻璃，不建议采用可见光透过率低的深色镀膜玻璃或着色玻璃。最新的技术是采用热致变色玻璃和电致变色玻璃，在较强的太阳辐射时将玻璃变成深色，以减少得热。

2.2.5.2　主动式采光

在很多建筑中，往往无法安装窗户以提供自然采光，如地下室、车库、走廊等，或自然采光的强度不足以满足室内光舒适度的要求，如进深较大的房间。主动式采光系统可以在一定程度上满足这些场合的采光需求。它利用机械设备来增强对日光的收集，并将其传输到需要的地方。主动式采光系统又称导光系统，主要包括导光管系统、光纤导光系统等，它们的主要区别是光传输的介质不同。

导光系统主要由集光、传输和漫射三部分构成，如图 2-24 所示。它利用集光器把室外的自然光线导入系统内，再经特殊制作的导光管或光纤传输和强化后由系统底部的漫射装置把自然光均匀高效地照射到室内。导光管可以是直管或弯管，导光管内壁会镀有多层反光膜以确保光线传输的高效和稳定,其全反射率达到 99.7%,传输距离达 20 m 或更长。光纤导光系统主要利用两层折射率不同的玻璃组成的光导纤维来传输光。光导纤维内层为直径几微米至几十微米的内芯玻璃,外层玻璃直径 0.1~0.2 mm,且内芯玻璃的折射率约比外层玻璃大 1%。根据光的折射和全反射原理,当光线射到内芯和外层界面的角度大于产生全反射的临界角时,光线透不过界面而是全部反射。光线在界面经过无数次的全反射,以锯齿状路线在内芯向前传播,最后传至纤维的另一端。

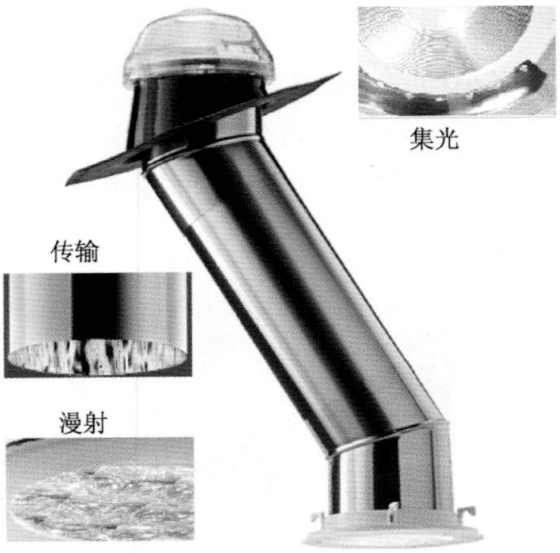

图 2-24　导光系统及其组成
（来源：http://www.solatube.com）

2.2.6　通风技术和设备

　　建筑群的设计应通过建筑物的布局使建筑之间在夏季形成良好的自然通风,以降低室内的热负荷。建筑群采用周边式布局形式时,则不利于形成自然通风。一种较好的做法是把低层建筑置于夏季主导风向的迎风面,多层建筑置于中间,高层建筑布置在最后面;否则,高层建筑的底层应局部架空并组织好建筑群间的自然通风。

　　低能耗建筑宜采用自然通风。在春秋季或热负荷较小时,宜利用自然通风来降低室内的热负荷,达到制冷要求。机械通风的风机每年会消耗大量的能量,自然通风还可以大幅度减小机械通风风机的能耗。由表 2-3 可知,自然通风为主的建筑,其每年风机能耗小于 10 kW·h/m²。

　　《绿色建筑评价标准》中,对自然通风做了强制性规定,要求住宅建筑居住空间能自然通风,通风开口面积不小于该房间地板面积的 1/20;公共建筑外窗可开启面积不小于外窗总面积的 30%,透明幕墙应具有可开启部分或设有通风换气装置。此外,房屋的平面布局宜有利于形成穿堂风,房屋的通风设计宜满足烟囱效应,如图 2-14 所示。

表 2-3　不同通风类型建筑的风机能耗

建 筑 类 型	年风机能耗/(kW·h·m⁻²)
气密性好的建筑	70 ~ 110
全空气系统	30 ~ 70
自然通风为主的建筑	<10

　　在需要制冷或供热的季节,因为无法使用自然通风,为了满足人员对新风的需求和空气交换卫生方面的要求,必须使用机械通风系统。机械通风系统不但能够提供足量的新风,还可以确保室内水蒸气排出室外,保持室内湿度适中,避免水蒸气破坏建筑构件,产生结露,可以排出有害物质和异味,保证室内空气质量。此时,为了减少排风的能量损耗,需要使用带热回收的排风和送风系统。在夏季,热回收送风系统利用排气的冷量对新风进行冷却;在冬季则利用排气的余热对新风进行加热。热回收效率与热回收装置的热交换效率有关。热回收装置包括叉流板式热交换器、逆流式热交换器、转轮式热交换器,其热交换效率都在 75% 以上。

2.2.7　被动式采暖技术

低能耗建筑的采暖方式以被动式为主,兼具优化主动式采暖系统。被动式采暖的建筑本身起到了热量收集和蓄热的作用。通过建筑朝向、周围环境布置,建筑材料选择和建筑平、立面构造等多方面的设计,使建筑物在冬季能最大限度地利用太阳能采暖而夏季又不至于过热。被动式采暖主要有窗户和墙体采暖两种方式。

通过窗户的直接得热可以满足建筑的部分热负荷。窗户作为集热器,而建筑本身提供蓄热。要增加通过窗户的直接得热需要加大房间向阳立面的窗,如做成落地式大玻璃窗或增设高侧窗,让阳光直接进到室内加热房间。这样的窗户需要配有保温窗帘或保温窗扇板,以防止夜间或太阳辐照较低时从窗户向外的热损失。同时,窗户应有较高的密封性。

集热蓄热墙体(trombe wall)把热量收集和蓄热集于一身,同样可满足建筑的部分热负荷。集热蓄热墙利用阳光照射到外面有玻璃罩的深色蓄热墙体上,加热玻璃和厚墙外表面之间的夹层空气,通过热压作用使空气流入室内向室内供热。室内的空气可以通过房间底部的通风口进入该夹层空间,被加热的空气则通过顶部的开口返回到室内。墙体的热量可以通过对流和辐射方式传递到室内。集热蓄热墙非常适用于我国北方太阳能资源丰富、昼夜温差比较大的地区,如西藏、新疆等,可大幅减少这些地区的采暖能耗。

美国国家可再生能源实验室利用了一种太阳能集热器加热新风技术来实现被动式采暖,如图 2-25 所示。通风管道入口安装有外置的带孔黑色金属板构成的太阳能集热器。在冬季需要采暖时,冷空气流进太阳能集热器而被加热变成热空气送入建筑内部。与集热蓄热墙的原理比较类似。

采用被动式采暖技术的前提是建筑的密封性较高。对于外围护结构 U 值小于 0.15 W/(m² · K)的被动式房屋,当采暖

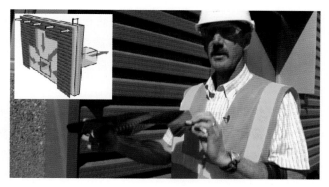

图 2-25　太阳能集热器预热采暖技术
(来源:NREL,http://www.nrel.gov/sustainable_nrel/rsf_interactive.html)

负荷低于 10 W/m² 时,通过带有热回收装置的新风系统加热新风以及建筑自身得热,即可以维持室内温度在 20 ℃以上,不再需要常规的采暖。在夏季也足以抵抗太阳辐射不传到室内。

2.2.8　建筑热质与相变材料

建筑热质(thermal mass)是建筑中具有较大比热的材料,包括外墙、隔墙、天花板、地板、家具等能储存热量并随后释放的材料。热质可以通过热量的吸收和释放来缓解室内温度的快速变化,对冷热负荷起到削峰填谷的作用。要使热质的蓄热起到较好的节能效果,日温差应大于 10 ℃。这种被动式节能技术特别适用于办公室等白天使用、夜晚通风冷却的建筑。较大的

热质可以降低建筑的峰值负荷,从而可以使用较小的空气调节系统(heating ventilation and air conditioning , HVAC)系统,减少设备的初始投资和运行费用。

相变材料蓄热技术利用相变材料储存并释放热量来降低建筑的冷热负荷。相变材料的作用和热质比较类似,但单位体积的相变材料的蓄热能力要远远大于建筑热质。

2.2.9 被动式节能建筑范例

被动式节能技术的基本原则就是能效。它的理念是在低耗能的条件下,得到极为舒适的生活环境。杰出的保温墙体、创新的门窗技术、高效的建筑通风、电器节能都是解决能效的基础。下面介绍几个比较典型的使用被动式节能技术的建筑范例。

2.2.9.1 美国国家可再生能源实验室零能耗办公楼

美国国家可再生能源实验室零能耗办公楼(见图 2-26)位于科罗拉多州的戈尔登郊区,于 2010 年 6 月完工。其建筑面积为 20 600 m²,属于单体建筑。该建筑旨在作为一个净零能耗未来的蓝图,以推动建筑行业追求低能耗和净零能耗。该建筑获得了 LEED Platinum 认证,被美国建筑师协会环境委员会评为 2011 年十大绿色建筑之一。

该建筑根据当地的气候、场地、生态进行设计,是对灵活、高性能工作场所渴求的直接回应,采用了许多被动式节能设计的综合策略。

该建筑外墙采用预筑混凝土隔热板(I),可以提供较大的热质,从而缓解室内温度变化。建筑的地板提升了 0.3 m,下部的空隙用于电气系统走线和独立新风系统的管道(J)。在建筑地板的抬升区采用混凝土构成的迷宫设计(G)。迷宫可以储存热能,然后通过地板送风系统为建筑提供被动式供暖。

该建筑的窗户采用了多项被动式节能技术。东向窗户(A1)采用了热致变色玻璃,可减少冬季的热传递。南向窗户(A2)上半部分采用了百叶窗(C),可以把夏季高入射角的直射光变成 30°向上的光投射到屋顶上,避免阳光直射进入建筑内部。南面窗户的下半部分采用了外遮阳和自动/手动调节窗户(A4)。外遮阳可以反射阳光并对下半部分的窗户进行遮挡。西向的窗户(A3)采用了电致变色玻璃,在傍晚的时候可以变色以减少得热或热损失。自动/手动调节窗户(A4)可以调节窗户的开闭以促进自然通风。

该建筑设计最大限度地利用自然光照明。每个办公位的最大高度为 0.76 m,距离最近窗户的距离都小于 9 m,从而所有的办公位都可采用自然光照明(F1)。建筑的办公区采用开放式吊顶(F2)把散射光引入建筑中心。另外,内墙(I)的高反射涂料也可以最大化地利用自然光照明。

建筑在非空调季节充分利用自动/手动调节窗户(A4)来实现自然通风。在空调季节则关闭窗户采用独立新风系统送风,新风管道入口安装有外置的太阳能空气集热器(E)。在冬季需要采暖时,冷空气流进带孔的黑色金属板集热器而被加热,热空气被吸进,布置在迷宫中的通风管道送入建筑内部,实现被动式供暖。

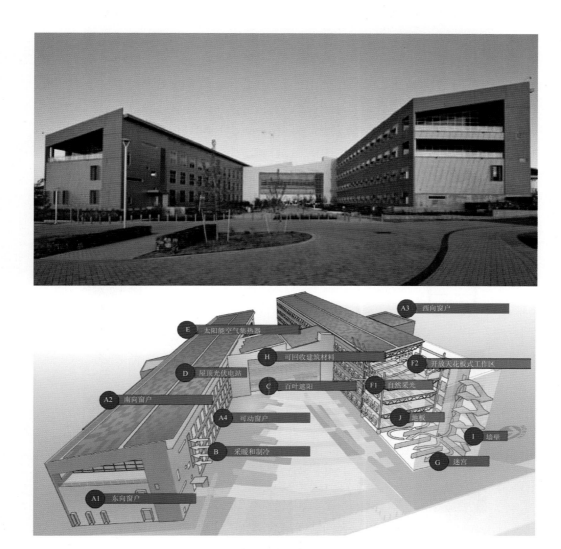

图 2-26 美国国家可再生能源实验室零能耗办公楼

（来源：NREL，http://www.nrel.gov/sustainable_nrel/rsf_interactive.html）

2.2.9.2 中国建筑科学研究院近零能耗示范楼

中国建筑科学研究院近零能耗示范楼（见图 2-27）地上 4 层，建筑面积 4 025 m²，于 2014 年 7 月正式落成并交付使用，是中美清洁能源联合研究中心在我国寒冷气候区的唯一示范工程。示范建筑集成展示 28 项世界前沿的建筑节能和绿色建筑技术，可以达到全年空调、采暖和照明能耗低于 25 kW·h/m²，冬季不使用化石能源供热，夏季供冷能耗降低 50%，建筑照明能耗降低 75% 的能耗控制指标，获得的认证包括 GBL 3 star、LEED Platinum、Energy Star 95+。

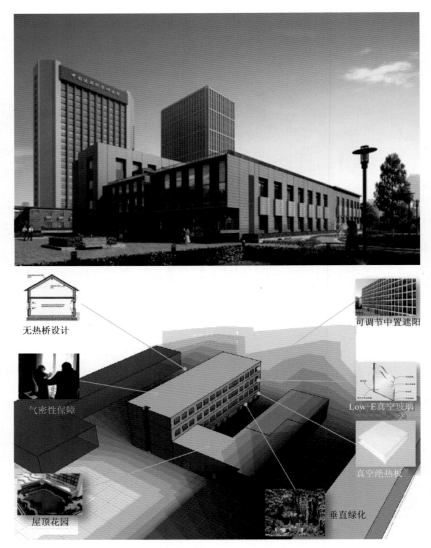

图 2-27　中国建筑科学研究院近零能耗示范楼

　　项目设计原则为"被动优先,主动优化,经济实用"。其被动式设计体现在降低建筑体型系数、采用高性能围护结构体系及无热桥设计、保障气密性等方面。

　　示范楼围护结构采用超薄真空绝热板,将无机保温芯材与高阻隔薄膜通过抽真空封装技术复合而成,防火等级达到 A 级,传热系数 0.004 W/(m² · K)。外墙综合传热系数不高于0.20 W/(m² · K)。示范楼采用三玻铝包木外窗,内设中置电动百叶遮阳系统,传热系数不高于 1.0 W/(m² · K),遮阳系数小于 0.2。四密封结构的外窗,在空气阻隔胶带和涂层的综合作用下,大幅提高门窗气密、水密及保温性能。中置遮阳系统可根据室外和室内环境变化,自动升降百叶及调节遮阳角度。示范楼还建有屋顶花园(绿色屋顶)和垂直绿化,不但美观,而且能有效降低建筑能耗。

在以上的示范建筑中,不仅使用了低成本的被动式节能技术,也使用了一些新的高科技技术。需要注意的是:被动式节能技术不应是高科技和高价材料的堆砌,而是要充分利用当地的资源和建筑传统,使其可以让公众消费得起,才能真正得到推广普及,而不仅仅是示范建筑。

2.3 主动式节能技术

2.3.1 概述

绿色建筑的节能体现在两个方面:降低建筑能耗负荷和提高系统用能效率。降低建筑能耗负荷主要通过被动式节能技术来降低空调负荷、通风负荷、热水、照明需求等,从源头上减少建筑能耗;而提高系统用能效率则体现在如下两个方面:

(1)合理选用高能效设备,即通过设备来节能。

(2)能源的合理利用,即通过管理来节能。提高系统用能效率是实现绿色建筑(近)零能耗的保障。

2.3.2 高能效建筑能源设备与系统

对建筑能源终端利用的分析已经表明,采暖、制冷、照明,以及通风和热水,构成了建筑能耗的主要部分。虽然被动式节能技术已经可以大幅降低这部分能耗的需求,但很难全部抵消。因此,降低这部分的能耗对建筑节能有着重要的意义。

照明系统节能技术主要通过采用绿色照明设备及亮度控制系统来实现。绿色照明设备包括节能灯(如紧凑型荧光灯等)、LED 灯等。节能灯的能耗为白炽灯的 30%,LED 灯的能耗则仅为荧光灯的 1/4。2012 年起我国已全面禁止 100 W 及以上的白炽灯,而从 2016 年起也将逐步淘汰会对环境造成污染的节能灯。亮度控制系统也是照明系统节能的关键,多级亮度调节及间隔照明都可以大幅降低照明系统能耗。

中央空调是公共建筑最常采用的室内温湿度和通风控制设备,也是建筑节能的重点监控对象。建筑节能法规和标准对建筑设备的能效比的要求正在不断提高。以美国为例,新版的 ASHRAE Standard 90.1—2013 标准对大部分空调设备的能效比进行了更严格的限制。表 2-4 列出了新版标准中对冷水机组和热泵的要求。

表 2-4 美国 ASHRAE Standard 90.1 新旧版中对能效的要求

设备类别	规 格	旧能效要求	新能效要求
离心式冷水机组	<300 t	0.634(0.596)	0.610(0.550)
	300~400 t	0.576(0.549)	0.560(0.520)
	400~600 t	0.576(0.549)	0.560(0.500)

续表

设 备 类 别	规　　格	旧能效要求	新能效要求
	<65 000 Btu/h	11.0	12.0
空气源热泵(电热整体式)	65 000～135 000 Btu/h	10.7	11.6
	135 000～240 000 Btu/h	10.5	11.4

注:括号内是综合部分负荷性能系数。

下面对几种较为高效的空气调节节能技术进行探讨。

1. 变风量空调系统

变风量空调系统(variable air volume,VAV)是目前较为流行的全空气空调系统。与定风量系统的送风量恒定送风温度变化不同的是,VAV 系统送风温度恒定但送风量则根据室内负荷自动进行调节。VAV 系统区别于其他空调系统的主要优势是节能,这主要来源于两个方面:①因为空调系统全年大部分时间部分负荷运行,而 VAV 系统通过改变送风量来调节室温,因此可以大幅度减少风机能耗。而定风量系统即使负荷降低,风机的能耗也仍是 100% 的状态。研究发现,VAV 系统定静压控制可节能 30% 以上,变静压控制可节能 60% 以上。②在过渡季节可以部分使用甚或全部使用新风作为冷源,能大幅减少系统能耗。

VAV 系统的末端基本有 5 种形式,即节流阀节流型、风机动力型、双风道型、旁通型和诱导型。其中双风道型投资高、控制复杂,旁通型节能潜力有限,较少采用。目前使用较多的是节流型和风机动力型,例如北美多采用串联风机型加冷冻水大温差设计,北欧倾向于诱导型,另外,诱导型也多用于医院病房等要求较高的场合。

VAV 系统按周边供热方式有变风量再热周边系统、变温度定风量周边系统等多种形式,可根据建筑类型和初投资进行选择。

2. 独立新风系统

独立新风系统(dedicated outdoor air system,DOAS)一般由新风系统、制冷末端和冷水系统等组成。独立新风系统中,将新风独立处理到合适的温度和湿度,由新风承担室内全部湿负荷和部分或全部的显热负荷,其余的显热负荷由室内的末端制冷设备来承担,从而实现精确的室内热环境控制和调节。

独立新风系统通过减少冷源浪费和空气处理能耗来节能。由于除湿任务由除湿系统承担,从而显热系统的冷水温度可由常规冷凝除湿空调系统中的 7 ℃提高到 18 ℃左右,为使用天然冷源提供了条件,即使采用机械制冷,高制冷温度也使得冷水机组的 COP 大幅提高,减少了冷源的浪费。此外,独立新风系统的除湿与降温过程相互独立,可以满足不同房间热湿比不断变化的要求,克服了常规空调系统中难以同时满足温、湿度参数的要求,避免了室内温度过高(或过低)的现象。并且,由于室内相对湿度可以一直维持在 60% 以下,较高的室温就可以满足舒适度要求,既降低了运行能耗,还减少了由于室内外温差过大造成的热冲击对健康的影响。

此外,独立新风系统因为除湿在外部完成,室内无凝结水出现,无须凝结水盘和凝结水管路,同时也除去了霉菌等细菌滋生环境,改善了室内空气品质。

3. 溶液除湿技术

除湿负荷是湿热地区建筑空调负荷的重要部分,可以占到建筑空调负荷的 20%~40%。除湿技术一般有冷冻除湿、转轮除湿和溶液除湿三种,多配合独立新风系统或辐射供冷技术使用。冷冻除湿需要较低的冷冻水温度,一般为 7 ℃或以下,需要低温制冷机技术且机组能效较低;转轮除湿需要高温热源来再生且无法进行热回收,效率较低;溶液除湿利用溶液除湿剂来吸收空气中的水蒸气。溶液除湿一般由除湿器、再生器和热交换器等设备组成。溶液除湿可以避免冷冻除湿造成的冷水机组效率降低、再热等缺点。溶液除湿可以使空调冷冻水温度可由原来的 7 ℃左右提高到 16 ℃以上,提升冷水机组能效比 30%以上。但溶液除湿也有溶液再生效率低和溶液损耗及管道腐蚀的缺点。前者可以采用太阳能、工厂或冷水机组等的废热、燃气轮机等的余热、热泵等来降低溶液再生能耗,后者可以使用内冷型溶液除湿器降低溶液的流速和流量来解决。

图 2-28 所示为一种新型溶液除湿独立新风系统示意图[9]。该系统采用了独立新风系统、排风全热回收、冷水机组余热回收、零携带溶液除湿器等多项热回收和热利用技术,效率非常高。根据对我国香港特别行政区一办公楼的能耗模拟结果,其系统全年平均 COP 达到了 4.21。

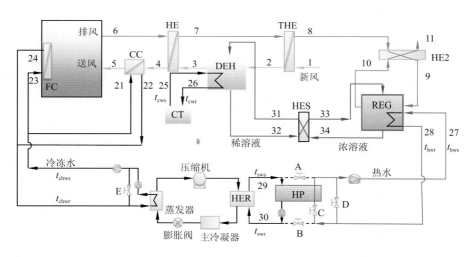

DEH:除湿器	REG:再生器	THE:全热交换器	CC:风机盘管
HES:溶液热交换器	HE & HE2:空气热交换器	CT:冷却塔	FC:制冷末端
CH:冷水机组	HER:热交换器	HP:热泵	

图 2-28 一种新型溶液除湿独立新风空调系统示意图

4. 变频技术

变频技术严格来说只是一种节能技术,而不是设备,但却是近年来逐渐得到青睐的提高空调系统能效比的有效方式。中央空调的主要功能是通过大量的风机和水泵来实现的,它们占据了空调系统 20%~50%的能耗。在空调部分负荷运行时,其流量也应随负荷变化而变化。传统方式是改变系统的阻力,即利用阀门来调节流量,这种方式显然是不经济的,因为这是以牺牲阻力能耗的方式来适用末端负荷要求。因此,这种改变系统阻力的方式正在被改变系统动力的方式取代,包括多台并联、变台数调节和变速调节。变频技术通过改变风机或水泵的电动机频率调整电动机转速达到流量调节的目的,是其中最为高效的方式。根据功率与转速的关系,风机和水泵的流量与转速成正比,而功率却与转速的三次方成正比。当流量减少 10% 时,节电率可以达到 27.1%;流量减少 30% 时,节电率可以达到 65.7%。

5. 变冷媒流量多联系统

变冷媒流量多联系统(variable refrigerant volume,VRV)多见于分体式空调中,因其高能效比受到了较多的关注。VRV 系统采用冷媒直接蒸发式制冷方式,通过冷媒的直接蒸发或直接凝缩实现制冷或制热,冷量和热量传递到室内只有一次热交换。VRV 系统具有设计安装方便、布置灵活多变、建筑空间小、使用方便、可靠性高、运行费用低、不须机房、无水系统等优点,是日本大金工业株式会社主推的技术。因为现在 VRV 是大金的注册商标,因此业界也用 VRF 一词区分同类系统。

6. 辐射供暖供冷技术

辐射供暖供冷技术是一种节能效果较好的空调技术。早期的辐射供暖供冷技术主要用于地板辐射供暖,且应用非常普遍,遍布南北。但目前已不再局限地板辐射供暖,顶棚、墙面辐射供暖供冷技术都已得到应用。而地板辐射制冷由于会产生地面结露现象,目前在国内尚未大面积推广。

辐射供暖供冷系统主要通过布置在地板、墙壁或天花板上的管网以辐射散热方式将热量或冷量传递到室内。因为不需要风机和对流换热,无吹风感,这种静态热交换模式可以达到与自然环境类似的效果,人体会感到非常自然、舒适。这种系统具有室内温度分布均匀、舒适、节能、易计量、维护方便等优点。

辐射供暖供冷系统具有很好的节能效果。在辐射换热的条件下,人体的实感温度会比室内空气温度低 1.6 ℃ 左右。因此,采用辐射供暖供冷系统的室内设计温度在夏季约高 1.6 ℃,冬季约低 1.6 ℃,可以降低冷热负荷 5%～10%。辐射制冷具有冷效应快、受热缓慢的特点,围护结构和室内设备表面吸收辐射冷量,形成天然冷体,可以平缓和转移冷负荷的峰值出现时间。辐射供冷可以使用较高温度的冷冻水,提高制冷机的 COP,减少运行能耗与设备初投资。此外,采暖使用时供水水温较低,一般不超过 60 ℃,所以,可直接或间接利用工业余热、太阳能、天然温泉水或其他低温能源,最大限度地减少能耗。在我国,辐射供暖系统多与壁挂式燃气炉配合使用。

然而,辐射供冷系统应结合除湿系统或新风系统进行设计;否则,会造成房间屋顶、墙壁和地面的结露现象。此外,除湿只能单纯解决地面或天花板不结露现象,如果室内的空气不流通,墙面和家具局部温度低于空气的露点温度,就会因局部结露而产生墙面和家具发霉的现象,这种发霉现象在冬季采暖和夏季制冷时都会发生。

7. 热泵

热泵技术可以冬季供暖,也可以夏季制冷,是一种高效的空调技术。常用的热泵技术主要有空气源热泵、水源热泵和地源热泵等,其主要区别是热源及热交换器布置不同。

地源热泵通过埋于土壤内部的封闭环路(土壤换热器)中流动循环的载冷剂实现与土壤的热交换。由于地下环境温度较稳定,始终在较适宜的范围(10～20 ℃)内变化,土壤热泵系统的制冷系数与制热系数都要比空气源热泵系统高 20%～40%。并且,土壤热泵系统全年制冷量与制热量输出(能力)比较稳定,避免了空气源热泵存在的除霜损失。

热泵为楼宇、别墅以及单户住宅等用户提供了一种高效的采暖和制冷方式选择,该技术将在本书第 10 章详细介绍。

8. 高效供暖和热水系统

对采暖和热水系统,因为涉及不同的燃料,习惯上使用一次能源效率评价性能,从一次能源到建筑终端能源的转换传输过程中,能源损失很大。表 2-5 列出了几种常见供热系统的一次能源效率。作为燃料,天然气的一次能源效率要远远大于电能,因此应该避免直接用电供暖。燃煤锅炉不但效率低下,且严重污染环境,现在已经在城镇建筑中禁止使用。

表 2-5　几种常见供热系统的一次能源效率

设　　备	热　效　率	单位热量煤耗/(g·kW^{-1}·h^{-1})
分户燃煤炉	～30%	410
分户燃气炉	＞90%	135
直接电热	35%	351
热泵	85%～110%	～120
热电联产(小型)	～85%	90
热电联产(大型)	～75%	67

9. 冷热电联产

热电联产(CHP)或者更进一步的冷热电联产(combined cold, heat and power, CCHP)技术是能源利用的理想模式。冷热电联产对不同品位的热能进行梯级利用,温度较高的高品位热能用来发电,而温度较低的低品位热能则被用来供热或者制冷。目前与热电冷联供相关的制冷技术主要是溴化锂吸收式制冷,也可以与最新的溶液除湿技术结合来除湿和制冷。

大型冷热电联产适用于区域供暖,目前已在我国北方地区得到广泛应用,但一般以热电联产为主。小型冷热电联产可通过近年来逐渐流行的小型或微型燃气轮机来实现。小微型燃气轮机目前已在社区、医院、学校、办公楼、公寓楼等得到应用。在设计工况条件下,能源总利用效率可达 85%,节能率可达 14%,特别是在夏季制冷和用电峰值时段(也是天然气负荷低谷期)。例如,荷兰 Putten 市一总容量为 $1.6×10^6$ L 的公共游泳池采用一台 30 kW 的微型燃气轮机热电联供,总能源利用效率达到了 96%。

10. 高效设备的选用原则

高效的能源系统虽然能效较高,但选用不当则未必节能。能源系统的选用应根据当地气候条件、建筑类型综合考虑。以下就几个比较典型的系统选用不当的案例进行探讨。

中央空调用于公共建筑多数能取得较好的节能效果,特别是对空调需求较为一致的建筑。这些建筑对室内状态的要求基本一致、运行时间也比较统一时,则能获得中央空调的高效率。但是,对于部分建筑,其房间利用率低、人员分布或作息时间不一致,使用中央空调则可能造成极大的浪费,例如部分空置率较高的办公大楼或公寓。这类建筑使用分散式空调时,其空调能耗可能仅为中央空调能耗的 10%～20%。

随着人们对环境舒适度要求的提高,以前基本不供暖的长江以南地区也开始对建筑的采暖提出了要求。部分地区开始采用北方地区的区域供暖或集中供暖模式,造成实际能耗增加3～5倍。然而,南方地区的采暖负荷并不像北方地区那么稳定和强烈,并且管网系统要额外消耗很大的循环水泵电耗,选用集中供暖时会造成较大的能源浪费。在我国长江以南地区应优先发展基于热泵的局部可调的分散供暖方式,是一种节能优先的最佳选择。

由此可见,高效的设备虽然高效,但却有其地域及建筑类型的适用性。在选择建筑设备时,应对当地自然条件、建筑用途、居民习惯等因素进行综合考虑,不应一味地选用所谓的高新技术。

2.3.3 建筑能源管理系统与优化运行策略

高效的建筑能源设备并不保证建筑的低能耗。这听起来不可思议,但却是现实。美国获得 LEED 认证的绿色建筑中,70%的建筑实际运行能耗反而高于同功能的一般建筑。要达到最快、最明显的节能效果,不单是应用安装节能灯具、电动机变频、节水卫浴等设备节能手段,更需要有一套完善的能源管理系统来管理能源。这样的建筑一般又称智能建筑。

2.3.3.1 绿色建筑的心脏:能源管理系统

建筑能源管理系统(EMS)可以对建筑供水、配电、照明、空调等系统进行监控、计量和管理。建筑能源管理系统一般是借由楼宇自控系统(BAS)来实现的。它可以根据预先编排的程序对电力、照明、空调等设备进行最优化的管理。例如,可以根据室内外环境变化与设定值对冷水机组、新风系统、遮阳系统、照明系统的状态进行监控和调节,依靠遍布建筑的传感器和控制装置保证设备的合适运作,以最少的能量消耗维持良好的室内环境,达到节能的目的。

遍布建筑的能源管理系统的监控和计量装置可便捷地实现分户冷热量计量和收费。改变过去集中供冷或集中供暖按面积分摊收费的做法,可以引入科学的分户热量(冷量)计量和合理的收费手段,多用多付、少用少付,避免了"不用白不用"的思想,也可避免暖气过热开空调不合理现象,达到较好的节能效果。就中央空调一项而言,一般可实现节能 15%～20%,有的甚至能够达到节能 25%～30%。而这些都需要依靠能源控制系统的实现。

除了基本的能耗监控和计量功能外,优秀的建筑能源管理系统一般都带有负荷预测控制

和系统优化功能,可以在设备与设备之间、系统与系统之间进行权衡和优化。系统优化的方面有很多,例如:

(1)室温回设。在房间无人使用时自动调整温控器的设定温度。一般能源管理系统都是按建筑运行时间进行室温回设,但有些系统可以通过室内的 CO_2 传感器来感应人的存在并进行智能设定。

(2)冷冻水温度和流量控制。能源管理系统可以根据负荷的变化对空调系统的供水温度和流量进行调节,使用变化的供水温度和流量减少冷水机组的过度运行。冷量控制方式是比温度控制方式最合理和节能的控制方式,它更有利于制冷机组在高效率区域运行而节能。

(3)空调与自然通风模式转换控制。能源管理系统可以根据室内外环境,在空调与自然通风之间自动切换。在室外温度低于某一设定值(如 13 ℃)时,可直接将室外新风作为回风;在室外温度达到 24 ℃时,可直接将室外新风送入室内。在夜间,还可以通过自然通风或机械通风的方式降低室内的热负荷。目的都是最大化地利用自然界的能量。

(4)负荷预测功能。负荷预测功能赋予了智能能源管理系统更好的智能性。能源管理系统可以根据建筑的蓄热特性和室内外温度变化,确定最佳启动时间。这样不但建筑可以在第二天上班时室内的舒适度刚好符合要求,还可以有效地抑制峰值负荷,节约能源。此外,部分能源控制系统还可以进行设备模型的在线辨识和故障诊断,及时发现设备故障。

能源管理系统用得好才能起到明显的节能效果。然而,根据调查,国内智能建筑中真正达到节能目标的还不到 10%,80% 以上的智能建筑内能源管理系统仅作为设备状态监视和自动控制使用,把一个优秀的能源管理系统变成了一个"呆傻"的能耗监测系统,造成投资的极大浪费和能源的损失。

2.3.3.2　舒服就好:以节能为目标的室内舒适度标准

现代化建筑倾向于选择高科技的设备、提供高品质的室内环境以提升室内舒适度。室内舒适度的因素一般包括室内温度、湿度、亮度、新风量等。建筑使用模式、运行方式、舒适度要求也即服务水平在很大程度上影响了建筑运行能耗。欧美国家以及国内一些高档建筑的室内舒适度的要求较高,即便是采用被动式节能技术的低能耗建筑,其实际运行能耗也较高。

以采暖为例,我国供暖温度设定值一般为 18～20 ℃,而欧洲则多为 18～22 ℃。通过适当地增加衣物而不是室内温度,显然更能减少能源的消耗。对于制冷来说,除了部分湿热地区外,室内温度设定值一般推荐为 25.5 ℃。但现实却是,多数房间的温度设定都是 24 ℃以下,在我国香港特别行政区甚至低至 18 ℃。除了室内送风不均的原因外,更多的是不同人对温度的感受不同。

此外,高档建筑对新风量、采光等都呈现出更高的要求。以新风量为例,人均新风量的增加可能会导致空调负荷的成倍增长。

这种偏离节能推荐值的温度设定,以及对室内舒适度的高标准,对建筑能耗的增加有着直接的贡献。而这些设定是建筑能源管理系统力所不及的。从节能的角度来看,舒服就好,才应该是我们对室内温湿度设定、通风和采光要求的标准。

为了限制节能建筑能效高但却不节能的现象,我国正在积极制定《民用建筑能耗标准》国家标准,并即将实施。在这个标准中,对各类新建民用建筑,必须要满足建筑的能耗约束值,这也将促使人们对节能建筑从高能效向低能耗的转变。

此外,良好的用能习惯,例如随手关水、不开无人灯、防止(水、电、气)跑冒漏、限制空调制冷(热)上下限温度等节能习惯也是公认的行之有效的主动式节能措施,这里不再详谈。

本 章 小 结

本章对美国和中国的能源利用情况进行了对比分析,显示了建筑节能的紧迫性,并为建筑节能指明方向。

在绿色建筑的节能技术中,被动式节能技术是建筑节能的基础,可以从源头上降低建筑负荷,本章对被动式节能技术进行了综述,并对最新的被动式节能技术进行了讨论。主动式节能技术是绿色建筑低能耗运行的保障,本章从能源设备选择和能源管理方面探讨了主动式节能技术的可行性。

可再生能源的利用是实现绿色建筑零能耗运行的关键所在。本书之后的章节将对典型的可再生能源在建筑中的应用进行探讨。

参考文献

[1] US Department Of Energy. 2011 Buildings Energy Data Book. 2011. http://buildingsdatabook. eren. doe. gov.

[2] EMSD. 香港能源最终用途数据 2014, 2014. http://www.emsd.gov.hk.

[3] EMSD. 香港能源最终用途数据(1992—2002), 2004. http://www.emsd.gov.hk.

[4] 龙惟定. 我国建筑节能现状分析. 全国暖通空调制冷 2008 年学术年会论文集[C]. 重庆:重庆大学出版社, 2008:297.

[5] SADINENI S B, ROBERT S M. Passive building energy savings: A review of building envelope components[J]. Renewable and Sustainable Energy Reviews,2011,15(8): 3617-3631.

[6] TANG R, MEIR I A, WU T. Thermal performance of non air-conditioned buildings with vaulted roofs in comparison with flat roofs[C]. Building and Environment,2006,41(3): 268-276.

[7] LAZZARIN R, CASTELLOTTI F, BUSATO F. Experimental measurements and numerical modelling of a green roof. Energy and Buildings, 2005, 37(12): 1260-1267.

[8] 彭梦月. 欧洲超低能耗建筑和被动房的标准:技术及实践[J]. 建设科技, 2011(5): 41-47.

[9] CUI Mingxian. Thermodynamic development of a novel integrated air-conditioning system with DOAS using liquid desiccant. 2013[D], The Hong Kong Polytechnic University.

第3章 **绿色建筑与可再生能源**

3.1 全球能源资源概况

随着技术的发展,能源的消耗呈现快速和显著的增长。19世纪后半叶,人类从依赖于木料为主要能源过渡到煤炭;20世纪中期,再进入石油时代,人均耗能量与经济因素直接相关,气候、人口密度、工业类型等因素也起着重要作用[1]。在全球面临能源危机的形势下,理清当前的能源资源状况,才能够把握将来的能源发展趋势。

3.1.1 能源分类

能源资源是指为人类提供能量的天然物质。它既包括煤、石油、天然气、水能等传统能源,也包括太阳能、风能、生物质能、地热能、海洋能、核能等新能源。能源资源是一种综合的自然资源。

能源有各种不同的分类方式。根据人类开发利用历史的长短,可分为常规能源和新能源;根据能源消耗后是否可恢复供应的性质,可分为不可再生能源和可再生能源;根据是否经过转换利用,可分为一次能源和二次能源。一次能源是从自然界直接取得可直接利用的能源,如传统的化石燃料(如原煤、原油),也包括一些可再生能源(如水能、风能、太阳能等)。二次能源是指由一次能源经过加工转换以后得到的能源,如电力、蒸汽、汽油、柴油、酒精、沼气等。

从上面的分类可见,各种分类方法有所交叉。以可再生能源为例,它属于一次能源,除上述的水能、风能、太阳能之外,还包括生物质能、地热能和海洋能。新能源相对于常规能源,定义为新近发现和开发利用的,相关技术可能尚未成熟而有待研究发展的能源,如核能、油页岩等。油页岩属于非常规油气资源,因储量丰富和开发利用的可行性而被列为21世纪非常重要的替代能源,它与石油、天然气、煤一样都是不可再生的化石能源。可再生能源中除了水电之外基本都属于新能源。近年来,规模最大的新能源供应当属非常规油气资源[2]。非常规油气资源开发主要出现在高度竞争的北美能源行业。按照英国石油公司(BP)2014世界能源统计年鉴,如果我们把十年前尚不存在的燃料定义为"新燃料",那么各种"新燃料"的总和,包括各种可再生能源,在2013年度的全球一次能源生产增长中的比重高达81%。

3.1.2 能源储量

根据上述趋势我们可以看到:虽然新能源、"新燃料"在近年的全球能源供应中比重增长最快,但石油、煤炭、天然气仍然是世界上最重要的能源,迄今为止三者之和仍超过一次能源供应总额的 80%[2]。如果将天然气凝析油、天然气液体产品(NGL)的储量数据计算在内,并加上原油储量,石油是地球上储量最丰富的常规能源。世界上主要能源资源的基本情况如下:

截至 2013 年底,世界石油探明储量为 16 879 亿桶,满足 53.3 年的全球生产需要。南美洲的委内瑞拉石油储量达到 2 983 亿桶,占世界总储量的 17.8%,位居世界第一。OPEC 成员国继续保有主要储量,占全球石油探明储量的 71.9%。中南美洲的储产比仍为全球最高。在过去的十年中,世界石油探明储量上调 27%,即 3 500 亿桶。

2013 年底,全球天然气探明储量为 185.7 万亿 m^3,可保证 55.7 年的全球生产需要。在 2012 年探明储量比前一年底下降 0.3% 后,2013 年较之 2012 年增长了 0.2%,是美国的增长额 7.1% 造成了全球 2013 年的净增长局面。伊朗和俄罗斯拥有世界最大的天然气探明储量,分别为 33.8 万亿 m^3 和 31.3 万亿 m^3,占世界总储量的 18.2% 和 16.8%。

2013 年底煤炭探明储量约为 8 915.31 亿 t,满足 113 年的全球生产需要,是目前为止化石燃料中储产比最高的燃料。欧洲及欧亚大陆的煤炭储量最大,其中探明储量最多的国家是美国,储量为 2 372.95 亿 t,占世界总储量的 26.6%,俄罗斯和中国的储量次之。

3.1.3 能源生产和消费

进入 21 世纪的第二个十年,在全球经济增长放缓的背景下,全球能源消费增速总的来说呈下降形势。如 2012 年,全球一次能源消费增长 1.8%,远低于过去十年 2.6% 的平均增速,2013 年全球一次能源消费增长 2.3%,仍低于过去十年 2.5% 的平均增速,从区域来看,除了个别区域如 2012 年的非洲、2013 年的北美地区,其他地区的一次能源消费增速也低于历史平均水平。2013 年,石油仍是全球主导燃料,占全球能源消耗的 32.9%,但石油的市场份额自 2000 年后连续下滑,达到 50 年来的最低值。全球能源消费的净增长主要来自新兴经济体,中国保持了最大的能源消费净增量。欧盟及日本的能源消费量跌至近 20 年来的最低值。

全球自 1988 年以来的石油生产和消费增长情况如图 3-1 所示。2013 年世界石油产量增长仅为 0.6%,即 55 万桶/日,低于全球石油消费增幅的一半,虽然新兴经济体贡献了净增长,美国仍然是石油消费和生产的最大增长国。2013 年全球石油消费增长 1.4%,即 140 万桶/日,与历史平均值持平。中国自 1999 年以来成为全球石油消费的最大增量国,但这一地位在 2013 年被美国取代。2014 年迄今为止,由于美国需求的增长幅度减小及中国需求的进一步放缓,全球石油需求增长减速。

同样,全球 25 年来的天然气生产和消费增长情况如图 3-2 所示。2013 年世界天然气产量增长 1.1%,远低于过去十年 2.5% 的平均生产增长率。其中美国保持了世界主要生产国的地位,俄罗斯和中国的天然气共同达到最大的生产增量,天然气消费方面,2013 年增长率为 1.4%,低于历史平均值 2.6%,最大消费增量为中国和美国,占 81% 的全球消费增长量。天然气已占据 23.7% 的一次能源消费总量。

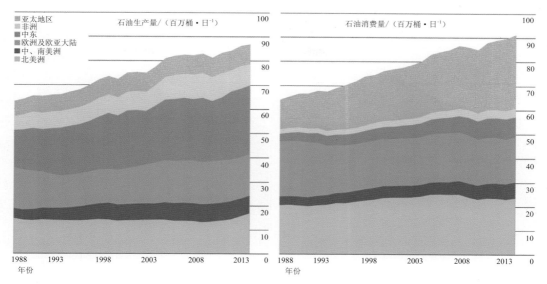

图 3-1　全球按地区石油生产和消费变化[2]

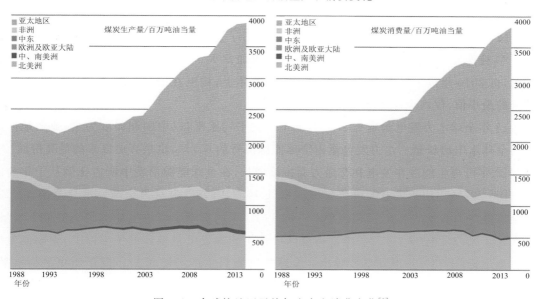

图 3-2　全球按地区天然气生产和消费变化[2]

全球 1988—2013 年的煤炭生产和消费增长情况如图 3-3 所示。2013 年全球煤炭产量增长仅为 0.8%,为 2002 年以来最低,中国达到其自 2000 以来的最小生产增长率,仅为 1.2%。近年来煤炭消费增长趋缓,连续低于过去十年的平均水平,如 2013 的增长率为 3%,低于过去十年 3.9% 的平均水平,但煤炭仍是消费增速最快的化石燃料。非经合组织国家的煤炭消费增长 3.7%,低于历史平均水平,仍占据全球增长的 89%。尽管中国煤炭消费增长绝对值为 2008 年来最低,但仍占全球煤炭消费增长的 67%。煤炭在全球一次能源消费中所占比重为 30.1%,达到了 1970 年以来的最高水平。

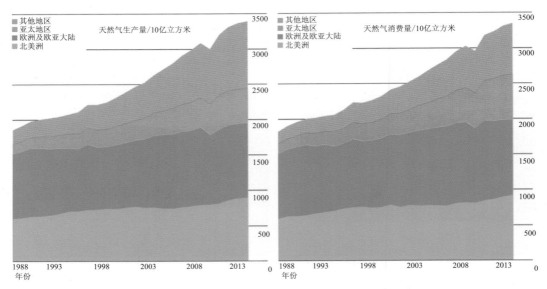

图 3-3　全球按地区煤炭生产和消费变化[2]

全球核能发电量在日本福岛核电站事故后经历了连年下降,2013 年重回增长态势,但仅为 0.9%,核能发电增长主要出现在美国、中国和加拿大。日本仍处于下降趋势,下降率为 18.6%,自 2010 年以来已减少了 95% 的核电。总体上,核电在能源消费中的比重降到 1984 年以来的最小值,仅占全球能源消费的 4.4%。

2013 年全球水力发电量增长 2.9%,低于历史平均水平,以中国和印度为主,亚太地区占 78% 的全球水电增长量。水力发电量占全球能源消费的 6.7%,也是有史以来的最高份额。

2013 年可再生能源在发电和交通方面持续增长,在全球能源消费中所占比例从十年前的 0.8% 升至 2.7%。用于发电的可再生能源增长 16.3%,其发电量占全球发电总量的 5.3%,而占全球能源消费量的 2.2%,相当于水电的 1/3。中国贡献了可再生能源利用的最大增量,美国次之。风力发电(+20.7%)再次占全球可再生能源发电量增长的一半以上,太阳能发电增长更为迅速(+33%),但其基数较小。全球生物燃料生产增长 6.1%,低于历史平均水平,巴西和美国为生物燃料的最主要生产者。

3.1.4　能源价格

市场经济的能源价格受供求关系的影响,而供求关系中的供或求的变化都可以导致能源价格的突然变化。能源危机(通常涉及石油、电力或其他自然资源)是指因为能源供应短缺、价格上涨而影响经济。例如,电力生产价格的上涨导致生产成本的增加;石油产品价格的上涨增加了交通工具的使用成本,降低了消费者的信心。但是在有些情况下,危机可能是市场的流通不畅而导致,例如一些经济学家认为价格控制在 1973 年的能源危机加剧状况中起了重要作用。因此,合理运用能源的价格政策可促进生产,鼓励节约,使能源尽可能地获得充分、合理、有效的利用。

图 3-4～图 3-6 所示为三大化石能源价格在近 20 年来错综复杂的走势。煤炭价格连续两年在所有地区都下滑，其余能源价格除北美地区外，在其他地区均呈上升态势。布伦特原油（Brent）作为国际原油价格基准，其年均价格自 2009 年来节节攀升，直到 2014 年才略有放缓，但基本保持着最高纪录——连续三年在每桶 100 美元以上。随着美国石油产量自 2011 年以来持续走高，使得美国西德州中质原油（WTI）比布伦特原油（Brent）的价格要低，且近三年的价差尤为显著。

天然气价格连年波动，2012 年，欧洲和亚洲的天然气价格有所上涨，但北美的天然气产量的增长使得其价格下跌，2013 年，天然气价格在北美和英国上涨，但其余地区均下跌。总体情况类似于世界原油价格，北美天然气价格仍明显低于世界其他地方，尽管这一差距在缩小。

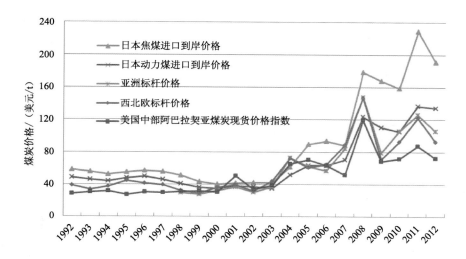

图 3-4　1992—2012 年全球煤炭价格变化情况[2]

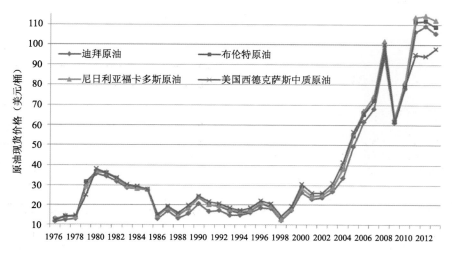

图 3-5　1976—2012 年全球原油现货价格变化情况[2]

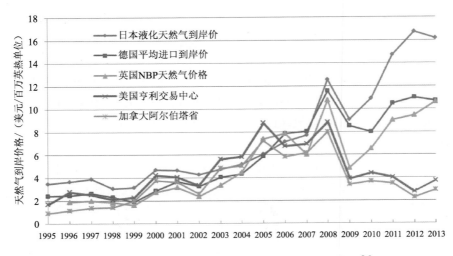

图 3-6　1995—2013 年全球天然气到岸价格变化情况[2]

3.1.5　能源和碳排放

　　人类活动导致了温室气体的排放,其中最主要的来源是能源消耗,另外一小部分来源于农业(主要为家畜和作物栽培中产生的 CH_4 和 N_2O,以及非能源消耗的工业过程中产生的氟化物气体和 N_2O)。也就是说,以燃料燃烧产生 CO_2 为主的能源消耗排放,占据了全球温室气体人为排放来源近 70% 的份额[3],如图 3-7 所示。

　　全球经济的不断增长导致了能源需求的不断增加,2012 年全球一次能源总供应是 1971 年的两倍多,主要依赖于化石燃料的增长。从前几节的数据也可以看到化石燃料还是占据世界能源供应的主导地位。尽管非化石能源(如核能和水能)也在逐渐增长,但相对来说在过去 40 多年内,化石燃料占世界能源供应的比重几乎不变,在 2012 年达到了 82% 的全球一次能源供应量。

　　从图 3-8 可以看出,自工业革命开始,燃料燃烧产生的 CO_2 排放量呈指数级增长,到 2010 年急剧增长到 32 Gt。不断增长的能源需求,特别是化石燃料是 CO_2 排放量上升的关键因素。

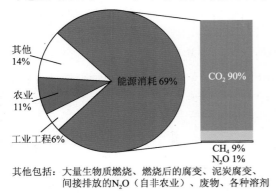

图 3-7　2010 年全球人类活动排放的温室气体组成[3]

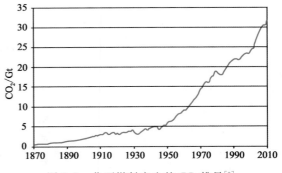

图 3-8　化石燃料产生的 CO_2 排量[3]

3.2　可再生能源的利用

　　根据前述能源现状,为满足全球经济发展的需要,无论从发展的可持续性,还是地缘政治对能源安全的影响等因素来看,开发和利用可再生能源成为一种必然趋势。虽然 2008 年经济危机后的全球经济尚未走出衰退的阴影,但可再生能源仍保持了高速发展态势,特别是太阳能和风力发电。发展可再生能源已经逐步成为国际社会的一项长期战略,可再生能源市场规模在逐步扩大。

3.2.1　发展可再生能源的必要性

　　当今全球能源生产和消费模式是不可持续的,一是化石能源终将耗竭,二是引起的环境变化将不可逆转。

　　美国地球物理学家哈伯特在 20 世纪中叶发现矿产资源的"钟形曲线"规律,提出石油等资源的峰值理论,即化石燃料作为可耗竭资源,世界各地的产量都会有一个最高点,过了这个峰值点后,该地区的化石燃料资源产量将不可避免地下降,哈伯特对美国石油产量的预测是,到 20 世纪 70 年代早期达到峰值,显然这个预测不符合事实。虽然对哈伯理论的科学性还存在不同看法[4],但至少从目前的能源数据统计上看,化石燃料可探明储量在近年来都呈现增长趋势,仅以过去的十年而论,石油和天然气在全球的探明储量分别增加 27% 和 19%,其产量增幅为 11% 和 29%,煤炭在亚太地区的产量在近十年中急剧上升。鉴于研究方法及工具的不同,峰值时间的预测存在争议,故目前的问题不再是石油产量是否存在峰值,而是何时到达峰值的问题。随着能源需求的增大,产量提高,化石能源终究会走向稀缺并耗竭,并且随着价格上涨,人们不得不减少对可耗竭能源的需求,促进节能和替代能源的发展。

　　此外,工业革命以来,化石能源的广泛使用,特别是煤炭和石油在能源结构中的比重极高,带来了严重的负面效应,主要包括环境污染和全球气候变化。20 世纪五六十年代,烟尘、SO_2 笼罩在工业大城市的上空,导致许多人患上呼吸系统疾病;20 世纪 70 年代,汽车排出的尾气,未完全燃烧的汽油及其所含的铅具有更大毒性;大型热电站的发展又引发了"热污染"等新问题。从前文看到,使用化石能源排放了大量的温室气体,造成全球气温上升和气候变化,可能导致各种极端天气、冰川消融、海平面上升和物种灭绝等。

　　气候科学家观察到,大气中的二氧化碳(CO_2)体积浓度在工业革命前相当稳定,约为 280×10^{-6},但在那之后的几个世纪中,该浓度一直在显著上升,于 2013 年达到 396×10^{-6},比 19 世纪中叶上升约 40%,尤其是在过去十年间,平均每年增长 2×10^{-6}。甲烷(CH_4)和一氧化二氮(N_2O)的水平也显著增长[3]。政府间气候变化专门委员会(IPCC)是由世界气象组织(WWO)和联合国环境规划署(UNEP)于 1988 年联合建立的联合国政府间机构,是国际上公认的气候变化科学评估组织。IPCC 第五次评估报告(2013)指出:温室气体浓度增高所带来的影响可能不是立刻显现的,其浓度的稳定是由气候系统、生态系统和社会经济系统相互影响、相互作用决定的。即使大气中 CO_2 浓度稳定后,人类活动产生的全球变暖和海平面上升也将持续数个世纪,因为气候变化过程和反馈对应于这样的时间尺度,可以说相对于人类生命周期,气候系统中的某些改变是不可逆转的。

鉴于 CO_2 在大气中漫长的生命周期,欲将温室气体的浓度值稳定于任何一种水平,都需要从目前的水平上大大削减全球 CO_2 排放量。联合国气候变化框架公约(UNFCCC)提供了一种模式,由各国政府间合作,共同应对气候变化带来的挑战。该公约的最终目标是将温室气体浓度稳定到一个水平上以阻止人类活动干扰并危及气候系统。公约缔约方进一步认识到:为了将全球平均温度的提高控制在工业化前水平之上的 2 ℃以内,必须做到更大幅度地削减全球排放。这就是当今世界向低碳型发展的必要性。

传统观念认为,工业化国家排放了绝大多数的温室气体。但近年来,发展中国家的排放比重超过了工业化国家,并持续迅速上升。发展低碳型社会需要全球所有国家的共同努力,将工业化国家能源供应低碳化,将发展中国家纳入低碳发展的轨道。环境的恶化和气候的变化已成为全球各个国家亟待解决的问题,而开发和利用可再生能源是解决这些问题的重要途径。

自 20 世纪中叶,一些国家(如法国、俄罗斯)为了减少对化石能源的依赖,重视核能的开发利用,根据国际能源署(IEA)和国际原子能机构(IAEA)的统计资料[5]可以看到,至 2012 年底,全球核能发电量达到总发电量的 10.9%,见表 3-1。

表 3-1　2012 年核能发电量[5]

核电生产国	发电量/$(TW \cdot h^{-1})$	核电占全球核电比例/%	核电占本国总发电比例/%
美国	801	32.5	18.8
法国	425	17.3	76.1
俄罗斯	178	7.2	16.6
韩国	150	6.1	28.3
德国	99	4.0	16.0
中国	97	3.9	2.0
加拿大	95	3.9	15.0
乌克兰	90	3.7	45.4
英国	70	2.8	19.5
瑞典	64	2.6	38.5
其他	392	16.0	8.1
世界	2461	100	10.9

尽管核能资源较为丰富,体积小能量高,发电成本低,污染小,但历史上由于人为因素或自然灾害导致放射性物质大量泄漏的事故,给生态环境和人类造成了毁灭性的灾难,并且使核工业遭到沉重打击。1986 年苏联切尔诺贝利核泄漏事件曾一度使欧盟全面停止新建核电站,后来迫于能源紧张形势,部分国家才重新启动核能利用。2011 年日本发生 9.0 级地震,由地震引发的福岛核电站事故再次引起全球的广泛关注,一时间反核呼声高涨,次年全球核能发电量下降 6.9%,日本核能发电量下降 89%,占全球降幅的 82%。2012 年核能发电占全球能源消

费的 4.5％,2013 年这一比例继续下降至 4.4％,连创 1984 年以来的最低比例[2,6]。在这种局面下,开发和利用可再生能源显得更为需要和迫切。

化石能源的枯竭,核能利用的不安全性都说明了能源供应应该是多样化的。能源供应的多样性,主要涉及能源资源种类多样性、进口来源的多样性和过境运输的多样性,是保障能源安全的最直接方式。能源资源在全球分布的不均匀性、稀缺性,和化石能源的不可再生性决定了能源的地缘属性。对于能源资源匮乏或种类不平衡,依赖进口的国家来说,具有受制于他国的政治风险,其能源安全与地缘政治紧密联系,面对严峻的能源地缘政治形势,许多国家和地区采取了一些战略措施,比如欧盟,加强成员国之间的合作,创建共同能源市场。当然,一个更重要的措施是发展可再生能源。发展各种可再生能源对于增加能源供应多样性,增强能源供应体系的安全性具有重要的作用。

自然界提供了丰富的、多种多样的可再生能源,为人类社会持续稳定地发展奠定了物质基础。长久以来,由于技术条件的限制,可再生能源的利用受到诸多限制,但随着技术的进步,政府激励政策的出台,可再生能源的开发和利用将逐步成为绿色能源的支柱。

3.2.2　可再生能源种类

可再生能源是能源体系的重要组成部分,在地球上分布广、开发潜力大、环境影响小,相对于人类生命周期来说可再生利用,因此有利于人与自然的和谐发展。

可再生能源属于一次能源,包括水能、风能、太阳能、地热能、生物质能和海洋能六类,除了水能之外,其余都属于新能源范畴,按照《BP 世界能源统计年鉴》的分类,这五类新能源被称作"其他可再生能源"。在比较各类能源的消费量时,常转换成一定数量的"百万吨油当量"来表示,单位符号为 Mtoe。以 2013 年为例,"其他可再生能源"的发电量达到279.3 Mtoe(见图 3-9),是当年水力发电量的 1/3,而水电占全球能源消费的 6.7％,可再生能源发电量达到了历史最高水平。

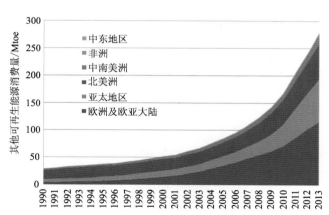

图 3-9　不同区域"其他可再生能源"发电量
(来源:http://www.bp.com/en/global/corporate/about-bp/energy-economics/statistical-review-of-world-energy/energy-charting-tool.html)

3.2.2.1　风能

风力发电在各种可再生能源中技术最为成熟、产业发展最快,经济性最优。陆上风机经过逐渐发展已经能够适应复杂气候和地理环境,海上风机(离岸风机)也逐渐向深海发展。

如图 3-10 所示,受全球经济疲软的影响,2013 年新增装机容量 3 529 万 kW,不及前四年每年的新增装机量,结束了自 1996 年来连续增长的态势。但截至 2013 年底,全球累计装机容量已超过3.18 亿 kW。全球 87 个国家和地区拥有商业化的风力发电项目。中国和美国累计装机容量遥遥领先,分别达到 9 141 万 kW 和 6 109 万 kW。欧盟 28 国累计装机容量达到 1.17 亿 kW[7]。

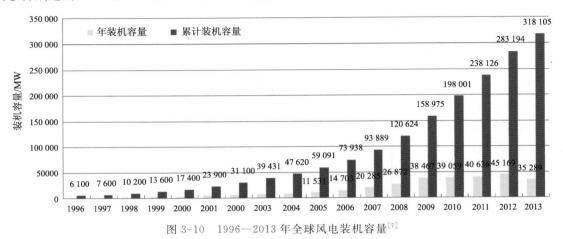

图 3-10　1996—2013 年全球风电装机容量[7]

世界风电大国仍主要集中在亚洲和欧美地区,如图 3-11 所示,但近年来其他国家的风电装机容量也在不断上升,所占全球比例也在逐年上升。欧盟除了整体装机容量居于世界之首外,在离岸风电的装机容量上也占据绝对优势比例,图 3-12 表明了这点。风电在欧洲一些国家已经发挥了替代能源的战略作用。

随着风电技术的发展,风电机组单机容量和风轮直径持续增大。在土地资源紧张的普遍情况下,陆上大功率风机具有占地面积更小、安装数量更少、维护效率更高等优势。在风力涡轮形式上,水平轴风电机组是大型机组

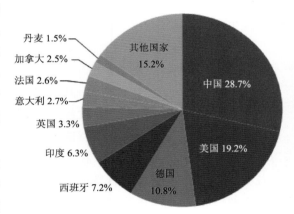

图 3-11　2013 年底全球风电累计装机
容量前 10 位的国家[7]

的主流机型,几乎占有市场的全部份额。垂直轴风电机组由于风能转换效率偏低,结构动力学特性复杂和启动停机控制上的问题,尚未得到市场认可和推广,但垂直轴风电机组具备一些水平轴机组没有的优势,学术界一直在对其进行研究和开发[8]。另外,随着电子技术的进步,在兆瓦级风电机组中已广泛应用叶片变桨距技术和发电机变速恒频技术。在德国新安装的风电机组中,直驱变速恒频风电机组占有率近半,这种无齿轮箱的机组能大大减少运行故障和维护成本,在中国也得到了应用。此外,利用高空中的风力发电的空中风力涡轮机已经在一些前沿科研机构中研制。

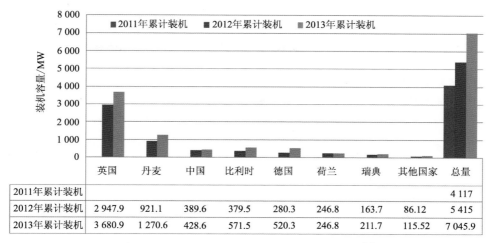

	英国	丹麦	中国	比利时	德国	荷兰	瑞典	其他国家	总量
2011年累计装机									4 117
2012年累计装机	2 947.9	921.1	389.6	379.5	280.3	246.8	163.7	86.12	5 415
2013年累计装机	3 680.9	1 270.6	428.6	571.5	520.3	246.8	211.7	115.52	7 045.9

图 3-12 2012—2013 年全球离岸风电装机容量[7]

小型(<100 kW)风机产业也在继续成熟,全球数百家制造商拓展了经销商网络,并提高了风机认证的重要性。独立的小型风机的使用越来越多,应用范围包括国防、农村电气化、水泵、电池充电、电信和其他远程利用。离网和微网应用在发展中国家比较流行。虽然许多国家已经在使用一些小型风机,但主要装机容量仍集中在中国和美国,据估计,至 2012 年底两个国家的容量分别是 274 MW 和 216 MW[9]。

现存风电场的更新改造近年来也在不断发展。在提高电网兼容性、减少噪声和鸟类死亡率的同时,实现技术改进和提高产量的愿望的驱动下,用更少、更大、更高、更有效、更可靠的风机替换老旧风机。政府激励机制的出台也是驱使风场改造的因素。

为保证风能利用行业的良好发展,风电大国在管理上各有不同的政策措施。中国对风电的管理进入细化管理阶段,2011 年中国政府出台了 18 项行业技术标准,加强风机的质量管理,明确并网技术规范;同年国家能源局出台了《风电开发建设管理暂行办法》;风电产业被列入"十二五"能源发展规划。美国大部分州实行强制配额政策,对电力销售商所销售电力的可再生能源发电比例做出明确规定,积极推动美国风电产业的发展。德国累计装机容量排名世界第三,保持欧洲地区的领先地位。2011 年,德国政府决定在十年后关停所有核电站,修订了《可再生能源法》,制定了各阶段的电力消费来自可再生能源的百分比,尤其对离岸风电装机容量给出具体目标。

3.2.2.2 太阳能

太阳能的利用分为光伏发电(PV)、聚光太阳能热发电(CSP)、太阳能热利用三个主要方面。此外,太阳能光热混合利用系统也得到了研究和发展。

1. 太阳能光伏发电

近年来,在世界主要消费市场的带动下,太阳能光伏发电市场和产业规模持续扩大,光伏发电的技术水平也在不断提高,市场经济性进一步改善,但行业竞争也更加激烈,同时各个国家也不同程度地削减了产业补贴力度。

如图 3-13 所示，2013 年太阳能光伏市场新增装机容量大于 39 GW，超过当年风电的新增容量，累计容量已达 139 GW。而中国创造了一个 12.9 GW 的全年新增装机的纪录，占了近 1/3 的全球新增装机份额，日本和美国分列新增容量的第二、三位，如图 3-14 所示。在一些国家，特别是欧洲，光伏发电已起到实质性的作用。而日渐降低的生产和安装价格开拓了新的光伏市场，从非洲、中东到亚洲和拉丁美洲，随着光伏系统数量和规模的增大，商业利益持续增长。在持续了两年的低迷过程中，由于产能过剩导致了光伏组件价格的下降，许多组件制造企业出现了利润的负增长，在 2013 年光伏产业开始回暖，但市场前景仍极具挑战性，特别是在欧洲。随着生产成本继续下降，太阳能电池效率也逐渐提高，光伏模块价格稳定，部分生产商开始扩大生产能力以适应市场需求的提高。

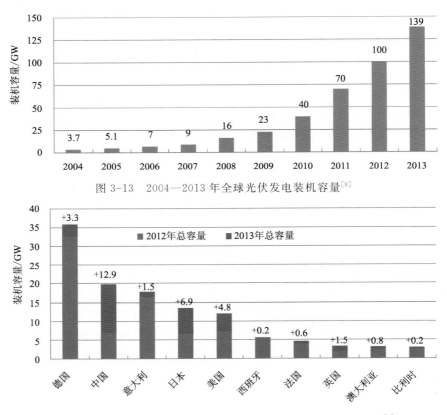

图 3-13　2004—2013 年全球光伏发电装机容量[9]

图 3-14　2013 全球光伏发电累计和新增装机量排名前十的国家[9]

太阳能光伏电池的技术水平不断提高。晶体硅太阳能电池占据市场最大份额，一直在 80% 以上。未来的技术进步主要体现在新型硅材料研发制造、电池制造工艺和生产装备技术的改进、硅片加工技术提高等方面。预计 2020 年商业化单晶硅电池组件效率有望达到 23%，2030 年有望达到 25%，商业化多晶硅电池组件效率也将有不同程度的提高。

由于晶体硅制造业的标准化、合理化以及较低的硅价格，2010 年以来太阳能薄膜电池

(CIGS)制造商面临着巨大的挑战,一些公司因此破产或者退出行业,薄膜电池市场占有率在近五年呈下降趋势。未来薄膜电池技术发展将主要依赖于电池制造工艺的进步、集成效率的提高、生产规模的提升等。

2009 年科学家发现钙钛矿型光吸收剂的特性将在光伏领域表现出良好的前景,有关钙钛矿型太阳能电池的研究已在部分科研机构中进行。在 2012 和 2013 年期间,钙钛矿材料效能得到了显著的提高,尽管这些技术在进入市场前仍需克服巨大的挑战,但在高性能而廉价的太阳能电池发展方向上又前进了一步。

光伏系统组件中,为了更好地实现对电网管理的支持,太阳能逆变器的产品设计越来越复杂。而降低光伏系统成本的需要也对逆变器等平衡系统的技术提出了更高的要求,意味着逆变器制造商将承受更大的降价压力。

2. 聚光太阳能热发电

聚光太阳能热发电又称聚焦型太阳能热发电,是集热式的太阳能发电系统。它使用反射镜或透镜,利用光学原理将大面积的阳光汇聚到一个相对细小的集光区中,集中的太阳能转化为热能,热能通过热机(通常是蒸汽涡轮发动机)做功驱动发电机,从而产生电力。图 3-15 所示为位于美国加利福尼亚的两座太阳能热发电厂,分别是槽式和塔式的反光镜。

图 3-15　聚光太阳能热发电装置,美国加利福尼亚[1]

自 20 世纪 70 年代欧洲共同体委员会开始对太阳能热发电进行可行性研究,20 世纪 80 年代初,意大利首先建成了兆瓦级塔式电站,接下来的十年美国也有数十座太阳能热发电站投入商业化运行。随后直至 21 世纪初,欧洲一些国家启动的太阳能发电激励政策重新带动了太阳能热发电市场的复苏。如图 3-16 所示,截至 2013 年底,全球已经建成投入使用的太阳能热发电装机容量达到 3 425 MW,当年新增装机量接近 900 MW,西班牙和美国继续保持全球市场绝对主导地位。但聚光太阳能热发电市场在亚洲、拉美、非洲和中东地区继续发展,2013 年新增装机国有阿联酋、印度、中国、阿尔及利亚、埃及、摩洛哥、澳大利亚和泰国,南非也是活跃的市场,科威特为一个 50 MW 的聚光太阳能热发电厂启动了招标程序。沙特阿拉伯宣布,计划至 2023 年在超过 50 GW 的可再生能源项目中，25 GW 将来自于聚光太阳能热发电项目。全球市场正在加速向日照强烈、高直射区域的发展中国家扩张。

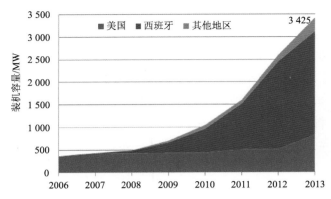

图 3-16　2006—2013 年世界聚光太阳能热发电装机容量[10]
（来源：http://www.csp-world.com/resources/csp-facts-figures，2012）

现有及新增发电设施中，采用抛物槽技术为主，塔式中央接收器技术所占比例也在增长，菲涅耳抛物面天线技术依然处于初始发展阶段。由于系统效率随温度升高，实践经验表明大规模发电厂具有成本降低的倾向，因此许多在建的发电厂规模越来越大。另外，通过完善设计，改进制造和施工技术，聚光太阳能热发电的成本也将不断降低。在聚光太阳能热发电系统中设置热能存储（thermal energy storage，TES）装置，能在太阳能不足时将储存的热能释放出来以满足发电需求，这种储热系统对太阳能热发电站连续、稳定的发电发挥着重要作用。

聚光太阳能热发电的另一个技术发展趋势是混合发电，以及在煤、天然气和地热发电的工厂中用于提高蒸汽产量。美国可再生能源研究室（NREL）等对聚光太阳能与地热或天然气的集成发电系统进行了研究；澳大利亚的一个在建的 44 MW 太阳能工程，预计在建成运营时，将能够辅助现有的以燃煤为基础的蒸汽发电系统。

另一方面，聚光太阳能热发电仍然面临着来自太阳能光伏发电技术和环境问题的强大竞争与挑战。太阳能光伏发电成本的降低所带来的巨大竞争导致了许多聚光太阳能热发电厂的关闭。2013 年在美国，有几个 CSP 发电厂被延期、倒闭或转换为太阳能光伏发电。但设置热能存储 TES 装置的 CSP 系统，由于能提高系统发电效率、稳定性和可靠性并且降低发电成本，仍然具有一定的竞争力。特别是对作为储热装置中的合成油、融熔盐等的研究，开发了一系列替代产品，如三元盐、石墨存储、陶瓷存储。西班牙 Gemasolar 发电厂的 TES 系统能连续 36 天不间断发电，显示了这种系统的潜力。沙特阿拉伯和智利等新兴市场已经对 TES 系统进行强制规定。

3. 太阳能热利用

太阳能热利用技术是应用最成熟、最广泛的可再生能源技术之一，主要应用于水的加热、建筑物的供暖与制冷、工农业的热能供应等领域。

十年来太阳能热利用的发展十分迅速，从图 3-17 看到新增和累计装机容量持续稳定增长。根据国际能源署（IEA）的太阳能制热和制冷部（SHC）2014 年度报告[11]，来自 58 个国家约占全球 95% 的太阳能热利用市场的数据表明，2012 年新增太阳能热装机容量 52.7 GW，相当于新增集热器安装面积 7530 万 m^2。至 2012 年底，这 58 个国家的太阳能热利用运行的装机容量为 269.3 GW，相当于集热总面积 3.847 亿 m^2。仅次于风电的装机容量。另据 REN21 的统计数据，2013 年底全球太阳能热装机容量已达 326 GW。

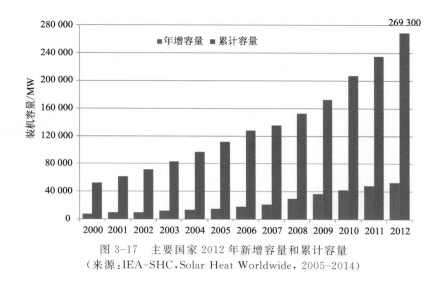

图 3-17 主要国家 2012 年新增容量和累计容量
(来源:IEA-SHC,Solar Heat Worldwide,2005-2014)

世界最主要的装机容量在中国,为 180.4 GW;其次为欧洲,为 42.8 GW,两者共占据了全球 83% 的份额。各主要装机国可从图 3-18 反映出来。

在人均拥有太阳能热水集热器方面,地中海岛国塞浦路斯仍保持领先地位,每千人拥有 548 kW,其次为奥地利,中国每千人拥有 134 kW,位列第九,可见太阳能利用上的差距,以及太阳能利用对于岛国的重要性。

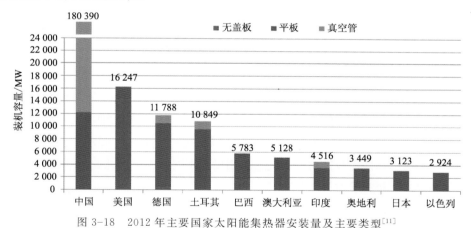

图 3-18 2012 年主要国家太阳能集热器安装量及主要类型[11]

太阳能集热器有很多分类方法[12],根据不同的集热方法可分为非聚焦型集热器和聚焦型集热器;根据不同的结构可分为平板型集热器、真空管集热器;根据不同的工作温度范围可以分为低温集热器、中温集热器和高温集热器。此外,区别于上述以水或其他液体做热媒的集热器,以空气为热媒的叫空气集热器。

平板集热器承压性能好,适用于强制循环的热水系统;真空集热器性价比高,适用于户式分散的小系统,常用自然循环方式;还有一种无盖板的平板集热器结构简单,造价低,属于低温集热器,适用于游泳池热水系统。至 2012 年底全球累计运行的各类集热器中,真空管集热器

仍为市场主力,接近全球 2/3 的比例,平
板集热器约占 1/4,其余为少数的无盖板
平板集热器和空气集热器,如图 3-19
所示。

从全球范围看,三种集热器产品有
明显的地区分布,中国 90％以上的系统
采用真空管集热器,欧洲 90％以上的系
统采用平板集热器,美国和澳大利亚以
无盖板集热器为主。

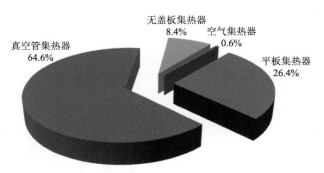

图 3-19　2012 年世界集热器安装量的产品类型分布[11]

另外,按照太阳能热水系统的循环方式不同,可分为自然循环系统和强制循环系统,国际
上又称为虹吸式太阳能热水系统和水泵太阳能热水系统。根据 IEA-SHC 的统计,全球的太
阳能热水系统 3/4 为自然循环系统,其余 1/4 为强制循环系统;在 2012 年新增的系统中,89％
的系统属于自然循环系统,这也是由自然循环系统为主导的中国市场决定的。一般来说,国际
上自然循环系统多用于温暖地带,诸如非洲、拉丁美洲、南欧和地中海地区,与中国采用真空管
集热器为主的情况不同,这些地区的自然循环系统大多结合平板集热器。这两种太阳能热水
系统大多数用于家用热水,通常能满足 40％～80％的需求量。另外,适用于宾馆、学校、住宅
或其他大型公共建筑群的大型热水系统,成为太阳能热利用的发展趋势,这种系统往往提供生
活热水供应以及室内供暖,在欧洲中部国家较为普遍。

近年来世界上出现越来越多的兆瓦级规模太阳能热利用系统。根据截至 2013 年 6 月的统
计,最大系统在南美的智利,装机容量为 32 MW,采用了 39 300 m² 的平板集热器和 4 000 m³ 的储
热器,预计年输出热量 51.8 GW·h,能够满足当地铜矿提炼生产用热需求的 85％。另外,丹麦
也将兆瓦级太阳能系统用于区域集中供热,沙特阿拉伯将大规模太阳能系统与集中供热网络
相连,以提供一个大学校园的采暖和生活热水。加拿大、美国、新加坡、中国还有许多欧洲国家也
建立了类似的大规模太阳能热利用系统以满足生活或工业生产需求。目前主要的工业应用包括
食品加工、烹饪和纺织品制造业。这些不同的应用以及不同的生产工艺要求不同的供热温度,需
要采用不同的集热器,包括从空气集热器(50 ℃以下)、平板或真空管非聚焦型集热器(200 ℃以
下)到聚焦型的抛物线槽式、蝶式和线性菲涅尔式集热器(最高可达 400 ℃)。

太阳能热利用系统可结合各种备用热源,其中与地源热泵或空气源热泵结合的混合系统
在欧洲越来越受欢迎;结合生物质热源的区域供热系统也有所发展,欧洲国家尤其对这些混合
系统的市场兴趣浓厚。至 2014 年初,已有超过 130 个太阳能热泵混合型强制循环系统用于提
供生活热水和采暖,这些系统主要来自 80 个以上的生产企业(主要在欧洲)。还有大约来自
12 个国家的 30 个生产商在制造各种各样的光伏光热(PV-T)混合型太阳能集热器,用于同时
满足电力和热能的需求[9]。

太阳能制冷、空调是太阳能的另一种热利用方式,常见的有利用光热转换驱动的吸收式制
冷和吸附式制冷系统,还有较少应用的太阳能蒸汽喷射制冷和热机驱动压缩式制冷。另外,利

用太阳能光电转换产生的电能驱动的常规压缩式制冷系统成本较高,应用尚未得到推广。太阳能在除湿空调中的应用是通过太阳能集热器提供除湿溶液或除湿转轮再生的热量,与制冷系统相对独立,但能使整个系统合理分担潜热和显热负荷,提高整个系统的节能潜力。

太阳能制冷系统的成本在不断下降,2007—2012 年间下降了 45%～55%。2013 年以来太阳能制冷机组更丰富和多样化,行业标准也在完善。至少两家欧洲企业开发了制冷量 5 kW 以下的小型机组。

2004—2013 年间,太阳能制冷市场显示出不断增长的趋势,增长率在 2007—2008 年间达到 32%,却在 2012—2013 年降为 11%。到 2013 年底,全球约有 1 050 个安装运行的太阳能制冷系统,如图 3-20 所示,包括不同规模和不同的形式,其中 80% 的系统在欧洲,尤其是在西班牙、德国和意大利。大多数系统采用了平板和真空管集热器,相比之下,印度、澳大利亚和土耳其的一些系统采用了聚焦型集热器驱动的吸收式制冷系统。

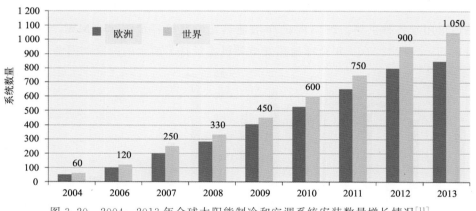

图 3-20　2004—2013 年全球太阳能制冷和空调系统安装数量增长情况[11]

总的来说,集中供热网络、太阳能空调和太阳能工业用热工艺目前仅占全球太阳能热利用容量的 1%。此外,太阳能在水处理和海水淡化方面存在大量未被开发的潜力,这些方面的研究和市场空白有待填补。

3.2.2.3　地热能

地热资源是指能够为人类经济开发和利用的地热能、地热流体及其有用组分,包括浅层地热能和地心热。浅层地热能主要来自于太阳辐射,蕴藏在地表至深度数百米范围内岩土、地下水和地表水中,温度一般低于 25 ℃,通过热泵技术可将这种低品位的能源提取加以利用,可供建筑物内的空气调节。而地心热是来自地球内部的一种资源,主要是由一些地球内部半衰期很长的放射性元素如 U^{238}、Th^{232} 和 K^{40} 衰变产生的热能,传到地表,一般来说温度高,可直接利用或用于发电,分布于地热田或深度数千米以下的岩体中。虽然世界地热资源蕴藏量大且分布很广,精确判断地热总资源量却不容易,因为该资源绝大部分深藏于地表以下,且随着开发和鉴定地热技术的创新和成本的降低,新的资源和容量将不断被发现。

地热能利用包括直接热利用、地源热泵利用和地热发电三个方面。"地心热"利用一方面是地热流体的利用,即地热流体的发电(温度>130 ℃)或直接热利用(温度≤130 ℃)。另一方面,在于利用深度 3~10 km 热岩体中巨大的地热能潜力,可采用增强型地热系统发电(简称 EGS)。EGS 发电潜力大小主要取决于钻探可达深度上的热储存量,恢复因子和允许温降。国际能源署 IEA 的地热实施协议执行委员会(geothermal implementing agreement,GIA)年度报告中估计全球每年平均地热能利用的 30% 为直接热利用[13]。IEA 还预估,到 2050 年,装机容量大约为 200 GW_e(一半来自地热流体发电、一半来自增强型地热系统 EGS 发电)的地热电厂每年将产生大约 1 400 TW·h 的电量,占全球发电量的 3.5%,并减少了每年 0.76 Gt 的 CO_2 的排放量。在直接热利用方面,到 2050 年,将达到每年 1 600 TW·h,约占计划热能需求量的 3.9%。全球地热发电装机的增长情况如图 3-21 所示。

由于数据统计来源和国家不同,来自 REN21 的报告和 IEA-GIA 的估计有所不同。根据《全球可再生能源报告 2014》,2013 年地热能利用共计约有 167 TW·h(不含地源热泵的输出),其中约有 76 TW·h 为发电输出,其余 91 TW·h 为直接热能利用。一些地热厂既发电,又将地热输出用于各种供热。2013 年的净增地热发电装机容量约 465 MW,增速达 4%。全球总容量达到 12 GW。2013 年全球地热发电装机容量排名前十的国家如图 3-22 所示。

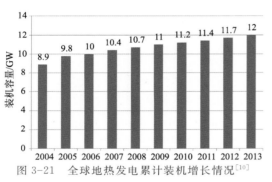

图 3-21　全球地热发电累计装机增长情况[10]

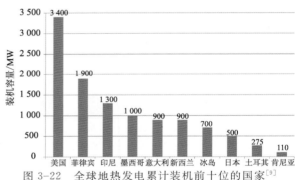

图 3-22　全球地热发电累计装机前十位的国家[9]

地热直接利用不包括热泵,而是指直接利用地热供热和冷却,最主要的方式是采暖、生活热水供应、泳池供热、生产工艺热、水产养殖和工业烘干。地热直接利用的国家集中在少数拥有良好地热资源的国家,如冰岛,见表 3-2。另外,日本、土耳其和意大利也盛行利用地热的温泉浴。中国仍然是地热直接利用量最大的国家,从 2009 年的 13 TW·h 到 2011 年的 45 TW·h,占世界产量的 20%~50%。在欧洲近年来很多领域都在努力提高地热直接利用,特别是浴疗领域,如温泉、游泳池。

表 3-2　地热直接利用量最大的国家近年累计安装容量[9]

地热直接利用国家	中国	土耳其	冰岛	日本	意大利	匈牙利
容　　量/GW	3.7(2012 年)	2.7(2013 年)	2.2(2013 年)	2.1(2010 年)	0.8(2012 年)	0.7(2012 年)

地源热泵的利用在许多国家快速增长,2013 年累计装机容量达到约 91 GW。热泵是通过外部能源(电力或热能)的驱动,使用制冷/热泵循环将热能从冷源/热源向目标进行转移,冷热

源可以是蓄存低品位热能的土地、空气或水体(如湖泊、河流或海洋)中的一种。地源热泵以土壤作为冷热源,为住宅、商业和工业应用提供冷暖空调和生活热水。依据热泵自身的内在效率和其外部的操作条件,可以提供数倍于驱动热泵能耗的能量。一个现代电力驱动的热泵的典型输出输入比例为 4:1,即热泵提供的能量为其消耗的能量的 4 倍,这也被称为制热能效比 4。增加的能量被认为是热泵输出的可再生部分,即以能效比 4 运行的热泵的可再生部分在最终能源的基础上占到 75%(3/4)。然而,在一次能源的基础上可再生的比例所占份额要低一些。例如,由热电厂的电力驱动的热泵,按发电效率 40% 计,4/(1/0.4)=1.6,为最终消耗的一次能源的 1.6 倍。因此,对于电力驱动的热泵,整体效率和可再生成分依赖于发电效率和产生电力的一次能源种类(可再生能源、化石燃料或核能)。如果一次能源 100% 来自可再生能源,那么热泵的输出也全部为可再生的。

2009 年,欧盟委员会针对热泵输出设定了标准计算方法,用以计算可再生能源部分的输出量。这个算法既考虑到了热泵本身的运行效率(须考虑性能系数的季节性变化),又参照整个欧盟一次能源输入到电力生产的平均效率。此新方法计算出的最终能源净输出将会超出用于驱动热泵的一次能源量。2013 年 3 月,欧盟委员会颁布了此公式的其他适用规则,包括针对各种热泵的特定气候的平均等效满负荷运行小时数和季节性性能因子的默认值,最终确定了电力驱动型热泵的默认值最小为能效比 2.5[9]。

全球热泵市场、装机容量和输出量的数据很零散并且范围有限。《可再生能源 2014 全球现状报告》提供了全球 2013 年地源热泵累计装机容量,并且给出了输出量的预计值,通常欧洲的调查数据更新较为及时,其他地区的更新滞后。但欧洲的热泵系统以空气源热泵为主,占据市场的绝大部分。截至 2008 年,欧洲热泵市场稳步增长,但 2011—2012 年间已表现出相对的停滞状态,实际上发生了整体的收缩。由于空气源热泵的效率和经济性不断提高,在新建建筑中,热泵正在由地源型向空气源型进行转变,地源热泵对大型和超大型建筑物更具吸引力,但在单户住宅中的应用有限。总的来说,热泵已经在欧洲供热系统安装中达到了一个相对稳定的 15% 的份额。

热泵最显著的趋势是用于互补混合系统,这将集成多种能源资源(如热泵与光热或生物质)用于多种热利用。区域供热工程对大型热泵的使用也越来越感兴趣,例如丹麦已经开发出用于区域供热的吸收式热泵,其中 2014 在 Hjørring 建成的系统规模为当时世界之最。

3.2.2.4 生物质能

生物质是指植物和动物(包括有生命的或已死亡的)以及这些有机体产生的废物,和有机体所在的社会产生的废物。生物质能是太阳能以化学能形式储存在生物中的一种能量形式,它直接或间接地来源于植物的光合作用,是以生物质为载体的能量。简单地说,生物质能就是生物质中储存的化学能。化石燃料可以说是包含了远古时代植物的生物质能,但它们不是新近产生的生物质,当然属于不可再生的。所以,所谓的生物质能、生物质、生物燃料(从生物质制取的燃料)是不包括化石燃料的[14]。生物质能也是唯一可再生的碳源,是目前应用广泛的可再生能源。生物质能除了可再生性、低污染性，还具有广泛分布性和可制取生物质燃料的特点[15]。生物燃料有液态的，如乙醇、生物柴油、各种植物油；还有气态的，如甲烷；以及固态的，如木片和木炭。

人类利用生物质能具有悠久的历史，如传统的炊事、照明、供暖等。如图 3-23 所示，用作能源的生物质总量中约有 60% 属于传统生物质，包括薪材（部分转变为木炭）、农作物剩余物和动物粪便。这些生物质由手工收集，通常会被直接燃烧或通过低效炉灶用于烹饪和取暖，有些也会用于照明，特别是在发展中国家，属于分布式可再生能源。其余的生物质被用作现代生物能源。现代生物能源是由多种生物质资源生产而成的多样能源载体，这些生物质能源包括有机废弃物、以能源为目的种植的作物和藻类，它们能提供一系列有用的能源服务，如照明、通信、取暖、制冷、热电联产和交通服务。固体、液体或气体的生物质资源在未来可用于存储化学能源，调节并入小型电网或现有大电网的风能和太阳能系统所发出的电量。

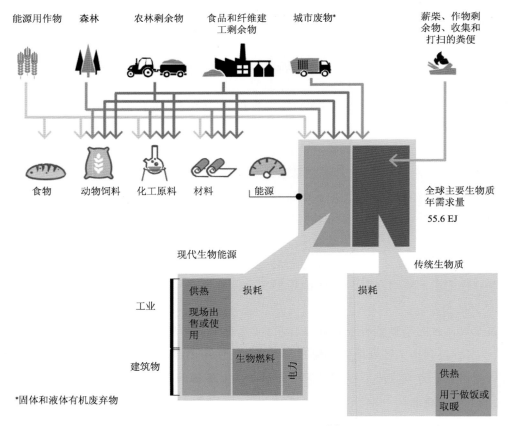

图 3-23　生物质资源和能源途径[9]

随着技术的发展，生物质能的利用方式在逐渐发展，它在可再生能源中的地位也日益重要，在未来清洁能源中，生物质发电将作为主要的可再生能源资源，发展潜力大。2013 年，生物质能约占全球一次能源供应的 10%，约为 55.6 EJ（1 EJ＝10^{18} J）。图 3-23 中的"现代生物能源"份额约占当年生物质总能源供应的 40%。其中建筑物和工业领域的供热约为 13 EJ；另外约有 5 EJ 转化为约 1 160 亿 L 生物柴油(假设原始生物质的转换效率为 60%);还有约等量的生物质用于发电,发电量预计可达 405 TW·h(假设转换效率为 30%)。其中,生物能热电联产(CHP)还能产生热能,但不易被监测统计。

生物质能源的主要市场是多样的,根据燃料种类的不同而变化。现代生物质的使用正在迅速蔓延,特别是在亚洲,并在一些国家的能源需求中占据了很大的份额。例如,在瑞典、芬兰、拉脱维亚和爱沙尼亚的终端使用份额超过了 25%。

用作能源的生物质最主要是固体形态的,包括燃料木炭、木材、农作物剩余物(主要用于传统取暖和烹饪)、城市有机固体废物 MSW、木材颗粒和木屑(主要来自现代和/或大型设施)。木材颗粒和木屑燃料,生物柴油和乙醇已经在国际贸易中进行大量的交易。此外,一些生物甲烷(沼气)正在通过燃气网在欧洲进行交易。固体生物质也在进行着区域性和跨国界的大量非正式贸易。

燃烧固体、液体和气体生物质燃料可以提供较高温度的热能(200~400 ℃),用于工业、区域供热方案和农业生产,而较低温度热能(<100 ℃)可用于烘干、家用或工业热水、建筑供暖。2013 年,大约有 3 GW 的新增生物质供热容量,全球总量累计约为 296 GW。目前,生物质是供热方面使用最广泛的可再生能源,约 90% 的热能来自现代的可再生能源,而固体生物质是最主要的燃料来源。欧洲是世界上最大的现代生物质供热地区,并且大部分是由区域供热网络生产的,欧盟是木材颗粒最大的消费区,最大的市场份额来自住宅取暖。生物质在小型设备上的应用也与日俱增,截至 2013 年,欧洲小型生物质锅炉总量约 800 万台,年销售量约 30 万台。用于热能生产的生物质的使用在北美也开始增加,特别是美国东北部,包括木材颗粒燃料[9]。

沼气越来越多地用于热力生产。在发达国家,沼气主要用于热电联产项目。2012 年,欧洲生产的沼气主要在现场使用或在当地交易。大多数用于燃烧,产生了 110 TJ 的热量和44.5 GW·h 的电力。用于交通运输的为生物甲烷,生物甲烷是由沼气除去二氧化碳和硫化氢后产生的,它可以输入到天然气管网中。亚洲和非洲有一大批沼气大型工厂正在运行,其中包括许多提供工业生产用热的项目。小型家庭规模沼气池产生的沼气可直接燃烧用于烹饪,主要应用于发展中国家(包括中国、印度、尼泊尔和卢旺达)。

据《可再生能源 2014 全球现状报告》统计,截至 2013 年底,全球生物质发电新增容量5 GW,总运行容量达到 88 GW。假设平均利用率超过 50%,2013 年全球发电量中的 405 TW·h 来自生物质能。美国的生物质发电量最高,其次为德国、中国和巴西。其他生物质发电排名较前的国家包括印度、英国、意大利和瑞典。在美国生物质发电中,固体生物质提供了 2/3 的燃料,其余来自垃圾填埋气(16%)、有机垃圾(12%)和其他废弃物(6%)。

参与全球交易的木材颗粒大部分用于发电。在欧盟,虽然木材颗粒大多用于住宅供暖,但是进口木材颗粒用来发电的需求已经越来越大。欧洲沼气发电也在快速增长,截至 2012 年底,运行中的沼气电厂已超过 13 800 个(年增加约 1 400 个),总装机容量 7.5 GW。在生物质发电需求的驱动下,老旧和闲置的燃煤电厂的翻新以及向 100% 生物质发电的转换成为一个趋势。将化石燃料电厂向可以与不同份额的固体生物质或沼气/垃圾填埋气等燃料混燃的电厂转换的案例在逐渐增加。截至 2013 年,约有 230 家燃烧商品煤和天然气的电厂和热电联产工厂已经进行了改造,主要分布在欧洲、美国、亚洲、澳大利亚和其他一些地区。以部分替代性木屑和其他生物质为燃料的生物质发电改造,虽然减少了对煤炭的依赖,但随着生物质份额的增加输出功率也将降低,这在一定程度上限制了进一步发展。

2013 年,全球生物燃料消耗量和生产量增加了 7%,总量达 1 166 亿 L,全球燃料乙醇产量增加了约 5%,达到 872 亿 L,生物柴油的产量也上涨了 11%,达到 263 亿 L。加氢精制植物油(HVO)继续增加,但基数较低。北美仍为乙醇生产和消耗的重要地区,其次为拉丁美洲。欧洲再次占有生物柴油生产和消耗的最大份额。在亚洲,乙醇和生物柴油的产量继续快速增长,详见表 3-3。

表 3-3　2013 年全球生物燃料产量及前 16 的国家和欧盟 27 国的产量[9]　　　(单位:亿 L)

区　　域	燃料乙醇	生物柴油	加氢精制植物油	总　　量	与 2012 年总产量比较
美国	50.3	4.8	0.3	55.4	+1.2
巴西	25.5	2.9	—	28.4	+4.1
德国	0.8	3.1	—	3.9	+0.2
法国	1.0	2.0	—	3.0	+0.1
阿根廷	0.5	2.3	—	2.7	−0.3
荷兰	0.3	0.4	1.7	2.5	无变化
中国	2.0	0.2	—	2.2	−0.1
印度尼西亚	0.0	2.0	—	2.0	+0.2
泰国	1.0	1.1	—	2.0	+0.5
加拿大	1.8	0.2	—	2.0	+0.1
新加坡	0.0	0.93	0.9	1.8	+0.9
波兰	0.2	0.9	—	1.2	+0.3
哥伦比亚	0.4	0.6	—	0.9	无变化
比利时	0.4	0.4	—	0.8	无变化
西班牙	0.4	0.3	—	0.7	−0.2
澳大利亚	0.3	0.4	—	0.6	无变化
欧盟 27 国	4.5	10.5	1.8	16.8	+1.3
全球	87.2	26.3	3.0	116.6	+7.7

全球乙醇产量由美国和巴西统治,位于全球前两位,占全球总产量的 87%。近几年,欧盟已经成为最大的区域生物柴油生产者,占全球份额约 40%,但美国和巴西的生物柴油产量也在快速增长中。中国生物柴油的需求部分来自税收和贸易优惠的驱动。

尽管全球生物燃料的产量增加,但其市场仍面临着挑战,包括对可持续发展的关注,车辆效率提高导致的运输燃料需求的降低,以及以电力和压缩天然气为燃料的车辆的增加。

以生物甲烷作为运输燃料日益增加。以瑞典为例,已有十几个城市的公交车完全使用生物甲烷,超过 60% 的生物甲烷来自当地工厂,并且在 2012 年末和 2013 年开设了更多的加油站。而在挪威,CAmbi 公司为当地巴士提供液化甲烷作为燃料。

3.2.2.5　海洋能

海洋能指依附在海水中的可再生能源,海洋通过各种物理过程接收、储存和散发能量,这些能量以潮汐、波浪、温度差、盐度梯度、海流等形式存在于海洋之中。故海洋能包括潮汐能、潮流能、波浪能、温差能、盐差能、海底地热能等。其中,潮汐能、波浪能是较早引起人类关注并加以开发的海洋能。

虽然海洋能蕴藏量丰富,海洋能的利用还处在一个相当初始的阶段,可以类比于 20 世纪 80 年代初期的风电产业。目前许多海洋能发电工程的设计标准化程度低,到 2013 年底,全球商业化海洋能装机容量约为 527 MW,几乎全部来自潮汐能和波浪能。最大的装机量为韩国的 254 MW 的 Sihwa 电厂和法国北部 240 MW 的潮汐能设施 Rance 电厂[16]。其余小规模的项目在美国和葡萄牙运行。但许多国家或地区政府继续支持海洋能研究和发展,一些大型项目在 2013—2014 年获得英国政府批准,预计今后几年开始建设。

潮流能和温差能发电技术也不断取得进展,目前处于示范项目阶段,有望成为下一个海洋能商业化应用领域。盐差能、海底地热能等还处于理论研究或试验的阶段。根据欧洲海洋能协会 2010 年发布的《欧洲 2010—2050 年海洋能路线图》,欧洲海洋能发电的装机容量到 2020 年可达 3 600 MW,占欧盟 27 国电力需求的 0.3%;到 2050 年可达 190 GW,占欧盟 27 国电力需求的 15%。

潮汐发电的工作原理和一般水力发电原理相近,可利用成熟的水力涡轮发电机。潮流发电装置包括水平轴、垂直轴等多种形式,水平轴形式逐渐成为主流。由于海水密度是空气的 800 多倍,故潮流发电场占地面积仅为相同装机容量风电场的 1/200。波浪能发电技术趋于多样化,发电装置主要分为五种类型:振荡水柱式、摆式、振荡浮子式、筏式、收缩坡道式。单机 100 千瓦,总体转换效率不低于 25%,整机无故障运行时间不低于 2 000 h 的波浪能发电机是“十三五”重点发展的海洋能技术之一。

由于海洋热能转换在热带海域的复杂性,并与海水淡化有密切关系,近 30 年来吸引了国际社会的研发兴趣,美国、日本、荷兰、法国、英国、印度都在研究设计 10~100 MW 级的温差能电站。除了盐差能、海底地热能尚处于理论研究和探索阶段,海藻生物质能也是新近开拓的海洋能应用领域。

总体来说,海洋能技术开发成本仍然较高。目前世界上共有近 30 个沿海国家在开发。英国在海洋能开发技术上世界领先,美国、韩国、日本、加拿大、挪威、澳大利亚和丹麦也正在积极从事相关研究和开发,并建成了一些代表性项目。中国在 20 世纪 80 年代独立研发建造的江夏潮汐能实验电站,容量 3.9 MW,暂居世界第四。

3.2.2.6　水电

水电是目前技术最成熟、最具市场竞争力的清洁能源。目前全球有 159 个国家建有水电站,水电总装机容量为 1 000 GW,其他可再生能源的总装机容量仅为 560 GW。2013 年的全球水电发电量约为 3 750 TW·h,约合 856 Mtoe,与图 3-9 对比,约为同期其他可再生能源发电量的 3 倍,占全球能源消费的 6.7%,保持了近年来的最高份额[2]。同时,2013 年水电占全球电力消费的 16% 左右[10],高于风电、核电等其他非化石能源发电量。全球历年分区域水电发电情况如图 3-24 所示。

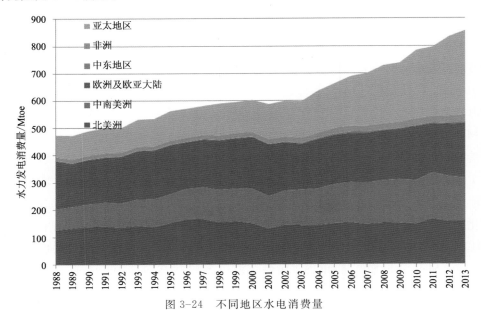

图 3-24　不同地区水电消费量

(来源:http://www.bp.com/en/global/corporate/about-bp/energy-economics/statistical-review-of-world-energy/energy-charting-tool.html)

抽水蓄能的方式使水电可调节利用,解决了输出的不稳定性和需求负荷之间的矛盾,和风能及太阳能类似,这些输出不稳定的可再生能源有助于调节电网峰值负荷和峰值功率的价格,故扩大抽水蓄能容量越来越受到重视。2013 年中国和欧洲的抽水蓄能容量得到进一步扩大。中国纯抽水蓄能容量增加了 1.2 GW,总量达到了 21.5 GW,而同时全球总量达到了 135～140 GW。抽水蓄能发展的另一个方向将越来越多地用于平衡各种其他资源的变化。例如,日本的 26 GW抽水蓄能容量主要用于跟踪支持核电的基本负荷。

尽管如此,全世界未开发的水电资源蕴藏量仍然巨大,特别是在非洲、亚洲和拉丁美洲,国际能源署预计:到 2050 年全球水电装机容量将达到现在的 2 倍,约 2 000 GW,并将年发电量 7 000 TW·h;抽水蓄能容量将是目前水平的 3～5 倍[17]。

水电开发重点已由发达国家转向发展中国家及新兴经济体。中国是水电装机量最大的国家,2013 年达到 260 GW,超过全球总量的 1/4。其次是巴西,在 2013 年底达到 86 GW。加上加拿大和美国的水电,四国的水电总和约占全球水电发电量的一半。

能源和淡水供应的双重安全需求驱使了水电项目跨领域、跨越国家和地区的合作。许多国家间有跨边界传输水电的项目,如埃塞俄比亚和肯尼亚之间的东电高速路,加拿大曼尼托巴水电厂协议向美国北达科他风电场提供 250 MW 用于平衡和补充电力供应。这一趋势显示了水电和其他能源的联用，以及补充输出不稳定的可再生能源系统的潜力[10]。

水电行业正在攻克更大容量的项目，制造商正在创造单机容量的新纪录（每台≥800 MW）。同时，致力于减少水库容量和开发多机运行的河道项目，为适应这一趋势，开发出可变流量的涡轮机，以适应不同的流量。此外，减少水电产业对环境的破坏和影响的努力也在进行中，美国电力研究所（EPRI）承担了鱼类友好型水电基础设施的研究，旨在开发鱼类友好型水轮机，能使鱼类通过它时所受损伤最小，同时收集鱼类在通过引水通道和压力通道时的行为信息[16]。

综上所述，世界可再生能源的资源潜力巨大，但由于成本和技术因素的限制，其利用率还很低。水能、生物质能的应用技术相对成熟；风能、地热能、太阳能得益于政策的支持，近年来迅猛发展；海洋能特别是其中的温差能和盐差能等尚处于研发和考察阶段，离大规模商业化应用还有一段距离。

3.3　可再生能源建筑应用概述

造型复杂、功能多样化的现代建筑耗能巨大，尤其依赖于电能的供应。在环境保护意识逐渐深入人心的当下，房地产建筑业逐渐认识到自身对环境和气候造成的影响，并负起应有的责任。有关专业团体、非营利组织或政府部门制定的绿色建筑认证系统，如美国的 LEED、英国的 BREEAM、中国的绿色建筑评价标识系统等，正在全球范围内被广泛用于推动建筑可持续性的设计或建造，以减轻建筑对环境的负面影响。

可持续发展是指既满足当代人的需要，又不以影响下一代人需要权利为代价。目前，绿色建筑是建筑领域的一个重要概念，它牵涉了建筑领域的所有方面，从早期的"低能耗建筑""零能耗建筑"和"环境友好型建筑"发展而来，并综合考虑了能源、健康、舒适、生态等因素。

中国住房和城乡建设部提出：绿色建筑是指为人们提供健康、舒适、安全的居住、工作和休闲的空间，同时在建筑整个生命周期中（物料生产、建筑规划、设计、施工、运营维护及拆除、回用过程）高效率地利用资源（能源、土地、水资源、材料）、最低限度地影响环境的建筑物。绿色建筑是当代的可持续建筑。

由此可见，绿色建筑坚持可持续发展的建筑理念，其中的一个重要方面就是关注建筑节能。节能是绿色建筑指标体系中的重要组成部分，从上述绿色建筑的定义可以看出，节能技术在绿色建筑中体现为：充分利用建筑所在环境的自然资源和条件，在尽量不用或少用常规能源的条件下，创造出人们生活和生产所需要的室内环境。具体来说，绿色建筑节能是通过建筑技术的以下几个方面共同实现的：优化建筑规划设计、围护结构的节能设计、提高建筑能源效率、可再生能源的利用[18]等，而其中后两个方面直接与建筑能源策略有关。

建筑的节能策略是以减少使用有限的或不可再生能源为目标，包括降低与能源消耗相关的 CO_2 及其他排放物（如 NO_x 和 SO_x）的排放量。在一些国家或地区的绿色建筑工程实践中，以"碳中性"或"零碳"为发展目标的示范工程代表了低碳发展的一种趋势，但鉴于实际工程条件和地理位置等客观因素的限制,减少 CO_2 的排放要比零排放目标更为合理[19]。进一步来说,绿色建筑的能源策略是在优化能源系统,通过节能措施和节能设备以及大量使用可再生能源,从而节约能源和减少碳排放量。本小节将围绕可再生能源在建筑中的应用概况展开。

从上一节所列出的可再生能源来看,太阳能、地热能、风能是在当前建筑工程实践中应用最活跃的可再生能源,生物质能在建筑中的传统应用悠久而广泛,现代生物能源技术开拓了为建筑提供能源的新方法,而生物质能利用的灵活性和多样性也使得它深受农村建筑的青睐。水能的利用除了发电,抽水蓄能系统往往作为其他可再生能源系统的补充,共同服务于一些边远地区或者离岛的建筑[20]。海洋能目前主要用于发电,但其中蕴藏的低品位热能(主要来自太阳能辐射)能够为地源热泵的换热系统所用,可成为濒海建筑的冷源。

3.3.1 太阳能在建筑中的应用

与常规能源相比,太阳能是丰富、洁净和可再生的自然资源,在建筑上具有很大的利用潜力。太阳能的光伏和光热利用可以为建筑的照明、采暖、通风、空调系统提供能源,减少或代替化石能源与核能的使用,从而缓解常规能源使用对环境造成的破坏。因此,太阳能的合理、高效利用是绿色建筑的重要内容。

太阳能在建筑中的利用包括被动利用、主动利用和混合利用。

被动式太阳能建筑尽可能通过建筑设计,充分创造辐射、传导、自然对流条件,最大限度地利用或减少太阳的热量,以降低建筑本身所需能耗,其目的在于营造舒适的室内热环境。常见的被动式技术可通过优化围护结构(如窗户和作为储热媒介的建材),同时也包括采用自然循环的太阳能热水系统或太阳能空气加热系统。

太阳能主动利用系统采用了各种设备来收集、储存和分配太阳能,通常由太阳能收集系统、储存系统和分配系统组成,用于热水供应、暖通空调和发电等。

混合利用指结合两种或两种以上利用方式,如太阳能系统或化石燃料的混合供能系统,能够取长补短,例如光伏系统补充电网或柴油发电机供电。

3.3.1.1 太阳能热利用与建筑

太阳能以电磁辐射能的形式传递能量,太阳光谱非常类似于温度为 6 000 ℃ 的黑体辐射,因此,太阳向宇宙空间的辐射中有 99% 为短波辐射,其中投射到地球大气层外部的能量占辐射总能量的 4.56×10^{-8}%,当地球位于和太阳的平均距离上时,在大气层外缘并与太阳射线相垂直的单位表面所接收的太阳辐射能与地理位置及一天中的时间无关,约为 1 353 W/m²,被称为太阳常数。经过大气层的吸收、散射和反射作用,中纬度地区中午前后到达地面的太阳能辐射为大气层外太阳能辐射的 70%~80%,即地面与太阳射线垂直的单位面积上的辐射能为 950~1 100 W/m²。

建筑物利用太阳辐射能的被动式技术通过对建筑方位、建筑空间的合理布置以及对建筑材料和结构热工性能的优化,使建筑围护结构在采暖季节最大限度吸收和储存热量,投资少、见效快,但受地理和气候条件的限制(详见有关章节阐述)。主动式技术利用太阳热主要靠太阳能集热器来实现,太阳能集热器吸收太阳辐射并将热能传递到传热工质,实现太阳能采暖、制冷空调、热水供应等多方面应用。太阳能集热器的分类方法很多(具体可参见 3.2.2 节及后续章节),通常用水或空气作为传热工质,其传热性能决定了太阳能热利用的效率。

一个建筑采暖或热水供应的太阳能供热系统的设计,很大程度上取决于当地日照条件和气候,集热器的安装角度和是否跟踪聚光也是重要的考虑因素。太阳辐射能仅在白天可以取得,但夜间往往是供暖需求高峰时段,因此,系统必须为夜间的需求储存能量,或者在晴天储备热量为阴天使用。太阳能采暖或热水供应系统,与传统的化石能源或电力做热源的供热系统相比,还须辅助热源以解决太阳辐射间歇性以及与热负荷需求时间不一致的问题。辅助热源通常采用电加热、锅炉加热、空气源热泵或地源热泵等供热方式。

太阳能热利用是建筑领域的可再生能源应用中商业化程度最高、最普遍的技术之一。成功的太阳能供热系统与建筑一体化设计不仅要体现供热系统的稳定性,还要进一步保证与建筑本体的整体协调。

3.3.1.2 太阳能光伏系统与建筑

根据光电效应原理,太阳能电池将太阳光直接转化为电能,输出功率(电能)与输入功率(光能)之比称为太阳能电池的能量转换效率。目前有多种太阳能电池,转换效率各有不同,由多个太阳能电池片组成的太阳能电池板称为光伏组件,均能用于建筑的不同围护结构上。光伏发电系统主要由光伏组件、控制器和逆变器三大部分组成。

太阳能光伏发电与建筑物相结合,产生了光伏建筑一体化(BIPV)的新能源技术。这种技术中,将太阳能光伏发电阵列安装在建筑围护结构的外表面来提供电力。具体地,光伏与建筑的结合形式有两种。

一种是建筑与光伏系统相结合。把封装好的光伏组件平板或曲面安装在居民住宅或建筑物的屋顶、墙体上,建筑物作为光伏阵列载体,起支撑作用,这是常用的、也是较为传统的光伏建筑一体化形式。将光伏系统布置于建筑墙体上不仅可以利用太阳能产生电力,满足建筑的需求,而且还能通过增加墙体的热阻,从而降低建筑物室内空调冷负荷。

另一种是建筑与光伏组件相结合,即将光伏组件与建筑材料集成化,光伏组件以一种建筑构件的形式出现,这对光伏组件的要求大大提高,是光伏建筑一体化的高级形式。在这种光伏建筑中,光伏阵列成为建筑不可分割的一部分,如光伏玻璃幕墙、光伏瓦和光伏遮阳装置等[12]。

柔性薄膜光伏电池在与建筑结合方面的重要优点是可适应建筑物外形的不同形状,还可根据需要制作成不同的透光率。随着薄膜光伏电池的技术日趋成熟,光伏转换效率和稳定性不断提高,市场前景非常看好。

光伏组件用作建材,必须具备装饰保护、保温隔热、防水防潮、适当的强度和刚度等性能,其应用还须考虑安装技术、寿命等要求。

光伏建筑一体化是光伏系统依赖或依附于建筑的一种新能源利用形式,其主体是建筑,客体是光伏系统,故光伏建筑一体化设计须综合考虑建筑本身设计条件、发电系统要求,还须要结合结构安全性与构造设计的可行性。详细内容将在后续章节中阐述。

3.3.1.3 太阳能制冷与建筑

太阳能制冷应用于建筑中主要是用来驱动空气调节系统。太阳能制冷技术可以通过两种太阳能转换方式实现:光电转换产生的电能驱动蒸气压缩式/热电制冷系统;光热转换产生的热能驱动吸收式/吸附式/喷射制冷机组。前者由于系统造价昂贵,目前难以推广,而喷射制冷的方式在实际建筑中也不多见。

当天气越热、太阳辐射越强的时候,建筑物空调的使用率越高,而高强度的太阳辐射可以提高系统的制冷量,反映了太阳能制冷空调良好的季节适应性。同时,安装在建筑外表面的集热器或光伏板适当地削弱了透过围护结构的太阳辐射,减少了建筑冷负荷,达到进一步的节能效果。

太阳能驱动吸收式/吸附式制冷系统也是一种太阳能热利用的情况,需要使用中、高温太阳能集热器,在实际应用中多与建筑采暖或热水供应系统组成混合系统。在这样的多功能系统中,一定要兼顾供热和空调两方面的需求,例如综合办公楼、招待所、学校、医院、游泳馆等都是比较理想的应用对象。这些用户冬季或全年需要供热,如生活用热水、供暖、游泳池水补热调温等,而夏季一般都需要空调,根据建筑所处的气候带,可利用太阳能全年提供所需的生活用热水,部分或全部冬季采暖,以及夏季的部分或全部空调。系统通常设有辅助热源,如燃油热水锅炉,如果遇到天气不好、日照不足、水温不够高时,即启动备用热源辅助加热,保证系统能满足全部需求。由于混合系统的各子系统相互关联,需要较高的自动控制程度。

3.3.2 地热能在建筑中的应用

建筑物所能利用的地热能有两种主要方式:直接利用和通过热泵利用。前者受地理条件的限制,各国或地区的使用程度差异巨大,少数拥有良好地热资源的国家(如冰岛、日本、土耳其)直接利用地热较为普遍。在建筑中主要的用途是采暖、生活热水供应、泳池和浴池供热。地热能直接利用牵涉的可再生能源技术较简单,在人类日常生活中的利用由来已久。

地源热泵几乎是建筑中应用最广泛的"绿色"采暖空调系统,其安装范围遍布全世界。地源热泵系统把土壤、地表水或地下水当作热源或冷源,可为建筑提供采暖、制冷空调、生活热水等功能。理论上讲,地源热泵比常规空气源热泵拥有更高的能源效率(能效比),因为地下温度比空气温度,在冬季更高,夏季更低,且波动幅度小。地源热泵概念首次在 1912 年的瑞士专利中出现,距今已有一个多世纪。从第二次世界大战到 20 世纪 50 年代,地源热泵在北美和欧洲引起广泛的兴趣,取得了一定的发展。20 世纪 70 年代第一次石油危机后,地源热泵系统的研究和实践迎来第二个高峰期,并持续了 20 年,取得了垂直地埋管换热器的设计方法和安装标准等一系列成果。近 20 年来,在绿色建筑标准所倡导的可再生能源利用中,地源热泵技术的应用和研究在许多国家得到快速发展。无论在商业建筑还是在居住建筑中,用于供热和供冷的地源热泵系统,包括与其他可再生能源(如太阳能)的混合互补系统都积累了丰富的实践经验并获得了长足发展。

地源热泵系统初投资的最大部分为地下埋管换热系统。为减少初投资和扩大应用范围,将地下换热系统与各种土木基础设施构造结合的方法不断出现,如将埋管换热器置入建筑的基础、钻孔桩、地下防渗墙、地铁车站底板、隧道的围墙(隧道施工时)、隧道的内衬砌层等处,也有结合排水管道[21],将换热器管道埋在较大直径的市政排水管或管渠外壁处。美国学者也在研究将市政垃圾填埋场作为地源热泵系统热源的潜力[22]。

同样,为了发挥水平地埋管换热器初投资低的优点,近年来对地源热泵水平地埋管系统换热性能的提升有了更多的研究,出现的螺旋线圈型、散热器型、平板型的浅层地埋管换热器,材料为高密度聚乙烯(HDPE),埋深一般在 1.5～2 m 范围内。

大多数建筑由于所处的地理位置和气候带的关系,空调的冷热负荷并不平衡,常常是其中一种负荷占主导地位,为了维持土壤作为冷热源的热量平衡,需在地源热泵系统中整合其他技术手段,这是发展混合式地源热泵系统的一个重要原因。合理的混合式系统能减少地埋管换热器长度而降低这方面的初投资,还可以通过改变系统运行的重要参数而提高运行性能系数。目前,地源热泵系统可与以下系统组合[23]:

(1)太阳能利用系统。

(2)冷却塔。

(3)储热单元。

(4)传统空调系统。

(5)除湿系统。

(6)带热回收的恒温恒湿空调系统。

其中,储热技术往往和其他系统组合使用,太阳能的应用主要是集热器获得的热能。在一些多种可再生能源组合应用的系统中,地源热泵子系统发挥的作用也是多样化的。例如,在冷负荷占主导地位的西班牙[24]南部地区,一个案例就是采用太阳能集热系统驱动的单效溴化锂吸收式制冷机组为主体,又采用地源热泵系统来代替传统吸收式制冷系统中所需的冷却塔,提高了吸收式制冷机的性能系数,显著降低了耗电量和耗水量。

在热带和亚热带气候区,为减轻夏季空调对非可再生能源电力的依赖,意大利[25]研究人员建议:地源热泵系统宜由独立光伏系统驱动,电网作为配套备用,以提高地源热泵系统自身的可持续性。这是在光伏并网发电迅速发展的背景下提出的,由于技术和经济的原因,该研究人员认为在不远的将来光伏发电并网将逐渐失去吸引力,故发展具有自我可持续性的供能系统是减轻电网压力、扩大可再生能源利用的途径。

3.3.3 风能在建筑中的应用

在过去的几十年中,风能利用技术取得了卓越的进展,在蓄电池结构和电子设备技术等方面进步显著,风机规格也从 250 W 增大到 5 MW,10 MW 以上的风机也在研制中,在西班牙和美国出现了装机容量超过 500 MW 的风场。另一方面,在城区建筑中使用的现场风力发电机也显示了巨大的节能潜力。许多研究表明[26]:在建筑上实现风电建筑一体化(building integrated wind turbine)和光伏建筑一体化(building integrated photovoltaic,BIPV)同样具有可行性和吸引力。高层建筑就是风电建筑一体化最好的实践场所。但是,城市区域建筑密集,风力相对空旷场地较弱且气流不稳定,这对风力发电机提出了更高的要求。垂直轴风力涡轮具有很多优点,可以接受来自各个方向的风力,并适合于风力不稳定的环境。阻力型垂直轴风机由于切入风速低、启动性能佳、制造简单,被认为适合于建筑现场风力发电。而基于管道式风力发电机组改进的阻力型垂直风机,可安装于建筑屋顶,为既有建筑改造提供很大的方便,而且对建筑外观的影响很小。图 3-25 所示为一栋高层建筑的屋顶安装的改进型垂直轴风机,带有使动力增强的导向叶片。这是一个混合多种可再生能源和绿色建筑技术的系统——风光互补发电及雨水收集系统。在雨水收集器的顶端,即风机罩顶部外表面,经优化设计的区域可供安装太阳能光伏板,而风机下部采用多分割倾斜安装的光伏板形成了流体通道,便于雨水集流。雨水汇流至收集水箱后可供多种用途,包括微型水力发电。

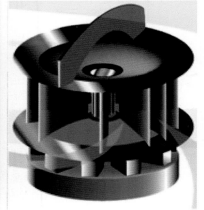

图 3-25　安装了垂直轴风力发电机的高层建筑[26]

(来源:http://ars.els-cdn.com/content/image/1-s2.0-S0960148112006040-fx1.jpg)

3.3.4　生物质能在建筑中的应用

从生物质资源和能源途径(见图 3-23)可见,2013 年全球生物质能供应量约为 55.6 EJ,其中全部传统生物质(占总量约 60%)以及现代生物能源中用于建筑物和工业领域的供热量 13 EJ(占总量约 23%),大部分被建筑消耗。生物质能在建筑中的应用方式多种多样,且具有悠久的历史,属于分布式可再生能源,现代生物能源技术则更新了这项古老的可再生能源利用方式。

欧洲生物质工业协会将生物质转化分成四大类:直接燃烧、热化学转化工艺(包括热解和气化)、生物化学工艺(包括厌氧消化和发酵),以及物理化学加工(生物柴油的路线)[15]。

我国是农业大国,生物质能在农村能源消费结构中约占生活用能的 70%,占整体用能的 50%。但生物质的利用仍以直接燃烧的柴灶为主,效率低下,只有 15% 左右,故而推广先进的生物质利用技术至关重要。生物质气化可将低品位的固体生物质转化为成高品位的合成气。利用气化装置,将生物质作为气化的原料,通过热化学转换变为可燃气体,作为生活用燃气,可节约大量矿物燃料。另外,气化发电及气化循环发电(IGCC)技术也在农村可再生能源系统中占据重要地位。

建筑中应用生物质能的另一个方面是生物气体的应用。生物气体是生物质发酵(厌氧消化)产生的,也叫沼气,主要成分为甲烷。生物气体的生产至少有三种来源:农业废弃物、污水污泥和固体生活废弃物。在我国,沼气利用技术基本成熟,尤其是户用沼气,已有几十年的发展历史,形成了规模市场和产业。

现代建筑中生物质能的应用往往不是以孤立系统出现的,而是和其他可再生能源技术构成混合系统来更好地为建筑供能。根据欧盟对建筑物节能性能的要求,葡萄牙国会通过相关法律,规定 2009 年后建造的居住和服务性建筑必须有节能认证标签,为此一个小型旅馆的节能改造采用了图 3-26 所示的混合能源系统[27]。该系统由四部分组成:热电联产系统、供热系统、供电系统、太阳能光伏系统。在热电联产工艺中,采用木材颗粒或木屑作为主要原料,用热化学技术将木料气化生成合成气用于内燃发电机。生物质在气化炉中的一系列反应和普通烟道燃烧产生的排放物质并不相同,排放量也小得多,故该能源系统有助于降低温室气体排放。光伏发电系统的加入可在用能高峰期补充系统用电缺口,并在该建筑的年耗电量中占有 7%～8% 的比例。

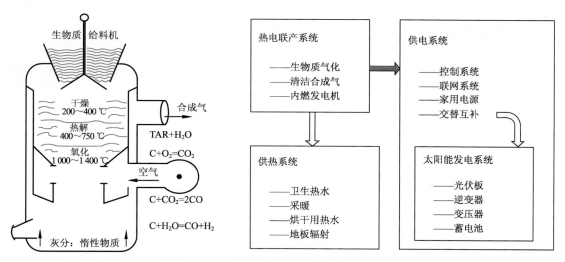

图 3-26　某节能改造工程采用的生物质能和太阳能混合系统,左为气化炉示意图[27]

生物质能的发展利用是与农业发展密切相关的,而现代农业更是受到耕地有限、人口爆炸、水资源缺乏、能源结构不合理、环境污染、气候变化等因素的影响。哥伦比亚大学的生态学家 Despommier 教授于 1999 年发展了前人提出的"垂直农业"的概念[14]。这个想法是将农业生产带入城市,安置于专门的多层建筑甚至摩天大楼内,联合运用自然日照和人工光源。在这种垂直农场中,每一滴水、每一缕光、每一焦耳能量都不会浪费,在每一种产品都能不断循环利用的前提下,没有废物产生。垂直农场实质上是将农场带进消费终端,从而避免巨大的交通运输成本和能源消耗,以及避免大量使用化肥和杀虫剂,因为害虫已被拒之门外。在这个方案中,由于采用了水培和气培技术,农作物的成长无须土壤,所需水量比传统农场减少 70%～95%,而传统农场正是地球上淡水的主要消耗场所之一。封闭的温度控制系统能使全年都有良好的作物收成,避免了灾害天气导致的减产。这种垂直农业的方案尚未得到大规模实践,但在日本、荷兰和美国已有一些试验项目。垂直农业有助于解决或减轻上述影响农业发展的诸多问题,也是综合运用可再生能源技术的一种方案,与人类自身可持续发展密切相关。图 3-27 所示为垂直农场示意图。

图 3-27　垂直农场示意图(右图由 Chris Jacobs 设计)
(来源:左 http://www.verticalfarm.com/,右 http://b.static.trunity.net/files/299501_299600/299598/vertical-farming-chris-jacobs.jpg)

3.3.5　场外可再生能源在建筑中的应用

以上可再生能源系统根据所服务的建筑进行设计,在具体建筑上安装与实施,可看作与建筑结合的可再生能源系统,或称为现场可再生能源系统(on-site renewable energy)。实际上,还有远离建筑现场的可再生能源系统可将所产电力或热力输送给建筑使用,称为场外可再生能源系统(off-site renewable energy)。一栋建筑可单独采用场外可再生能源系统供能,也可结合现场可再生能源系统同时供能[28]。建筑项目由于所处的地理位置、气候区都各不相同,可利用的可再生能源资源的潜力也各不相同,并非所有建筑都适合投资发展现场可再生能源系统。一些发达国家已经在鼓励建筑使用场外可再生能源方面采取了一系列措施。

在美国,由非营利组织——资源方案中心(center for resources solutions)管理的 Green-e 能源认证体系和 Green-e 气候认证体系是基于自愿参加原则的国家级可再生能源和碳补偿认证标准。其中 Green-e 能源认证体系包括认证绿色电力(green power 可再生能源并网发电)和颁发可再生能源证书 REC(renewable energy certifications)。Green-e 能源认证体系认可的可再生能源包括风能、太阳能、地热能、生物质能、低环境影响水电、波浪能或潮汐能。当一个风力发电场、一个太阳能发电站或其他类型的可再生能源设施将所发的电输送进电网时就生成一份可再生能源证书,如图 3-28 所示。当然,由可再生能源生产的冷、热源、蒸汽可供社区和建筑采用时也可获得可再生能源证书。可再生能源证书的出售为可再生能源提供者带来额外的收入,弥补他们对可再生能源产品的投入。这种机制

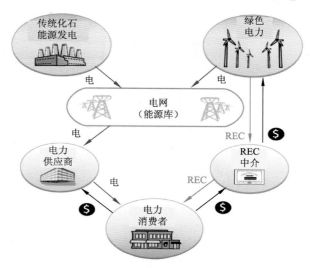

图 3-28　可再生能源证书的产生及一种可能的交易方式[29]

使得可再生能源项目获得更多利润,使其与化石燃料(如煤和天然气)相比更有竞争力。

美国绿色建筑协会(USGBC)在 LEED 认证体系中明确规定了绿色建筑须如何采用场外可再生能源系统供能。当一些建筑项目本身不能生产足够的、供自身使用的绿色电力时,即现场可再生能源不足的情况下,可通过三种方式使用场外可再生能源:

(1)购买由 Green-e 能源认证体系认证颁发的可再生能源证书。

(2)在开放的电力市场上,购买得到 Green-e 能源认证体系认证的电力企业生产的绿色电力。

(3)若电力市场较为封闭,则参与获得了 Green-e 能源认证体系认证的绿色电力项目。

通过这几种方式,即使建筑本身未设置现场可再生能源系统,也可视为从能源库中获取了可再生能源生成的电力,减少了对化石能源发电的依赖,为减小对环境的影响做出相应贡献。

可再生能源证书制度为建筑业主利用可再生能源开拓了途径,能够扩大可再生能源的需求,鼓励发展可再生能源项目。这个制度得到美国环境保护局(EPA)、忧思科学家联盟(union of concerned scientists)、美国环境保护基金(environmental defense fund)、世界资源研究所(world resources institute)的拥护和支持,被认为是支持可再生能源发展的一条有效途径。在 2010 年,数千 LEED 项目购买了绿色电力或可再生能源证书,其中包括在华盛顿特区的美国绿色建筑协会总部大楼。

当建筑中消耗燃料来满足炊事和热水供应,如能采用生物燃料或沼气作为能源,则视为现场可再生能源利用。同样地,当不具备直接采用可再生能源做燃料的条件而使用传统化石燃

料的建筑项目,还可以通过购买所谓的"碳补偿"来平衡燃烧这些化石燃料所排放的温室气体。

一份"碳补偿"代表着减少 1 t 二氧化碳当量(CO_2e)的温室气体排放量。只有由第三方认证的、可量化的、永久性的温室气体减排量,才是被 Green-e 气候认证体系及其他碳补偿认证标准承认的"碳补偿"。图 3-29 所示为温室气体减排的一种方式,演绎了一个典型的生物质能利用技术。

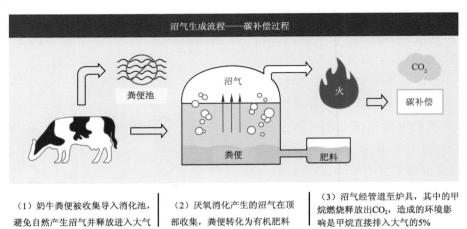

图 3-29 碳补偿过程示意图

建筑开发商只要从温室气体减排项目中购买经高品质检验的一定量"碳补偿",就相当于为这些减排项目提供了资金支持,有助于提高相关生产企业的经济效益。购买碳补偿的措施,激励了温室气体减排项目更进一步的发展,这也是 LEED 认证系统对绿色建筑评估要求之一,从另一个方面促进了可再生能源的发展和利用。

本 章 小 结

在近几十年的城市化进程中,我国的建筑业蓬勃发展,但建筑中的可再生能源利用程度尚处于起步阶段。我国政府为了大力推进可再生能源的应用,在 2005 年颁布了《中华人民共和国可再生能源法》,将发展和利用可再生能源列入重点领域,并采取相应措施促进可再生能源市场的建立和完善。2006 年,当时的建设部(2008 年 3 月后为住房与城乡建设部,简称住建部)与财政部联合制定了可再生能源示范项目的一系列政策,并组织了项目的实施。项目由政府专门拨款,重点资助太阳能热水、太阳能采暖和制冷、光伏照明、地源热泵采暖和制冷等技术在建筑中的应用。

从 2006 年到 2008 年间,住建部和财政部共同组织了 386 项可再生能源应用示范工程的实施,涉及建筑面积约 4 042 万 m²。到 2011 年底,367 项示范工程竣工,其中 312 项通过了国家节能测试机构的测试[30]。可再生能源应用示范工程显著地扩大了可再生能源市场,提高了建筑业对可再生能源的认识和接受度，为进一步普及可再生能源的应用提供经验和指导。在我国，可再生能源在建筑中的应用有了一个积极的开端。

参考文献

［1］ DUNLAP R A. Sustainable Energy. Stamford, CT：Cengage Learning，2015.

［2］ BP Statistical Review of World Energy June 2014［EB/OL］. BP，2014［2015-03-01］. http://www. bp. com/content/dam/bp/pdf/Energy-economics/statistical-review-2014/BP-statistical-review-of-world-energy-2014-full-report. pdf.

［3］ CO₂ Emissions From Fuel Combustion Highlights 2014Edition［EB/OL］. IEA，2014［2015-03-01］. http://www. iea. org/publications/freepublications/publication/CO₂EmissionsFromFuelCombustionHighlights2014. pdf.

［4］ 李严波. 欧盟可再生能源战略与政策研究. 北京：中国税务出版社，2013.

［5］ Key World Energy Statistics 2014［EB/OL］. IEA，2014［2015-03-05］. http://www. iea. org/publications/freepublications/publication/KeyWorld2014. pdf.

［6］ BP Statistical Review of World Energy June 2013［EB/OL］. BP，2013［2015-03-05］. http://www. bp. com/content/dam/bp/pdf/statistical-review/statistical_review_of_world_energy_2013. pdf.

［7］ Global Wind Report Annual Market Update 2013［EB/OL］. GWEC，2014［2015-03-08］. http://www. gwec. net/wp-content/uploads/2014/04/GWEC-Global-Wind-Report_9-April-2014. pdf.

［8］ 国家可再生能源中心. 国际可再生能源发展报告 2012. 北京：中国经济出版社，2013.

［9］ 可再生能源 2014 全球现状报告［EB/OL］. REN21，2014［2015-03-08］. http://www. ren21. net/Portals/0/documents/Resources/GSR/2014/GSR2014CN. pdf.

［10］ 2004-2014 10 Years of Renewable Energy Progress［EB/OL］. REN21，2014［2015-03-015］. http://www. ren21. net/Portals/0/documents/activities/Topical%20Reports/REN21_10yr. pdf.

［11］ MAUTHNER F，WEISS W. Solar Heat Worldwide Edition 2014［EB/OL］. IEA Solar Heating & Cooling Programme，2014［2015-03-15］. http://www. iea-shc. org/data/sites/1/publications/Solar-Heat-Worldwide-2014. pdf.

［12］ 杨洪兴，周伟. 太阳能建筑一体化技术与应用. 北京：中国建筑工业出版社，2009.

［13］ IEA Geothermal Implementing Agreement：Annual Report 2012［EB/OL］. IEA-GIA，2014［2015-03-20］. http://iea-gia. org/wp-content/uploads/2014/10/2012-GIA-Annual-Report-Final-23Dec14. pdf.

［14］ EHRLICH R. Renewable energy：a first course. Boca，Raton，FL：CRC Press，Taylor & Francis，2013.

［15］ 钱伯章. 生物质能技术与应用［M］. 北京：科学出版社，2010.

［16］ 2013 IHA Hydropower Report［EB/OL］. International Hydropower Association，2013［2015-04-2］. http://www. hydropower. org/sites/default/files/publications-docs/2013%20IHA%20Hydropower%20Report. pdf.

［17］ Technology Roadmap：Hydropower［EB/OL］. IEA，2012［2015-04-2］. http://www. iea. org/publications/freepublications/publication/2012_Hydropower_Roadmap. pdf.

［18］ 李百战. 绿色建筑概论［M］. 北京：化学工业出版社，2007.

［19］ 布彻. 建筑可持续性设计指南［M］. 重庆：重庆大学出版社，2011.

[20] MA T, YANG H X, LU L, et al. Technical feasibility study on a standalone hybrid solar-wind system with pumped hydro storage for a remote island in Hong Kong[J]. Renewable Energy, 2014, 69: 7-15.

[21] ADAM D, MARKIEWICZ R. Energy from earth-coupled structures, foundations, tunnels and sewers [J]. Geotechnique, 2009, 59(3): 229-439.

[22] COCCIA C J R, GUPTA R, MORRIS J, et al. Municipal solid waste landfills as geothermal heat sources[J]. Renew Sust Energ Rev, 2013, 19: 463-474.

[23] ZHAI X Q, QU M, YU X, et al. A review for the applications and integrated approaches of ground-coupled heat pump systems[J]. Renewable and Sustainable Energy Reviews, 2011, 15(6): 3133-3140.

[24] ROSIEK S, BATLLES F J. Shallow geothermal energy applied to a solar-assisted air-conditioning system in southern Spain: Two-year experience[J]. Appl Energ, 2012, 100: 267-276.

[25] CARLI D, RUGGERI M, BOTTARELLI M, et al. Grid-Assisted Photovoltaic Power Supply toImprove Self-Sustainability of Ground-Source Heat Pump Systems[J]. 2013 Ieee International Conference on Industrial Technology (Icit), 2013, 1579-1584.

[26] CHONG W T, PAN K C, POH S C, et al. Performance investigation of a power augmented vertical axis wind turbine for urban high-rise application[J]. Renewable Energy, 2013, 51: 388-397.

[27] GALVÃO J R, LEITÃO S A, SILVA S M, et al. Cogeneration supply by bio-energy for a sustainable hotel building management system[J]. Fuel Processing Technology, 2011, 92(2): 284-289.

[28] How to Earn the LEED Green Power Credit [EB/OL]. 3Degrees, August, 2012 [2015-04-2]. https://www.3degreesinc.com/sites/default/files/3D_LEED_White_Paper_PRINT.pdf.

[29] DOE/EE. Guide to Purchasing Green Power [EB/OL]. EPA, 2010 [2015-04-5]. http://www.epa.gov/greenpower/documents/purchasing_guide_for_web.pdf.

[30] LIU X, REN H, WU Y, et al. An analysis of the demonstration projects for renewable energy application buildings in China[J]. Energy Policy, 2013, 63(0): 382-397.

第4章 绿色建筑与纳米技术

4.1 纳米技术的绿色建筑应用概述

建筑物的设计、建设和运营费用全球现在已经达到了每年 1 万亿美元,然而其中大部分都没有涉及纳米技术。以美国为例,在 2006 年的关于纳米材料或技术应用于建筑行业只有不到 2 000 万美元。然而,未来整体的建筑行业都在向更加绿色、环保的方向移动,这将是纳米材料大规模应用于建筑领域的一个契机,它将会给纳米技术或产品的制造商和供应商额外提供一个每年数十亿美元的机会。对于建筑师、工程师、开发商、承包商和房产拥有者来说,新的纳米材料和纳米技术随着市场需求的不断提升将不断被开发出来,它们将有效地改善人们居住的环境,并且将积极推动绿色建筑和生态建筑的不断发展。

纳米技术是一种分子尺度上的物理工艺,它将给不同的行业带来新的材料和新的可能,如电子工业、医药、能源以及航天。我们设计和开发新材料的能力将自上而下地影响建筑工业。基于纳米技术的新材料和新产品可以应用于建筑材料的许多方面,如房屋的保温、涂料以及太阳能技术。现在还在实验室的纳米技术将很快应用于光照产品、结构产品及能源产品上。

在建筑行业,纳米技术已经给市场带来了自清洁窗户、无尘混凝土,以及其他许多进步。但是这些进步及目前的产品还只是当今世界上纳米实验室中很小的一部分技术产品。在这些实验室中还有许多先进的技术,例如,通过一个自翻转开关来调节自照明墙的颜色;一些高强度的纳米复合材料,薄得像普通玻璃一样,却能支撑起整个建筑物;以及一些具有光合作用的表面,其应用于墙壁上可以减少建筑能耗,节约能源。到 2020 年,建筑材料市场预测美国的纳米材料市场规模将达到 60 亿美元,这将是 2006 年的近 30 倍。

4.1.1 绿色建筑

随着建筑行业快速向可持续发展方向转型,纳米材料在建筑行业应用的最好时代来临了。鉴于日趋严重的环境问题,绿色建筑是当今时代的主题。在美国,能源服务在住宅和商业及工业建筑中的比重占了总量的 43%。在当今世界,建筑物耗电量占世界发电总量的 30%~40%。在美国,因建筑行业带来的垃圾占全美垃圾总量的 40%,而室内空气问题给美国政府每年增加了 600 亿美元的医疗保健支出。森林砍伐、水土流失、环境污染、土地酸化、臭氧空洞、化石能源枯竭、全球气候变暖和人类健康风险都可以归结于一些建筑运营和施工的措施。显然,建筑在当前环境问题中发挥着主导作用。图 4-1 所示为建筑行业对环境的影响。

当今建筑行业拥有一个巨大的机会来改善现有环境并且提高人们的健康水平。所有的减少建筑物的浪费，降低其毒性，节约能源及其他资源都可以称为绿色建筑。现如今绿色建筑快速发展到主要城市，如芝加哥和西雅图正大量需求严格符合环境标准的建筑物。越来越多的公共和私人业主需要那些满足严格的可持续发展标准的建筑物，例如美国绿色建筑委员会建立的环保节能设计标准。美国建筑节能模型委员会关于住宅类的标准和美国采暖、制冷空调工程师

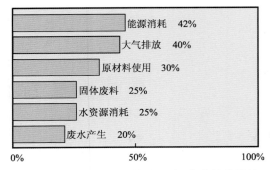

图4-1　建筑行业对环境的影响（占世界总量的百分比）（数据来源：建筑物环境系统评价与评估）

学会关于商业用建筑标准提出了更加严格的节能需求。同时，欧盟的关于建筑能源评估设定了新型建筑的低能耗标准。

在2007年，美国1 420亿美元的建筑市场中有关绿色建筑市场已经达到120亿美元。并且随着全世界的业主、建筑师和建造者越来越致力于绿色建筑，关于建筑行业传统的角色将发生改变，它将从一个对全球环境和气候破坏的主要原因变为一个可以最大减少碳排放、资源浪费和能源消耗的产业。

分析全球的气候环境变化，我们可以知道，绿色建筑是我们最主要的治愈地球的机会。"解决全球气候异常"是美国太阳能协会发起的一项运动，他们经过系统的考察后认为，节约能源、减少碳排放的任务的40%需要由建筑行业来承担，而剩余60%的任务则由交通运输业和工业各承担一半。更好的建筑设计及采光，更加有效的人工照明，以及更高的建筑组件和家电的节能效率都将使得建筑行业成为解决气候变化、推进可持续发展和能源保护的领头羊。

绿色建筑的实践者在寻求可持续发展的道路，他们认为在设计、建造和运营建筑的时候"不能以损耗未来几代人的利益来满足当今的发展"。他们努力减少煤炭、石油、天然气和矿产等不可再生资源的使用，并且还努力减少产生的污染和浪费。能源保护是绿色建筑至关重要的一点，因为它可以同时减少资源的使用及减少污染和浪费。

但是，现有绿色建筑的发展距离目标仍然存在着一些距离。经济和教育是一方面因素，关于对绿色建筑的宣传也需要继续加大力度，例如关于绿色建筑的设计和施工成本要比传统能耗高的密集型建筑低5%，绿色建筑的维护运营成本也要低于传统建筑。政策、法规和标准同样有着重要的作用，它们随着时间而迅速地发生着变化，因为这样可以使得更加环保的产品（如可再生材料和废水处理循环利用系统）不断更新换代。

但是，为了增加建筑行业成为可持续发展领头羊的潜力，新的材料是迫切需要的。例如，为一个以木质材料为主的院子购买新的地板材料，传统的选择只有含砷的压合板、原始不可再生的红木或者是有毒的塑料制品，这些都是对人体或是环境有害的。为了节约能源而安装阁楼进行绝缘，通常会选择玻璃纤维或是类似的替代品（如聚苯乙烯），或是含有阻燃化学物质的

纤维素,这些同样是对人体和环境有害的。当前玻璃是非常差的一种绝缘体,它将导致建筑物能源消耗的增加。而目前最常使用的 PVC 管道的备选方案可以杜绝一些致癌物质,使人们使用起来更加健康,但是这些都更加昂贵和稀缺。现在,纳米技术可以为现有传统建筑材料带来新的产品和新的可能性。

4.1.2　纳米技术

纳米技术,是一种在一定尺寸上对物质的理解和控制技术,其尺寸在 1 个到 100 个十亿分之一米之间,它给全球的科学和工艺带来了巨大改变,图 4-2 所示为纳米尺寸的对比。2006年关于纳米技术的产品产值达到了 130 亿美元,而在 2020 年将超过 1 万亿美元。2008 年,美国在纳米技术的研发和生产上投入了 80 亿美元。

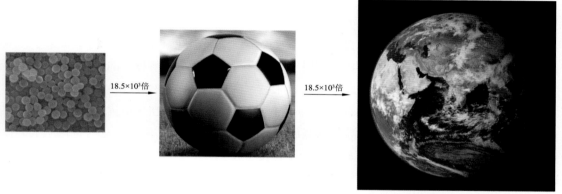

$18.5×10^3$倍　　　　$18.5×10^3$倍

图 4-2　纳米尺寸的对比(纳米粒子尺寸与足球尺寸的比例
相当于足球尺寸与地球尺寸的比例)

通过在分子尺度上的工作,纳米技术开辟了新的材料设计的可能性。在纳米尺寸的世界里,遵循着量子物理学规则,相对于宏观尺寸上使得物体更加容易发生颜色、形状、相态的变化,基本的性能(如强度、单位质量的表面积、导电性以及弹性模量等)可以被设计改变,从而创造出截然不同的材料。

纳米颗粒与大颗粒相比,其表现出独特的机械性能、电学性能、光学性能以及化学活性。图 4-3 所示为纳米尺寸的碳纳米管的扫描电镜照片,其为 C 原子在纳米尺度上为管状结构,其强度是铁的 250 倍,但是质量仅为铁的 1/10,并且具有优异的导电、导热性能。当我们在纳米尺度上来探索生物领域的时候,通过对纳米科学和纳米技术的研究,我们打破了传统的收敛性合成,并且积极地扩充了生物材料。穿插于传统生物系统和非生物系统使得我

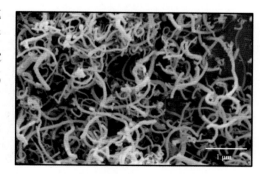

图 4-3　纳米尺寸的碳纳米管的扫描电镜照片

们能够研发设计出更多的新型材料,这些对二者都有重要意义,但这同时也引发了一些道德性问题。生物材料和生物复合材料的进步与纳米技术的发展息息相关,并且关于它们的大规模应用肯定会在不久的将来得以实现。

新材料和新技术也会带来新的隐患。使用纳米技术后将对环境和人身产生许多的不确定性因素,人们在使用它后会产生对毒性、工作健康以及安全性能等的担忧。而针对纳米材料和产品的法律法规需要较长的时间才能被制定出来,这一方面是因为基于小尺寸调节材料的困难,并且缺乏公众对其严厉监管的支持,同时因为各个公司与企业需要在未来规避一些小的问题,于是纷纷建立自己的企业标准,使得它们缺乏统一。

4.1.3 纳米技术与绿色建筑

美国化学协会-绿色化学研究所的主任 Paul Anastas 认为"纳米技术并不是人类的一种选择,而是未来可持续发展必不可少的技术"。现如今纳米技术的不断发展证实了 Anastas 的观点。纳米技术带来了新的材料与技术,这为解决全球气候变化和世界环境污染带来了巨大的动力。根据市场研究报道"纳米技术应用于能源可持续发展",纳米技术的应用使得 2007 年减少了 8 000 t CO$_2$ 排放,而在 2014 年因为纳米技术的应用已经减少了 100 万 t CO$_2$ 排放。

纳米技术被用来减少全球的碳排放主要体现在三个方面:首先在交通运输行业上;其次在商业建筑和住宅建筑的改善上;最后在新型能源,如太阳能光伏上。值得注意的是这三个方面的最后两个方面都可以应用在建筑行业上,这表明在未来,建筑行业将领导绿色纳米技术革命。

现如今市场上越来越多的有关纳米技术的产品和工艺可以创造更多的节能建筑,提供无毒无害的材料,减少浪费,并且降低对不可再生资源的依赖。另外,可以极大地改善生活环境,提高建筑能源利用效率。纳米技术应用于建筑节能产生了一些新的材料,例如碳纳米管、纳米隔热涂料,以及光触媒的应用。纳米材料可以提高建筑强度、耐久性,是多功能性的结构、非结构性建筑材料,可减少材料的毒性,同时还可以提高建筑的保温性能。图 4-4 所示为 2007 年纳米技术的市场分类,可以发现建筑施工还没有成为纳米技术市场的主要方面。表 4-1 所示为环保型纳米技术的排名,可以发现大多数的纳米技术都可以应用在建筑行业上。

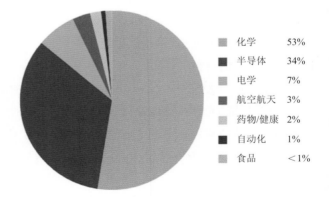

■ 化学	53%
■ 半导体	34%
■ 电学	7%
■ 航空航天	3%
■ 药物/健康	2%
■ 自动化	1%
■ 食品	<1%

图 4-4 2007 年纳米技术的市场分类

图 4-4 和表 4-1 说明建筑行业并不是唯一可以利用纳米技术的领域。但是这对于建筑行业和纳米产品销售人员来说并不是坏消息。建筑行业需要很长一段时间才能适应新技术,并且纳米时代毫无疑问是未来的主流发展方向。公共建筑和私人住宅的拥有者们对环保材料的

需求,许多场合强制性的要求,越来越严苛的环保准则,这些都使得建筑师和工程师倾向于选择更加环保的材料应用在建筑上。正因为如此大的需求和纳米材料在环保领域内的巨大优势,未来纳米技术将大规模应用于绿色建筑。

下面通过隔热节能玻璃、自清洁玻璃、隔热涂料、大理石防水剂和光触媒来介绍纳米技术应用于绿色建筑前沿领域的一些成果,这些成果现在已经在建筑领域里被大规模使用,并且还在不断地更新和发展中。

表 4-1　环保型纳米技术的排名

排　名	技　术
1	电力储存材料,提高发动机效率
2	氢能利用
3	太阳能利用,隔热保温材料
4	导热材料,燃料电池,智能采光材料
5	轻量化,减少农业污染
6	水处理材料
7	环境监测
8	纳米修复技术

4.2　隔热节能玻璃

随着国民经济和现代科学技术的发展,节能和环保受到了越来越多的关注。建筑物门窗、顶棚玻璃等对可见光的投射性有较高的要求,但在满足采光需要而使可见光透过的同时,太阳光的热量也随之传递。因此,对室内温度和空调制冷能耗产生很大影响。特别是在夏季,通过玻璃窗进入室内的太阳能构成了空调负荷的主要因素。通常空调的设定温度与负荷具有如下关系:设定的制冷温度提高 2 ℃,制冷电力负荷将减少约 20%;设定的制热温度降低 2 ℃,制热电力负荷将减少约 30%。

因此,通过窗户减少热损失和热增量是判断建筑是否节能的重要标志之一。在美国,通过住宅和商业建筑玻璃损失的能量价值每年达到 250 亿美元之多。因此,对于窗户隔热节能问题,世界内的广大科学家们都在进行探索和研究。现如今,隔热节能玻璃主要有以下几种:真空玻璃、镀膜玻璃、变色玻璃等。

4.2.1　真空玻璃

4.2.1.1　真空玻璃的定义

真空玻璃是将两片平板玻璃四周密闭起来,将其间隙抽成真空并密封排气孔,两片玻璃之间的间隙为 0.1~0.2 mm。两片真空玻璃一般至少有一片是低辐射玻璃,以将通过真空玻璃的传导、对流和辐射方式散失的热降到最低。其工作原理与玻璃保温瓶的保温隔热原理相同。真空玻璃是玻璃工艺与材料科学、真空技术、物理测量技术、工业自动化及建筑科学等多种学科、多种技术、多种工艺协作配合的硕果。真空玻璃的结构如图 4-5 所示。

从原理上看真空玻璃可比喻为平板形保温瓶,其与保温瓶的相同点是两层玻璃的夹层均为气压低于 0.1^{-1} Pa 的真空,使气体传热可忽略不计;两者内壁都镀有低辐射膜,使辐射传热尽可能小。两者不同点:一是真空玻璃用于门窗必须透明或透光,不能像保温瓶一样镀不透明银膜,镀的是不同种类的透明低辐射膜;二是从可均衡抗压的圆筒形或球形保温瓶变成平板,必须在两层玻璃之间设置"支撑物"方阵来承受约 10 t/m^2 的大气压力,使玻璃之间保持间隔,形成真空层。"支撑物"方阵间距根据玻璃板的厚度及相关力学参数设计,一般为 $20 \sim 50 \text{ mm}$。为了减小支撑物"热桥"形成的传热并使人眼难以分辨出支撑物的存在,支撑物直径很小,目前产品中的支撑物直径为 $0.3 \sim 0.5 \text{ mm}$,高度为 $0.1 \sim 0.2 \text{ mm}$。

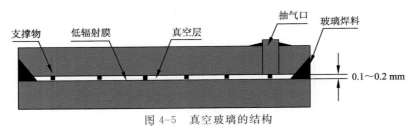

图 4-5　真空玻璃的结构

4.2.1.2　真空玻璃的优势

Low-E 中空玻璃是市场上运用最为普遍的节能玻璃品种,中空玻璃利用了空气导热系数低的特点。从传热学上讲,空气虽然导热系数较小,但毕竟还是要进行热传导,其他气体包括惰性气体也一样。中空玻璃由于气体传热占主导地位,使提高 Low-E 玻璃性能来降低辐射热的效果不明显,用最好的 Low-E 玻璃(如辐射率为 $0.02 \sim 0.04$)制造的中空玻璃,充以氩气,传热系数 K 值也只能做到 $1.0 \sim 1.2 \text{ W/(m}^2 \cdot \text{K)}$。只有真空状态才能消除气体传热,使Low-E 玻璃的优势充分发挥出来。

4.2.1.3　真空玻璃的传热机理

真空玻璃与中空玻璃的结构不同,传热机理也有所不同。图 4-6 为其传热示意图,真空玻璃中心部位传热由辐射传热、支撑物传热及残余气体传热三部分构成,而中空玻璃则由气体传热(包括传导和对流)和辐射传热构成。

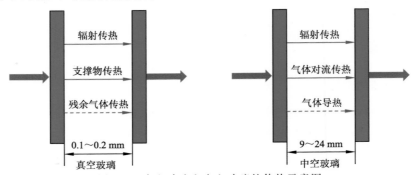

图 4-6　真空玻璃和中空玻璃的传热示意图

由此可见,要减小因温差引起的传热,真空玻璃和中空玻璃都要减小辐射传热,有效的方法是采用镀有低辐射膜的玻璃(Low-E 玻璃),在兼顾其他光学性能要求的条件下,膜的发射率(又称辐射率)越低越好。两者的不同点是,真空玻璃不但要确保残余气体传热小到可忽略的程度,还要尽可能减小支撑物的传热,中空玻璃则要尽可能减小气体传热。为了减小气体传热并兼顾隔声性及厚度等因素,中空玻璃的空气层厚度一般为 9～24 mm,以 12 mm 居多;要减小气体传热,还可用大分子量的气体(如惰性气体氩、氪、氙)来代替空气,但即便如此,气体传热仍占据主导地位。

真空玻璃最基本的品种是标准真空玻璃,即一块浮法玻璃加上一块低辐射镀膜玻璃(Low-E 玻璃)。北京新立基公司的半钢化标准真空玻璃的产品参数见表 4-2,可以看出,仅是标准真空玻璃传热系数就可以达到 1.0 W/(m² · K)以下,如果使用辐射率 0.06 的双银 Low-E 玻璃,标准真空玻璃传热系数可达到 0.5 W/(m² · K)以下。目前,Guardian、ST. Gobain 和 Interpane 等厂商生产的钢化 Low-E 玻璃的辐射率已达到 0.02～0.04,如果使用该性能的 Low-E 玻璃,真空玻璃的性能会更好。

表 4-2   标准真空玻璃产品参数表(计算值)

| 玻璃类型
(室外至室内) | Low-E
种类 | Low-E 玻璃
辐射率 | 可见光
透射比 | 太阳辐射/% | | | 传热系数 K 值
/(W · m⁻² · K⁻¹) |
				透射比	遮阳 系数	得热 系数	
TL6＋V＋T6	S I 单银	0.11	71	46	63	55	0.67
	S V 单银	0.08	43	24	34	29	0.56
	Double I 双银	0.06	65	30	41	36	0.49

注:1. 计算标准为 JGJ/T 151—2008《建筑门窗玻璃幕墙热工计算规程》。
   2. 计算中 Low-E 玻璃膜面位于从室外到室内数第 2 面上。

4.2.1.4 真空玻璃的安全性能保证

普通玻璃通过深加工处理,使玻璃表面形成压应力层,玻璃强度会大大提高,可称为强化玻璃。又依表面压应力不同,分为钢化玻璃和半钢化玻璃两个品种,其表面应力见表 4-3。在图 4-5 所示的真空玻璃结构中,两片玻璃不是普通玻璃而是半钢化玻璃,则称为"半钢化真空玻璃"。

表 4-3   钢化玻璃和半钢化玻璃标准规定的表面应力值   单位:MPa

标 准	钢化玻璃(toughened glass)	半钢化玻璃(heat strengthened glass)
美国 ASTMC1279	≥69	24～69
中国 GB 15763.2—2005 GB/T 17841—2008	≥90	24～60

测试结果表明,按特定工艺制成的半钢化玻璃的抗弯强度比普通玻璃高约 4 倍,虽然比钢化玻璃略低,但不会发生自爆,对于高层门窗幕墙,使用半钢化夹层玻璃,即使撞碎也不会有尖锐碎片伤人。因此,我国很多幕墙专家呼吁使用表面压应力 50 MPa 左右的半钢化夹层玻璃作为高层幕墙玻璃的首选,既有一定强度,又能达到安全、可靠的目的。

真空玻璃产品系列除了标准真空玻璃外,还有"真空＋中空""真空＋夹胶""中空＋真空＋

夹胶"等复合结构。其中,"真空＋中空"有单面或者双面中空,可以提高真空玻璃的隔热性能和安全性能;"真空＋夹胶"有单面或者双面夹胶,主要提高真空玻璃的安全性能。例如,把真空玻璃看成一片原片,使用钢化玻璃或夹层玻璃在真空玻璃的两个面上分别合一层中空玻璃,形成"中空＋真空＋中空"的结构,如图 4-7 所示。

把真空玻璃看成一片原片,在真空玻璃的两个面上分别合一层夹层玻璃,其结构上等同于用两片夹层玻璃制成的真空玻璃,如图 4-8 所示。

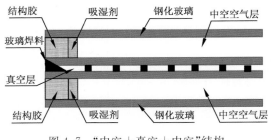

图 4-7 "中空＋真空＋中空"结构

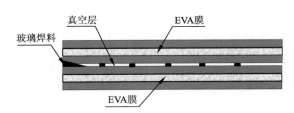

图 4-8 "夹胶＋真空＋夹胶"结构

4.2.1.5 真空玻璃的节能效果分析

计算不同玻璃传热情况,真空玻璃以表 4-4 中序号 1 为例。按美国采暖制冷空调工程师协会(ASHRAE)标准计算,夏季室外温度 31.7 ℃,室内温度 23.9 ℃。当太阳辐射通量 Φ_e 为 783 W/m²,3 mm 玻璃透过率 $\tau_s=0.87$,则此真空玻璃的相对增热为

$$RHG = K\Delta T + S_c\tau_s\Phi_e = 0.67\times(31.7-23.9)\,\text{W/m}^2 + 0.63\times0.87\times783\,\text{W/m}^2$$
$$= 5.2\,\text{W/m}^2 + 429.2\,\text{W/m}^2 = +434.4\,\text{W/m}^2$$

正号表示热功率从室外传向室内,是"得热"。此相对增热中近 98.8% 是太阳辐射(计算中的第二项)引起的。

按 ASHRAE 标准,冬季夜间室外温度 －17.8 ℃,室内温度 21.1 ℃,此时相对增热为

$$RHG = K\Delta T = 0.67\times(-17.8-21.1)\,\text{W/m}^2 = -26.1\,\text{W/m}^2$$

负号表示热功率从室内传向室外,是"失热"。

表 4-4　透过几种玻璃中心部位的热功率比较

序号	种　类	结　构	Low-E 膜发射率	传热系数/(W·m⁻²·K⁻¹)	遮阳系数	夏季白天的热		冬季黑夜失热	
						绝对值/(W/m²)	比例	绝对值/(W/m²)	比例
1	单 Low-E 真空玻璃	TL6-SI＋V＋T6	0.11	0.67	63	434.4	1	26.1	1
2	单 Low-E 真空玻璃	TL6-SV＋V＋T6	0.08	0.56	34	236.0	0.54	21.8	0.84
3	单 Low-E 中空玻璃	NL6-SI＋12A＋N6	0.11	1.82	67	470.6	1.08	70.8	2.71
4	普通中空玻璃	N6＋12A＋N6	0.84	2.67	81	572.6	1.32	103.9	3.98
5	单片白玻	N6	0.84	5.37	101	729.9	1.68	208.9	8.00

　　表 4-4 列出了表 4-3 中两种真空玻璃与中空玻璃及单片玻璃的夏季得热和冬季失热的数据（根据 ASHRAE 标准计算）。使用 Low-E 真空玻璃在冬季特别是寒冷地区优势明显，是单片白玻能量损失的 1/8，是普通中空玻璃的 1/4，约是相同 Low-E 中空玻璃的 1/3，节能效果显著。在阳光充足地区或阳光照射时间长的立面，夏季得热仍较大，还需采用遮阳措施或采用遮阳系数更低的 Low-E 真空玻璃，如序号 2 单 Low-E 真空玻璃相比序号 1 能够将进入室内的热量减少 1/2。

4.2.1.6　真空玻璃的其他特点

　　真空玻璃除了具有较低的传热系数、减少能量损失、降低建筑能耗外，还具有以下特点：

　　1. 防结露性能好

　　由于真空玻璃传热系数远远小于中空玻璃，所以能够很好地阻止环境热量传递至冷柜内部，即真空玻璃具有"保冷"效果，从而能够减少压缩机启动的次数，降低能耗。此外，真空玻璃具有很好的防结露性能，玻璃表面无须粘贴电热膜，进一步降低了能耗。

　　2. 隔声性能好

　　真空玻璃的隔声性能特别是低频段隔声性能优于同样厚度玻璃构成的中空玻璃。真空层是隔声的，真空玻璃中由于有支撑物形成"声桥"，使隔声性能有所下降，但仍比普通玻璃好。半钢化玻璃中支撑物数量大大减少，少于普通真空玻璃的 1/4。

　　3. 使用范围广

　　由于间隔是真空，因而真空玻璃不存在中空玻璃水平放置时气体热导变化问题，不存在中空玻璃运到高原低气压地区的胀裂问题。

　　4. 抗风压强度高

　　由于两片玻璃形成刚性连接，抗风压强度高于同等厚度玻璃构成的中空玻璃。例如，4 mm 厚玻璃构成的真空玻璃，抗风压强度高于 8 mm 厚玻璃，是 4 mm 厚玻璃构成的中空玻璃的 1.5 倍以上。

　　5. 使用寿命长

　　由于是全玻璃材料密封，内部又加有吸气剂，所用的 Low-E 膜是"硬膜"，不是易氧化变质、变色的离线"软膜"，只要制造工艺和设备先进，真空玻璃使用寿命远比用有机材料密封的中空玻璃长得多。

4.2.2　镀膜玻璃

　　玻璃作为幕墙的主要材料之一，直接制约着幕墙的多项性能。由于普通玻璃的高辐射率和对光谱的无选择性能，致使普通玻璃因保温性能差而成为建筑物能耗的主要泄漏源。

　　20 世纪 70 年代以来，全球能源危机日趋显露，节能作为国家战略问题已经引起了全国的高度重视。2001 年 9 月，建设部建筑节能中心组织召开居民用绿色环保节能玻璃技术研讨会，与会的专家对国内民用住宅玻璃的现状、发展趋势及产业状况进行了研讨和评估，结论是：目前我国大部分地区民用建筑所用的普通玻璃起不到很好的保温或隔热作用，因为普通玻璃在透过可见光的同时，也传输太阳能近红外辐射和物体远红外线辐射。显然，减少门窗特别是玻璃的传热问题已经成为玻璃行业亟待解决的课题。

4.2.2.1 低辐射镀膜玻璃概述

我们知道，热传递分为传导、对流和辐射三种形式。普通中空玻璃能够减少传导和对流传热，对阻止辐射传热作用不大，而普通中空玻璃的辐射传热约占其总传热量的60%，也就是说，辐射传热是玻璃热传递的主要形式。为了提高普通玻璃的隔热性能，各国科技工作者曾做过不懈的努力。20世纪80年代初，一种新型的节能玻璃问世，这就是低辐射镀膜玻璃。低辐射镀膜玻璃又称Low-E玻璃，它是在普通玻璃表面镀金属或金属氧化物膜层而制成，这种膜层能大大降低玻璃的辐射率。

投射到地球表面上的太阳能量的97%集中在300~2 500 nm的波长范围内，100 ℃以下物体的辐射能量集中在2.5~50 μm的波长范围内，如室内家具、电器及人体等发出的辐射能都在此波长范围，如图4-9所示。

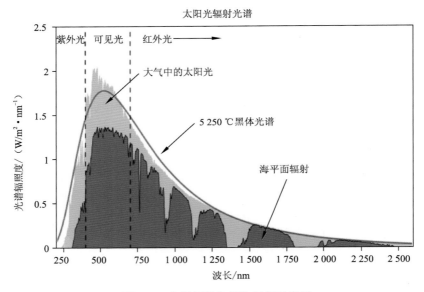

图 4-9　太阳辐射和黑体辐射示意图

绝对黑体的辐射率为1，它表明投射到黑体（物体）表面的能量将全部被吸收并再次全部辐射出去。低辐射镀膜玻璃的辐射率一般小于0.25，也就是说，当外来辐射的能量为1时，它仅吸收并再次辐射出去的能量小于25%，其余大部分的辐射能被这种玻璃反射。而同样厚度的普通透明玻璃的辐射率约为0.84，这表明约有84%的辐射能可以从普通玻璃传递出去。

低辐射玻璃有很高的可见光透过率，极高的远红外反射率，它既可满足建筑物良好的采光要求，又可有效地阻挡以辐射形式传递热量。若以视窗为界，我们希望冬季或在高纬度地区室外的太阳辐射能量尽可能多地进入室内，而室内辐射能量尽可能不外泄；夏季或在低纬度地区室外的热辐射能量尽可能少地进入室内，以保持室内适宜的温度。低辐射镀膜玻璃就是这种具有选择性吸收和反射的功能性玻璃,选择低辐射镀膜玻璃作为窗玻璃对建筑物和车船的节能有十分显著的效果,特别是选用低辐射镀膜玻璃制造中空玻璃,其节能效果更佳。

据有关部门测定,如果用 Low-E 玻璃构成中空玻璃,其保温性能可比普通中空玻璃提高 1 倍,是普通单片玻璃的 4 倍,甚至超过了空心砖的保温效果,与普通单片玻璃相比,夏季可节能 60% 以上,冬季可节能 70% 以上。

表 4-5 是国内某公司用磁控溅射法生产的 Low-E 中空玻璃与普通中空玻璃部分性能比较。表中数据说明,双层中空 Low-E 玻璃的隔热性能最佳,它优于三层普通中空玻璃。

表 4-5　Low-E 中空玻璃与普通中空玻璃部分性能比较

分　类	性　能				
	可见光透过率	冬季 U 值	夏季 U 值	遮阳系数	相对增热
单片普通透明玻璃	88	6.3	5.8	0.95	640
双侧中空透明玻璃	81	3.8	3.1	0.89	583
三层中空透明玻璃	74	1.8	2.2	0.81	530
双层中空 Low-E 玻璃	77	1.8	1.9	0.69	451

将低辐射膜和阳光控制膜复合或在中空玻璃中组合使用,起到既能阻挡热辐射,又能控制阳光、增加色彩的作用,从而制作出分别适用于寒冷地区或温热地区不同类型的低辐射镀膜玻璃窗,使建筑师及用户有更大的选择空间。

图 4-10 所示为英国皮尔金顿公司的普通玻璃与两种不同类型低辐射镀膜玻璃的太阳能透过率比较图。

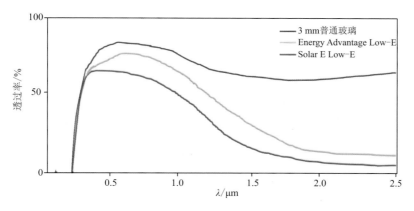

图 4-10　三种玻璃太阳能透过率曲线

图中曲线直观地表明,3 mm 普通玻璃的可见光和红外辐射能透过率都很高,基本上起不到隔热作用;Solar E Low-E 玻璃通过阻挡大部分红外线来减少热透过,同时又具有较高的可见光透射比(约 60%),与 Solar E Low-E 玻璃相比,Energy Advantage Low-E 玻璃透过更多的可见光(约 80%)和红外线,人们可以根据保温和制冷的需要及不同地区的气候特点分别选用这两种 Low-E 玻璃。

4.2.2.2　低辐射镀膜玻璃的制备方法

从生产工艺上可分为"在线"和"离线"两种方法。"在线"是指在浮法玻璃生产线上利用高温热解法生产镀膜玻璃,高温热解法又分为热喷涂和化学气相沉积法(CVD),目前多采用CVD法。镀膜实施的部位,可以在浮法玻璃生产线的锡槽、过渡辊合或退火窑前端,反应的温度在400～700 ℃之间,如图4-11所示。一般在热的浮法玻璃表面要镀多层膜,这些膜包括介质膜和功能膜。多层膜的复合使低辐射膜玻璃既有低辐射功能,又不产生干涉虹彩。为了保证膜层均匀,必须严格控制玻璃板面温差,同时控制反应气流稳定。在此前提下,才有可能生产出高质量的低辐射镀膜玻璃。

"离线"是指利用磁控溅射设备,在高度真空条件下将某种金属用等离子体轰击,金属从靶表面溅射出来并沉积在玻璃表面成膜。其中,镀低辐射层用的材料主要是银,底层和保护层采用锌、锡或其氧化物。

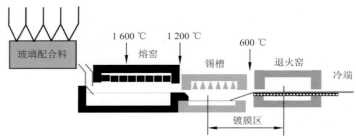

图 4-11　在线法生产镀膜玻璃实施部位示意图

以上两种生产方法中,"在线"CVD法由于是在浮法玻璃生产线上连续实施,生产规模大,成本较低,能满足建筑市场的大规模需求。其低辐射层是在高温下形成的金属氧化物,膜层坚硬耐磨,属"硬膜"。此法生产的低辐射镀膜玻璃热稳定性好,可以像普通浮法玻璃那样进行清洗、热弯、钢化、中空和夹层,热弯或钢化后膜面也不会变化,可以在大气环境下单片使用,存贮时间不受限制。"离线"法生产的低辐射膜玻璃的辐射率相对较低,隔热性能好,一般单银层的辐射率约为0.15甚至更低(通过实测,在线低辐射镀膜玻璃的辐射率一般为0.25左右)。这种低辐射镀膜玻璃层属"软膜",虽然辐射率低,但化学和热稳定性差,不能单片使用,镀膜后必须在短时间内做成中空玻璃。通常这种镀膜玻璃不能热加工,即不能热弯和钢化,这就限制了它的使用范围。

4.2.2.3　镀膜玻璃国内外的发展现状

低辐射镀膜玻璃自20世纪80年代问世以来,发展至今,虽然时间不长,但性能已经大为改进,生产技术也日趋成熟。目前,用磁控溅射法生产低辐射镀膜玻璃的主要技术和设备的厂家有德国莱宝、美国BOC等公司。在线生产低辐射镀膜玻璃的厂家只有英国皮尔金顿公司、美国PPG公司、法国圣戈班公司、比利时格拉维贝尔等少数几家大公司,这些公司大都采用在线CVD法生产低辐射镀膜玻璃。由于低辐射镀膜玻璃优异的节能效果,年使用量的增长率高于20%。在欧洲,1993年低辐射镀膜玻璃的产量为1 400万 m²,1996年为2 600万 m²。在美国,20世纪80年代末期低辐射镀膜玻璃窗已占整个双层玻璃窗市场的1/4以上。1991年,美国低辐射膜玻璃的产量为1 500万 m²,年递增速度大于29%。如今,低辐射镀膜玻璃用量已分别占美国民宅和商业建筑用平板玻璃用量的35%和20%,而且仍呈快速增长之势。预计在未来十年内,美国低辐射镀膜玻璃在建筑中的用量将达到 100%。

德国政府于 1995 年立法规定,所有重新装修和新建的建筑物玻璃都必须采用低辐射中空玻璃,以减少普通玻璃因热损耗过大而造成的能源浪费,低辐射镀膜玻璃的用量从 1990 年不足 200 万 m² 增长到现在的 3 600 万 m²。比利时、奥地利、瑞士等国也相继出台了类似的法规。随着各国的重视及相继立法,低辐射镀膜玻璃的用量将大幅度增加,估计仅在欧洲,2020 年的镀膜玻璃用量将从 2002 年的 1 亿 m² 增加到 3.6 亿 m²。图 4-12 所示为德国低辐射镀膜玻璃立法前后市场占有进度图。

就镀膜玻璃而言,目前国内大量使用的是阳光控制镀膜玻璃。除装饰效果外,阳光控制镀膜玻璃的主要功能是吸收和反射太阳辐射能,它的可见光透过率较低,一般为 8%～40%,常用的为 20%～30%。由于阳光控制镀膜玻璃可见光透过率低,极大的影响室内采光,致使照明费用增加。低辐射镀膜玻璃在我国的应用目前还处于起步阶段,大多数人对它还知之不多。国内离线镀膜玻璃生产线有 300 余条,但是只有少数几家可以生产低辐射镀膜玻璃,其设备全部是从国外引进。其中深南玻和上海耀皮的规模和产量

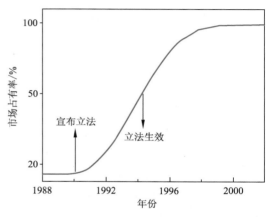

图 4-12　立法前后市场占有图

较大。深南玻有三条磁控溅射生产线,分别从比利时、德国和美国引进,1997 年引进的第三条生产线采用了世界最新的镀膜技术,是目前亚洲地区最大的镀膜玻璃生产线,该生产线为 5 个溅射室、15 个阴极位配置,并采用了旋转阴极靶。目前国内离线低辐射镀膜玻璃产品供不应求。

低辐射镀膜玻璃从 20 世纪 90 年代中期进入我国以来,使用量增加较为缓慢,2001 年全国总用量约为 100 万 m²,其中约 60% 为引进的磁控溅射生产线生产,其余为进口产品。作为国外主流产品的在线低辐射镀膜玻璃生产在国内尚属空白,目前仍处于研制开发阶段。近几年,在线低辐射镀膜玻璃进口量逐年增加,来源主要是法国圣戈班、比利时格拉维贝尔等公司的产品,其售价不菲,每平方米单片玻璃价格约为 170 元。虽然国外几大公司没有在中国生产在线低辐射镀膜玻璃,但这些公司(如 PPG、皮尔金顿、利比-欧文斯-福特公司等)早已窥视中国这一市场。自 20 世纪 80 年代中期以来,这些公司相继在中国申请了在线低辐射镀膜玻璃生产的专利,意在控制中国市场,不过现在这些专利大多已经失效。

我国曾在 1998 年制定了《热反射玻璃》建材行业标准,标准号为 JC 693—1998,该标准只是规定了热反射镀膜玻璃的有关技术要求。由于镀膜玻璃发展很快,对于低辐射镀膜玻璃部分在此标准还未提及。2002 年制定的《镀膜玻璃》国家标准已经将低辐射镀膜玻璃纳入其中,2013 年新标准的实施进一步使镀膜玻璃的产品质量得到了保证,并推动了镀膜玻璃包括低辐射镀膜玻璃的发展和进步。

4.2.2.4 展望

目前我国能源利用效率仅为 33.2％，比发达国家约低 10％；人均能源消费仅为世界平均水平的一半，但能耗比世界平均水平高出约 2 倍。据有关专家估计，如果我国非节能型窗中的 40％改造成节能窗，全国每年可减少能耗折合标准煤约 1.56 亿 t，同时少向大气排放 7000 万 t 灰尘和大量有害气体。2014 年出台的《国家新型城镇化规划》规定，新型的绿色节能建筑将从 2012 年的 2％提高到 2020 年的 50％。

在我国大面积推广低辐射镀膜玻璃，就必须使其生产规模化，降低成本。而要做到这一点，就必须采用在线法生产低辐射镀膜玻璃。低辐射膜玻璃在线生产技术涉及化学、流体力学、热工学、机械、材料学、光学、电子学、色度学和玻璃工艺学等学科，是多学科的综合运用，技术难度非常大。20 世纪 90 年代中期，国内有关部门已着手这项技术的基础性研究。2001 年，浙江大学蓝星新材料技术有限公司正式立项，将开发浮法在线低辐射镀膜玻璃的生产技术和设备列为公司的主要研究开发项目，并与威海蓝星玻璃股份有限公司合作形成产学研联合体共同开发这一项目，同年该项目纳入国家 863 计划，现已进入工业化设计和试验阶段。国内在线镀阳光控制膜玻璃生产技术已经比较成熟，且已达到国外同类水平，但从阳光控制镀膜玻璃到低辐射膜玻璃在生技术上是一个相当大的跨越。尽管在线低辐射镀膜玻璃生产技术难度很大，但是凭借国内十余年在线镀膜的科研和生产经验，只要我们集中精力，发奋努力，加之国家和社会各界的大力支持，攻克这一难关将不会太遥远。

4.2.3 变色玻璃

通过窗户减少热损失和热增量是鉴定建筑是否节约能源的标准之一。在美国通过住宅和商业建筑窗户损失的能量价值每年达到 250 亿美元之多。现如今除了真空玻璃以及镀膜玻璃可以起到隔热保温之外，玻璃变色技术也是目前不断探讨研究的高端技术之一，这项技术已经可以应用在窗户等玻璃上来减少热损失和热增量。热致变色技术被研究应用于玻璃，它们可以在不同的温度下变换颜色，不仅可以给建筑物提供保温的特性，同时还可以保护建筑物避免受到高温的侵害，而且在这个过程中并不会影响人们获得足够的采光；光致变色技术通过变换玻璃对光的吸收率来改变室内光线的强度；最后电致变色涂料是通过其内的一个氧化钨层来获得一个外加电压，通过一个外部的按钮即可获得热绝缘性。这些技术的作用都是为了减少建筑的能源使用，降低建筑的能源消耗。

4.2.3.1 电致变色技术

1969 年，S. K. Deb 首次发现了无定形 WO_3 薄膜具有电致变色性能，并提出了"氧空位色心"机理，由此开启了电致变色研究。20 世纪 80 年代，美国科学家 Lampert 和瑞典科学家 Granqvist 等人提出了以电致变色膜为基础的一种新型节能窗，即灵巧节能调光窗（smart window）。1994 年，德国人利用电致变色技术制成了欧洲第一面利用电致变色可控制的玻璃外墙。2007 年，PPG 公司展示出应用在波音 787 飞机上的电致变色窗材料，由暗到亮共有五个不同的级别。使用电致变色技术制备的玻璃材料在电场作用下具有光吸收透过的可调节性，可以有效控制外界的热辐射和内部的热扩散，减少建筑为保持室内温度必须消耗的大量能源，具有巨大市场应用前景。

1. 电致变色玻璃的基本结构

电致变色玻璃的基本结构由两片玻璃基材和夹在其中的五层薄膜材料构成，如图 4-13 所示，透明导电层（TC）与玻璃基材一起构成透明导电玻璃作为透明电极，通常采用的透明导电材料有氧化铟锡（ITO）、掺铝氧化锌（AZO）膜等。离子储存层（CE）起离子平衡作用，用于提供和储存变色所需的离子，一般使用可逆氧化还原物质。离子导体层（IC）用于传导变色反应过程中所需的离子。电致变色层（EC）是整个电致变色玻璃的核心，是变色反应发生层。

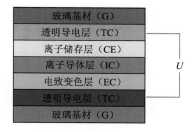

图 4-13　电致变色玻璃的基本结构

用于电致变色层的变色材料通常分为无机材料和有机材料两大类。无机电致变色材料的典型代表是 WO_3，目前市场上已经出现多种以 WO_3 为功能材料的电致变色器件。此外，MoO_3、TiO_2 和 NiO_x 也日益受到研究人员的重视，是具有应用前景的下一代电致变色材料。有机电致变色材料主要有聚噻吩类及其衍生物、紫罗精类、四硫富瓦烯、金属酞菁类化合物等。以紫罗精类为功能材料的电致变色材料已经得到实际应用，使用范围最广的液体电致变色材料是紫罗碱（二溴二庚基紫罗碱）的水溶液。

2. 有机电致变色材料及其市场前景

有机类电致变色玻璃一般由直接沉积 TCO 膜（这层 TCO 膜作为透明电极）的两片导电玻璃构成，把带有电极的两片导电玻璃边缘密封起来构成一个单元，透明导电膜朝内且留有空隙，将紫罗碱等有机电致变色材料注入这个空隙中，最终构成电致变色玻璃。Cummins 等人[1]报道了一种使用纳米晶材料的变色器件，其变色机理是施加电压后紫罗碱被还原变成蓝色，使噻吩嗪氧化成红色，从而使器件呈现蓝红色。汽车后视镜就是利用这种电致变色效应生产的玻璃产品，并且可以进行大规模生产和销售。在美国，汽车电致变色后视镜已成为汽车制造商提供的标准配置，如 Gentex 公司近几年为 100 多种汽车品牌制造了 1 000 多万个电致变色后视镜，对可见光谱的透过率可调整范围为 20%～80%，可以防止眩光，能很好地满足汽车安全驾驶的需求。

有机电致变色材料种类相对较多，并且具有成本低、循环性好、变色响应时间快和变换颜色种类多等优点。但是，有机电致变色材料的化学稳定性和抗辐射能力较差，如果有机电致变色玻璃在室外（如天窗）应用，其使用寿命会变短。法国圣戈班公司已经生产出有机电致变色玻璃产品 pricalite，并投入市场。由于化学稳定性、耐候性等因素的限制，有机电致变色材料在建筑节能上应用的可能性较小，更适合作为室内装饰用的玻璃材料。

3. 无机电致变色材料及其市场前景

无机电致变色材料一般使用过渡金属或其衍生物，其结构一般由直接沉积 TCO 膜的两片导电玻璃构成,其中一片镀有一层厚约 300 nm 的阴极变色的电致变色层(EC);另一片镀有厚度几乎相同的阳极变色的电致变色材料作为离子储存层(CE)。带有电极的两片玻璃边缘密封起来构成一个单元,两片玻璃之间填充满固态电解质或者液态电解质作为离子导体层。

最早 C. G. Granqvist 综述了 WO_3 等无机变色材料的研究进展,引起了世界范围内的研究热潮。美国试用 Ucolite 电致变色天窗,就是使用直流电增加薄膜的变暗效果,可以有效地控制阳光,此天窗已经在美国亚利桑那州试用。目前世界上有三家企业在生产全固态电致变色玻璃的灵巧窗,美国 SAGE Electrochromics、德国 Econtrol-Glas 和德国 Gesimat。各厂家生产的全固态电致变色灵巧窗的性能参数见表 4-6[1]。

表 4-6　全固态电致变色灵巧窗生产厂家及其性能参数

生产厂家	最大尺寸/cm²	U 值	可见光透过率/%	循环寿命
SAGE Electrochromics	108×150	1.65	0.62~0.0035	10⁵次
Econtrol-Glas	120×220	1.1	0.5	10 年
		0.5~0.15	0.15~0.08	
Gesimat	80×120	—	0.75~0	10 年

各企业生产的无机电致变色玻璃的最大尺寸是 120 cm×220 cm,不能满足大面积、大规模使用的需求,所以研究更大单片面积的电致变色玻璃是未来研究的另一个热点。

无机电致变色材料相对有机电致变色材料而言,虽然在色彩的多样性和响应速度方面不具备优势,但其具有性能稳定、耐候性强、与玻璃基板黏附力强和易于大面积生产等优点,在建筑物上的应用前景要好于有机电致变色材料。无机电致变色玻璃可以制成具有可控阳光透过率功能的中空玻璃。

4. 大面积电致变色玻璃应用前景

随着人们对户外建筑的实用性和观赏性的要求越来越高,小尺寸的玻璃门窗显然已经不能满足人们的需求,而制备大面积板材的电致变色玻璃面临着很多困难。首先,由于电致变色玻璃的多层膜结构组成,需要选用先进的镀膜技术来保证大面积的膜层均匀性。其次,越大尺寸电致变色玻璃,越难以实现着褪色的均匀一致性。越大尺寸的电致变色玻璃,对实现均匀的变色和颜色恢复所需要的电流要求也就越高。考虑到所采用的材料的电化学性能,不可能无限度的提高工作电压,所以大电流很难均匀地分布在整个玻璃上,这样就会产生颜色差异,从而影响视觉上的美观。另外,无机电致变色材料虽然在稳定性、耐候性上有优势,但是其色彩较为单一,响应时间较长。而有机电致变色材料的性能正好相反,如何互补有机、无机的劣势制备出性能优异色彩多样的电致变色玻璃也是现在的研究难题。最后,由于电致变色玻璃独特的结构,需要两片性能优异的 TCO 玻璃基板和多层功能膜以实现电致变色效果,其高昂的制造成本也是制约其大规模应用的因素之一。

5. 展望

电致变色智能玻璃通过一个变色开关来调节玻璃的透光与否,这需要消除如褪色、眩光和过热等不良的影响效果,否则会影响户外的表观效果及室内的视觉效果。这给设计师更多的自由来设计不同需求的采光玻璃,并且在外观上和普通玻璃是一样的。智能玻璃已经被认定是一种绿色环保建筑产品,这种产品已经被收录于 GreenSpec 中。在建筑工程项目上使用这种绿色玻璃也能获得一定的 LEED(美国绿色建筑环评)评分。国际智能玻璃认为电致变色玻璃在未来应该得到大力推广,因为它可以通过调节透明度来调节室内的光照、温度,甚至还能很好地保护个人隐私。

虽然电致变色玻璃在户外建筑上的应用还有很多问题,但是由于地球资源的日益枯竭,节能环保主题必然指导着如今的科学研究方向,相信像目前诸如电致变色玻璃之类的建筑节能材料必然会突破其科研瓶颈,最终走向大面积产业化,其广泛应用到人们实际生活中的一天将会到来。

4.2.3.2　热致变色技术

1. 热致变色材料的分类

热致变色材料是新型的智能材料,这类材料具有可逆的透明度变化或颜色的变化等特性,近年来已经逐渐成为智能窗户、温度传感器、热可逆记录等热光学领域的一个研究热点。

迄今已报道过的热致变色材料,按光学性能随温度的变化主要分为热致散射、热致变色以及双功能三种类型;按材料的性质分类主要有无机类(如钒的氧化物)、有机类(如水凝胶、液晶材料、聚合物共混物、高分子相变材料等)。但要在日常建筑物玻璃窗上大面积应用,热致变色材料的转变温度要低于低温区才具有实际的使用价值,且材料在变色过程中无体积相变,符合该条件的材料主要集中在热敏聚合物材料中的热致散射型聚合物材料。热致散射聚合物型材料随温度变化会呈现出可逆的透光率转变,目前,该材料的制备及应用研究主要集中于欧美及日本等一些国家。

2. 热致散射聚合物材料概述

热致散射聚合物材料随温度变化而自动调节入射光的强度,在智能窗户领域显示出广阔的应用前景。目前,聚合物水凝胶(溶液-凝胶特性)、液晶材料、聚合物共混物等均是常用的热致散射材料。

具有热致散射特性的聚合物水凝胶是由交联聚合物基体以及具有低临界溶解温度(LCST)特性的功能组分所组成的含水聚合物网络,由水溶性单体或水溶性聚合物通过物理或化学方法交联而成。随温度变化,热响应功能组分与基体相容或分离,使得该聚合物溶液呈现可逆的透明-浑浊(光散射)态转变。LCST 组分是决定材料透明态和浑浊态的透过率、对比度以及转变温度等主要性能的关键。其原理如图 4-14 所示。

目前,硼砂交联聚乙烯醇的水凝胶作为热致散射水凝胶的报道较多,但这种水凝胶在热致散射过程中溶胶-凝胶的稳定性能较差。聚丙基丙酰胺类水凝胶属于升温收缩型温度敏感水凝胶,目前国内外对该材料的研究也较多。当温度低于相变温度时,由于水分子和大分子中的亲水基团形成的氢键作用,因此该材料在水中形成良好的溶液且颜色透明均匀;当温度升高至相变温度时，由于大分子链上的疏水基团的疏水作用，该凝胶收缩呈浑浊状。聚丙基丙酰胺类水凝胶，当温度不同时，溶液颜色发生明显的透明–浑浊转变，其透过率达 90%，甚至更高，且该透过率可通过与丙烯酰胺共聚程度不同来调节。由于聚异丙烯酰胺在高温下呈乳白色，且相分离，同时伴随着整个交联聚合物网络的体积变化，因此该类聚合物水凝胶在实际应用中存在着尺寸和性状稳定性较差的缺陷[2]。

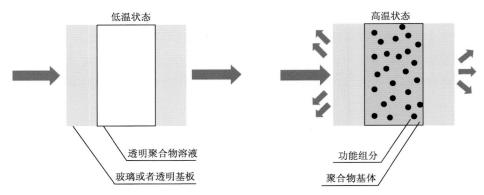

图 4-14　热致散射聚合物的变色原理图

有学者直接将聚醚（相分离温度 32～40 ℃）分散在交联聚乙烯醇网络中，同样制得了热致散射性能较好的高分子水凝胶。在整个相变过程中，这种聚合物材料的透过率差超过了 90%，由于整个网络不发生相变，因此体积变化不大，所以尺寸和稳定性能较好。但上述高分子聚合物材料价格昂贵，因此不适用于大面积和大批量生产。

一些具有亲水疏水基团的水溶性聚合物，其水溶液随温度变化可以发生各向同性相–液晶相的转变，该转变过程中往往会同时伴随着透过率的多重变化[3]。Seeboth 等报道了含有乙氧基聚二甲基硅氧烷的聚乙烯醇水凝胶。由于该聚二甲基硅烷随温度的升高会发生液晶相向同性相转变，该水凝胶在很宽的温度范围内呈现出连续的浑浊–透明–浑浊的变化。

聚合物共混物的研制主要是研究非水溶液型的热致变色玻璃材料，该类材料克服了上述两类材料在生产使用过程中出现的如热致散射特性随着聚合物材料中水分的挥发、材料的破坏等而性能逐渐下降的现象[4]，因此研究此类非水型材料具有一定的实用价值。但由于该类材料在成膜时需要选用有机溶剂作为共混物的共溶剂，因此这种热致散射材料的制备方法对环境存在一定的污染，并且生产效率不高。

基于热致变色调光材料的研究大都集中在有机化学材料上[5～14]，且大多使用的原材料成本比较高、操作相对困难、工艺设备复杂，有些材料甚至还具有一定的毒性、对环境存在一定的污染等现状，因此开发和研究绿色环保且廉价易得的天然高分子变色调光材料显然已变得非常重要。

3. **热致变色玻璃材料变色特性的影响因素**

热致变色玻璃材料的变色特性受到很多因素的影响，如聚合物的结构、聚合物分子量的大小、各类表面活性剂以及溶液中离子的含量等，都是极为重要的影响因素。

聚合物自身的结构决定了性质。目前已经报道的具有上述变色特性的玻璃材料主要有三类:第一类为聚合物含醚功能团,如聚环氧乙烷等;第二类为含醇功能团,如某些疏水改性的纤维素衍生物、聚乙二醇及其取代物等;第三类为含取代酰胺功能团,如 N-异丙基丙酰胺等。上述三类聚合物的结构都为亲水主链上含有疏水基团[15]。

某些添加剂的加入,会产生强烈的脱水作用以及对聚合物在水溶液中有一定增溶作用等。无机类如某些无机盐的加入,改变了溶液的离子强度,会产生一定脱水作用;如某些有机添加剂的加入,会起到类似表面活性剂的作用,从而使得聚合物溶解性能增大,从而对变色性能产生一定的影响。因此,添加剂的加入对热敏聚合物的变色特性影响也较大。

4. 热致变色玻璃的研究进展

目前,世界各国都非常关注热致变色材料的研究与开发。马一平等经过研究发现:将聚苯乙烯、氧化聚丙烯、羟乙基纤维素等按适当比例与无机盐配合,将该材料与其他材料配合填充于玻璃夹层中制取了温致透光率可逆变化材料,该材料透光率可由 28e 以下的 90% 左右变化至 32e 以上的 10% 左右,研究结果表明,该材料能够应用于建筑物玻璃窗上。

近年来,美、英、德等国先后研制了一种新型低温热致变色材料。这种材料包含至少两种折射率不同的物质,在温度较低时,这些物质靠分子间的作用力在分子水平上混合,达到均一相,此时材料透明;随着温度升高,分子热运动加剧,当温度升高到某一特定值时,发生相分离,对入射光造成强烈散射,材料变成不透明颜色。

特拉华州立大学研究开发的积极有效并且可自动调节的光致变色纤维、纺织品和薄膜已经获得了商业上的许可和美国政府的大力支持。利用这种技术产生的纤维制备的垫子、膜、无纺布纺织品可以随时根据它们接触的光照变换颜色。随着未来的发展,在这个领域中越来越多的新技术被发现,例如:香港科技大学的"拥有特殊光透射特性的富勒烯光学材料"和"光致发光材料",美国橡树岭国家实验室的"超疏水纳米玻璃"等。

4.2.3.3　光致变色技术

光致变色技术和热致变色技术的原理是基本一致的,其在原理上可认为热致变色技术属于光致变色技术,只不过热致变色技术只是对长波段光有响应。光致变色技术虽然在世界范围内已经有了一定的发展,但是在我国内地这项技术才刚刚兴起,它由材料响应直接改变玻璃的透过波长,起到调节室内光线、温度的作用,这项技术不仅在建筑领域有着积极的作用,而且在汽车、飞机甚至是外太空的飞船上都有巨大的发展潜力。人们通常将光致变色主体材料和树脂等成膜镀在玻璃表面制备得到光致变色玻璃。最早的光致变色材料主要有金属的卤化物,卤化银是其中的代表,它通过吸收特定的光波来变换颜色,从而起到隔热的作用。随着变色材料的不断发展,新型的有机光致变色材料得到迅速发展,它们能吸收特殊波长的光进行化学反应从而产生玻璃变色,同时这种化学反应在一定环境下又是可逆的,这种光致变色材料不仅具有调节颜色、温度和透光性的特点,同时具有储能的优点。

1. 光致变色玻璃的种类

(1)无机光致变色玻璃的种类。无机光致变色玻璃是由光学敏感材料和基体玻璃组成,在基体玻璃中掺入微量的敏感材料,经过热处理后沉淀在玻璃熔体中作为光敏剂。光学敏感材料主要是银、铜和镉的卤化物或稀土离子等,基本玻璃一般采用碱金属硼硅酸盐玻璃作为基体,玻璃的光致变色性能最好。

1962年,美国康宁公司研制出了含卤化银光致变色玻璃,此后不断对已有的光致变色玻璃进行改进,申请了许多专利。中国科学院福建物质结构研究所的周有福等人采用碱土铝硼酸盐体系作为基体玻璃,以稀土离子为光敏剂制备了一种透明光致变色玻璃,利用稀土离子丰富的受激辐射,实现波长(颜色)变化。这种玻璃处于弱光环境呈蓝色;强光照射下,特别是短波可见光,呈紫色或红色。

(2)有机光致变色玻璃的种类。根据所用的光致变色材料不同,有机光致变色玻璃可以分为俘精酸酐、二芳基乙烯、螺吡喃、螺恶嗪光致变色玻璃等;根据制备方法不同,有机光致变色玻璃可以分为贴膜或涂膜光致变色玻璃和光致变色有机玻璃两类。第一种是将光致变色材料制成高分子膜,复合到无机玻璃表面,目前,南开大学已开发出光致变色安全玻璃透明薄膜;第二种是利用有机玻璃作为基体材料,将光致变色材料在有机玻璃成形过程中加入而制备的。

2. 光致变色玻璃的变色机理及性能

(1)无机光致变色玻璃的变色机理及性能。第一代光致变色玻璃材料的变色机理是卤化银在光辐射作用下,发生光分解为银和卤素,银原子和氯原子之间发生一种电子交换,通过氯化银和周围的环境来表现:

$$AgCl \xrightarrow[hv_2]{hv_1} Ag + Cl$$

在没有光线的条件下,氯化银呈离子态,因银离子是透明的,所以镜片也是透明的;而在紫外线辐射下,不稳定电子离开了氯离子,与银离子结合为金属银并吸收光,镜片则变深。当紫外线辐射减弱,移动电子离开银原子返回氯原子,镜片逐渐恢复原先的清澈状态。经过适当的退火和热处理工艺的光致变色玻璃,均具有优良的光致变色性能。在所有的无机光致变色材料中,卤化银光致变色玻璃具有优良的可逆变色性能和抗疲劳性能,实验证明,可以进行几千次的变暗褪色过程而性能不会减弱或消失。

(2)有机光致变色玻璃的变色机理及性能。有机光致变色玻璃的变色机理是由所掺杂的光致变色材料的种类所决定的,常见光致变色材料的变色机理可分为键的异裂和均裂、质子转移互变异构、顺反异构反应、氧化还原反应、周环反应等。例如,螺恶嗪光致变色玻璃受紫外光激发变为蓝色,其变色机理取决于螺恶嗪光致变色化合物。如图4-15所示,在紫外光或夏季强烈的太阳光照射下,光致变色玻璃中的螺恶嗪(spirooxazine,SO)分子中螺C—O键发生异裂,引起分子结构以及电子组态发生异构化和重排,通过螺C原子连接的两个环系由正交变为共平面,形成一个大的共轭体系(photomerocyanine,PMC),在可见光区有吸收峰,在可见光或热的作用下,PMC发生关环反应回到SO,构成一个典型的光致变色体系,这个过程是可逆的。

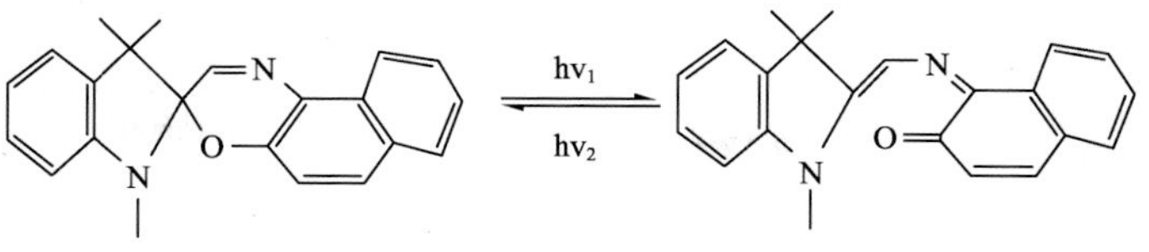

图 4-15　螺恶嗪的光致变色过程

螺恶嗪光致变色玻璃在较强的太阳光照射下，由无色透明变为清晰的蓝色，光线减弱则蓝色逐渐褪去，颜色的深浅随着辐射光强度而变化，光强则深、光弱则浅。螺恶嗪类化合物在有机光致变色化合物中抗疲劳性能较高，耐紫外线照射稳定性好，所以，螺恶嗪光致变色玻璃具有较高的抗疲劳性能，具有广泛的应用前景。

3. 光致变色玻璃的制备方法

(1)无机光致变色玻璃的制备方法。光致变色玻璃的传统制备方法是将光敏剂(如卤化银等)直接加入到基体玻璃配合料中，采用传统的高温熔炼工艺熔制浇铸成片状玻璃，再经过退火、分段热处理、研磨加工等工序制成玻璃样板。这种熔法制备的本体着色玻璃具有很多不足，如高温下卤化银离子稳定性差，还直接影响到制品的光致变色效果和成本。将此法用于大面积的建筑用光致变色玻璃制备上还存在困难，有效的方法是将其制成薄膜或涂层用于建筑玻璃上，如采用溶胶-凝胶法制备涂层光致变色玻璃是近年来主要的研究方向。随着新的光致变色体系的出现，光致变色玻璃的制备方法在不断改善。

(2)有机光致变色玻璃的制备方法。有机光致变色玻璃的制备包括有机光致变色材料的合成和光致变色玻璃的制备。有机光致变色材料的合成技术还未成熟到可以工业化。不同种类光致变色材料的合成方法不同，螺恶嗪化合物最常见的合成方法是在极性溶剂(如甲醇或乙醇)中，用烷亚甲基杂环(如吲哚啉)与邻亚硝基芳香醇(如 1-亚硝基-2-萘酚)进行缩合反应制备的。然后，利用已经合成的光致变色化合物制备光致变色玻璃。一种方法是选择合适的光致变色材料品种，将光致变色材料与某种高聚物溶液混合制成光致变色高分子溶液，再涂覆于已经成形的无机玻璃表面，即制成涂膜光致变色玻璃；另一种方法是将有机光致变色材料在有机玻璃成形过程中加入到有机玻璃配合料中，一起成形制备出透明的有机光致变色玻璃。

4. 结语

由以上综述可以得出，近年来，关于光致变色玻璃的研究非常活跃，科研人员在不断探索新的光致变色玻璃体系，改善生产工艺。光致变色性能使其在民用、建筑领域均具有广泛的应用前景。

4.3　自清洁涂料

"自清洁"概念自 20 世纪 90 年代提出以来，对其的研究和商业化进程发展迅速。当前，自清洁涂料并不局限于建筑涂料行业，还出现在与人们生活息息相关的电器和电子设备、汽车和温室等诸多应用领域。由于具有环保和节省清洗费用等优点,自清洁涂料越来越受到市场的青睐,并将在未来扮演重要的角色。

自清洁的原理和效果与水对材料的接触角密不可分,当水滴在物体表面的接触角小于90°时,称该表面为亲水表面,接触角小于10°则称为超亲水表面;当水滴与物体表面的接触角大于90°时,则称为疏水表面,接触角大于150°则称为超疏水表面,如图4-16所示。

只有具有超疏水或是超亲水的表面才具有自清洁效果,它们都是通过水的作用达到本身自清洁效果的。所不同的是:超

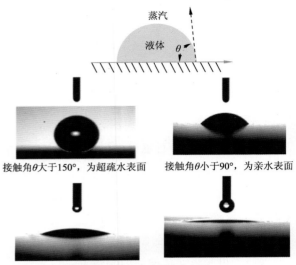

图 4-16　超亲水表面和超疏水表面示意图

疏水涂料是通过水滴的滚动带走污物,而超亲水涂料是通过在其表面形成水膜并带走或隔绝污染物而实现自清洁的作用。尤其是后者在光辐射下还具有光催化特性,可以降解有机物,进一步起到杀菌消毒和净化环境的作用。

4.3.1　超疏水自清洁涂料

研究发现:物体的表面如果具有超疏水性,水珠就不能在其表面浸润,将会带走污物而具有自清洁的效果。可以通过两种途径制备超疏水表面,一是利用"荷叶效应",在物体表面构建粗糙的微观结构;二是在物体表面进行化学修饰,引入低表面能的物质组分(如氟硅烷)。这两种方法既可以单独应用,也可以结合并用。

4.3.1.1　基于"荷叶效应"的自清洁涂料

德国植物学家对荷叶等2万种植物叶面进行了观察、研究,发现荷叶的表面是由无数微米尺寸的乳突和其表面分布的纳米蜡质晶体构成的,首次提出了"荷叶效应"的概念,并模仿"荷叶效应"申请了涂料专利。精细的研究发现:荷叶表面的乳突粒径为 $5\sim9~\mu m$,蜡质晶体大于100 nm。当水珠与蜡质晶体接触时,明显地减小了水珠与荷叶表面的接触面积,扩大了水珠与空气的界面(见图4-17)。这种情况下,液滴不会自动扩展,而是保持其球形状态。一般的污染物尺寸比蜡质晶体大,只会落在乳突的顶部,且大多数的污染物比蜡晶体更易润湿,当水珠在荷叶上面滚动时,污染物会黏附在水珠表面而被带走,从而达到自清洁效果。[16,17]

在荷叶效应的指导下,超疏水自清洁涂料的理论和应用研究取得了进展。Manmur探索了荷叶效应构造超疏水表面的机制,对荷叶效应的模型体系进行了理论研究,提出了评价超疏水的两个标准:大的水接触角和小的水滚动角。Yu等研究了荷叶表面的双尺度结构及乳突

图 4-17　荷叶效应与超疏水自清洁涂料及表面微结构

长径比的重要作用,揭示了荷叶表面的双尺度结构对维持荷叶表面结构和超疏水稳定方面的必要性。Feng 等将醋酸锌在乙醇溶液中水解制备出 ZnO 溶胶,在玻璃上经过多次涂膜;后将其浸入在硝酸锌和六亚甲基四胺的水溶液中,再经水洗、干燥以及暗室中静置制备出 ZnO 纳米管涂膜,其静止水接触角(CA)高达(161.2±1.3)°,表现出超疏水性能。Huang 等使用六亚甲基四胺、乙二醇以及 Cu^{2+} 和 Fe^{2+} 的强双齿螯合剂作为反应试剂,采用溶胶-凝胶法,在铜合金的表面构建了类似荷叶结构的 Cu-Fe 纳米棒涂膜,用十二氟辛基三乙氧基硅烷对 Cu-Fe 纳米棒膜再进行修饰,制备出超疏水的 Cu-Fe 纳米涂膜,该薄膜对水接触角达到(156.5±2.1)°。Vogelaar 等采用相分离微模塑方法,先将四氟乙烯与 2,2,4-三氟甲氧基-1,3-间二氧杂环戊烯共聚物的全副化合物溶液浇铸在经等离子刻蚀深度为 8 μm 的类似荷叶结构的硅片上,再将其浸入到非溶剂的正戊烷中使聚合物沉淀。通过溶剂与非溶剂的交换作用以及模塑和相分离过程,制备了具有微观粗糙结构可调的超疏水表面,水接触角达到 167°,水滚动角低于 0.5°。目前,模仿"荷叶效应"制备超疏水自清洁表面的方法有很多(见表 4-7),在实际应用中,往往几种方法结合使用才能达到理想的效果。[18~23]

表 4-7　基于超疏水自清洁涂料的制备方法

制备方法	原理
等离子刻蚀	利用等离子体(Ar 或 N_2)在基材上刻蚀出具有荷叶表面双尺度微观结构超疏水表面
化学气相沉积	把含有一种或几种化合物(如氟硅烷)或单质气体供给基材,借助气相反应,在基材表面反应生成超疏水自清洁表面
相分离	通过溶剂挥发或其他条件,使本来不相容的量组分产生宏观二相分离,形成疏水-亲水双微观区域或者一定的空隙

制 备 方 法	原 理
熔体固化	将基材浸入熔融的蜡状或低表面能物质(如烷基乙烯酮低聚物)中,提拉冷却制备超疏水薄膜
模板法	将低聚物熔融液或溶解液浇铸在具有类荷叶微观结构的表面,或者通过具有荷叶表面微观结构的模板压印聚合物薄膜形成超疏水薄膜
自组装	通过分子间相互作用(氢键、疏水等)和静电作用,层层吸附沉积形成超疏水涂膜
溶胶-凝胶	将配置好的溶胶(SiO_2、TiO_2 溶胶)通过浸渍-提拉、旋涂或喷涂、后经热处理,在基材上形成超疏水薄膜

4.3.1.2 基于低表面能特性的自清洁涂料

通过化学方法在漆膜表面引入低表面能的物质,可以显著降低漆膜的表面能,从而达到自清洁的效果。广泛应用的低表面能物质有有机硅、有机氟和有机氟硅烷。有机硅氧烷中 Si—O 键键长较长,键角大,易于内旋转,分子成螺旋状,甲基向外排列并绕 Si—O 键旋转,分子体积大,内聚能密度低,分子间作用力小,表面能很低,具有良好的憎水性。相对于有机硅氧烷,有机氟树脂中 C—F 键键能更大,分子间作用力更小,相应的材料表面能更低,是目前报道的表面能最低的物质。研究表明不同含氟基团表面能大小的排序为:—CH_2,—CH_3,—CF_2,—CF_2H,—CF_3。—CF_3 基团的表面能值小至 $6.7 \ mJ/m^2$,六方密堆积的规则排列,显著降低了涂膜的表面自由能,其光滑平面对水的最大接触角可达到 $120°$。此外,在聚硅氧烷中引入 F 原子,制备出氟代烷基硅烷,可进一步降低其表面能,在具有疏水性的同时,又提高了其疏油性,显示出超强的双疏特性。

Shirteliffe 等[24]使用甲基三乙氧基硅烷,通过 Sol-Gel 法制备了多孔超疏水泡沫涂膜,其对水的接触角大于 $150°$,并能长期保持。Venkaleswara Raoa 等[25]使用甲基三甲氧基硅烷作为前驱体,通过水解缩合制备 SO_2 气凝胶,其涂膜对水的接触角达到 $173°$。Qu 等[26]通过两步反应制备涂膜材料,第一步将甲基丙酰氧基丙基三乙氧基硅烷与 SiO_2 粒子进行反应。在纳米粒子上引入乙烯基;第二步将其与甲基丙烯酸十二氟庚酯、甲基丙烯酸酰氧基丙基三异丙基硅烷进行共聚,通过乳液聚合生成核壳结构。该聚合物涂膜具有高的水接触角(154 ± 2)°和低的水接触角滞后($-5°$),表现出超疏水自清洁特性。

4.3.1.3 超疏水涂料存在的问题及解决途径

超疏水自清洁涂料的稳定性和耐久性问题一直是制约其规模应用的瓶颈。因为超疏水涂料的制备牵涉复杂的设计和步骤,需要在基材表面上构建纳米尺度的粗糙结构,因此,使用过程中的腐蚀以及磨损都会过早加速其表面结构的损耗,严重时造成超疏水特性的丧失。与自然界中的荷叶新陈代谢不断再生新的自清洁表面不同,人工构建的自清洁表面很难实现自清洁效果的再生和恢复。

令人遗憾的是,尽管已有在疏水表面进行再生方法的研究,但关于超疏水表面稳定性和耐久性问题的研究鲜有文献报道。应当看到,由于超疏水自清洁涂料所具有的应用价值,这种涂料将会继续发展,而解决其稳定性与寿命的问题将是该涂料向应用技术层面转变的重要研究方向。

4.3.2 超亲水自清洁涂料

基于超疏水涂层应用中出现的问题,人们开发出超亲水自清洁涂层。通常基材的超亲水性处理可分为有机系处理、无机系处理和有机无机复合系处理。有机及有机/无机亲水性涂料是通过有机亲水性树脂中的—OH、—NH$_2$、—SO$_3$H、—COOH、—C—O—C—等亲水性基团来发挥作用,当水珠与此类亲水性薄膜接触时,水珠迅速铺展形成水膜流走,带走污染物,从而实现自清洁的效果。

无机亲水性涂料是在基材表面沉积或涂覆纳米 SiO$_2$ 或纳米 TiO$_2$ 膜,此类超亲水自清洁涂膜常通过两种典型的特性发挥自清洁性能:一是纳米 SiO$_2$ 或纳米 TiO$_2$ 的光催化特性,可以光降解有机污染物;二是纳米 SiO$_2$ 或纳米 TiO$_2$ 的光致超亲水特性,在基材上形成水膜,隔绝污染物的附着。而其中以纳米 TiO$_2$ 的应用最为广泛。

4.3.2.1 TiO$_2$ 光催化自清洁涂料

TiO$_2$ 的光催化活性自 20 世纪 70 年代被 Fujishina 等首次报道以来,TiO$_2$ 作为一种高效的光催化剂得到广泛研究。因其无毒、具有化学惰性、便宜、来源丰富以及易于在薄膜上处理与沉积等特点,现已广泛应用于制备超亲水自清洁涂料。目前,已经商品化的自清洁产品系列有玻璃、瓷砖、铝墙板、塑料薄膜等,其中自清洁玻璃的应用规模占据首位。

TiO$_2$ 是一种半导体氧化物,天然存在的 TiO$_2$ 有三种晶型:金红石型、锐钛型或板钛型,其中,金红石型和锐钛型是常温常压下的稳定晶型。锐钛型 TiO$_2$ 比金红石型 TiO$_2$ 有更高的光催化活性,其光学禁带能级为 3.25 eV,能够吸收小于 400 nm 的紫外光,产生空穴 h$^+$ 和电子 e$^-$,大部分的空穴和电子会快速复合湮灭,但仍有一些迁移到 TiO$_2$ 表面。在 TiO$_2$ 表面,e$^-$ 与 O^2 反应生成·O^{2-},很快攻击周围的有机分子;光生空穴与水反应生成—OH,这两种自由基共同作用分解有机化合物,转化为最终产物 CO$_2$ 和 H$_2$O。该反应过程相当高效和清洁,并最终使得涂膜表面清洁。研究发现,在雨水的帮助下,TiO$_2$ 表面自清洁效果会得到大大加强。其光催化超亲水自清洁表面净化过程示意图如图 4-18 所示。

TiO$_2$ 的光催化自清洁反应过程依赖于涂料组分、TiO$_2$ 制备方法、TiO$_2$ 晶型结构以及基材类别,且这种方法只适用于无机基材,因为光催化亦可以导致诸如塑料等有机基材的降解。在这种情况下,增加具有有机/无机分级结构的中间层就显得十分必要,目前已有国内外公司开发出基于 TiO$_2$ 光催化特性的自清洁玻璃的各种制备方法,如金属钛的加热阳极氧化法、电子束沉积法、磁控溅射法、化学

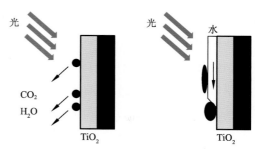

图 4-18 TiO$_2$ 光催化超亲水自清洁表面净化过程示意图

气相沉积法、金属有机化学气相沉积法、等离子体增强的化学气相沉积法、热熔胶法以及 Sol-Gel 法等。其中,以化学气相沉积法、磁控溅射法和 Sol-Gel 法应用最广。

Mellott 等采用 Sol-Gel 法制备了 TiO₂ 光催化自清洁玻璃。与采用化学气相沉积法 (CVD)制备的商业级别自清洁玻璃相比,Sol-Gel 法制备的自清洁玻璃显示出相对高的光催化性能、自清洁特性以及优异的耐化学性。石玉英等在制备硅丙外墙涂料时采用适量的易粉化的锐钛型 TiO₂ 颜料,涂膜在紫外线照射下 TiO₂ 光催化使得树脂涂膜微粉化,使沾在墙体上的灰尘随之脱落,墙体能长期保持清洁。Guan K 采用 Sol-Gel 法浸涂烧结法在硅酸盐玻璃上沉积了一层 TiO₂/SiO₂ 自清洁涂膜,并讨论了光催化性、光致超亲水性与自清洁效应之间的关系。姚建年等开发了一种直接加入纳米 TiO₂ 粒子并在光照下直接合成钛溶胶-凝胶自清洁涂料的方法,制备了不同组分的自清洁涂膜。测试发现,依据涂料各组分含量,涂膜具有显著的光催化性以及光亲水性,而且能够快速达到高度亲水、防污自洁功能。2001 年,美国 Pilkington 玻璃公司采用在线 CVD 法开发出世界上第一款 TiO₂ 光催化自清洁玻璃,并实现了市场化。Mills A 等对此产品与市场上同类产品进行比较发现,此产品具有优越的机械稳定性、可再生性以及广泛的商业应用性。同时,研究还发现此产品具有优异的光催化和光致超亲水性,紫外光照前后,其对水的接触角从 67° 减低到 0°,并作为未来光催化以及光致超亲水性薄膜发展的基准光催化薄膜。

4.3.2.2　TiO₂ 光致超亲水自清洁涂料

UV 光诱导下 TiO₂ 的光致超亲水现象是于 1995 年在 TOTO Inc 的实验室中偶然发现的,后于 1997 年和 1998 年被东京大学报道。这种现象是当水与 TiO₂ 半导体涂膜表面接触时,经 UV 光辐射,水接触角由几十度迅速下降,最后降到(0±1)°。此外,TiO₂ 涂膜表面暴露在 UV 光下时间越长,对水的接触角越小,在中等强度的 UV 光照射 30 min 后,其对水的接触角近于 0°。这意味着水可以在 TiO₂ 薄膜表面完全铺展开来。一般,在 TiO₂ 表面,Ti 原子和 Ti 原子间通过桥氧相连,这种结构是疏水的,通过光照获得的表面亲水性是暂时的,一旦失去光照,TiO₂ 表面重新恢复到疏水状态。

与 TiO₂ 的光催化现象类似,TiO₂ 在 UV 光照下也会产生空穴和电子,但是此种机制下的空穴和电子以另外一种方式发生作用。光生电子将 Ti^{4+} 还原为 Ti^{3+},光生空穴与 O^{2-} 作用生产 O 原子。随后,氧原子排除 TiO₂ 膜表面,产生 O 空位。空气中的水分子解离吸附占据 O 空位形成化学吸附水(即羟基),化学吸附水可以进一步吸附空气中的水分,形成物理吸附层,于是在 Ti^{3+} 缺陷周围形成高度亲水的微区,而表面剩余区域仍保持着疏水性。这样就在 TiO₂ 涂膜表面形成了均匀分布的纳米尺寸分离的亲水区和疏水区。研究发现,在空间位置上,亲水区高于疏水区,又由于水和油滴的宏观尺寸远大于亲水区和疏水区的面积,所以在宏观上 TiO₂ 涂膜表面表现出超强的亲水性和亲油性。当水滴和油滴与 TiO₂ 涂膜表面接触时,其会自发地铺展开来,这样就在 TiO₂ 涂膜表面形成一层水膜或油膜,阻止污染物的进一步附着,从而达到自清洁的效果。实验结果表明,铺展的水膜很容易被油洗刷掉,反之亦然。

目前这种光致超亲水特性已应用在多种自清洁领域(见表 4-8),但商品化的产品仅限于自清洁玻璃系列。

表 4-8　TiO₂ 光致超亲水性自清洁涂料的应用领域

分　类	应　用
道路	隧道照明、隧道墙壁、交通标志和隔音墙
房屋	厨房以及浴室用瓷砖、外墙用瓷砖、屋顶和窗户
建筑	铝合金板材、瓷砖、建筑用石、结晶玻璃和玻璃薄膜
农业	塑料和玻璃温室
电器和电子设备	计算机显示器、太阳能电池罩玻璃
汽车	汽车车窗、车灯和倒后镜用涂料
日用品和消费品	餐具、厨具和喷涂防污涂料
涂膜	普通用涂油漆和涂料

4.3.2.3　超亲水涂料存在的问题及改性研究

　　TiO₂ 光催化性方面，由于其光学禁带宽度很宽（$E_g = 3.2$ eV），只能吸收小于 400 nm 范围内的紫外光，量子产率低，太阳光能利用率仅为 $4\% \sim 6\%$，而能量转换效率就更低。这制约了其在光催化及光致超亲水自清洁涂料领域的发展。解决途径主要有：一是对 TiO₂ 进行染料敏化，扩大其光谱吸收范围；二是对其进行掺杂改性，混入其他无机半导体粒子、掺杂金属，以及进行表面贵金属沉积等，这方面的研究已有报道。

　　TiO₂ 涂膜的超亲水特性具有光致可逆性，这于应用不利。在实际应用中，希望 TiO₂ 在弱光条件下甚至在黑暗中也能保持其超亲水状态。通过采取一些措施，包括对 TiO₂ 涂料的制膜工艺改进、预处理、材料选择以及元素掺杂，都有可能提高涂膜的亲水特性。

4.3.3　自清洁涂料的发展现状及未来展望

　　随着人们对生活质量要求的不断提高，自清洁涂料在国内外都成为研究和发展的重点。国内外自清洁的发展见表 4-9。不同分散度的自清洁涂料和光透过率分别如图 4-19 和图 4-20 所示。

表 4-9　国内外自清洁的发展

制 备 方 法	公　司	年　份
化学气相沉淀法	英国 Pilkington 公司	2001
	美国 PPG 公司	2001
	法国 Saint-Gobain 集团	2002
		2003
	日本 TOTO 公司	2002
	日本旭硝子公司	2003
	中国耀华公司	2004
磁控溅射法	美国 Gardinal Glass 公司	2003
	中国三峡新材公司	2005

续表

制 备 方 法	公 司	年 份
溶胶-凝胶法	中国秦皇岛易鹏公司	2005
	中国长春新世界	2008
直接喷涂法	西门子股份公司	2013
	深圳孔雀科技有限公司	2015

（a）低分散度　　　　　　　　　（b）中分散度　　　　　　　　　（c）高分散度

图 4-19　不同分散度的自清洁涂料

 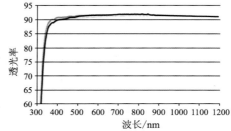

图 4-20　光透过率

　　虽然中国进入自清洁涂料市场较晚，但是也取得了一系列喜人的成果。例如，获得香港绿色建筑大奖的杨洪兴教授、汪远昊博士及他们的团队开发的一种新型水性高分散型亲水型自清洁涂料，此涂料可通过廉价便捷的丝网印刷工艺在玻璃表面制备高透明的多功能涂层。该涂料由于其内部所含有的半导体纳米粒子分散性能极佳（平均粒径在 5 nm），因此，其可抑制瑞利散射效应，从而使得所制备的涂层具有较高的可见光透过率（可见光区透过率达 98%，甚至更高）。

　　同时，该涂料所制备的涂层在经过阳光的活化后具有光催化特性和超亲水特性（接触角小于 1°），因此，不仅可以分解吸附于表面的有机物，而且可以通过雨水轻松地将无机灰尘冲刷干净。此外，该涂层在随玻璃进行钢化处理之后会变得更为耐用（硬度可达 8H，使用寿命达 20 年），可以防止沙尘暴及酸雨对玻璃的腐蚀。更为重要的是这种涂料是水基涂料，可挥发有机物 VOC 含量极低（VOC<3 g/L），并且不含有任何重金属，因此是一种对人类友好的绿色环保产品。最后，这种涂料的制备成本廉价（造价<1.5 美元/m²）而便捷，易于运输和仓储。

　　这种涂料可以广泛应用于玻璃幕墙、汽车玻璃以及光伏电站。经过三个月的电站测试其可提高电站大约 5% 的效率（见图 4-21）。

图 4-21 电站测试

自清洁现象和涂层在自然界已经存在并发挥作用了亿万年,而仅仅在最近几十年才被人类所认识,并经过研究获得了初步应用。自英国皮尔金顿公司于 2001 年首次开发出 TiO₂ 光催化自清洁玻璃以来,已经有一些涂料品种问世。在已经商业化的自清洁产品中,应用最多的形式就是与人们日常生活关系密切的自清洁玻璃。由于自清洁涂层无须维护,使用方便,有利于环保,符合低碳经济的发展模式,自清洁涂料将具有极大的市场吸引力和发展潜力。开发具有憎水、憎油、耐沾污性能稳定、施工方便并能用于不同材料表面的多功能自清洁涂料,是自清洁涂料未来发展的方向。

4.4 隔 热 涂 料

建筑隔热(绝热)保温是节约能源、提高建筑物居住和使用功能的一个重要方面。建筑能耗在人类整个能源消耗中所占比例一般在 30%～40%,且其中绝大多数是采暖和空调的能耗,故建筑节能意义重大,以我国香港特别行政区为例,其建筑能耗超过 50% 来自于夏季空调的降温。

建筑隔热材料是建筑节能的物质基础。目前、隔热材料正在经历一场由工业隔热保温向建筑隔热保温为主的转变,这也是今后隔热保温材料的主要发展方向之一。作为一种新型的建筑隔热材料,建筑隔热涂料因经济、使用方便和隔热效果好等优点而越来越受到人们的青睐,发展前景乐观,有望引起涂料市场和隔热材料应用领域的拓展。

建筑隔热涂料因隔热机理和隔热方式的不同可分为阻隔性隔热涂料、反射隔热涂料及辐射隔热涂料三类。

4.4.1 阻隔性隔热涂料

阻隔性隔热涂料是通过对热传递的显著阻抗性实现隔热的涂料。热传递是通过对流、辐射及分子振动热传导三种途径来实现的。由于固体物质的密度一般比较大,因此其分子振动热传导能力一般大于相同成分的液态和气态物质(水除外),导热系数高;对流则是液体和气体实现热交换的主要方式;大部分非透明固体物质对热辐射的直接传导能力都非常低,而透明度极高的物质(包括固体、液体、气体)也很少吸收热辐射的能量。真空状态虽然能使分子振动热传导和对流传导两种方式完全消失,但对于阻止热辐射的传导却无能为力。空气相对于固体来说密度极小,对热辐射电磁波的阻隔作用非常小。

因此,采用低导热系数的组合物或在涂膜中引入导热系数极低的空气可获得良好的隔热效果,这就是阻隔性隔热涂料研制的基本依据。材料导热系数的大小是材料隔热性能的决定因素,导热系数越小,保温隔热性能就越好。

常温下,静止空气的导热系数为 0.023 W/(m·K),故认为隔热涂料的常温导热系数不可能小于 0.023 W/(m·K)。但这一似乎经典的结论也受到了严厉的挑战:当涂膜中气孔的直径小至纳米数量级时(如小于 50 nm),气孔内的空气分子不能对流,也不能像一般静止空气中的空气分子那样进行布朗运动,即完全被吸附在气孔壁上而不能自由运动,这样的气孔实际上相当于真空状态。一方面,如果保持涂膜的体积密度及其中的气孔直径足够小,则可以使涂膜的分子振动热传导和对流热传导率接近于 0;另一方面,众多足够小的微孔使得涂膜中界面的数量趋于无穷多,可以使材料内部有非常多的反射界面,从而使辐射热传导的效率趋近于 0。因此,从理论上说存在着导热系数趋近于 0 的隔热涂膜,获得比静止空气导热系数更小的涂膜是完全有可能的。这既是机遇,也是挑战。

应用最广泛的阻隔性隔热涂料是硅酸盐类复合涂料。这类涂料是 20 世纪 80 年代末发展起来的一类新型隔热材料。我国有上百家研究单位和企业进行过保温材料的研究工作,各生产厂的产品名称也各不相同,如"复合硅酸镁铝隔热涂料""稀土保温涂料""涂敷型复合硅酸盐隔热涂料"等,涂料配方、施工方法等各式各样,性能(如快干快硬、防水憎水等)也各不相同,但均属硅酸盐系列涂料,均主要由海泡石、蛭石、珍珠岩粉等无机隔热骨料、无机及有机黏合剂及引气剂等助剂组成。国家质量技术监督局于 1998 年 5 月发布了《硅酸盐复合绝热涂料》国家标准(GB/T 17371—2008),这为硅酸盐隔热涂料的生产和应用提供了一个可供参照的技术标准。

受历史和社会经济条件等因素的影响,成本较低的阻隔性隔热涂料在我国的发展水平达到世界先进水平,但其主要用作工业隔热涂料,如发动机、铸造模具等的隔热涂层等。目前,这类涂料正在经历一场由工业隔热保温向建筑隔热保温为主的转变。但是,由于受附着力、耐候性、耐水性、装饰性等多方面的限制,这类隔热涂料较少用于外墙的涂装。

4.4.2　反射隔热涂料

任何物质都具有反射或吸收一定波长的太阳光的性能。由太阳光谱能量分布曲线可知，太阳能绝大部分处于可见光和近红外区，即 400～1 800 nm 范围。在该波长范围内，反射率越高，涂层的隔热效果就越好。因此，通过选择合适的树脂、金属或金属氧化物颜料及生产工艺，可制得高反射率的涂层，反射太阳热，以达到隔热的目的。反射隔热涂料是在铝基反光隔热涂料的基础上发展而来的，其涂层中的金属一般采用薄片状铝粉；为了强化反射太阳光效果，涂层一般为银白色。

反射隔热涂料的研究报道较多。对干旱地区太阳光的冷却技术进行的研究发现，涂有反射涂层的测试室内的温度比未涂反射层的测试室内温度低得多。刘先春以改性丙烯酸醇酸树脂为主封闭要成膜物质，并与颜料、溶剂及助剂配合使用而制得的表面隔热涂料，具有优异的物理化学性能及极强的亮度，对太阳热的反射率高，可明显降低房屋表面的温度。由于金属薄片在溶剂型涂料中能够较长时间稳定存在，而在水性体系中则不能，因此大多数反射隔热涂料为溶剂体系。但水性涂料是建筑涂料的发展趋势和必然归宿，因此将金属薄片进行特殊处理或不采用金属薄片的水性反射隔热涂料已成为国内外个人涂料研究的热点之一。Neil 采用马来酸二丁酯-乙酸乙烯共聚物为成膜物质，通过加入一种 Ceramic Sil32 珠光隔热剂制得了隔热性能优良的水性隔热涂料。有研究采用鳞片状铝粉为颜料制得了一种综合性能优良的水性反光隔热罩面涂料，经实体测定，当气温高达 35～37 ℃时，涂层内部可降温 11～13 ℃。但总的说来，我国目前高性能的水性反射隔热涂料尚处于研究开发阶段，要大规模生产尚需广大涂料工作者的进一步努力。

4.4.3　辐射隔热涂料

通过辐射的形式把建筑物吸收的日照光线和热量以一定的波长发射到空气中，从而达到良好隔热降温效果的涂料称为辐射隔热涂料。

由于辐射隔热涂料是通过使抵达建筑物表面的辐射转为热反射电磁波辐射到大气中而达到隔热的目的，因此此类涂料的关键技术是制备具有高热发射率的涂料组分。研究表明，多种金属氧化物如 Fe_2O_3、MnO_2、Co_2O_3、CuO 等掺杂形成的具有反型尖晶石结构的物质具有热发射率高的特点，因而广泛用作隔热节能涂料的填料。红外气象学的研究表明，在波长 8 000～13 500 nm 的区域内，地面上的红外辐射可以直接辐射到外层空间。在此波段内，太阳辐射和大气辐射能远低于地面向外层空间的辐射能，因此，如果在此波段内使涂料的发射率尽可能高，那么在辐射体表面，热量就能以红外辐射的方式高效地发射到大气外层，达到建筑物隔热的目的。有研究通过在硅酸盐结晶相中加入 Al_2O_3、TiO_2 等金属氧化物细粉作为填料而研制出的红外辐射涂料辐射 5 000～15 000 nm 波段内的红外线的能力在 85％以上。

辐射隔热涂料不同于用玻璃棉、泡沫塑料等多孔性的阻隔性隔热涂料或反射隔热涂料，因这些涂料只能减慢但不能阻挡热能的传递。白天太阳能经过屋顶和墙壁不断传入室内空间及结构,一旦热能传入,即使室外温度减退,热能还是困陷在其中。而辐射隔热涂料却能够以热发射的形式将吸收热量辐射掉,从而促使室内与室外同样的速度降温。

4.4.4　其他隔热涂料

一种隔热效果良好的涂料往往是两种或多种隔热机理同时起作用的结果。上述几种隔热涂料各有其优点,因此,可考虑将它们综合起来,充分发挥各自的特点,进行优势互补,研制出多种隔热机理综合起作用的复合隔热涂料。最近报道了一种新型反射太阳热的由表面涂料和隔热涂料组成的、以高分子聚合物多元改性共聚而成的溶剂型复合隔热涂料。这种涂料具有优异的物理化学性能和极强的附着力与亮度,其涂层除了具有保护装饰作用外,更具有优良的耐候性、热绝缘性和反射红外线等一系列特殊功能,对太阳热的反射率高达 80%,甚至更高,与通用的铝粉涂料相比涂层表面温度可降低 10 ℃ 以上。高效隔热的、涂抹机械及化学性能优良的复合隔热涂料代表了未来建筑隔热涂料的发展趋势,但目前有关这方面的研究不多。

此外,还可以利用水和无机金属氧化物(主要是过渡金属)在相变时的储能隔热特性来研究制备隔热涂料。但含有 ZrO_2 或 $ZrO_2-Y_2O_3$ 等金属氧化物涂层的涂装需采用特殊工艺,如等离子体喷涂、化学气相沉积等,而且这些氧化物的隔热效果要在高温相变时才能充分发挥出来,故目前尚未见其用于建筑隔热涂料的报道,但其发展动向为建筑隔热涂料的研究提供了一个值得尝试的方向。

4.4.5　隔热涂料的发展现状及展望

随着纳米技术的兴起与不断发展,尤其是针对材料在纳米尺度的设计合成以及纳米尺度的分散研究,为制备价格适中、性能优良的透明隔热涂料提供了一条全新的思路。已有的研究发现,具有宽带隙的 N 型掺杂半导体氧化物材料(又称透明导电氧化物 TCO,如氧化铟锡 ITO、氧化锡锑 ATO 等)具有类似的光学性能,即在红外区与紫外区具有较高的阻隔率,而在可见光区具有较高的透过率,因此,这是一种非常理想的可用于玻璃表面的透明隔热涂料。美国与日本是最早进行相关研究并进行产业化的国家,在相关领域申请了诸多专利。通常该类涂料是将氧化铟锡等透明导电氧化物纳米粉体进行充分的预分散,并混入合适的成膜物质以及溶剂制备成透明隔热涂料。其中,纳米级别的金属氧化物粉体是起到隔热功能的核心材料,通过调控其材料的化学元素配比来改变半导体材料的载流子密度和迁移率,从而改变光谱吸收的范围。此外,材料的形貌以及晶体结构都对相关光学特性起到决定性作用。如果材料的微观尺寸大于 100 nm,则由于该尺度与可见光的波长(380～780 nm)具有可比性,会对可见光产生强烈的瑞利散射,因此可见光透过率就会降低。

我国在相关领域的研究还很薄弱,国产的透明导电隔热涂料还有较多的问题。主要有三方面的问题:首先,国产涂料中的 ITO 或 ATO 粉体粒径较大(亚微米或微米级别),瑞利散射严重,影响视觉效果;其次,现有的透明隔热涂料基本都是以 TCO 粉体为核心功能材料(透明隔热涂料的基本组成见图 4-22),而 TCO 粉体所制备的薄膜,其光学性能无法很好地调控

（TCO 粉体实物图见图 4-23）；最后，国产涂料的施工性能差，因其流平性能一般，涂料的涂覆工艺复杂不易掌握，施工人员必须经过专门培训才可以涂覆出优异性能的薄膜。

针对国内这些问题，以香港理工大学汪远昊博士为首的科研团队，依托香港理工大学科研力量以及光能环保科技有限公司在绿色建筑市场的既往丰富经验，共同开发了一种全新的高分散

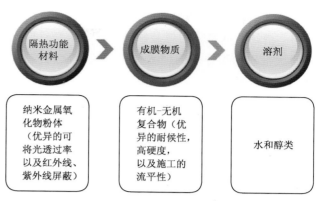

图 4-22　透明隔热涂料的基本组成

纳米透明隔热涂料。涂料所需关键 TCO 原料是通过自主研发的全新工艺合成的，并首次在该研究领域引入石墨烯（graphene）制备 TCO—Graphene 纳米复合材料，来综合调控涂料粉体的迁移率与载流子密度，从而更好地调控薄膜的光学性能；其次，涂料所采用的成膜树脂均采用国内原材料进行对比调配，通过交叉比对使其具有良好的流平性和成膜寿命；最后，为适应市场对产品环保性能的要求，该涂料将采用水为溶剂，物料成本为当前市场平均价格的 50%。

图 4-23　TCO 粉体实物图

此外，国际上也有许多知名的纳米隔热涂料。例如，Nanoseal 公司已经研究开发出来了一种应用于建筑材料上的隔热涂料。他们的涂料还被墨西哥的 Corona 啤酒厂使用，在喷涂他们的涂料后，内外温差可达到 2.2 ℃（36 华氏度），而涂料的厚度仅仅为 0.18 nm（7‰英寸）；工业纳米技术公司开发的室内隔热涂料在粉刷三遍之后，其平均内外温差可达到－1.1 ℃（30 华氏度）。使用他们新研发的室内隔热清漆后，其平均内外温差可达到 15.56 ℃（60 华氏度）。坐落在曼谷的世界最大的国际机场——素万那普国际机场已经使用了这种隔热涂料；HPC HiPerCoat 和 HiPerCaot Extreme 是目前最好的隔热涂料，它们分别被美国航天局和美国赛车协会使用。报道称铝面和陶瓷面喷涂该涂料后可以将环境带给汽车的热辐射减少 40% 左右。这些涂料同时具有耐腐蚀的特点，可以保护其所涂基材，这将减少镀铬耐蚀带给环境的危害。NanoPore Thermal Insulation 公司将硅、钛和碳形成三维立体网状结构，这种具有特殊结构的纳米粒子直径为 2～20 nm。制造商认为这种新型的隔热材料相对于传统的隔热材料具有更加优异的隔热性能。它的隔热能力是传统隔热材料隔热能力的 7～8 倍。

　　此外,将具有隔热效果的纳米粒子加入到传统涂料中也能获得具有优异隔热性能的隔热涂料。盈速粒涂料公司就是利用这种办法制备得到纳米隔热涂料的。根据相关报道,一种复杂的微空心的陶瓷球的加入使得盈速粒涂料拥有内在的真空环境,类似于真空保温瓶一样。在盈速粒涂料中的中空陶瓷微球通过将热折射、散射,甚至是驱散来成为一个热的屏障。

　　图 4-24 所示为透明隔热涂料隔热效果示意图。由图 4-25 可看出,具有相同的隔热效果的粒子经过纳米涂料处理的尺寸更小;330 cm³ 的纳米涂料处理的绝缘孔(右),其隔热效果与 7 000 cm³ 的发泡聚苯乙烯处理效果一样(左)。

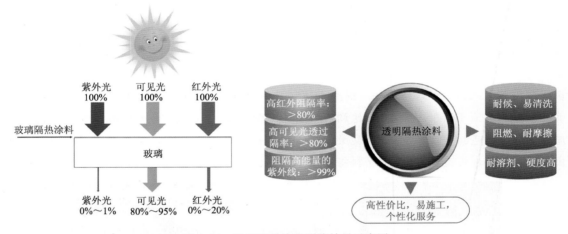

图 4-24　透明隔热涂料隔热效果示意图

　　因此,在未来,含有纳米或纳米以下微孔结构的隔热涂料及采用纳米材料制得的涂料是未来隔热涂料发展的热点之一。作为一种最具市场应用潜力的新型科学技术,纳米技术的发展为隔热涂料的研究提供了前所未有的机遇和可能性。

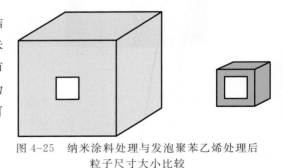

图 4-25　纳米涂料处理与发泡聚苯乙烯处理后
粒子尺寸大小比较

4.5　石材防水剂

　　石材作为建筑用主体材料和装饰材料,因其易获得、容易加工等优点,所以从远古时期就被人们广泛使用。随着人们生活水平的提高,建筑行业的飞速发展,石材用量也不断提高。如图 4-26 所示,1990 年世界石材开采量为 2 535 万 t,而 1997 年世界石材的产量为 4 570 万 t,不到十年的时间,其开采量提高了近一倍。到 2000 年以后石材开采发展最快、产量最大的是亚洲,特别是在我国。截至 2008 年,我国的石材企业已经达到了近 3 万家,从业人员达到了近 900 万人,因为我国的石材资源丰富、石材资源优秀。根据不完全统计,我国的石材种类接近

800种,其中很多种类在世界上都颇具名气,例如北京房山的汉白玉、内蒙古的蒙古黑、广西桂林的桂林黑、山东苍山墨玉、海南的崖州红、云南大理的云灰、辽宁的丹东绿、浙江衢州的雪夜梅花等。

随着石材的广泛应用,石材的一些缺点也陆续被发现。其最主要的缺点就是易被水侵蚀。图4-27所示的石材主要是由碳酸盐和硅酸盐组成的,其结构疏松多孔,表面布满微裂缝和毛细管。这些微裂缝和毛细管因发生毛细管作用,将液态水分子或是气态水分子吸入石材内部,产生静态水压。静态水压随着环境细微的变化而发生改变,如温度、湿度等。静态水压的改变会沿着石材的微裂缝或是毛细管破坏石材的内部结构,使得石材力学强度变低,脆性提高,易于风化开裂。

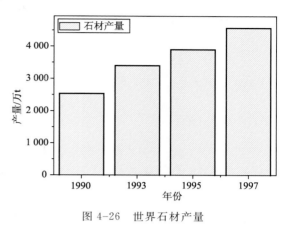

图4-26 世界石材产量

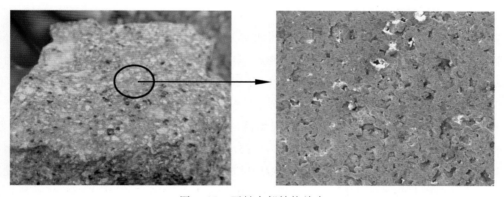

图4-27 石材内部结构放大

水分的侵蚀还会给石材带来另一大危害,就是石材的生物腐蚀。自然界中从无机矿物质变为有机矿物质的过程中起到主要作用的就是细菌、真菌类等微生物,而水分和石材疏松多孔的结构给微生物提供了良好的生活繁殖条件。微生物,特别是其中的真菌类,在生长的过程中会产生菌丝来固定自身,菌丝的穿透会对石材造成机械破坏(见图4-28)。

而微生物在生长和繁殖过程中也会产生新陈代谢,这些微生物的分泌物会引起石

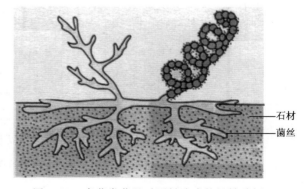

图4-28 真菌类菌丝对石材造成的机械破坏

材表面 pH 值的变化。微生物在石材中分泌的酸性代谢物见表 4-10。

表 4-10　微生物在石材中分泌的酸性代谢物

种类	有机羧酸类	石材浸渍液中的组分	种类	有机羧酸类	石材浸渍液中的组分
1	乙酸	含有	11	柠檬酸	含有
2	半乳糖醛酸	含有	12	2-氧代葡萄糖酸	未有
3	丁酸	含有	13	丙酸	含有
4	丙二酸	含有	14	异柠檬酸	含有
5	甲酸	含有	15	异丁酸	含有
6	酒石酸	含有	16	乳酸	未有
7	延胡索酸	含有	17	丙酮酸	含有
8	苹果酸	含有	18	葡萄糖酸	未有
9	草酸	含有	19	二羟乙酸	含有
10	2-氧代戊二酸	含有			

　　人们可以从古旧建筑物中发现大量的微生物,其中对建筑石材腐蚀最严重的就是喜钙类微生物。其他类型的细菌也会对石材造成严重的影响,例如硫杆细菌可以吸收水中的含硫有机物,分泌硫酸腐蚀石材;硝化细菌可以吸收水中的氨氮类有机物,分泌硝酸腐蚀石材建筑。

　　综上所述,为了解决上述问题,最重要的就是要做好石材的防水处理。为了解决此问题,人们经过了长期的探索与研究,现已经开发出了多种防水材料。最为传统的防水材料为聚氨酯类防水材料。聚氨酯类防水材料具有弹性好、耐磨性好、防水性优异等特点。国外早在 20 世纪 60 年代就开始进行研制生产,并在建筑、水利等方面获得了广泛的应用(主要的生产厂家见表 4-11)。但是,由于其价格昂贵,国内聚氨酯防水材料的应用受到了一定的限制。为此,改性聚氨酯类防水材料的研究受到人们的广泛关注。至 20 世纪 80 年代,我国首次研制并生产了焦油聚氨酯类防水材料,但由于其毒性大,对环境污染严重,所以要求限制使用。此后又研制了石油沥青聚氨酯类防水材料,为了满足某些场合对彩色和浅色聚氨酯类防水材料的需求,甚至已经研究出了石油下脚料改性聚氨酯材料[27~31]。

表 4-11　国外聚氨酯类防水材料生产厂家

厂　　家	主　营　业　务
美国科聚亚	聚酯、聚醚、聚己内酰酯和聚碳酸酯;传统的 MDI、TDI 预聚体、TDI、MDI、PPDI 和 HDI 种类低游离异氰酸酯预聚体;软质泡沫、热塑性弹性体、涂层、黏合剂和其他弹性体应用
德国拜尔	医药,聚氨酯,特种生物材料
意大利科意	医疗器械,塑料,特种化学品,特种材料

　　虽然这类材料的防水性能优异,且合成制备较为简单,易于工业化生产,但是其各类产品毒性都较大,且在使用过程中会不断散发出有危害的有机气体(VOCs),因此,人们都在不断地探索制备新型的防水材料,其中最有效的、对人体最无害的是石材防水剂的运用,如图 4-29 所示。

图 4-29　聚氨酯类防水材料施工

4.5.1　石材防水剂的原理

　　许多产品与技术都是从大自然界中获得灵感的,石材防水剂也是如此。人们发现,池塘中的荷叶拥有非常优异的不沾水的性能,池塘中的水蜘蛛能在水上"健步如飞",如图 4-30 所示。这些现象都促使人们探究其发生的原因。经过探索和研究后人们发现这都是由于其表面的微结构导致的(见图 4-31 和图 4-32),这种结构使得它们的表面呈现一种疏水的效果,使得它们拥有非常优异的斥水性能。结合仿生学原理及材料科学,人们将这种性能应用于石材防水上,从而发明了石材用防水剂。

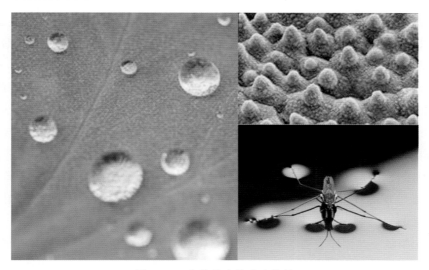

图 4-30　自然界中的疏水效果

方形微型结构　　　圆柱形微型结构　　　圆锥形微型结构　　　不规则形微型结构

图 4-31　不同结构的人造表面微结构

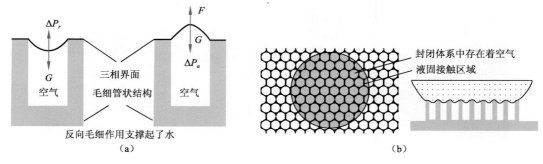

图 4-32　基材表面微结构产生疏水性能的原理

　　进一步研究发现，当材料表面的水滴角大于 $150°$ 时，基材表面呈现一种超疏水的特性，水滴不能在其表面稳定停留，极易滑落。而这种超疏水的表面必须同时具备三方面的特性：①具有低表面能的疏水性表面；②合适的表面粗糙度；③低滑动角。结合润湿性的理论，在理想固体表面上，根据杨氏方程来表述，接触角越大疏水性能越高。但是，在自身重力作用下，液滴在倾角表面上的接触角将会发生改变，存在接触角滞后的现象。接触角滞后是指固体表面的前进接触角与后退接触角之间的差异。前进接触角是指在增加液体体积时液滴与固体表面接触的三相线将要移动而没有移动时的接触角；后退接触角是指缩小液体体积时液滴与固体表面接触的三相线将要移动而未移动时的接触角。前进角总是大于后退角，两者的差值称为接触角滞后值。接触角滞后的程度代表了液滴从固体表面脱离的难易程度。接触角滞后越小，说明液滴越容易从固体表面滚落。

　　因此，石材防水剂离不开低表面能的材料，超疏水性的实现离不开特定的表面粗糙度的疏水表面。有机硅和氟材料是最重要最常用的低表面能疏水材料，例如聚二甲基硅氧烷的表面能为 $21\sim22$ mN/m；而全氟烷则更小，只有 10 mN/m，比一般的有机化合物都小，远比水的表面能（72.8 mN/m）小，具有显著的疏水性。这是由于氟元素的电负性最强，原子半径很小，原子极化率很低的原因造成的。因此，有机氟化物中 C—F 键的键能很大，而氟原子沿着碳键呈现螺线形分布，具有非常强的屏蔽效应。这导致分子间的作用力非常小，表面能很低。

　　人们关于粗糙度对固体表面的亲疏水性能，特别是水接触角的影响工作做了很多深入的研究，石材防水剂如果要达到超疏水的性能需要由特定的工艺技术来提高固体基材的表面粗糙度。到目前为止，世界范围内提高固体基材表面粗糙度的方法有模板法、溶胶-凝胶法、层层自组装法、化学沉积法、化学气相蚀刻法、相分离等方法。固体表面的纳米结构对疏水材料显著的荷叶疏水性能起到重要的作用，它可以产生很高的接触角。溶胶-凝胶法以分子种类如硅、钛、锡、铝或锆的烷氧化物为前驱体，与无机化合物等通过溶液、溶胶、凝胶过程而固化制备出立体网状结构的纳米或纳米杂化材料，是一种很有前途的方法。其中，有机硅是这种方法中最常用的一种材料，可用具有较强疏水侧链的前驱体，如长链硅烷偶联剂、含氟烷基三乙氧基硅烷与其他前驱体或直接与无机纳米材料通过溶胶-凝胶过程直接制备出超疏水的石材防水剂。

　　石材防水剂的疏水性和透明性常是一对竞争的特性,在粗糙表面上尤为突出。疏水性要求材料表面具有低的表面能,或使用低表面能的材料处理固体表面。当防水剂涂层厚度较大时,键接在分子中低表面能的基团或低表面能的添加剂在防水剂成膜的过程中向空气一侧迁移,会形成局部的浓度梯度分布或相分离,阻止光的透过。因此,侧链含有有机硅和含氟的基团,因为其基团本身表面能低于主链的碳氢基团,在涂膜过程中向涂膜/空气界面一侧迁移,产生局部浓度的不均匀性,出现显著的表面疏水性的同时对光的透过有不同程度的影响,特别是侧链基团长度较长或体积较大时,涂膜呈不同程度的光泽,可出现光亮、亚光或者完全不透明的现象。这种现象在涂膜较厚时尤为明显。因此,为了保证石材原有颜色和艺术观赏性,对石材防水剂的施工工艺有一定的要求。

　　石材防水剂不仅可以使基材拥有优异的斥水性能,同时还可以隔绝环境中的灰尘、酸、碱、盐、微生物及其代谢物,生活污染物等腐蚀介质,防止这些腐蚀介质渗透入石材而造成腐蚀,甚至可以降低光和其他的微粒子对固体性能的影响。新型硅/氟纳米复合技术在提供给石材优异的防水性能的同时还可以提高其显著的防污效果,甚至赋予石材优异的耐候、耐划伤性能。图 4-33 所示为涂有石材防水剂和未涂石材防水剂的效果对比。

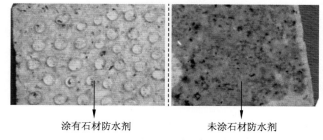

涂有石材防水剂　　　　　　　未涂石材防水剂

图 4-33　涂有石材防水剂和未涂石材防水剂的效果对比

　　总而言之,大理石防水剂涉及表面科学、纳米科技、材料科技等众多领域,是一种工业上非常重要的技术,是纳米科技的应用体现之一。

4.5.2　石材防水剂的发展现状

　　在石材防水剂上的研究和探索,欧美国家一直走在世界前列。下面介绍一些欧美国家的前沿产品及技术。

　　IAQM 公司发明了新型石材防水剂 Nano-Encap,这种石材防水剂是一种可吸入式的石材防水剂。它有两个非常显著的优点:首先,这种石材防水剂对人体无毒无害,施工手段多样,方便施工人员进行施工和操作;其次,这种石材防水剂是一种抗菌式的封闭剂,可以直接封闭材料中的霉菌,阻止霉菌进一步生长。这种封闭剂型的防水剂可以应用于各种各样的疏松多孔的材料,例如木材、石材、陶瓷材料等。这种防水剂是通过交联聚合物和无机纳米粒子制备得到的,在喷涂到家具或是纸张的时候,化学键将石材防水剂中的有效成分和基材中的纤维素紧密结合在一起,这样就消除了霉菌的营养来源,阻止了霉菌生长,直到最终消灭它们。而这种石材防水剂的透明性非常高,并不会影响材料本身的颜色和艺术观赏性。而且这种透明半透亮的石材防水剂还可以使得基材表面更加的容易清洁(见图 4-34),使用了这种防水剂后能够使得基材表面的灰尘随水分迅速流走。

Nanovations 公司的研究人员针对水对石材的腐蚀做了大量的研究发现：水是导致石材或是混凝土受到侵蚀，寿命变短的主要因素，即使是高密度、高质量的混凝土和石材依然不能消除水和其他可溶性液体通过毛细管作用和表面微渗透对其的侵蚀，这最终导致石材和混凝土的风化和内部钢筋的腐蚀，在沿海发达城市尤为明显，建筑物的使用寿命一般较内陆地区更短。针对此问题，Nanovations 专门发明了一种水性微乳液，这种水性微乳液被用来减少混凝土和石材的吸水率。而这种产品可以直接应用在石材的表

图 4-34　涂覆有石材防水剂的石材表面的易清洁效果

面或是在建造房屋混合混凝土的过程中直接加入。它可以大大减少石材的吸水率，从而起到抗盐蚀、抗霜冻、减少风化、减少藻类和苔藓的依附作用。而这种产品最为显著的特点就是它的渗透性，这种产品对石材拥有非常强的渗透性，因此对石材的防水效果提升非常显著。而虽然这种水性微乳液是一种挥发性的有机物，但是它并不产生对人体有害的刺激性气体，可以应用于任何场合。用户可以避免因使用其他的溶剂型防水剂产品带来的环境污染，这种产品也不会带来光化学烟雾，相对于其他的产品，其使用更加健康安全。

Hycrete 是一个专注于整体建筑石材防水多年的公司，其防水系统工艺较为复杂，但是其处理后的效果异常明显。这种整体的石材防水系统需要用到外膜、涂料和护板，在 Hycrete 防水系统中，混凝土被分别使用 Hycrete 的液体外加剂处理、外膜包覆、护板保护，经过整体处理后使得整个混凝土的表面都呈现一种超疏水的状态。混凝土经过 Hycrete 防水系统处理之后，其吸水率已经不足 1% 了，如图 4-35所示。在绿色建筑论坛上，Hycrete 的CEO——David Rosenberg 介绍了他们的产品，他说，经过 Hycrete 处理后的混凝土从一个含有很多毛细管结构和微裂缝结构的

图 4-35　经过 Hycrete 的液体外加剂处理后的混凝土吸水率

产品，变为一个具有超低吸水率、自防水、自保护的建筑材料。如果在建筑前，先将混凝土中的钢筋表面经过 Hycrete 的保护剂处理，可以进一步提高整体混凝土的防水性能。它在混凝土中与金属及水反应，形成化学沉淀物，封闭混凝土中的毛细管通道，降低混凝土的吸水率。而这个产品对环境是非常安全的，这是第一个被 Cradle-to-Cradle 认证的材料。Cradle-to-Cradle 是一个新的产品评估程序，主要评测产品对环境、人类健康和社会价值的积极影响。

Nanoprotect CS 是一个水性的石材防水剂，这种石材防水剂主要针对的是混凝土，在混凝土材料上拥有很高的渗透性。因此，这种石材防水剂的寿命较长，经过这种防水剂处理后的混凝土，其表面的疏水性能可以持续很长时间，唯一破坏其疏水性能的方法就是破坏一定厚度的

混凝土表面。

Lotusan 是另外一种石材防水剂,它给予了基材表面很高的防水性能。如图 4-36 所示,它使得基材表面的微观结构就像荷叶一样,减少其与水和污物的接触面积。

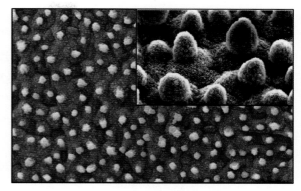

综上所述,现如今的防水剂都在努力提高基材的疏水性能,在赋予石材防水性能的同时还给予石材一定的自清洁性能。另外,努力提高石材防水剂的渗透性,可以显著提高石材防水剂的持久性。除此之外,新型的石材防水剂还可以赋予石材一定的力学强度,如抗裂性能、抗冻性能等。

图 4-36　类似荷叶结构的表面

4.5.3　石材防水剂的未来走向

随着人们对石材防水剂性能要求的不断提高,未来石材防水剂在专注石材防水的同时还会提供其他性能,方便人们使用。特别在绿色环保领域,虽然现在市场上已经有环保型的石材防水剂,但是大部分的产品依然或多或少对人体产生一定的危害。非环保型的石材防水剂具有一定的刺激性气味,有些甚至具有特别强的刺激性性气味,使用时误食,会造成肺损伤,严重者会引起呼吸困难。接触过量的此种防水剂气雾,会导致皮肤过敏、干燥和干裂,造成喉咙不适、呼吸困难和头晕。而环保型的石材防水剂则不会对人体产生这些危害,方便施工人员进行施工,对于使用者来说也用着放心。因此,这种环保型的石材防水剂是未来石材防水材料发展的热点。

未来的石材防水剂也不仅限于石材防水,在环保自洁方面也有其广泛的用途。

Markilux 公司的自洁雨篷面料就是使用 Swela Sunsilk 公司的纳米防水材料处理得到的。这种面料在防水的同时还对污垢及油脂有非常强的排斥性。这种高度防污的面料甚至还有紫外线保护功能,因此,这种纳米防水材料在保护人们免受紫外线的侵害的同时还可以保护面料本身的颜色,不使其褪色。

随着防水材料需求的不断增强,高疏水的纳米防水剂已经成为大学等科研机构的研究热点。许多类似相关的项目已经在积极的研发开展中。例如,俄亥俄州立大学的工程师们期望制备一种模仿荷叶表面纹理的超疏水的涂层应用于自清洁玻璃上。香港科技大学则在研究一种新型的纳米 TiO_2 防水涂层的制备方法。南加州大学维特比学院的工程研究中心则在研究其他各种类型的纳米防水剂材料的应用。

"室内保护剂"是石材防水剂领域内的另一个应用。它是通过一些硅烷偶联剂将自然界中的棕榈蜡纳米粒子和氧化锌纳米粒子结合在一起。它可以直接喷在家庭或是车辆中的皮革和塑料表面,在给它们保养的同时还可以迅速处理掉它们表面的含油残留物。

4.6　光　触　媒

光触媒(photocatalyst)是一类以 TiO_2 为代表的具有光催化功能的光半导体材料的总称。光触媒 TiO_2 可氧化分解各种有机化合物和部分无机物,能破坏细菌的细胞膜和固化病毒的蛋白质,能够在材料表面形成永久性的抗菌防污涂膜,具有极强的防污、杀菌和除臭功能。光触媒在日本等国已得到了广泛应用,在我国尚处于起步阶段。

4.6.1　光触媒反应机理

半导体光催化氧化是以 N 型半导体的能带理论为基础,半导体粒子具有与金属不同的不连续能带结构,一般由填满电子的低能价带和空穴的高能导带构成,价带和导带之间存在禁带。当用能量等于或大于禁带宽度(又称带隙)的光照射时,价带上的电子(e^-)被激发跃迁至导带,在价带上产生相应的空穴(h^+)并在电场的作用下分离迁移到粒子的表面。

热力学理论表明,分布在表面的光产生空穴因具有很强的电子能力,可将吸附在 TiO_2 表面上的 OH^- 和 H_2O 分子氧化成 ·OH 自由基。·OH 自由基的氧化能力是水体中存在的氧化剂中最强的,能无选择地氧化大多数有机污染物及部分无机污染物,将其最终降解为 H_2O、CO_2 等有机小分子和相应的无机离子等无害物质。

$$TiO_2 + h\gamma \longrightarrow e^- + h^+$$

$$e^- + O_2 \longrightarrow e^- + O_2^- \longrightarrow H_2O_2 + e^- \longrightarrow \cdot OH$$

$$h^+ + H_2O \longrightarrow \cdot OH + H^+$$

$$h^+ w \longrightarrow CO_2$$

$$\cdot OH + w \longrightarrow CO_2$$

4.6.2　光触媒特性

1. 超亲水性

通常情况下,光触媒涂覆表面与水有较大的接触角,但经紫外光照射后,水的接触角减小到 5° 以下,甚至可达到 0°,即水滴完全浸润在光触媒表面,显示非常强的超亲水性。停止光照后,表面超亲水性可维持数小时到一周左右,随后慢慢恢复到照射前的疏水状态。再用紫外光照射,又可表现为超亲水性,即采用间歇紫外光照射就可以使表面始终保持超亲水状态。

TiO_2 光触媒特有的亲水功能,应用于汽车玻璃可有效防止雨天结雾、挂珠,保持玻璃的干净明亮,有利于汽车安全驾驶。TiO_2 可经特殊处理后溅镀于玻璃上,形成薄膜,使具有防雾功能,其透明度、表面硬度与玻璃相似,更耐温至 +400 ℃。当玻璃遇水且接受光源时,表面不结水滴而形成水膜,且玻璃干燥后不会造成水痕。在户外,通过雨水经常得到冲洗而保持清洁状态。

2. 无毒性

光触媒主要成分为 TiO_2，其化学稳定性非常高，经美国食品药物管理局（F. D. A）认可，准许在口香糖、巧克力等食品中添加，TiO_2 更广泛运用于化妆品和防晒霜中，可见其对人体是十分安全而无副作用的。

3. 永久性

光触媒为速干性的黏合剂，一经施工后即具有非水溶性的特性，经过 $10 \sim 15$ d，可达到 4H 铅笔的硬度。硬化后的黏合剂，如果不刻意磨损（如重新装潢、油漆或更换壁纸等），通常不会与 TiO_2 分离。也就是说光触媒的效果是永久的。

4. 自净性

经光触媒加工的表面，通过紫外线的照射，激发了 TiO_2，把接触的有机物全部分解成低分子，也就是说，起到杀菌作用的同时还能将细菌的"尸体"分解得一干二净。当光线照射在光触媒涂布层上时，光触媒将发挥氧化分解与超亲水的特性。

当灰尘落于经光触媒处理后的物体上时，只需以清水清洗便会因光触媒本身的亲水性与地心引力配合，灰尘会随着亲水一起而脱落而无须另行清洗。

4.6.3　光触媒的功效

1. 空气净化

光触媒受光后生产氢氧自由基，与空气中有机物质反应后生产无毒的无机物，有效分解甲醛、苯、氨气等，将其转化成 CO_2 和 H_2O，氧化除去大气中的氨氮化物、硫化物，以及各类臭气等，起到空气净化的作用。

TiO_2 光触媒在弱紫外光激发条件下就可有效降解低浓度有害气体，对室内主要的气体污染物甲醛、甲苯等的研究结果表明，污染物的光降解与其浓度有关。100×10^{-6} 以下的甲醛可完全被 TiO_2 光触媒光催化分解为 CO_2 和 H_2O，而在较高浓度时，则先被氧化成 HCOOH 等中间体，然后再分解成 CO_2 和 H_2O。高浓度甲苯光催化降解时，由于生产的难分解的中间产物富集在 TiO_2 周围，阻碍了光催化反应的进行，去除效率非常低。但低浓度时，TiO_2 表面则没有中间产物生成，甲苯很容易被氧化成 CO_2 和 H_2O。

2. 除臭

光触媒对香烟臭、厕所臭、垃圾臭、动物臭等具有明显的除臭功效。其脱臭能力根据欧美国家权威实验室测试，$1 \ cm^2$ 的光触媒与高性能纤维活性炭比较，其脱臭能力为后者的 150 倍，相当于 500 个活性炭冰箱除臭剂，且无二次公害。

光触媒对乙醛等臭气的光催化反应显示：当臭气的初始体积浓度大于 $5 \ 000 \times 10^{-6}$ 时，除臭效果较为缓慢，可通过外加紫外灯来提高 TiO_2 的分解能力；而当其体积浓度低于 100×10^{-6} 时，通常的荧光灯就可将其完全分解。对其他臭气（如甲硫醇、硫化物、氨气等）也观测到同样的现象。

3. 杀菌

光触媒的超强氧化能力可破坏空气中细菌的细胞膜,使细菌质流失至死亡,凝固病毒的蛋白质,抑制病毒的活性,对浮游于空气中的大肠杆菌、黄色葡萄球菌等具有杀菌功效,其能力高达 99.96%。且对于引发 90% 的气喘、过敏性疾病的罪魁祸首——尘螨,可完全除去。在杀菌的同时还能分解由细菌尸体上释放出的有害复合物。

4. 净化

具有水污染的净化及水中有机有害物质的净化功能,且表面具有超亲水性,有防雾、易洗、易干的效能。TiO_2 光触媒用于空气净化的研究已向实用技术推进,而在污水处理上却相对滞后。其原因主要有以下几方面:

(1)污染物质在水中的有效浓度明显高于空气中的含量。

(2)同空气相比,污染物质在水中的扩散速度慢,不易迅速接近催化剂表面,故光催化效率低。

(3)TiO_2 颗粒易聚集,分离与回收困难。

5. 抗紫外线

由于光触媒具有极强的紫外线吸收能力,并将这种光能转化为化学能,因而具有抗紫外及防止褪色、老化等功能。

4.6.4 光触媒的发展现状及展望

随着人们环保意识的不断加强,人们对净化空气效率要求不断提高,光触媒也在不断向前发展中。现如今各个国家对光触媒的研究都在不断深入,新型的、高效的、光谱吸收范围广的光触媒不断被开发出来,例如日本的黄色光触媒等。

中国光触媒行业的发展还处于起步阶段,国产产品可谓鱼龙混杂,参差不齐,而高品质光触媒产品依赖进口,基本被日本及欧洲所垄断。基于此,香港理工大学汪远昊博士已经开发出一种黑色纳米 TiO_2 光触媒及其衍生产品(见图 4-37)。该黑色 TiO_2 是一种全新的环保产品,目前在国内外市场还属首例,与传统基于白色 TiO_2 光触媒的最大不同点在于其可充分吸收可见光,因此具有卓越的光捕捉效率与光催化效率(是普通 TiO_2 的 3 倍以上)。该黑色 TiO_2 的制备创新性地采用了电化学还原自掺杂的方法,将部分正四价的钛离子还原成正三价的钛,形成氧空位,再采用合适的钝化材料进行钝化。该生产工艺简单,易于放大规模化生产。本项目产品已经通过国家环保产品质量监督检验中心的检测,其中对甲醛的 24 h 去除率

图 4-37 黑色纳米 TiO_2 光触媒

达到了 90%,对甲苯和 TVOC 的 24 h 去除率达到了 92%。该产品已于 2013 年在天津丽丝卡尔顿酒店以及海南三亚海棠湾洲际酒店的全部客房进行室内空气治理工程施工,并通过国家

权威第三方机构的验证测试,获得了酒店方的好评。

与现如今国外的先进光触媒产品相比较,其有如下优点:①普通的白色 TiO_2 光触媒仅能吸收光线当中的紫外部分,而黑色 TiO_2 可以在可见光区具有良好的吸收。②日本的高端光触媒虽然也有可见光吸收型,但其采用贵金属铂进行掺杂,价格昂贵;而此黑色 TiO_2 为自掺杂型,通过电化学手段将三价钛来掺杂取代部分四价钛,制作工艺简单,原材料成本低廉。

随着研究开发的进一步深入,光触媒必将越来越广泛地应用于人们的日常生活,从空气净化器、自清洁材料、抗菌材料等到人们所憧憬的美好生活的各个领域,将发挥其无穷的潜力,提高人们的生活质量。

本 章 小 结

21世纪是高新技术的世纪,信息、生物和新材料代表了高新技术发展的方向。在信息产业如火如荼的今天,纳米科技的兴起和发展更是引起了世界各国政府和科技界的高度关注。据统计,2000年全世界的纳米技术的应用所创造的产值大概是500亿美元,而2010年全世界达到14 400亿美元,年均增长率达35.7%。这种增长速度是非常迅猛的,这说明在未来很长一段时间,纳米技术都将继续有一个飞速的发展,其未来的经济发展前景是非常广阔的。我国政府也同样非常关注纳米材料的发展,国家发改委将纳米材料技术及应用列为我国新材料专项工作的首项,成为重中之重。

纳米技术的应用与传统产业的技术改造相结合,可使常规材料具有特殊性能,特别是纳米技术与建筑材料相结合。本章着重介绍了纳米技术在建筑保温、建筑自清洁、建筑防腐防水、建筑环保方面的应用。在未来,纳米技术与绿色建筑的结合必然朝着有利于环境、有利于人体健康为宗旨的方向继续前进。

参考文献

[1] GRATZEL M. Materials science:Ultrafast colour displays[J]. Nature,2001,409:575-576.

[2] GYENES T,SZILAGYI A,LOHONYAI T,et al. Electrically adjustable thermotro pic windows based on polymer gels[J]. Polym Adv Techn,2003,14:757.

[3] OKRASA L,ULANSKI J,BOITEUX G. Liquid crystalline(Cyanoethylpropyl) cellulose and its optically anistropic composites with acrylic polymers[J]. Polymer,2002,43:2417

[4] NITZ P,HARTWIG H. Solar control with thermotropic layers[J].Solar Energy,2005,79:573.

[5] STAROVOYTOVA L,SPEVACEK J. Effect of time on the hydration and temper ature-induced phase separation in aqueous polymer solution[J].1 H NMR study. Polymer,2006,47(21):7329-7334.

[6] GUO Y,PENG Y,WU P. A two-dimensional correlation ATR-FTIR study of poly(vinyl methyl ether) water solution[J].J. Macromol. Struet,2008,875(1/2/3):486-492.

[7] RESCH K. Spectroscopic investigations of phase-separated thermotropic layers based on UV cured acrylate resins[J].Maeromol. Syrup,2008,265(1):49-60.

［8］ WU W T, WANG Y, SHI L, et al. Thermosensitive aqueous solutions of polyvinylacetone［J］. Chem. Phys. Lett, 2006, 421(4/5/6): 367-372.

［9］ MITSUMATA T, KAWADA H, TAKIMOTO J I. Thermosensitive solutions and gels consisting of poly(vinyl alcohol) and sodium silicate［J］. Mater. Lett, 2007, 2: 94-99.

［10］ LOOZEN E, VAN DURMEK, NIES E, et al. The anomalous melting behavior of water in aqueous PVME solutions［J］. Polymer, 2006, 47(20): 7034-7042.

［11］ CHO M, KIM K. Synthesis and properties of thermosensitive polyurethane e-b-poly(N-isopropylacrylamide)［J］. React. Funct. Polym, 2006, 66(6): 585-591.

［12］ GEEVER L M. Lower critical solution temperature control and swelling behavior of physically crosslinked thermosensitive copolymers based on N-isopropylacrylamide［J］. Eur. Polym. J. 2006, 42(10): 2540-2548.

［13］ WHITE M A. Design rules for reversible thermochomic mixtures［J］. Journal of Materials Science, 2005, 40: 669.

［14］ ZHANG Y. A flat-type hydrogel actuator with fast response to temperature［J］. Smart Mater Struct, 2007, 16(6): 2175-2182.

［15］ HUSSAIN S, KEAYR C. A thermorheological investigation into the gelation and phase separation of hydroxypropyl methylcellulose aqueous systems［J］. Polymer, 2002, 43(21): 5623-5628.

［16］ NEINHUIS C. Characterization and distribution of water-repellentself-cleaning plaint surfaces［J］. Annals of Botan, 1997, 79(6): 667-677.

［17］ WAGNER P. Quantitative assessment yo the structural basis of water repellency in natural and technical surfaces［J］. Journal of Experimental Botany, 2003, 54(385): 1295-1303.

［18］ FENG L. Super-hydrophobic surfaces from natural to artificial［J］. Advcanced Materials, 2002, 14: 1857-1860.

［19］ MARMUR A. The lotus effect superhydrophobicity and metastability［J］. Langmuir, 2004, 20: 3517-3519.

［20］ YU Y. Mechanical and superhydrophor bicstabilities of two-scale surficial structure of Lotus Leaves［J］. Langmuir 2007, 23: 8212-8216.

［21］ JNM H. Reversible super-hydrophorbicity to super-hydrophilicity transition of aligned ZnO nanorod films［J］. Journal of The American Chemical Society, 2004, 126: 62-63.

［22］ HUANG Z. Stable biomimetic superhydrophobocity and magnetization film with Cu-Ferrite nanorods［J］. Journal of Physical Chemistry C, 2007, 111(18): 6821-6825.

［23］ VOGELAAR L. Superhydrophobic surfaces hacing two-fold adjustable roughness prepared in a single step［J］. Langmuir 2006, 22(7): 3125-3130.

［24］ SHIRTELIFFE N. Intrinsically superhydrophobic organosilica sol-gel fons［J］. Langmuir 2003, 19: 5626-5631.

［25］ RAOA V. Superhydrophobic silica aerogels based on methyltrim ethoxysilane prearosor［J］. Journal of Non-Crystalline Solids. 2003, 33: 187-195.

［26］ QU L. Preparation of hybrid film with superhydrophobic surfaces based on irregularly structure by emulsion polymerization[J]. Applied Surface Science，2007，253：9430-9434.

［27］JEAN M R，HENRY I，TAHA M. Coatings based on polyurethane chemistry[J]. J. Appl. Polym. Sci. ，2000，77(5)：2711-2717.

［28］MARTIN M，MICHAEL S，CLAUS K，et al. Recent developments in aqueous two-component polyurethane coating [J]. Progress in Organic Coatings，2000，40(12)：99-109.

［29］VLAD S，OPREA S. Evaluation of rheological behavior of some thermoplastic polyurethane solution [J]. Eur. Polym. J. ，2001，37(12)：2461-2464.

［30］LIXF，LIU N，NIU M J，et al. Development of petroleum resin polyurethane waterproof material[J]. China Plastics Industry，2004，32(10)：56-58.

［31］LIU N，ZHAG L，LI X F，et al. Thermal properties of polyurethane petroleum resin waterproof material[J]. China Plastics Industry，2005，33(4)：54-56.

第 5 章　绿色建筑与太阳能光电光热技术

太阳能是太阳内部连续不断的核聚变反应过程产生的能量,是人类赖以生存的能量,是巨大且无污染的能源。当今太阳能科技发展的两大趋势:一是光与电的结合;二是太阳能与建筑的结合。太阳能建筑在中国已经历了几十年的发展。最初的太阳能建筑为中国 20 世纪五六十年代的太阳房,主要采用被动技术,通过被动设计满足人们的基本需求。现在,太阳能技术除被动技术外,还发展了主动技术。太阳能主动利用技术与绿色建筑结合主要表现在三方面:光伏建筑一体化技术、太阳能热能利用技术和两者结合的技术,即太阳能光电光热联合利用技术。相对于光电转换,太阳热能利用历史较为悠久,利用方式较多,成本较低。太阳能热利用有太阳能热水器、太阳能集成器、太阳能空调等方式,太阳能热利用与建筑结合将在第 6 章详细介绍,本章主要探讨光伏建筑一体化技术和太阳能光电光热联合利用技术在绿色建筑上的应用。

5.1　太阳能利用与绿色建筑

现代建筑已经进入绿色建筑阶段,是环境科学与生态艺术的完美结合。要达到绿色建筑的目的,主要从两个方面入手:一方面是减少建筑能耗和提高能源转换效率,即采用节能型的建筑技术、工艺、设备、材料和产品,提高保温隔热性能和采暖供热、空调制冷热率、加强建筑物用能系统的运行管理;另一方面是采用可再生能源,主要是利用太阳能进行发电、采暖、热水等,在保证建筑物室内热环境质量前提下,抵消一部分采暖供热、空调制冷制热、照明、热水供应等的能耗。太阳能在建筑学上的应用,为绿色建筑提供了无比广阔的前景。太阳能源建筑系统是绿色能源和新建筑理念的两大革命的交汇点。

一直以来,太阳能等可再生能源在建筑技术上的应用都是政府和企业的追求,太阳能利用与建筑节能的完美结合,创造的低能耗、高舒适度的健康居住环境,不仅让企业(家庭)工作(生活)得更自然更环保,而且能节能减排,对实现社会可持续发展具有重大意义。在人类面临生存环境破坏日益严重和能源危机的今天,开发利用环保节能的绿色住宅以及配套节能产品成为一个焦点话题。太阳能——作为一种免费、清洁的能源,在建筑节能中的利用,将关系到可持续发展的战略,可谓意义深远。经过数年的研究和开发,太阳能的利用已取得显著成果并转化为生产力。在我国,太阳能热水器在全行业中现已拥有企业超过千家,推广应用范围也在不断扩大。而太阳能与建筑的结合,也在住宅建设中越发呈现出其不可替代的地位,并成为住宅建设中的一个最新亮点。

我国幅员广大,有着十分丰富的太阳能资源。据估算,我国陆地表面每年接收的太阳辐射能约为 50×10^{18} kJ,全国各地太阳年辐射总量达 $335 \sim 837$ kJ/cm^2,平均为 586 kJ/cm^2。从全国太阳年辐射总量的分布来看,西藏、青海、新疆、内蒙古南部、山西、陕西北部、河北、山东、辽宁、吉林西部、云南中部和西南部、广东东南部、福建东南部、海南岛东部和西部以及台湾省的西南部等广大地区的太阳辐射总量很大。尤其是西藏和青藏高原地区最大,那里平均海拔高度在 4 000 m 以上,大气层薄而清洁,透明度好,纬度低,日照时间长。例如,被人们称为"日光城"的拉萨市,年平均日照时间为 3 005.7 h,相对日照为 68%,年平均晴天为 108.5 天,阴天为 98.8 天,年平均云量为 4.8,太阳总辐射为 816 kJ/cm^2,比全国其他省区和同纬度的地区都高。全国以四川和贵州两省的太阳年辐射总量最小,特别是四川盆地,那里雨多、雾多、晴天较少。例如,素有"雾都"之称的成都市,年平均日照时数仅为 1 152.2 h,相对日照为 26%,年平均晴天为 24.7 天,阴天达 244.6 天,年平均云量高达 8.4。其他地区的太阳年辐射总量居中。

我国太阳能资源分布的主要特点有:太阳能的高值中心和低值中心都处在北纬 22°～35° 这一带,青藏高原是高值中心,四川盆地是低值中心;太阳年辐射总量,西部地区高于东部地区,而且除西藏和新疆两个自治区外,基本上是南部低于北部;由于南方多数地区云雾雨多,在北纬 30°～40° 地区,太阳能的分布情况与一般的太阳能随纬度而变化的规律相反,太阳能不是随着纬度的增加而减少,而是随着纬度的增加而增长。按照接受太阳能辐射量的大小,全国大致上可分为四类地区,相关参数见表 5-1。

表 5-1　中国太阳能资源分布[1]

颜　　色	地区类别	年辐射量 /(kW·h·m^{-2})	所占比例/%	省　　份
最丰富	Ⅰ类地区	≥1 750	17.4	西藏、新疆南部、青海、甘肃、内蒙古西部
很丰富	Ⅱ类地区	1 400～1 750	42.7	新疆北部、东北、内蒙古东北、华北、江苏北、黄土高原、青海和甘肃东部、四川西部、横断山、福建、广东南部、海南
充足	Ⅲ类地区	1 050～1 400	36.3	东南丘陵地区、汉水流域、广西西部
一般	Ⅳ类地区	<1 050	3.6	四川和贵州

5.2　太阳能光电与建筑一体化技术

5.2.1　太阳能光伏发电的基本原理

光伏发电是利用半导体界面的光生伏特效应而将光能直接转变为电能的一种技术。这种技术的关键元件是太阳能电池。太阳能电池经过串联后进行封装保护可形成大面积的太阳电池组件,再配合功率控制器等部件就形成了光伏发电装置。

理论上讲,光伏发电技术可以用于任何需要电源的场合,上至航天器,下至家用电源,大到兆瓦级电站,小到玩具,光伏电源无处不在。太阳能光伏发电的最基本元件是太阳能电池(片),有单晶硅、多晶硅、非晶硅和薄膜电池等。其中,单晶和多晶电池用量最大,非晶电池用于一些小系统和计算器辅助电源等。光伏发电产品主要用于三大方面:一是为无电场合提供电源;二是太阳能日用电子产品,如各类太阳能充电器、太阳能路灯和太阳能草地各种灯具等;三是并网发电,这在发达国家已经大面积推广实施[2]。

太阳能电池是利用光电转换原理使太阳的辐射光通过半导体物质转变为电能的一种器件,这种光电转换过程通常称为"光生伏特效应",因此太阳能电池又称"光伏电池",常规太阳能电池结构与工作原理如图5-1所示。用于太阳能电池的半导体材料硅原子的外层有四个电子,按固定轨道围绕原子核转动。当受到外来能量的作用时,这些电子就会脱离轨道而成为自由电子,并

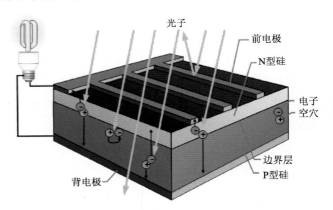

图 5-1 太阳能电池结构与工作原理图

在原来的位置上留下一个"空穴",在纯净的硅晶体中,自由电子和空穴的数目是相等的。如果在硅晶体中掺入硼、镓等元素,由于这些元素能够俘获电子,它就成了空穴型半导体,通常用符号 P 表示;如果掺入能够释放电子的磷、砷等元素,它就成了电子型半导体,以符号 N 代表。若把这两种半导体结合,交界面便形成一个 P-N 结。太阳能电池的奥妙就在这个"结"上,P-N结就像一堵墙,阻碍着电子和空穴的移动。当太阳能电池受到阳光照射时,电子接收光能,向 N 型区移动,使 N 型区带负电,同时空穴向 P 型区移动,使 P 型区带正电。这样,在P-N结两端便产生了电动势,也就是通常所说的电压。这种现象就是上面所说的"光生伏特效应"。如果这时分别在 P 型层和 N 型层焊上金属导线,接通负载,则外电路便有电流通过,如此形成的一个个电池元件,把它们串联、并联起来,就能产生一定的电压和电流,输出功率。制造太阳电池的半导体材料已知的有十几种,因此太阳能电池的种类也很多。目前,技术最成熟,并具有商业价值的太阳能电池是硅太阳电池。

1953 年美国贝尔研究所首先应用这个原理试制成功硅太阳能电池,获得 6% 光电转换效率的成果。太阳能电池的出现,犹如一道曙光,尤其是航天领域的科学家,对它更是注目。这是由于当时宇宙空间技术的发展,人造地球卫星上天,卫星和宇宙飞船上的电子仪器和设备,需要足够的持续不断的电能,而且要求重量轻,寿命长,使用方便,能承受各种冲击、振动的影响。太阳能电池完全满足这些要求,1958 年,美国的"先锋一号"人造卫星就是用了太阳能电池作为电源,成为世界上第一个用太阳能供电的卫星,空间电源的需求使太阳电池作为尖端技术,身价百倍。现在,各式各样的卫星和空间飞行器上都装上了布满太阳能电池的"翅膀",使它们能够在太空中长久遨游。我国 1958 年开始进行太阳能电池的研制工作,并于 1971 年将

研制的太阳能电池用在了发射的第二颗卫星上。以太阳能电池作为电源可以使卫星安全工作达 20 年之久，而化学电池只能连续工作几天。空间应用范围有限，当时太阳能电池造价昂贵，发展受限。20 世纪 70 年代初，世界石油危机促进了新能源的开发，开始将太阳能电池转向地面应用，技术不断进步，光电转换效率提高，成本大幅度下降。时至今日，光电转换已展示出广阔的应用前景。太阳能电池近年也被人们用于生产、生活的许多领域。

当前，太阳能电池的开发应用已逐步走向商业化、产业化；小功率小面积的太阳能电池在一些国家已大批量生产，并得到广泛应用；同时人们正在开发光电转换率高、成本低的太阳能电池；可以预见，太阳能电池很有可能成为替代煤和石油的重要能源之一，在人们的生产、生活中占有越来越重要的位置。

根据所用材料的不同，太阳能电池可分为硅太阳能电池、多元化合物薄膜太阳能电池、聚合物多层修饰电极型太阳能电池、纳米晶太阳能电池、有机太阳能电池、塑料太阳能电池（见图 5-2），其中硅太阳能电池是发展最成熟的，在应用中居主导地位。

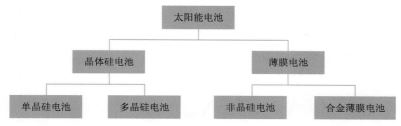

图 5-2　太阳能电池的分类

5.2.2　太阳能光伏发电系统的发展

近年来，随着系统成本不断降低，太阳能光伏发电在全球范围内得到了迅速发展和广泛应用。如图 5-3 所示，截至 2013 年底，全球光伏系统总装机容量达到 183 GW[3, 4]。

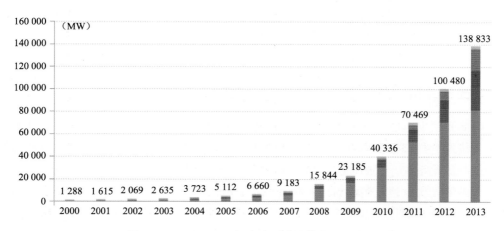

图 5-3　2000—2013 年全球累计光伏装机容量

（数据来源：EPIA、SinoRating）

2013 年我国新增光伏装机量达 10 GW,同比增长 122％,居全球首位。2013、2014 年我国光伏需求市场的高速发展主要得益于国家政策对光伏行业的扶持。近年来我国光伏政策密集出台,在 2014 年尤为突出,国家陆续出台了一系列推进光伏应用、促进光伏产业发展的政策措施。2015 年 3 月 16 日,国家能源局发布 2015 年光伏发电建设实施的方案的通知[5],今年新增光伏电站的建设规模为 17.8 GW,同比 2014 年增长将超过 70％,新增光伏电站建设规模包括集中式光伏电站和分布式光伏电站。2015 年中国已超越德国成为全球累计装机量第一大国。

对于全球市场来说,2014 年全球光伏市场发展比较稳健保守,全球光伏装机量达到 44 GW,较 2013 年的 37 GW 增长约 19％左右(见图 5-4)[4]。其中,中国、日本、美国三个市场继续保持着明显优势,装机量预计分别为 10.5 GW、9 GW 和 6.5 GW。欧洲市场装机量已经连续三年下滑,尽管英国光伏产业得以强劲增长,但德国和意大利市场进一步下滑,整体装机规模为 7 GW 左右。新兴市场方面,2014 年印度、南非、智利等市场均呈现迅猛发展态势。据统计,2015 年全球光伏总装机量达到 43.5 GW,其中 15.13 GW 为当年新增装机量。随着近年来光伏产品价格迅速下滑,度电成本也逐年下降,未来政府补贴对行业发展的影响力度将逐渐消减。

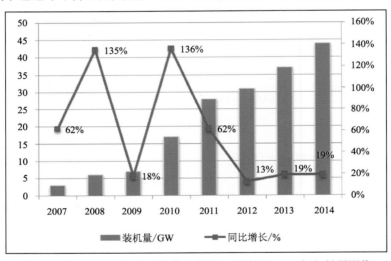

图 5-4　2007—2014 年全球光伏新增装机量情况(2014 年包括预测值)
(数据来源:EPIA、SinoRating)

5.2.3　光伏建筑一体化系统简介

太阳能光伏发电能发展如此迅速,除了与其成本急剧下降有关外,还因为与其他可再生能源相比光伏发电具有很多优点。其中一个显著的优点就是光伏系统可以与建筑物相结合从而形成建筑一体化系统。太阳能光伏建筑一体化系统(building integrated photovoltaic,BIPV)是指将太阳能光伏电池或组件与建筑物外围护结构(如屋顶、幕墙、天窗等)相结合从而构成建筑结构的一部分并取代原有建筑材料。除了 BIPV 系统之外,另一种与建筑物相关的光伏系统称为建筑应用光伏系统(building-applied photovoltaic,BAPV)。BIPV 与 BAPV 的主要区别在于:BIPV 除了发电之外还要作为建筑结构的一部分发挥建筑功能,因此 BIPV 系统一般适用于新建建筑并且可以取代原有建筑材料；而 BAPV 系统一般适用于旧建筑物，不能取代原有建筑结构和建筑材料。2015 年 2 月，国家能源局下发了《2015 年全国光伏发电年度计划新增并网规模表》，该表中规定了 2015 年全国新增屋顶分布式不低于 3.15 GW。

光伏建筑是利用太阳能发电的一种新形式，通过将太阳能电池安装在建筑的围护结构外表面或直接取代外围护结构来提供电力，是太阳能光伏系统与现代建筑的完美结合。常规能源的日益枯竭、人类环境意识的日益增强和逐步完善的法规政策，都促进了光伏产业进入了快速发展时期。一些发达国家都将光伏建筑作为重点项目积极推进。例如，实施和推广太阳能屋顶计划，比较著名的有德国的"十万屋顶计划"、美国的"百万屋顶计划"以及日本的新阳光规划等。

光伏发电系统与建筑结合的早期形式主要是"屋顶计划"，这是德国率先提出的方案和具体实施的。德国和我国的有关统计表明，建筑耗能占总能耗的 1/3，光伏发电系统最核心的部件就是太阳电池组件，太阳电池组件通常是一个平板状结构，经过特殊设计和加工，完全可以满足建筑材料的基本要求。因此，光伏发电系统与一般的建筑结合，即通常简称的光伏建筑一体化应该是太阳能利用最佳形式。

在我国，光伏建筑一体化是在 2006 年 9 月 30 日深圳太阳能学会年会上首次提出，并有八个单位做报告，介绍他们在建筑物的设计中，用电池片取代房瓦和外墙装修的人造石板，并统一安排建筑物和光伏发电系统一体化设计，使光伏系统合理分布在房顶和墙体中，取得了显著降低光伏建筑造价的效果。当时的说法是：可以在一体化设计中，消化掉光伏系统增加的成本，这是一个意义重大的概念突破。在这次会议上，建筑领域的代表介绍了光伏建筑相关的另一个重要概念——"零能耗建筑"，一旦光伏建筑的发电量达到能够满足住户生活需求，即可称为"零能耗建筑"。

绿色建筑很重要的一个特征就是建筑节能和利用可再生能源发电，其中光伏建筑一体化系统（BIPV）是其中最重要的系统之一。光伏发电本身具有很多独特的优点，如清洁、无污染、无噪声、无须消耗燃料等。光伏发电和建筑相结合系统除了发电外，还具有很多附加的建筑功能，如防风挡雨、美化建筑物外观、隔离噪声、屏蔽电磁辐射、减少室内冷热负荷、自然采光、遮阳等。与普通光伏系统相比，BIPV 自身也具有如下一些优点[6]：

（1）我国建筑能耗约占社会总能耗的 30%，而我国香港特别行政区的建筑能耗则是社会总能耗的 50%。如果把太阳能光伏发电技术与城市建筑相结合，实现光伏建筑一体化，可有效减少城市建筑物的常规能源消耗。

（2）可就地发电、就近使用，一定范围内减少了电力运输和配电过程产生的能量损失。

（3）有效利用建筑物的外表面积，无须占用额外地面空间，节省了土地资源。特别适合于在建筑物密集、土地资源紧缺的城市中应用。

（4）利用建筑物的外围护结构作为支撑，或直接代替外围护结构，不需要为光伏组件提供额外的支撑结构，减少了部分建筑材料费用。

（5）由于光伏阵列一般安装在屋顶，或朝南的外墙上，直接吸收太阳能，避免了屋顶温度和墙面温度过高，降低了空调负荷，并改善了室内环境。

（6）白天是城市用电高峰期，利用此时充足的太阳辐射，光伏系统除提供自身建筑内用电外，还可以向电网供电，缓解高峰电力需求，解决电网峰谷供需矛盾，具有极大的社会效益和经济效益。

（7）使用光伏组件作为新型建筑围护材料，给建材选择带来全新体验，增加了建筑物的美观，令人赏心悦目。

（8）综合考虑传热、自然采光等因素的 BIPV 优化设计可以减少建筑物冷热负荷，减少照明用电，降低建筑物能耗。

（9）与地面光伏电站相比，分布式安装的 BIPV 系统装机容量比较小，对电网冲击小、电网消纳能力强。

（10）光伏发电没有噪声，没有污染物排放，不消耗任何燃料，安装在建筑的表面，不会给人们的生活带来任何不便，是光伏发电系统在城市中广泛应用的最佳安装方式，集中体现了绿色环保概念。

（11）利用清洁的太阳能，避免了使用传统化石燃料带来的温室效应和空气污染，对人类社会的可持续发展意义重大。

5.2.4　光伏建筑一体化系统的分类与应用

根据其发挥的功能、使用的材料及机械特性可以把 BIPV 系统分为如下几类[7]：标准屋顶系统、半透明双玻璃组件系统、覆层系统、太阳砖和太阳瓦系统、柔性组件系统。不同的 BIPV 系统在建筑物上的应用场合也各不相同，目前 BIPV 常见的应用场合主要有斜屋顶、平屋顶、半透明幕墙、外墙、遮阳设施、天窗和中庭等。表 5-2 对常见的几种 BIPV 产品的优缺点和应用场合进行了比较。表 5-3 比较了薄膜电池和晶体硅电池在不同 BIPV 系统中的应用及优缺点。由表 5-2 和表 5-3 不难发现，对于审美要求不高的屋顶，安装晶体硅标准屋顶光伏系统是最合适的选择。晶体硅电池效率高，屋顶可以获得的太阳辐射多，因此此类系统的年发电量最高、性价比好。对于美观度要求很高的玻璃幕墙或者建筑立面而言，使用半透明双玻璃薄膜组件可以获得理想效果。一方面，这类组件可以和建筑物很好地融合成一体；另一方面，由于薄膜电池可以做成不同颜色并且整块电池色泽均匀美观，因此可以满足不同视觉需求。此外，薄膜电池弱光性能好、温度系数低的特点也有利于它应用在没有通风并且容易被遮挡的建筑幕墙上。对于住宅或者古老建筑的屋顶，可以使用太阳砖或者太阳瓦组件，但是，其组件面积小所以安装费时费力，其优点是和建筑斜屋顶结合好，外表非常美观。另外，对于大型公共建筑或工业建筑的曲面屋顶，使用柔性组件是最佳选择，不仅外表美观而且安装过程不会破坏原有建筑屋顶结构（如屋顶防水层）。

表 5-2　常见 BIPV 系统优缺点及应用场合比较

BIPV 系统	优　　点	缺　　点	应　用　场　合
标准屋顶系统	新、旧建筑都适合；安装方便；组件效率高，可以获得的太阳辐射也多；无论成本还是效率都具有很好的竞争力	不够美观；只能在特定的屋顶上安装使用；BIPV 的其他建筑功能体现不出来	住宅和商业建筑的斜屋顶

续表

BIPV 系统	优 点	缺 点	应 用 场 合
半透明系统（双玻璃组件）	与建筑物融合程度高；是建筑外立面和天窗的理想产品；支持自然采光；使用薄膜电池的半透明组件外观色泽均匀非常美观；适合嵌入式安装可以与建筑物紧密结合	组件质量大；由于组件需要定制，所以比普通组件昂贵；组件和系统电线无法隐藏；对于硅电池，其形状和尺寸影响美观度；安装在外立面发电效率不高	商业和公共建筑的半透明外立面、天窗、遮阳设施
覆层系统	可以使用不同颜色的组件以达到不同的视觉效果；可以与建筑物幕墙紧密结合；具有较好的绝热保温效果；设计优良的系统还可以实现建筑物被动采暖；有自然采光效果	由于受建筑设计限制，其系统性能不好；建筑物底部立面容易被遮挡因此可能无法使用这类系统；安装费用高	商业和公共建筑外墙和玻璃幕墙
太阳砖和太阳瓦	与住宅建筑斜屋顶结合达到非常美观的效果；效率高；质量轻、体积小因此易于安装	由于组件面积小，安装比较费时费力；产品性价比还有待提高；组件损坏的风险比较大	住宅建筑或老建筑的斜屋顶
柔性组件系统	质量非常轻，因此适用于轻质屋顶使用；易于安装；不需要其他支撑结构，所以BOS成本小；安装过程不会破坏屋顶防水层；特别适合于曲面屋顶使用	不能取代原有建筑材料也不能发挥建筑功能；组件效率低，因此需要的安装面积非常大	商业和工业建筑的平屋顶和曲面屋顶

表 5-3 薄膜电池和晶体硅电池在不同 BIPV 系统应用中的优缺点比较

BIPV 系统	工 艺	
	薄 膜	晶 体 硅
标准屋顶系统	组件效率太低，需要很大的安装面积；目前市场份额非常低	高效率、高产出（单位装机容量所需安装面积小）；有非常多的产品可供选择；是 BIPV 最常见的应用方式之一
半透明系统（双玻璃组件）	薄膜电池有均匀的外观，并且可做成不同颜色组件以满足建筑物审美需求；其无框组件更适合于嵌入式安装，建筑耦合程度高；高成本、低效率	电池边缘可以摄取自然光，是天窗的理想产品；电池形状和尺寸有限以及电池之间的连接栅线都影响美观
覆层系统	对于非通风立面覆层系统，薄膜电池性能更佳（因为温度系数小）；可做成不同颜色组件以满足建筑物审美需求；弱光、散射辐射条件下薄膜电池性能更优（与光谱响应有关）	对于非通风立面覆层系统，晶体硅性能差（温度系数大）；适合于通风良好的系统；弱光、散射辐射条件下性能差（与光谱响应有关）
太阳砖和太阳瓦	实验室可将 CIGS 等薄膜电池做成太阳砖或太阳瓦组件，但是目前市场上还没有类似产品出现	高效率、高产出（单位装机容量所需安装面积小）；市场上有很多产品可供选择
柔性组件系统	质量非常轻，容易安装并且适合轻质屋顶；安装过程不破坏已有屋顶结构；可在曲面屋顶安装；效率比较低（安装面积大）	目前市场上还没有类似产品

图 5-5 所示为一些典型的 BIPV 应用实例,包括斜屋顶,如图 5-5(a)所示;平屋顶,如图 5-5(b)所示;半透明幕墙,如图 5-5(c)所示;外墙/外立面,如图 5-5(d)所示;遮阳系统,如图 5-5(e)所示;天窗,如图 5-5(f)所示;太阳瓦屋顶,如图 5-5(g)所示;柔性曲面屋顶,如图 5-5(h)所示。

图 5-5　典型 BIPV 应用实例

5.2.5　光伏建筑一体化系统的主要部件

光伏发电系统由太阳能电池组件/阵列、蓄电池组、充放电控制器、逆变器、交流配电柜等设备组成。独立型和并网型光伏建筑一体化系统的主要组成部件分别如图 5-6 和图 5-7 所示。

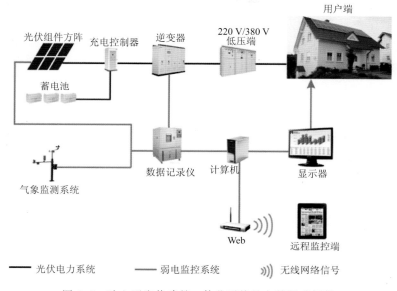

图 5-6　独立型光伏建筑一体化系统的主要组成部件

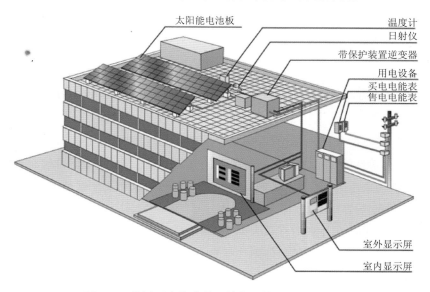

图 5-7　并网型光伏建筑一体化系统的主要组成部件

光伏发电系统的主要部件分别是:

1. 太阳能电池阵列

在有光照(无论是太阳光,还是其他发光体产生的光照)情况下,电池吸收光能,电池两端出现异号电荷的积累,即产生"光生电压",这就是"光生伏特效应"。在光生伏特效应的作用下,太阳能电池的两端产生电动势,将光能转换成电能,是能量转换器件。太阳能电池一般为硅电池,分为单晶硅太阳能电池、多晶硅太阳能电池和非晶硅太阳能电池三种。

2. 蓄电池组

其作用是储存太阳能电池方阵受光照时发出的电能并随时向负载供电。太阳能电池发电对所用蓄电池组的基本要求是:①自放电率低;②使用寿命长;③深放电能力强;④充电效率高;⑤少维护或免维护;⑥工作温度范围宽;⑦价格低廉。

3. 充放电控制器

充放电控制器是能自动防止蓄电池过充电和过放电的设备。由于蓄电池的循环充放电次数及放电深度是决定蓄电池使用寿命的重要因素,因此能控制蓄电池组过充电或过放电的充放电控制器是必不可少的设备。

4. 逆变器

逆变器是将直流电转换成交流电的设备。由于太阳能电池和蓄电池是直流电源,而负载是交流负载时,逆变器是必不可少的。逆变器按运行方式,可分为独立运行逆变器和并网逆变器。独立运行逆变器用于独立运行的太阳能电池发电系统,为独立负载供电。并网逆变器用于并网运行的太阳能电池发电系统。逆变器按输出波形可分为方波逆变器和正弦波逆变器。方波逆变器电路简单,造价低,但谐波分量大,一般用于几百瓦以下和对谐波要求不高的系统。正弦波逆变器成本高,但可以适用于各种负载。

5.2.6 光伏建筑的基本要求

光伏器件用作建材必须具备坚固耐用、保温隔热、防水防潮等特点。此外,还要考虑安全性能、外观和施工简便等因素。下面结合光伏建筑的特殊性,对用作建材的光伏器件进行分析。

1. 建筑对光伏组件的力学要求

光伏组件用作建筑的外围护结构,为满足建筑的安全性需要,其必须具备一定的抗风压和抗冲击能力,这些力学性能要求通常要高于普通的光伏组件。例如,光伏幕墙组件除了要满足普通光伏组件的性能要求外,还要满足幕墙的实验要求和建筑物安全性能要求。

2. 光伏建筑物的美学要求

不同类型的光伏组件在外观上有很大差别,如单晶组件为均一的蓝色,而多晶组件由于晶粒取向不同,看上去带有纹理,非晶组件则为棕色,有透明和不透明两种。此外,组件尺寸和边框(如明框和隐框、金属边框和木质、塑料边框等)也各有不同,这些都会在视觉上给人以不同的效果。与建筑集成的光伏阵列的比例与尺度必须与建筑整体的比例和尺度相吻合,达到视觉上的协调,与建筑风格一致。如能将光伏组件很好地融入建筑,不仅能丰富建筑设计,还能增加建筑物的美感,提升建筑物的品位。

3. 电学性能相匹配

在设计光伏建筑时,要考虑光伏组件本身的电压、电流是否适合光伏系统的设备选型。例如,在光伏外墙设计中,为了达到一定的艺术效果,建筑物的立面会由一些大小、形状不一的几何图形构成,这样就会造成各组件间的电压、电流不匹配,最终影响系统的整体性能。此时需要对建筑立面进行调整分隔,使光伏组件接近标准组件的电学性能。

4. 光伏组件对通风的要求

不同材料的太阳能电池对温度的敏感程度不同,目前市场上使用最多的仍是晶体硅太阳能电池,而晶体硅太阳能电池的效率会随着温度的升高而降低,因此如果有条件应采用通风降温。相对于晶体硅太阳能电池,温度对非晶硅太阳能电池效率的影响较弱,对于通风的要求可降低。就用于幕墙系统的光伏组件而言,目前市场上已经出现了各种不同类型的通风光伏幕墙组件,如自然通风式光伏幕墙、机械通风式光伏幕墙、混合式通风幕墙等。它们具有通风换气、隔热隔声、节能环保等优点,改善了光伏建筑一体化组件的散热情况,降低了电池片温度以及组件的效率损失。

5. 建筑隔热、隔声要求

普通光伏组件的厚度一般只有 4 mm ,隔热、隔声效果差。普通光伏组件如不做任何处理直接用作玻璃幕墙,不仅会增加建筑的冷负荷或热负荷,还不能满足隔声的要求。这时可以将普通光伏组件做成中空的 Low-E 玻璃形式。由于中间有一空气层,既能够隔热又能隔声,起到双重作用。此外,大部分光伏玻璃幕墙都有额外的保温层设计,如使用岩棉或聚苯乙烯做保温层等。

6. 建筑对光伏组件表面反光性能要求

有别于前述的建筑美学要求,建筑对光伏组件具有特殊的颜色要求。当光伏组件作为南立面的幕墙或天窗时,考虑到电池板的反光而造成光污染的现象,对太阳能电池的颜色和反光性提出要求。对于晶体硅太阳能电池,可以采用绒面的办法将其表面变成黑色或在蒸镀减反射膜时通过调节减反射膜的成分结构等来改变太阳能电池表面的颜色。此外,通过改变组件的封装材料也可以改变太阳能电池的反光性能,如封装材料布纹超白钢化玻璃和光面超白钢化玻璃的光学性能就不同。

7. 建筑对光伏组件采光的要求

光伏组件用于窗户、天窗时,需具有一定的透光性。选择透明玻璃作为衬底和封装材料的非晶硅太阳能电池呈茶色透明状,透光好而且投影均匀柔和。但对于本身不透光的晶体硅太阳能电池,只能将组件用双层玻璃封装,通过调整电池片之间的空隙或在电池片上穿孔来调整透光量。

8. 组件要方便安装与维护

由于与建筑相结合,光伏建筑组件的安装比普通组件的安装难度更大、要求更高。一般将光伏组件做成方便安装和拆卸的单元式结构,以提高安装精度。此外,考虑到太阳能电池的使用寿命可达 20～30 年,在设计中要考虑到使用过程中的维修和扩容,在保证系统的局部维修方便的同时,不影响整个系统的正常运行。

9. 光伏组件寿命要求

光伏组件由于种种原因不能达到与建筑相同的使用寿命,所以研究各种材料尽量延长光伏组件的寿命十分重要,例如光伏组件的封装材料。如使用 EVA 材料,其使用寿命不超过 50 年。而 PVB(聚乙烯醇缩丁醛)膜具有透明、耐热、耐寒、耐湿、机械强度高、黏结性能好等特性,并已经成功地应用于制作建筑用夹层玻璃。BIPV 光伏组件若采用 PVB 代替 EVA 能有效延长使用寿命。我国关于玻璃幕墙的规范也明确提出了"应用的 PVB"的规定。但目前掌握这一技术的厂商并不多,还有很多技术上的难题有待解决。

5.2.7 光伏建筑的设计原则与步骤

光伏建筑不是简单地将光伏板堆砌在建筑上。它既要节能环保又要保证安全美观的总体要求。由于光伏系统的渗透应用,建筑设计之初就需要将光伏发电系统纳入建筑整体规划中,将其作为不可或缺的设计元素,例如从建筑选址、建筑朝向、建筑形式等方面考虑如何能够使光伏系统更好地发挥能效。特别需要注意的是:光伏建筑的主体仍是建筑,光伏系统的设计应以不影响和损害建筑效果、结构安全、功能和使用寿命为基本原则,任何对建筑本身产生损害和不良影响的设计都是不合格的。建筑与光伏发电一体化是艺术与科学的综合,我们所要寻找的是两者之间的一个平衡点,使光伏与建筑相得益彰。

从一体化的设计、一体化制造和一体化安装的核心理念出发,光伏建筑一体化的设计通常可按如下步骤进行:

1. 建筑初级规划

光伏建筑的设计首先要分析建筑物所在地的气候条件和太阳能资源,这是决定是否应用太阳能光伏发电技术的先决条件;其次是考虑建筑物的周边环境条件,即镶嵌光伏板的建筑部分接收太阳能的具体条件,保证光伏阵列能最大限度地接收太阳光,而不会被其他障碍物遮挡,如周围建筑或树木等,特别是在正午前后 3 h 的时间段内。如果条件不满足则也不适合选用光伏建筑一体化应用。

2. 全面评估建筑用能需求

光伏建筑一体化的目的是减少建筑对常规能量的需求,如公共电网电能,以实现节能。因此,在设计过程中要考虑建筑负载情况和能量需求,首先应使用常见的节能技术,不节能的光伏一体化建筑是不可取的。这就需要综合多学科的一体化设计理念,比如通过改进建筑外墙,减少能量损耗;通过透明围护结构,实现自然采光;通过自然通风设计,减少对空调的依赖;使用低能耗电器,减少耗电量;等等。全面评估建筑用电需求,采用绿色技术与环境友好的设备将其降至最低,这样建筑运行成本将会得到有效控制,光伏发电在整个供电量中所占的比例达到最大,使得该建筑成为真正的节能建筑,即低能耗建筑。

3. 将光伏融入建筑设计

将光伏发电纳入建筑设计的全过程,在与建筑外在风格协调的条件下考虑在建筑的不同结构中巧妙地嵌入光伏发电系统,如天窗、遮阳篷和幕墙等,使建筑更富生机,体现出盎然的绿色理念。

4. 系统设计

光伏建筑一体化要根据光伏阵列大小与建筑采光要求来确定发电的功率和选择系统设备,因此其系统设计要包含三部分:光伏阵列设计、光伏组件设计和光伏发电系统设计。

与建筑结合的光伏阵列设计要符合建筑美学要求,如色彩的协调和形状的统一,另外与普通光伏系统一样,必须考虑光照条件,如安装位置、朝向和倾角等。

　　光伏组件设计涉及太阳能电池的类型（包括综合考虑外观色彩与发电量）与布置（结合板块大小、功率要求、电池板大小进行），以及组件的装配设计（组件的密封与安装形式）。

　　进行光伏发电系统设计时，要综合考虑建筑物所处地理位置和当地相关政策，如是否接近公共电网，是否允许并网，是否可以卖电给电网以及用户需求等各方面信息来选择系统类型，即并网系统或独立系统。如果城市电网供电很可靠，很少断电，则应考虑并网光伏发电系统，这样可以避免使用昂贵的蓄电池和减少维修运行费用，在有些地方还可以获得并网优惠电价。如果建筑远离电网或者电网常断电，则应考虑使用独立发电系统，需要配置蓄电池，初投资和维修运行费用昂贵。除了确定系统类型外，还要考虑控制器、逆变器、蓄电池等设备的选择，接地防雷系统、综合布线系统、感应与显示等环节设计。

　　5. 结构安全性和构造设计

　　建筑的寿命一般在 50 年以上，光伏组件的使用寿命也在 20 年以上，因此光伏建筑的结构安全性不可小觑。首先要考虑组件本身的结构安全。如高层建筑屋顶的风荷载较地面大很多。普通光伏组件的强度能否承受，受风变形时是否会影响到电池片的正常工作及造成安全隐患等。如玻璃幕墙技术规范中指出，中间的夹层密封材料应用 PVB 膜，它具有吸收冲击的作用，可防止冲击物穿透，即使玻璃破损，碎片也会牢牢黏附在 PVB 膜上，使产生的伤害可能减少到最低程度，不会脱落伤人，保证建筑物的安全性能。此外，还要考虑固定组件连接方式的安全性，组件的安装固定需对连接件固定点进行相应的结构计算。并充分考虑、使用期内的多种最不利情况。

　　构造设计关系到光伏组件的工作状况与使用寿命。在与建筑结合时，光伏组件的工作环境与条件发生了变化，其构造需要与建筑相结合，以求经济、实用、美观和安全。

　　6. 与其他节能技术有机结合

　　在光伏建筑设计过程中，要将光伏技术与其他节能技术进行结合，如通风技术、围护结构保温隔热技术等。太阳能电池板发电时自身温度也会迅速上升，而温度的升高导致太阳能电池的发电效率降低，如果条件许可，可在光伏组件的背面附加合适的通风结构，以利于热量扩散。

　　除了利用通风设计，还可以收集利用电池板产生的热能，设计成光电/光热混合系统，如在太阳能电池板背面铺设水管，在降低太阳能电池板组件温度及对环境热影响的同时还可以生产热水，一举两得。这种系统将在后文详细介绍。

5.2.8　光伏建筑一体化系统发展现状

　　近年来，虽然太阳能光伏系统在全球各地都得到了迅猛发展，但是 BIPV 的发展形势却不容乐观。截至 2009 年底，BIPV 全球累计装机容量约为 500 MW，不足同期光伏系统总装机容量的 1%。德国超过 80% 的光伏系统都是屋顶 BAPV 系统，只有 1% 为真正意义上的 BIPV 系统。而法国和意大利的 BIPV 装机比例比较高，分别为 59% 和 30%。BIPV 系统的众多优点与其目前的发展形势形成了巨大的反差，造成其发展缓慢的一个主要原因是：人们认为 BIPV 系统的成本要比普通光伏系统成本高得多。然而美国可再生能源实验室 2011 年底的研究结果表明：由于取代了原有建筑材料，无论使用晶体硅还是薄膜电池的 BIPV 系统其成本都要比普通晶体硅光伏系统低。2011年底,在美国安装晶体硅和非晶硅薄膜 BIPV 系统的总成本分别为 5.02 美元/Wp 和 5.68 美元/Wp,而普通晶体硅光伏系统的成本为 5.71 美元/Wp。此外,有关 BIPV 和普通光伏系统的标准发电成本(即光伏电价)的研究表明:对于晶体硅 BI-PV 系统,其标准发电成本要比普通系统低 6%～7%,约为 0.19 美元/(kW·h);对于薄膜 BI-PV 系统,其标准发电成本只比普通晶硅系统高 1%～5%,约为 0.20 美元/(kW·h)。由此可见,成本因素已经不再是用户发展 BIPV 系统的主要障碍。

为了促进 BIPV 系统的进一步发展,许多国家和地区都出台了相应措施。其中,上网电价无疑是目前促进 BIPV 系统发展普遍采用并行之有效的政策。相比于系统成本补贴的措施,上网电价政策更能够激发用户更好的设计、使用和维护系统,以实现系统效率最大化。表 5-4 给出了欧盟地区主要国家针对 BIPV 系统采取的上网电价政策。以目前光伏系统的成本价格计算,表中所列的所有上网电价都可以让用户获得很好的投资回报。

表 5-4　欧盟主要国家的 BIPV 上网电价

国家	装机容量 /kW	上网电价 (2008)/ (欧分·kW^{-1}·h^{-1})	期限	装机/发电目标		
德国	<30	46.75	0 年	无		
	<100	44.48				
	<1 000	43.99				
	>1 000	43.99				
法国	全部	32	20 年	1 500 kW·h/kWp 1 800 kW·h/kWp(国外)		
		42(国外)				
意大利	<3	44	20 年	2012 年目标:200 MW 2016 年目标:3 000 MW		
	<20	42				
	>20	40				
西班牙	<20 总补贴不超过 2 MW	34	25 年	2009 年装机目标 27 MW	2010 年装机目标 33 MW	2011 年装机目标 40 MW
	>20 总补贴不超过 2 MW	32		2009 年发电目标 240 MW	2010 年发电目标 300 MW	2011 年发电目标 360 MW
瑞士	<10	55.7	25 年	无		
	<30	46.4				
	<100	41.2				
	>100	38.4				

1. 我国的 BIPV 发展计划

我国是太阳能光伏生产大国,但是与欧盟发达国家相比光伏系统应用规模还远远不够。近年来,为了促进太阳能光伏系统的大规模应用,政府各部门相继出台了一系列扶持政策和鼓励措施。2011 年 8 月 1 日,国家发改委正式出台了全国光伏上网标杆电价。此前中国光伏市场扶持政策主要有三种:特许权招标、金太阳工程、光伏建筑应用示范工程。其中,特许权招标为最低价中标,中标价格基本无利可图;金太阳和光伏建筑示范工程则主要补贴系统初始投资,对系统的实际发电效果起不到激励作用。而光伏标杆电价主要根据系统实际发电量进行补贴,因此可以促进光伏系统效率的提高。2012 年 10 月 26 日,国家电网公司发布了《支持分布式光伏发电站建设及光伏发电并网的有关意见》,针对单个并网点装机容量在 6 MW 以下,且接入电压在 10 kV 以下的光伏项目,国家电网将减免包括调试、检测等在内的服务费用和电网接入费用。同年底,国家能源局发布《关于申报分布式光伏发电规模化应用示范区的通知》,并指出"十二五"分布式发电规划将从 10 GWp 提高到 15 GWp,此外,将对分布式光伏发电项目实行单位电量定额补贴政策,对自发自用电量和多余上网电量实行统一补贴标准。

2. 美国和德国的 BIPV 发展计划

为了大力发展可再生能源,美国于 2006 年提出了太阳能百万屋顶计划(million solar roofs)。随后在 2007—2011 年间又实施了太阳能城市计划(solar america cities),美国能源部选择了 25 个主要城市开展太阳能城市计划,该计划是能源部太阳能社区计划的一部分,旨在通过该计划促进以上城市加快利用太阳能。2011 年 12 月 15 日,美国太阳能千万屋顶计划法案获得参议院能源与自然资源委员会通过,该计划 2020 年之前在美国建立至少 1 000 万个太阳能屋顶光伏系统以增加可再生能源比例,减少温室气体排放。此外,参照 20 世纪的阿波罗登月计划,美国能源部于 2012 年启动了太阳能行动计划(sunshot initiative)。该计划的主要目标是在 2020 年之前将当前光伏系统成本降低 75%,将光伏系统总成本降低到 1 美元/Wp(其中组件成本为 0.5 美元/Wp,BOS 设备成本 0.4 美元/Wp,电子设备成本 0.1 美元/Wp),换算成光伏电价约为 0.06 美元/(kW·h),从而实现在没有任何财政补贴的情况下与传统电力进行竞争,从而促进光伏系统广泛应用。为了实现这一目标美国能源部特别提出了四个关键的研究主题,分别为:提高电池和组件效率;开发更好的电子设备以优化 PV 系统效率;提高光伏系统关键部件的生产效率;简化、标准化光伏系统安装、设计、并网程序。如果以上目标得以实现,到 2030 年光伏系统预计将可以为美国贡献 15%~18% 的发电量。该行动也是美国总统奥巴马提出 2035 年之前实现美国 80% 的电力来自清洁能源的目标的关键部分。

德国是世界上可再生能源利用最为成功的国家。2012 年 1—6 月,德国国内总发电量中可再生能源所占的比例超过 25.1%。其中,太阳能发电为 144 亿 kW·h,增长幅度为46.9%,占总发电量 5.3%。德国于 1999 年开始实施"十万太阳能屋顶计划",政府原计划安装 10 万太阳能屋顶系统,每个系统约 3 kWp,但最终安装了 14 万太阳能屋顶,总计约400 MWp。2000 年,德国政府颁布首部《可再生能源法》,这部法律保证购买和使用光伏发电能源的居民和企业将得到优惠的上网电价。与此同时,德国联邦经济技术部也为"十万太阳能屋顶计划"提供了总共约 4.6 亿欧元的财政预算,从此德国光伏产业迅速发展。近年来,德国光伏产业的持续过快增长也带来了一系列问题。为此,德国环境部不得不控制每年新增的太阳能光伏装机容量,并逐年减少太阳能发电补贴并下调光伏发电上网电价,借此来控制光伏发电过快增长的势头。

5.2.9 香港理工大学可再生能源小组在绿色光伏建筑方面的研究

5.2.9.1 BIPV 系统设计

香港理工大学可再生能源研究室(renewable energy research group，RERG)从 20 世纪 90 年代就开始了光伏建筑一体化系统的设计和研究工作。可再生能源研究室创建人杨洪兴教授早在 1992 年攻读博士期间就开始了屋顶光伏系统的性能研究工作，并对通风和不通风屋顶光伏系统的发电性能、传热性能进行了理论模拟和实验研究，实验装置如图 5-8 所示。研究结果表明，与不通风系统相比，通风型屋顶光伏系统可以将组件温度降低约 20 ℃，因此可以显著提高光伏组件发电效率并减少室内得热。

为了研究光伏系统在香港气象条件下的相关性能及建筑一体化技术，杨洪兴教授带领的可再生能源研究室于 1999 年成功完成了香港第一个建筑一体化并网光伏系统研究项目，如图 5-9 所示。该项目的实施为在我国香港特别行政区发展太阳能光伏系统积累了很多宝贵的经验和技术，也为展示太阳能发电技术和环保教育提供了一个有效平台。此外，该项目还取得了一系列研究成果，包括香港地区光伏组件最佳安装倾角、建筑物朝向对光伏墙面发电性能的影响、遮阳型光伏构件的设计和优化、部分阴影和灰尘对发电效率的影响，以及离网系统的最佳设备容量配置和并网系统设计要点等。

图 5-8　可再生能源研究室研究的屋顶光伏系统[8]

图 5-9　可再生能源研究室开发的香港第一个 BIPV 系统

2003 年研究小组为香港嘉道理农场研发了一套直接镶嵌式屋顶光伏系统，如图 5-10 所示。该系统最大的优点是在结构设计上避免了组件直接和屋顶结构相连，安装过程不用破坏屋顶防水层，因此特别适合于旧建筑安装光伏系统时使用。此外，该结构还可以抵挡台风的侵袭，同时也可以增强屋顶的绝热保温效果。该系统也是香港地区第一个正式申请并网发电的私有光伏系统。

此外，可再生能源研究室还多次与我国香港特

图 5-10　可再生能源研究室开发的直接镶嵌式屋顶光伏系统

别行政区、澳门特别行政区和内地的光伏企业合作参与了许多光伏建筑一体化系统设计的咨询工作。

5.2.9.2　通风型 BIPV 窗户传热性能研究

针对半透明通风型的 BIPV 系统,可再生能源研究室也完成光伏构件的发电、传热和通风流道流动性能的研究,建立系统的传热和发电理论模型,同时进行了数值模拟和实验验证,对使用 Low-E 涂层的半透明非晶硅双层窗户构件的传热性能进行了二维数值模拟计算。研究成果为窗户一体化光伏构件结构优化、与建筑物的结合方式以及通风流道的设计提供了理论依据和实践经验。图 5-11 所示为通风型窗户一体化光伏系统与普通玻璃窗的传热性能比较。实验结果表明,使用通风型窗户一体化光伏系统的内部空间温度比采用内遮阳的普通玻璃窗内部空间温度低 5 ℃。因此可见,通风型窗户一体化光伏系统可以大量减少建筑物夏季太阳得热量。

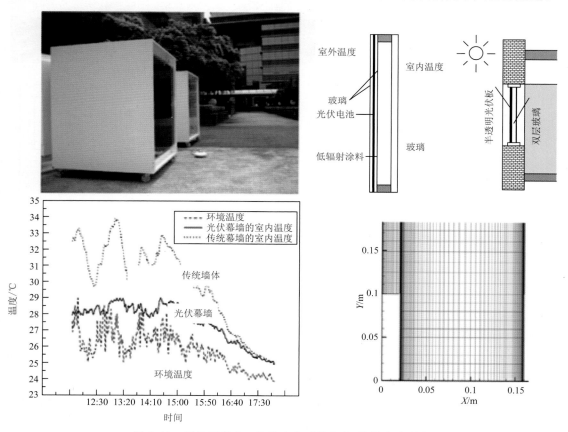

图 5-11　通风型窗户一体化光伏系统发电、传热实验研究

5.2.9.3　遮阳型光伏建筑一体化系统性能研究

针对遮阳型的 BIPV 系统,研究小组对不同朝向和不同倾斜角的光伏构件的综合能源效益,即发电效率和空调冷负荷减少量进行了研究,并得到了不同朝向下遮阳型光伏组件的最佳设计方案,结果如图 5-12 所示。研究结果表明:我国香港特别行政区南向和西南向是安装遮

阳型光伏建筑一体化构件的最佳朝向,其最佳安装倾角为 10°。对于其他不同的设计其最佳安装倾斜角一般为 30°～50°。

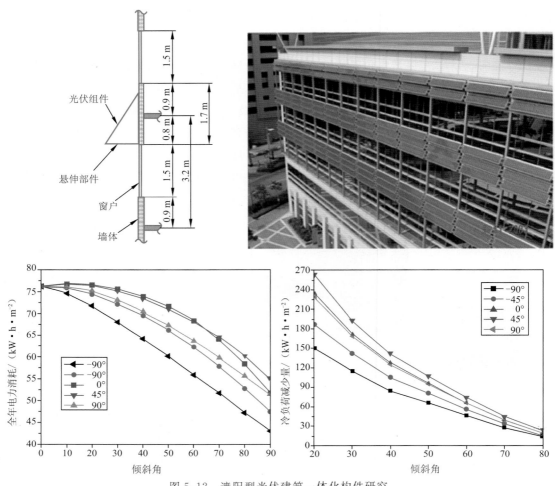

图 5-12　遮阳型光伏建筑一体化构件研究

5.2.9.4　光伏建筑一体化组件对室内空调负荷的影响

安装在外墙面的光伏建筑一体化系统除了发电外,由于其遮挡了太阳辐射,因此对室内空调冷负荷也有显著影响。我们对安装在南向外墙表面的光伏组件对室内的传热影响进行了研究。如图 5-13(a)所示,在光伏组件和外墙之间设计有通风流道,冷空气从下部进入后与组件换热然后从上部出口排出并带走废热从而降低组件温度并减少室内得热量。图 5-13(b)所示为使用红外热成像仪对单晶硅组件温度进行拍摄的结果,在自然对流和强迫对流的双重作用下,光伏组件的温度由右下角向左上角不断升高,最大温差超过 5 ℃。图 5-13(c)所示为香港地区光伏墙和普通墙夏季得热量比较。普通墙体得热量明显比光伏墙体高得多,普通墙体夏季平均得热率为 12.7 W/m²,而光伏墙体的平均得热率约为 6.3 W/m²。如果用 1 m² 光伏墙体取代南向普通墙体,全年可以为空调系统节约 18.6 kW·h 电力。图 5-13(d)给出了空气流道厚度对室内传热量的影响。随着空气流道厚度的增加,光伏墙体年度传热量先降低,当流道厚度超过 0.06 m 后传热量随流道厚度的增加而增加,因此 0.06 m 是香港地区南向光伏墙体的最佳空气流道厚度。

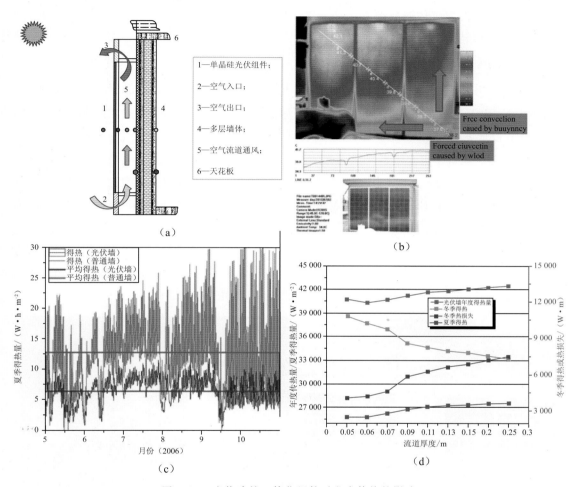

图 5-13　光伏建筑一体化组件对室内传热的影响

5.2.9.5　BIPV 系统能源回收期与温室气体排放率

虽然光伏组件在运行过程中不消耗能量也不排放温室气体,但是在其生命周期内,特别是组件和相关设备的生产阶段需要消耗大量的能量并排放温室气体。为了进一步明确 BIPV 系统生命周期的能量收益和温室气体排放情况,我们对香港地区屋顶光伏系统的能量回收期和温室气体排放回收期进行了研究。图 5-14

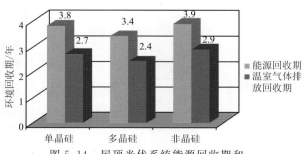

图 5-14　屋顶光伏系统能源回收期和温室气体排放回收期

所示为三种使用不同电池（单晶、多晶、非晶）的屋顶光伏系统的能源回收期和温室气体排放回收期。三种系统的能源回收期约为 3.4～3.9 年，温室气体排放回收期为 2.4～2.9 年，无论是能源回收期还是温室气体排放回收期都远远小于光伏系统的生命周期，因此可见这三种屋顶光伏系统都是可持续并且环保的可再生能源。

5.2.9.6 BIPV 系统综合性能测试平台

为了研究 BIPV 系统的综合能效，我们设计、搭建了一套 BIPV 综合性能测试研究平台。该平台可以对 BIPV 的发电性能、传热性能以及自然采光性能进行测试研究，并在此基础上进一步优化 BIPV 设计方案。如图 5-15 所示，左边系统为通风型 BIPV 系统，冷空气由下部进入与组件换热后从上部出风口排出并带走大量废热，从而降低组件运行温度、提高发电效率。右边为中空型 BIPV 系统它可以用来直接取代原有建筑材料。以上光伏组件都通过微型逆变器并网。数据采集系统除了可以采集 BIPV 的瞬时 I-V 曲线和发电性能数据外，还可以采集环境气象数据（如温湿度、风速和风向、直射、散射和总太阳辐射、太阳光谱），以及组件对室内的传热量、室内自然采光照度、各种温度值等。借助此研究平台，我们一方面可以更好地研究气象参数对 BIPV 系统发电性能的影响；另一方面也可以研究 BIPV 对室内传热、自然采光的影响，从而得到 BIPV 系统的综合能源效益，并为 BIPV 系统的优化设计提供更多理论依据和实际经验。

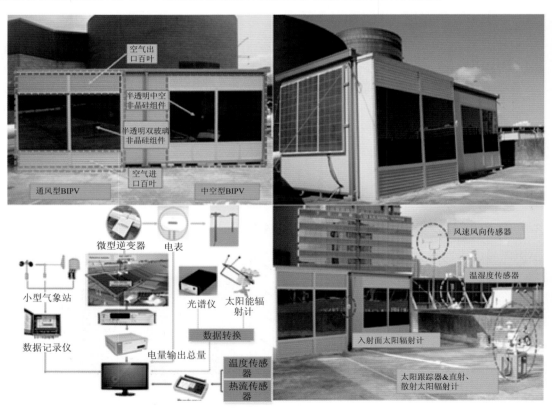

图 5-15 BIPV 综合性能测试研究平台

5.2.10 光伏建筑应用前景、面临的挑战与应对措施

光伏发电与建筑物相结合,将原来两个互不相关的领域结合到一起,涉及面很广,并非是光伏设计及制造者所能独立完成的,必须与建筑材料、建筑设计、建筑施工等有关部门密切合作,共同努力,才能取得成功。光伏建筑一体化体现了创新性的建筑设计理念、高科技以及人文环境协调的美观形象。

就目前而言,尽管光伏器件与建筑相结合可能降低一些应用成本,但与常规能源相比,费用仍然较高,这也是影响光伏应用的主要障碍之一。然而我们必须注意到,这样简单的对比是不恰当的,因为一些隐藏的成本并没有计入常规能源的成本,譬如治理常规能源所造成的污染等费用,一些国家对化石燃料的价格补贴,以及最近逐渐高涨的石油价格等。光伏发电虽然一次性投入较大,但其运行费用很低,并且越来越多的国家正相继制定优惠政策,促进太阳能的应用与发展。可以预计,光伏发电与建筑相结合是未来光伏应用中最重要的领域之一,前景十分广阔,有着巨大的市场潜力。随着科学与技术的不断进步,光伏组件的成本将很快下降,与光伏相结合的建筑物会如雨后春笋般出现在我们的身边,同时太阳能光伏发电必将在能源结构中占有相当重要的位置。

Pike research 预测到 2017 年全球 BIPV 装机容量将达到 4.6 GWp。虽然人们对 BIPV 的发展前景非常乐观,但是目前要大力发展 BIPV 系统还需要面对如下三个层面的挑战,即技术层面、设计层面和经济层面。

(1)在技术层面,BIPV 系统作为建筑结构的一部分与建筑物高度耦合,因此,BIPV 系统需要满足建筑物相关标准和法规,并达到建筑物相关安全要求(电气安全、防火、机械强度);要保证组件与相关部件的耐用性和长期寿命;此外还要有效解决阴影遮挡和组件运行温度过高的问题。

(2)在设计层面,BIPV 的设计以及与建筑的融合方式要满足建筑物在美观、色彩、使用材料等方面的要求,并且要充分发挥其建筑功能(如屋顶、幕墙、天窗、遮阳、防水等功能)。

(3)在经济层面,要通过取代原有建筑材料和减少材料使用来进一步降低系统成本,另外还要提高系统效率以降低光伏成本电价,从而增强光伏电力与传统电力的竞争力。

针对以上挑战,可采取如下措施来促进 BIPV 系统进一步发展:

(1)进一步降低系统成本(组件成本,逆变器等 BOS 成本,以及行政费用等),提高光伏电力与传统电力的竞争力。进一步优化组件结构,减少支撑结构材料以及框架材料使用,合理设计线路布局减少电缆使用,减少行政审批手续及费用。

(2)提高 BIPV 组件和系统效率。开发、引入效率更高的电池组件和 BIPV 产品,优化系统结构设计,比如合理设计通风流道以降低组件运行温度从而提高组件效率;对于不规则建筑立面,可以使用微型逆变器减少阴影遮挡、组件性能不匹配以及 MPPT 跟踪不准确造成的能量损失;尽量将光伏组件以获得太阳辐射最多的朝向和倾斜角安装在建筑物表面。

(3)增强 BIPV 安全性。对 BIPV 组件和系统进行防火性能测试、电气安全测试以及机械强度测试,以彻底消除用户的安全疑虑。

（4）加快 BIPV 相关设计标准、规范、法令的制定，使 BIPV 系统从设计到施工到运行阶段更加规范化、标准化。

（5）加强与建筑物的融合度并取代原有建筑材料，充分发挥 BIPV 的建筑功能，使 BIPV 系统不仅可以发电还可以表现出其他附加功能。

（6）简化不必要的行政审批手续，降低并网许可门槛，提供并网便利。

（7）提供财政补贴和低息贷款，实施可再生能源优惠上网电价政策。

（8）开发出更多更好的产品和设计形式，提高系统美观度。

5.3 太阳能光伏光热建筑一体化技术

太阳能光伏电池（photovoltaic，PV）是利用光伏效应完成光电转化的。商业化晶硅太阳能电池的理论光电转换效率在 15%～20% 之间，但实际上效率只有 10%～15%，这是因为对于太阳辐射总量，没有转换成电能的 80%～90% 的太阳能转化为热能或以电磁波形式辐射出去，使太阳能光伏电池温度升高。对于硅基太阳电池，随着温度升高，效率降低的幅度不断增大。研究表明[9]：每上升 1 ℃，单晶硅太阳电池的效率降低 0.3%～0.5%，多晶硅太阳电池的效率降低 0.4%。由此可见，降低太阳电池温度显得非常重要。在降低太阳能温度的同时可以回收太阳电池废热，这样既可以提高太阳电池光电转化效率，又可以获取额外热能。太阳能光伏电池热利用（photovoltaic/thermal，PV/T）的主要概念最早是由 Kem 和 Russell 于 1978 年提出的[10]，这是一种将太阳能 PV 组件与集热器相结合的技术。此技术的产生不仅获得了热收益，更重要的是，BIPV/T 系统降低了 PV 组件温度，从而提高光电转化效率[11]。针对建筑上利用的 PV/T 系统，也可称为光伏光热一体化系统（PV/T），而建筑太阳能光电热综合利用一体化系统（building integrated photovoltaic/thermal，BIPV/T）则是把太阳能光电热综合利用一体化系统和建筑相结合，使得太阳能光电热综合利用装置与建筑外观达到和谐一体的效果。因此，BIPV/T 系统在绿色建筑和能源领域逐步引起人们的重视，国内外研究者纷纷开展该方面的研究和探索。

5.3.1 太阳能光伏光热一体化系统在建筑上的应用

BIPV/T 是通过在建筑围护结构外表面铺设光伏电池阵列或者利用光伏电池阵列直接替代建筑围护结构，并在光伏电池阵列的背面加设换热器，同时利用空气或水带走热能的系统。BIPV/T 系统既能提高太阳能电池的发电效率，又能提供暖气或是生活热水，可以有效提高太阳能的综合利用效率。

BIPV/T 系统示意图和产品图如图 5-16 和图 5-17 所示。此系统具有较高的热效率，系统整体能效率大于 50%，比单一热水系统或光伏系统效率有显著提高。系统所得到的热水温度能够达到 60 ℃ 以上，可以满足一般家庭洗浴需要。BIPV/T 系统在得到热水和电力之外可以降低建筑热负荷，有广阔应用前景。

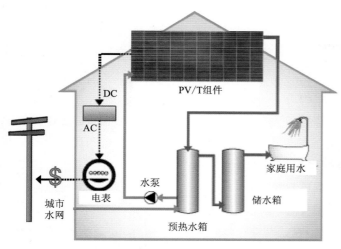

图 5-16　BIPV/T 系统示意图

图 5-17　BIPV/T 产品图

与光伏系统和集热系统相互分离相比，BIPV/T 一体化系统在将光伏电池与铝合金型条层压成形的制作工艺上略为复杂，劳动成本略高，但却节省了独立光伏系统中太阳电池板所必需的金属边框和背板材料，同时节省了太阳能电池板封装的劳动成本。

因此，总体而言，一体化系统的生产成本略小于分离系统成本；而与光伏系统和集热系统相互分离相比，一体化系统将太阳能电池整合在热水器的吸热表面上，提高了单位集热面积的能量产出，因此，可利用面积有限的场合如屋顶或建筑外墙上，以增加单位面积上有更多的热电产出。

5.3.2　太阳能光伏光热一体化系统类型

近年来，越来越多的研究人员已经对 BIPV/T 系统展开研究，而 BIPV/T 系统得以应用的关键在于太阳能光电热一体化（PV/T）构件建材化，即 PV/T 一体化构件能够直接安装在建筑围护外表面或者取代外围护结构。BIPV/T 系统可以按照 PV/T 构件的类型来分类，划分为空冷型 BIPV/T 系统、水冷型 BIPV/T 系统、聚光型 BIPV/T 系统、热管 BIPV/T 系统和热泵 BIPV/T 系统等。

1. 空冷型 BIPV/T 系统

空冷型 BIPV/T 系统主要包括带通风流道和不带通风流道两种系统，如图 5-18 所示。有通风流道的光伏墙体一体化结构包括建筑墙体、光伏模块、模块与墙体间的通风流道以及流道两端的空气进口和出口。Hegazy 等[12]研究了四种空冷型 BIPV/T 系统的结构，

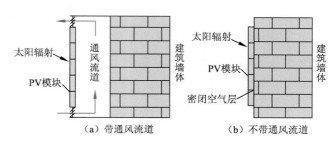

图 5-18　空冷型 BIPV/T 系统示意图[13]

包括：①空气流道位于 PV 组件上方；②空气流道位于 PV 组件下方；③同向双流道；④反

向双流道。研究表明：结构②～④的性能比较接近，并且优于结构①；另外，结构③与结构④所消耗泵功最小。空冷型 BIPV/T 系统的性能强化方法主要是增加换热面积。空气冷却型模式构造较为简单，生产成本较低，使用范围广，但是冷却效果一般，而且没有利用到太阳能光伏模块产生的多余热量。

2. 水冷型 BIPV/T 系统

水冷模式是在光伏模块背面设置吸热表面和流体通道，构成光伏光热模块，通过流道中水带走热量，这样既有效降低了光伏电池的温度，提高了光电效率，又有效利用了余热，获得了热水。水冷型 BIPV/T 系统示意图如图 5-19 所示。

水冷型 BIPV/T 系统可以是自然循环系统，也可以是强制循环系统。传统的管板式 BIPV/T 系统是研究和应用最广泛的一种形式。水冷型模式与空冷型模式相比较而言，结构较为复杂，提高了生产成本，冷却效果优于空冷型模式，同时利用太阳能光伏模块产生的多余热量得到热水，提高了太阳能的综合利用效率。用热效率与电效率之和综合评价 PV/

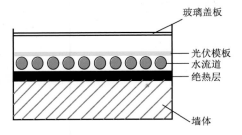

图 5-19　水冷型 BIPV/T 系统示意图

T 系统的能量利用特性，可以看出 PV/T 系统有较高的热效率和电效率，系统综合性能效率大于 60%，比单一热水系统或光伏系统效率有显著提高。

3. 聚光型 BIPV/T 系统

聚光型 BIPV/T 系统是利用聚光方式来减少太阳电池的工作面积，从而降低太阳电池的成本。聚光方式包括复合抛物面聚光、槽式聚光、平面镜反射聚光以及菲涅尔透镜聚光等。聚光型 BIPV/T 系统的结构较为复杂，附加耗材较多，而且该系统不易与建筑结合，应用前景不如平板型 BIPV/T 系统。

4. 热管 BIPV/T 系统

热管作为一种优良的导热元件，与 BIPV/T 技术的结合应用是一项创新技术。热管 BIPV/T 系统的主要形式是将热管的蒸发段与 PV 组件结合构成蒸发器，将热管的冷凝段与热回收装置结合构成冷凝器，即通过热管将 PV 组件的热量传导给热回收装置。

热管冷却模式相比前两者而言结构最为复杂，使用范围更广，冷却效果也最佳，能得到温度更高的生活热水，但其生产成本远远高于前两种方式，维护保养比较麻烦。随着生产工艺的不断进步，热管冷却技术这一新兴 PV/T 系统冷却模式一定会展示出其越来越多的优势，成为建筑太阳能光电热综合利用一体化系统中无可替代的核心部件[14]。

5. 热泵 BIPV/T 系统

热泵 BIPV/T 系统的主要形式是将蒸发器布置在 PV 组件背部，将冷凝器布置在热用户终端，构成热泵循环系统。Pei 等认为水温高于 50 ℃ 才能应用于生活热水，为了提高水冷型 BIPV/T 系统的出口水温，设计并制造了一种 BIPV/T 辅助热泵系统（BIPV/T-SAHP），其能效比（COP）高于传统的热泵系统，与普通 PV 组件相比，电效率提高了 16.3%，热效率为

70.4%[15]。Fang 等设计了一种新型的 BIPV/T 热泵空调系统[16]，夏季可以制冷和提供热水并且降低 PV 组件温度，在春季和秋季提供热水，在冬季可以供暖和提供热水；系统光电效率可达 10.4%，比普通 PV 组件提高了 23.8%；热泵的 COP 为 2.88，水温可提升 42 ℃。

5.3.3　太阳能光伏光热一体化技术的应用

BIPV/T 技术的应用主要包括 BIPV/T 热水系统、BIPV/T 供暖系统和 BIPV/T 建筑一体化通风系统等。

1.BIPV/T 技术应用于热水器

将 BIPV/T 技术应用于热水器是 BIPV/T 热水系统的利用方式之一，主要供家庭或公用建筑独立使用。这种 BIPV/T 热水系统是部分覆盖了 PV 组件的平板集热器，具有更高的热效率和电效率。这种设计的优点在于 PV 组件为系统提供电力，整个热水器可独立运行，可以应用于偏远地区。中国兴业太阳能公司已经开展了此类商品的研发和生产。

2.BIPV/T 技术应用于建筑通风和供热

目前，BIPV/T 技术还可以用于建筑通风和供热，属于风冷型 BIPV/T 系统。Mootz 等设计的 BIPV/T 系统是通过浮升力的作用，空气掠过 PV 背板，与 PV 组件自然对流换热后进入室内供暖。光伏墙体一体化不仅能有效利用墙体自身发电，而且能大大降低墙体得热和空调冷负荷。这是因为光伏发电虽然释放了热量提高了空气夹层温度，但其对太阳辐射的遮挡大大降低了室外综合温度，从而降低了墙体得热。另外，收集到的热可以用于冬季住宅的取暖，也可以通过热交换器加热自来水供家庭应用，同时还可以应用于其他的工业或农业领域，如产品的烘干等。

5.3.4　光伏光热建筑一体化(BIPV/T)系统现状分析

BIPV/T 系统在提高太阳能综合利用率、实现太阳能与建筑一体化上具有技术可行性和科学性，该方向已成为建筑技术科学与能源利用科学的研究热点。但是，现有 BIPV/T 系统还不是很成熟，也存在一些不足之处。

(1)尽管 BIPV/T 系统的光电/光热综合效率均高于单独的光电或光热效率，但光电效率某些时段并未提高、甚至降低。因为光热转换的热能输出往往受使用温度限制，这样冷却流体对 PV 板的冷却能力降低，导致电池温度上升、光电效率下降，特别是中午太阳辐照较强时光电效率下降更明显。因此，以一定流量的通风和冷却水这种显热换热冷却方式就受到冷却介质使用温度的限制，这种显热冷却方式亟须改善。

(2)现有 BIPV/T 系统主要采用机械循环冷却方式，需消耗风机或循环水泵功率，且电池板冷却通道较狭小，现有系统在提高了百分之几的光电效率(目前为 4%～5%)的同时，往往要多消耗几倍以上的额外电能。现有 BIPV/T 系统用铝板等作为光电池的基板，二者接触热阻大，不利于提高散热速率，因此系统的热性能还需改善。

(3)当前 BIPV/T 系统对建筑冷热负荷影响的研究还很少，实际上 PV/T 的存在改变了建筑冷热负荷的性质和大小,原有的建筑负荷计算方法显然不再适用,因此,亟须揭示 BIPV/T 系统中墙体和屋面热动力延迟与衰减规律,深入研究其建筑热工机理。

5.4　太阳能综合利用与绿色建筑一体化的设计

随着绿色建筑和可再生能源的发展,将各种太阳能利用技术结合绿色建筑的一体化设计,建立具有分布式能源供应能力的绿色节能建筑的思路,已经成为国内外研究的热点。以浙江大学提出的绿色智能节能示范楼为例[17],对这一基于绿色建筑的太阳能综合利用技术进行总结和示范。该项目针对浙江的实际气候情况,采用了包括纳米流体太阳能窗式集热器、太阳能热电联供、蜂窝热管太阳能集热器、太阳能空调在内的一系列新技术,结合智能控制系统以实现全楼的智能化和节能环保。该设计方案使得建筑在生活用水、夏季空调、冬季供暖、采光照明、通风换气等方面都大大降低了能耗,并且实现了太阳能发电,可以作为分布式能源供应基点。

绿色建筑包含了减轻建筑对环境的负荷,节约能源及资源;提供安全、健康、舒适性良好的生活空间;与自然环境亲和,做到人及建筑与环境的和谐共处。在节约资源、能源回归自然的同时,绿色建筑还要根据地理条件,设置太阳能采暖、热水、发电及风力发电装置,以充分利用环境提供的天然可再生能源。随着全球气候的变暖,世界各国对建筑节能的关注程度正日益增加。但绿色节能建筑仍存在着成本较高、利用技术不够成熟等问题,亟待解决。

5.5　典型应用案例

本节介绍两个光伏建筑一体化的典型案例[18]。城市里的建筑安装光伏板的最佳位置是建筑物的屋顶,屋顶单位建筑面积接收的太阳辐射远比建筑物立面墙上单位面积接收的太阳辐射要多,所以,设计光伏建筑时首先要考虑的是屋顶,当屋顶面积受限或者不够的时候,才考虑立面墙。

5.5.1　香港理工大学李兆基楼光伏屋顶工程实例

香港理工大学第七期发展计划中的李兆基楼(办公室、教室、实验室)屋顶上的两翼装有 22 kW 的光伏并网发电系统,于 2007 年建成,如图 5-20 所示。该光伏系统共有 126 块额定功率为 175 Wp 的单晶硅光伏板,该光伏阵列共有 14 个并联的光伏串,每个光伏串由 9 块光伏板串联而成。每两个光伏串并联到 1 个额定输出功率为 3 kW 的并网型逆变器,所以该光伏系统共配置了 7 个并网逆变器,系统如图 5-21 所示。为了使该光伏系统获得最大的

图 5-20　香港理工大学李兆基楼屋顶光伏工程

全年发电量,光伏板的倾斜角设计为 15°。两个光伏阵列基本朝南,但为了照顾建筑设计的要求,一个阵列稍稍偏西,一个阵列稍稍偏东。

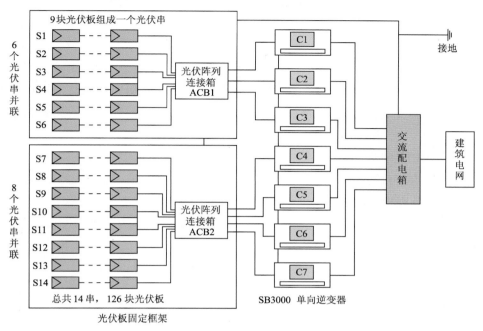

图 5-21　香港理工大学李兆基楼屋顶光伏系统示意图

5.5.1.1　设备选型

如前所说,光伏电池板和并网逆变器的选择是系统设计的关键,不仅关系光伏建筑工程初投资的多少,发电效率的多少,更重要的是运行安全可靠,不需要经常维修。表 5-5 和表 5-6 分别给出了该光伏系统中所选光伏板和逆变器的性能参数。

<table>
<tr><td colspan="2">表 5-5　光伏板性能参数</td></tr>
<tr><td>生 产 厂 家</td><td>英国 BP 石油公司</td></tr>
<tr><td>型　号</td><td>SQ-175PC</td></tr>
<tr><td>额 定 功 率</td><td>175 Wp</td></tr>
<tr><td>最大功率点电压</td><td>35.4 V</td></tr>
<tr><td>最大功率点电流</td><td>4.95 A</td></tr>
<tr><td>开 路 电 压</td><td>44.6 V</td></tr>
<tr><td>短 路 电 流</td><td>5.43 A</td></tr>
<tr><td>长　度</td><td>1 622 mm</td></tr>
<tr><td>宽　度</td><td>814 mm</td></tr>
</table>

<table>
<tr><td colspan="2">表 5-6　逆变器性能参数</td></tr>
<tr><td>生 产 厂 家</td><td>德国艾思玛太阳能公司</td></tr>
<tr><td>型　号</td><td>SB3000</td></tr>
<tr><td>最大直流输入功率</td><td>3 200 W</td></tr>
<tr><td>额定交流输出功率</td><td>2 750 W</td></tr>
<tr><td>输入交流电压范围</td><td>268～600 V DC</td></tr>
<tr><td>输出直流电压范围</td><td>220～240 V DC</td></tr>
<tr><td>最大输出交流电流</td><td>12 A AC</td></tr>
<tr><td>输出功率频率</td><td>50 Hz</td></tr>
<tr><td>最大转换效率</td><td>95%</td></tr>
</table>

5.5.1.2 工程验收

香港理工大学李兆基楼屋顶光伏系统于 2007 年 4 月通过工程验收，验收的内容主要包括光伏板的测试、光伏阵列的检查和测试、光伏阵列绝缘电阻的测试以及逆变器的检查。

1. 光伏板的测试

光伏板的测试主要是为了确认光伏板是否可以正常发电。2007 年 3 月 30 日，在香港理工大学李兆基楼的屋顶上对 126 块光伏板进行了开路电压和短路电流的测试。测试用的仪器为美国福禄克公司生产的 F112 型万用表。经测试发现，所使用的光伏板均可以正常发电。

2. 光伏阵列的检查和测试

光伏阵列的检查和测试内容包含三部分：光伏阵列的外观检查、电压测试和绝缘电阻的测试。光伏阵列的外观检查包括：

(1)确认光伏阵列中所含光伏板的数量是否与设计一致。

(2)确认光伏阵列是否安装正确。

(3)确认光伏阵列的连线是否正确。

光伏阵列的电压测试内容包括：

(1)确认光伏阵列接线盒(ACB1 和 ACB2)的接线是否正确。

(2)确认光伏阵列接线盒(ACB1 和 ACB2)的绝缘性是否良好。

表 5-7 所示为 2007 年 4 月 16 日利用 F112 型万用表测得的各串联光伏阵列的开路电压值，各串联光伏阵列的设计开路电压为 400 V。在开路电压的测试中，被测试的光伏阵列需要与主电路断开，开路电压的测试都是在太阳辐射值大于 400 W/m^2 的情况下进行的。

表 5-7　各串联光伏阵列的开路电压

序　号	开路电压/V	序　号	开路电压/V
S1	345.2	S8	342.9
S2	345.2	S9	344.5
S3	344.8	S10	344.7
S4	344.9	S11	344.7
S5	345.1	S12	343.5
S6	343.5	S13	343.9
S7	344.5	S14	344.5

3. 光伏阵列绝缘电阻的测试

光伏阵列绝缘电阻的测试是使用日本共立仪器公司生产的 3 111V 型指针式绝缘测试仪，表 5-8 中的绝缘电阻都是在测试电压为 1 000 V 时测得的。

表 5-8　光伏阵列的绝缘电阻 单位：MΩ

位　　置	接地	各相之间	位　　置	接地	各相之间
光伏阵列和接线盒 ACB1	200	200	接线盒 ACB2 和逆变器 C7	200	200
光伏阵列和接线盒 ACB2	200	200	逆变器 C1 和交流配电箱	200	200
接线盒 ACB1 和逆变器 C1	200	200	逆变器 C2 和交流配电箱	200	200
接线盒 ACB1 和逆变器 C2	200	200	逆变器 C3 和交流配电箱	200	200
接线盒 ACB1 和逆变器 C3	200	200	逆变器 C4 和交流配电箱	200	200
接线盒 ACB2 和逆变器 C4	200	200	逆变器 C5 和交流配电箱	200	200
接线盒 ACB2 和逆变器 C5	200	200	逆变器 C6 和交流配电箱	200	200
接线盒 ACB2 和逆变器 C6	200	200	逆变器 C7 和交流配电箱	200	200

4. 逆变器的检查

逆变器的检查分四部分进行，主要包括逆变器的外观检查、机械检查、接线检查和通电检查。

(1)逆变器的外观检查内容包括：

- 确认逆变器和相关部件是否完好无损；
- 确认逆变器和相关部件的通风情况是否良好；
- 确认逆变器是否安装正确。

(2)逆变器的机械检查内容包括：

- 确认逆变器和相关部件的螺钉和接头是否旋紧；
- 检查逆变器和光伏阵列连接箱中绝缘开关的所有连接接头；
- 检查逆变器和交流配电箱的所有连接接头。

(3)逆变器的接线检查：

- 检查光伏阵列的地线；
- 检查逆变器的地线；
- 检查逆变器和建筑电网之间的连线；
- 确认逆变器与光伏阵列的正负极连接正确。

(4)逆变器的通电检查。在逆变器通电检查前，需要向当地电网公司提交与电网接驳的申请，申请的主要内容包括申请人资料和发电系统的资料。其中申请人的资料包括姓名、通信地址、电力公司账户号码/电表编号、联络电话、传真、电子邮件等。光伏发电系统的资料包括：

- 光伏系统的地址；
- 开始安装与预计调试的日期；
- 发电设备产品商/品牌及型号；
- 所符合的标准；
- 发电设备的技术规格，包括总功率、电力输出为单相或三相、电力输出的频率；
- 预计每年所生产的电量。

此外,也要给电力公司详细介绍光伏系统的设计,简略描述光伏系统的运作与控制模式:

- 工程图纸要显示光伏系统的位置以及其他已经安装或将会安装的主要电力设备;
- 配电系统的单线电路图要显示与电网接驳装置的细节及相关的电表位置及供电位置的细节。
- 光伏系统与电力公司供电位置之间的电气及机械式互连锁设置,尤其是当电网出现停电时的设置;
- 保护方案,连同设定值及延时值:内容主要包括过载、短路、对地故障、电压过高或过低、频率过高或过低以及孤岛效应的预防保护措施;
- 控制及检测方案:光伏系统与电网接驳的条件以及此条件的侦测方法;光伏系统与电网断开的条件以及此条件的侦测方法;重新与电网接驳的延时设定值;同步检查的细节;紧急情况下由电力公司以现场或遥控模式把光伏系统与电网隔离的安排;发电量计量的安排;
- 分析及估计在典型的一周里,负载的电力需求以及电网与光伏系统供电的分配情况;
- 分析以下对电网的影响:三相电流平衡的影响;短路电流水平的影响;供电质量的影响(谐波失真率、功率因数以及电压闪烁);
- 分析光伏系统的电磁兼容性;
- 由申请人及电力公司联合执行进行系统测试及调试程序;
- 要详细列出与电网接驳的操作程序。

当与建筑电网接驳的申请获得批准后,便可以进行逆变器的通电检查。逆变器的通电检查主要有以下步骤:

- 关掉逆变器和光伏阵列的绝缘开关;
- 核对逆变器上 LED 灯的指示;
- 将一个与逆变器容量相同的交流负荷连接到逆变器的输出端;
- 确认逆变器的栅极导通延迟时间是否是 300 s;
- 通过逆变器上 LED 灯的指示来确认逆变器是否正常工作;
- 用功率分析仪检验谐波电流的畸变;
- 打开栅极隔离开关确认逆变器是否可以立即断开。

在 2007 年 4 月 16 日对光伏系统所含有的七个逆变器按照上述步骤进行了通电检查,检查结果显示七个逆变器全部符合设计性能要求。

5.5.1.3 数据采集

如图 5-22 所示,该并网光伏系统的机房中设有艾思玛太阳能公司生产的七个逆变器和一个数据采集器,另外还有一个用来储存数据采集器所采集数据的计算机。数据采集器可以获取和它相连接的每个逆变器的实时数据,主要有输入逆变器的直流电压和电流,逆变器输出的交流电压、电流、功率和频率,逆变器总累积的输出功率和逆变器总累积的工作小时数。此外,

数据采集器还可以显示光伏系统每天累积的
输出功率,总累积的输出功率和总累积的工作
小时数,为评估该系统的运行效益提供了可靠
保证。

图 5-22　逆变器和数据采集系统

　　几年来该光伏建筑系统工作很可靠,没有
出现什么问题。实测数据显示,该光伏系统每
年总的发电量平均为 23 000 kW·h(输给学校
电网的电能),相当于光伏阵列每瓦装机容量
发电 1.05 kW·h,每平方米光伏板发电量 137.3 kW·h。图 5-23 所示为该光伏系统于 2010
年的发电量实测值和相应的太阳能辐射值。

　　太阳能光伏建筑不仅产生绿色电
能,也减少了常规发电厂的碳排放。如
果假设太阳能发电系统所节约的电能
都是应该由煤炭发电厂产生的电能,该
系统每年可以减少约 15 t 的 CO_2 排
放。一个如此小的光伏建筑系统的作
用有限,如果一个城市中成千上万个屋
顶都安装上光伏板,节能和减排的效果
巨大。

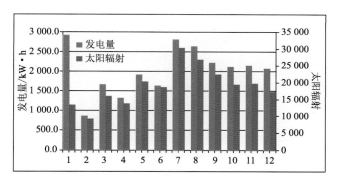

图 5-23　实测光伏系统的月发电量(2010 年)

　　图 5-24 所示为实测一天的逆变器效率,图 5-25 所示为实测全年的光伏系统效率。光伏
系统效率的计算是用实际输到电网的电能除以太阳能光投射到光伏板上的能量,即以整个光
伏板的面积来计算的,所以全年平均系统效率仅为 10%。然而,如果扣除光伏板的金属边框
面积,整个光伏系统的能源效率会有所提高,通常单晶硅光伏屋顶的太阳能利用效率可以达到
11%~15%,主要取决于光伏板的效率、逆变器的效率、安装光伏板的位置和倾斜角度等因素。

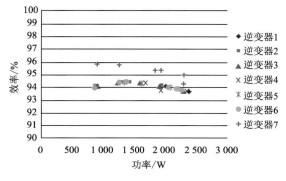

图 5-24　实测逆变器效率

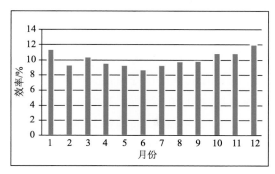

图 5-25　实测系统效率

5.5.2 香港嘉道理农场光伏屋顶工程实例

嘉道理农场位于香港新界，是一家慈善机构，多年来一直致力于扶贫和环保事业。香港理工大学可再生能源研究小组分别于 2003 年和 2009 年为农场研发了一套可以直接镶嵌在屋顶的光伏建筑太阳能发电系统，如图 5-26 和图 5-27 所示。该系统在设计上采用在屋顶上直接镶嵌光伏板，不用和屋顶结构相连，不用破坏防水层，可以防止台风的袭击，同时起到了屋顶的保温作用。但是，2003 年建设的光伏屋顶并没有真正实现直接镶嵌，因为当时建筑师和结构工程师不能接受这种新型结构，怕被夏天的强台风吹垮，所以这些光伏板是和屋顶的结构连接在一起的。不过，2009 年假设的屋顶采用了这种新型设计，很成功。这种设计特别适合于现有建筑，这样不用破坏屋顶，也增加不了多少重量。

图 5-26　嘉道理农场接待处屋顶光伏系统　　　　图 5-27　嘉道理农场办公大楼屋顶光伏系统

嘉道理农场接待处屋顶装有额定功率为 4 kWp，总面积为 35 m² 的多晶硅光伏阵列。整个系统包括 40 块水平安装的多晶硅光伏板，每三块光伏板串联组成一个光伏串，整个系统共有 13 个光伏串，而剩余的一块光伏板则作为后备之用。图 5-28 所示为光伏系统示意图。光伏系统产生的电能主要用来满足接待处的照明、空调、计算机以及其他用电设备。多余的电量通过并网逆变器输送到电网，而当光伏系统的发电量不能满足接待处的需求时，逆变器会从电网取电来供应接待处的需求。

嘉道理农场接待处屋顶光伏系统虽然小，但却是我国香港特别行政区第一个正式申请并网发电的项目，在这之前，政府和当地电网公司不接受并网申请，认为光伏电站会影响电网的供电。经过一年多时间的努力和国际上利用太阳能发电形势的变化，该系统于 2004 年正式并网发电。目前，香港光伏建筑项目投资者只要符合技术要求都可以申请并网连接，人们已经能接受光伏并网发电，也很容易获得批准。

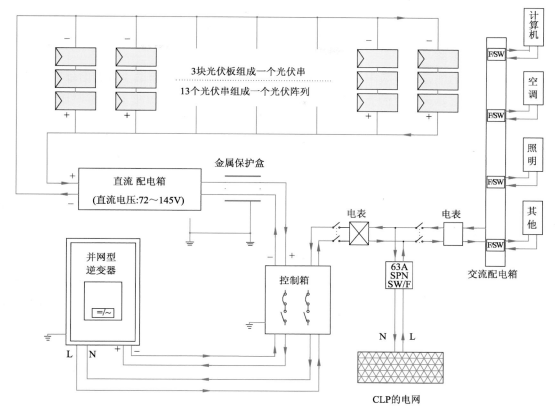

图 5-28　光伏系统示意图

5.5.2.1　设备选型

表 5-9 和表 5-10 所示为嘉道理农场屋顶光伏系统中所选光伏板和逆变器的性能参数。

表 5-9　光伏板性能参数

生 产 厂 家	德国肖特太阳能公司
型　　号	ASE-100-GT-FT
额 定 功 率	95 Wp
最大功率点电压	34.1 V
最大功率点电流	2.8 A
开 路 电 压	42.3 V
短 路 电 流	3.2 A
长　　度	1 282 mm
宽　　度	644 mm

表 5-10　逆变器性能参数

生 产 厂 家	美国 ASP 公司
型　　号	TCG4000/6
最大输入直流功率	4 000 W
额定输出交流功率	3 500 W
输入直流电压范围	72～145 V DC
输出交流电压范围	195～256 V DC
最大输出交流电流	14 A AC
输出交流功率频率	50 Hz
最大转换效率	94%

5.5.2.2　屋顶冷负荷的减少

在常规围护结构负荷中,太阳辐射热引起的冷负荷占 3/4 以上。对于光伏建筑来说,由于投射到建筑外表面的太阳能有一部分被光伏板转化为电能,有一部分被冷却空气带走,同时建筑表面温度由于光伏板发热而高于普通建筑外表面,造成建筑外表面与大气的对流热增加,使建筑空调总负荷下降。

由于光伏板的能量转化效率与其工作温度有关,通过光电转换而减少的太阳辐射热、通过冷却通道流动空气排入大气的光伏阵列的对流热、通过光伏板表面温度升高而增加的对外辐射热,可以由一组相互关联的方程决定。因此,空调负荷的计算必须考虑光伏板效率、太阳辐射强度、大气温度、环境辐射温度、环境风速、光伏阵列的形式和安装方式、冷却通道的长度和结构等因素,并由动态的能量平衡方程计算得到。原来依据建筑材料对辐射热的吸收特性而考虑温度波的衰减和延迟,进一步计算空调冷负荷的方法不再适用。

根据光伏建筑的特点可知,为提高光伏系统的太阳能发电效率,应尽量降低光伏阵列的温度,而该温度的降低有利于空调系统总负荷的降低,二者相辅相成。对于嘉道理农场屋顶光伏系统来说,通过在屋顶安装光伏板可以有效降低屋顶的冷负荷,在安装光伏板前后,接待处一年之中从屋顶增加的冷负荷分布如图 5-29 所示。从图中可以看出,安装光伏板之前,接待处每年从屋顶增加的冷负荷为 86.5 kW·h/m²,而安装光伏板之后,从屋顶增加的冷负荷降低到了 26.3 kW·h/m²,降低了 69.7%。

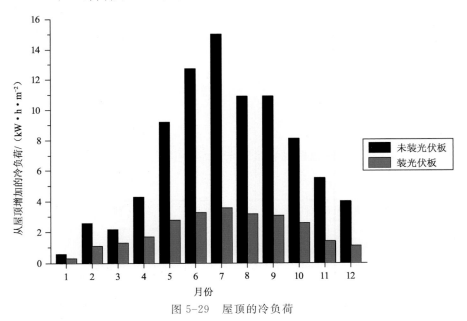

图 5-29　屋顶的冷负荷

5.5.2.3　五年后的测试分析结果

此光伏系统经过几年的稳定运行,平均年发电量约为 2 500 kW·h。为了能够更加准确地了解光伏系统各个部件的性能,为以后光伏系统的设计、施工以及维修提供信息,对嘉道理农场光伏系统进行了性能评估,评估从 2005 年 3 月持续到 2007 年 12 月。图 5-30 所示为光伏系统在评估期间的发电量以及发电效率的变化图。

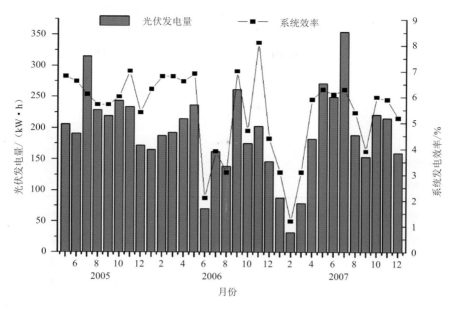

图 5-30 光伏系统月发电量和月均转换效率(2006—2007 年)

为了确定光伏板在使用五年后的效率衰减情况,专门将嘉道理农场屋顶光伏系统中的一块备用光伏板拿到香港理工大学太阳能实验室测试了它的各项性能参数。图 5-31 所示为测试中使用的太阳能模拟器,此模拟器可以提供高达 1 300 W/m² 的太阳辐射。表 5-11 给出了光伏板出厂时厂家提供的性能参数和使用五年后在实验室中测试得到的性能参数。这两种性能参数都是在标准测试状态即太阳辐射值为 1 000 W/m² 和温度为 25℃时测得。从表 5-11 中可以看出,经过五年的使用,光伏板转换效率的衰减非常小,约为 2.6%,每年的衰减率约为 0.5%。如果光伏板的寿命是 25 年,则在寿命终点时光伏板的效率仍可以达到 10%。

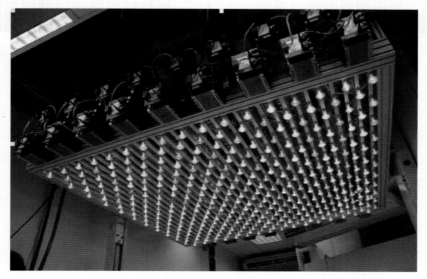

图 5-31 香港理工大学太阳能实验室中的太阳能模拟器

表 5-11　光伏板的性能参数对比

性 能 参 数	厂家（出厂时）	实验室（五年后）
最大功率	95 W	92.9 W
最大功率点电压	34.1 V	34.031 V
最大功率点电流	2.8 A	2.73 A
开路电压	42.3 V	41.48 V
短路电流	3.2 A	3.01 A
转换效率	11.5％	11.2％

图 5-32 和图 5-33 所示为对该光伏系统的现场实测结果。从现场实测结果可以看出太阳辐射在 $500\sim850$ W/m² 时，整个光伏系统的发电效率约 $7\%\sim8\%$，逆变器的效率约为 84.4%。和 2004 年相比，光伏系统的综合太阳能利用率稍有下降，约为 1.5%。另外，经过评估发现，光伏系统中各设备的能源利用率也不容忽视，虽然单一光伏板的实验室实测效率仍然在 11% 左右，但由于树荫和附近建筑物的遮挡，以及逆变器、控制器和传输线路的电力损失，最终的光伏系统能源利用效率仅为 $7\%\sim8\%$。由此可见，在设计建筑一体化光伏系统时选择高效率的设备和进行优化设计都是很重要的。

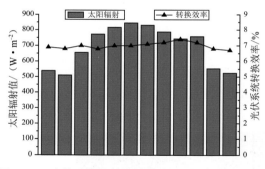

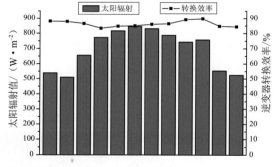

图 5-32　光伏系统的转换效率和对应的太阳辐射值　　图 5-33　逆变器的转换效率和对应的太阳辐射值

图 5-34 所示为嘉道理农场屋顶光伏阵列被遮挡的实景图。此图摄于下午 3：00 左右，由于太阳光被西面的树荫和北面的建筑遮挡，在光伏阵列的表面出现了因被遮挡而产生的阴影区域。从图中可以看出，除南面的 10 块光伏板外，其余光伏板皆被遮挡，也就是说光伏阵列中只有南边的这 10 块光伏板可以正常发电。当并联的光伏阵列中有一个光伏串不能正常发电时，整个光伏阵列的效率将会大大降低，所以此时光伏阵列的转换效率远远低于未出现遮挡区域时的正常转换效率。因此，在设计光伏建筑时考虑周围树荫和建筑会对光伏阵列可能产生的遮挡也是非常重要的。

图 5-34　嘉道理农场屋顶光伏阵列(摄于下午 3 点)

5.6　典型案例经济性分析和环境效益分析

5.6.1　典型案例的经济性分析

以安装于香港嘉道理农场接待处屋顶的 4 kW 太阳能 BIPV 示范系统为例,我国香港特别行政区的相关地理参数为:北纬 22.5°、东经 114.2°。4 kW 的 BIPV 并网发电光伏系统产生的电能通过双向逆变器满足接待处部分家电用电需求。该太阳能电池阵列是由 Schott Solar 生产的 ASE-100-GT-FT 型电池组件组成,共 40 块,每块板的面积均为 0.826 m²,光电转换效率为 11.5%;光伏组件水平铺设在屋顶,当太阳能发电量大于等于即时的负载需求时,可直接由太阳能供给负载的电能需求,并且可以将多余的电能返给电网;当太阳能不足以满足负载需求时,由市电满足负载的需求。

光伏系统经济分析使用动态平直供电成本作为评价该系统的供电技术经济性指标。该分析方法是将供电系统在整个寿命周期内发生的各项费用全部折现,再用等额分付因子分摊至系统运行期间内的各年,然后除以系统的年发电量,得到该系统的动态平直供电成本。本系统使用的组件寿命为 25 年,因此采用 25 年作为经济分析的周期。

5.6.1.1　确定系统的年发电量

1. 计算年平均太阳辐射总量

根据我国香港特别行政区太阳辐射月平均日辐照量乘以每月天数(见表 5-12),求和得到全年总的辐射值为 5 140 MJ/m²。

表 5-12　我国香港特别行政区太阳辐射月平均日辐照量　　　　　　单位:MJ/m²

月　份	1	2	3	4	5	6	7	8	9	10	11	12
辐射值	10.98	11.51	9.69	12.27	16.60	16.25	21.78	13.51	15.56	14.31	14.50	11.85

由此可以计算得到理论发电量:

$$理论发电量 = 年平均太阳辐射总量 \times 光伏电池总面积 \times 光电转换效率$$
$$= 5\ 140 \times 0.826 \times 40 \times 0.115\ kW \cdot h$$
$$= 5\ 425\ kW \cdot h。$$

2. 实际发电效率

太阳电池板输出的直流功率是太阳电池板的标称功率。在现场运行的太阳电池板往往达不到标准测试条件,输出的允许偏差是 5%,因此,在分析太阳电池板输出功率时要考虑到 0.95 的影响系数。随着光伏组件温度的升高,组件输出的功率会下降。对于晶体硅组件,当光伏组件内部的温度达到 50～75 ℃时,它的输出功率降为额定时的 89%,在分析太阳电池板输出功率时要考虑到 0.89 的影响系数。光伏组件表面灰尘的累积,会影响辐射到电池板表面的太阳辐射强度,同样会影响太阳电池板的输出功率。据相关文献报道,此因素会对光伏组件的输出产生 7% 的影响,在分析太阳电池板输出功率时要考虑到 0.93 的影响系数。

由于太阳辐射的不均匀性,光伏组件的输出几乎不可能同时达到最大功率输出,因此光伏阵列的输出功率要低于各个组件的标称功率之和。另外还有光伏组件的不匹配性和板间连线损失等,这些因素影响太阳电池板输出功率的系数按 0.95 计算。

并网光伏电站考虑安装角度因素折算后的效率为 0.88。

组件实际发电效率为:0.95×0.89×0.93×0.95×0.88 = 0.657。

系统实际年发电量 = 理论年发电量 × 实际发电效率 = 5 425 kW·h × 0.657 = 3 564 kW·h。

5.6.1.2　计算总成本折现值

核算系统寿命期内发生的各项投资成本及其费用,折为现值,并将其等额分摊至系统运行期内的每一年。其中投资成本包括初期投资成本、经常性运营成本和偶生成本。其中的初期投资成本见表 5-13。

表 5-13　初期投资成本　　　　　　单位:元

光伏组件	逆 变 器	组件支架	电　缆	系统安装成本	汇线盒和配电柜
134 000	55 000	45 000	9 500	50 000	6 500

以上各项总计初期投资成本为 300 000 元(以下计算中取:通胀率为 3%,利率为 6%)。

系统的经常性运营成本就是系统的维护成本。对于并网系统而言,该成本就是每年消耗市电的费用。本系统年均发电量为 3 564 kW·h,电网的电费价格以 1.0 元/(kW·h)计算,这样产生的平均经济效益是 3 564 元/年,经常性运营成本的折现值见下式:

$$经营性运营成本折现值 = 平均每年的成本 \times \left(1 + \frac{通胀率}{利率 - 通胀率}\right) \times \left[1 - \left(\frac{1 + 通胀率}{1 + 利率}\right)^{周期}\right]$$

$$= -3\,564 \times \left(\frac{1 + 0.03}{0.06 - 0.03}\right) \times \left[1 - \left(\frac{1 + 0.03}{1 + 0.06}\right)^{25}\right] 元/年 = -62\,669 元/年$$

并网型光伏系统的偶生成本就是逆变器的维护成本,逆变器的维护成本为初始成本的 20%。

$$逆变器的偶生成本折现值 = 55\,000 \times 0.2 元/年 = 11\,000 元/年$$

所以可得总成本的折现值为

$$总成本折现值 = 300\,000 - 62\,669 + 11\,000 元/年 = 248\,331 元/年$$

5.6.1.3　计算本系统的动态平直供电成本

动态平直供电成本可以计算为

$$动态平直供电成本 = \frac{总成本折现值}{年平均发电量 \times 经济分析周期} = \frac{248\,331}{3\,564 \times 25} 元/(kW·h) = 2.79 元/(kW·h)$$

该光伏发电系统的成本价格将近目前香港居民用电价格的三倍。目前,光伏发电成本过高是制约 BIPV 系统在我国发展的最主要原因。我国政府目前已经在酝酿相关的政策措施,以期支持和引导我国光伏发电系统及其相关产业的可持续发展。此外,近几年我国光伏产业发展迅速,产业链逐渐趋于完整,硅原料加工产业也开始起步。同时,产业的发展带动技术的进步,未来的光伏发电成本将持续下降,BIPV 系统是未来光伏应用中最重要的领域之一,其前景十分广阔,有着巨大的市场潜力。可以预见,在不久的将来与光伏相结合的建筑物会如雨后春笋般出现在我们身边,同时光伏发电也必将在能源结构中占有相当重要的地位。

5.6.2　典型案例的环境效益分析

以香港理工大学 21 kW 的屋顶式光伏系统为例。这套光伏系统是并网型屋顶式光伏系统,由 126 块型号为 SQ175-PC 的单晶硅光伏板组成。这些光伏板以 22.5°的倾角面朝南方,如图 5-35 所示。每个光伏组件的额定功率是 175 W,其他特性参数见表 5-14。

表 5-14　光伏组件的特性参数

额定功率	175 W
硅电池类型	单晶硅
硅电池尺寸	125 mm×125 mm
光伏组件尺寸	1.622 m×0.814 m
光伏组件效率	13.30%
光伏组件质量	18 kg
支架材料	铝

图 5-35　香港理工大学 21 kW 屋顶式并网光伏系统

5.6.2.1 光伏系统的潜在能耗

硅矿石被开采出来之后先加工成 MG-硅,然后又加工成 EG-硅,最后再提纯成能够用来作为光伏电池的硅片。在由硅矿石生产 1 kg MG-硅的过程中的耗能约为 20 kW·h,然后又需要耗能 100 kW·h 将 1 kg MG-硅转换成 EG-硅,在这个过程中有 90% 的硅损失。最后又需要耗能 290 kW·h 才能获得 1 kg 单晶硅硅片,在这个过程中有 72% 的硅损失。为了生产面积为 1 m² 硅电池,需要 1.448 kg 的单晶硅,其提纯和生产中所需要的总能耗可以表示为

$$E_\mathrm{P} = 290 \times 1.448 + 100 \times 1.448/0.72 + 20 \times 2.011/0.9 \ \mathrm{kW \cdot h/m^2} = 666 \ \mathrm{kW \cdot h/m^2}$$

硅锭需要切割成为硅片,每切割 1 m² 的硅电池需要耗能 120 kW·h。然后硅电池经过检测、层压和连接其他的电学元件可以转变成光伏组件。在这个过程中每生产 1 m² 的光伏组件的能耗是 190 kW·h。如果光伏板的产地是新加坡,则光伏板在海上运输所需要的能耗是 0.000 2 MJ/(kg·km),我国香港特别行政区和新加坡之间的距离是 2 697 km,则从新加坡运到我国香港特别行政区所需的总能耗是 3 236 kW·h。另外,光伏板回收过程中所需的能耗忽略不计。

对于屋顶式光伏建筑一体化系统,支架所需要的能耗为 220 kW·h/m²。除了支架外,逆变器所需的能耗为 33 kW·h/m²,而其用于运行、维护、电子设施、电缆和故障的能耗为 125 kW·h/m²。

对于一个容量为 21 kW 的并网型光伏系统,总的潜在能耗为 205 815.5 kW·h,其中光伏组件的潜在能耗为 146 259.5 kW·h,为总的潜在能耗的 71%;光伏系统配件的潜在能耗为 59 556.45 kW·h,为总的潜在能耗的 29%。图 5-36 所示给出了光伏系统的潜在能耗组成。

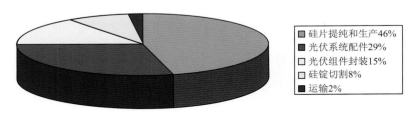

图 5-36　光伏系统的潜在能耗组成

从图 5-36 可以看出,硅片提纯和生产过程的能耗在光伏系统总的潜在能耗中所占比例最高,高达 46%。而光伏系统配件的能耗占总能耗的 29%,在能耗分析中不可以忽略不计。

5.6.2.2 光伏系统的能量输出

对于容量为 21 kW、面向南方倾角为 22.5° 的屋顶式光伏系统,全年可以获得的太阳辐射总量为 266 174 kW·h,相对应的全年总的输出能量为 28 154 kW·h。光伏组件全年的平均效率是 11.8%,低于厂家给出的标准状态下的效率 13.3%,因为实际运行状态下光伏组件的温度要高于标准状态下的光伏组件的温度。

光伏系统的能量输出受到光伏组件朝向和倾角的显著影响。因此,有必要研究这一光伏系统在不同朝向和倾角的能量输出,其结果见表 5-15。显然,当朝向或倾角不同时,全年的能量输出值相差很大。如果 21 kW 的光伏系统安装在建筑的南立面,则全年的能量输出与倾角 22.5°相比减少了 46.9%。

表 5-15　21 kW BIPV 系统在不同朝向和倾角的全年能量输出

朝　　向	倾　角/(°)	太阳辐射值/(kW · h)	能量输出/(kW · h)
南	0	208 947	21 039
	22.5	266 174	28 154
	30	275 989	29 194
	90	146 796	15 528
东	90	103 633	10 961
西	90	97 160	10 277

5.6.2.3　光伏系统的能量回收时间

对于此并网式屋顶光伏系统来说,系统的能量回收时间大概为 7.3 年,显然比光伏组件的寿命短得多。如果光伏系统安装在不同的方向,系统的能量回收时间将会很不同。如图 5-37 所示,由于光伏组件的安装朝向和倾角不同,系统的能量回收时间变化很大。垂直立面上的光伏系统的能量回收时间更长一些。但是,如果考虑到光伏壁面带来的建筑材料的节约和建筑冷负荷的减少,系统的能量回收时间会相应地减少。

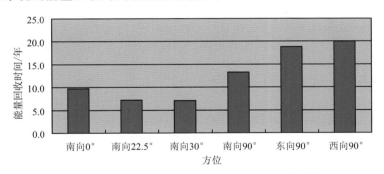

图 5-37　光伏系统在不同方位下的能量回收时间

5.6.2.4　光伏系统的温室气体回收时间

发电过程中温室气体的排放量取决于用来发电的能源的类型。图 5-38 给出了我国香港特别行政区电力公司的能源组成。我国香港特别行政区电力公司的数据指出,每 1 kW · h 的电能对应的温室气体的排放量为 671 g CO_2。21 kW

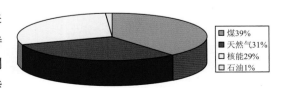

图 5-40　香港电力公司的能源组成

光伏系统全年的发电量为 28 154 kW · h,所以此系统的总温室气体减排量为 28 154 kWh×

671 g CO_2/kW·h＝18 891 kg CO_2。

光伏组件生产过程中产生的温室气体为 463 kg CO_2/m^2。对于屋顶式光伏系统,支架和电缆产生的温室气体为 6.1 kg CO_2/m^2,而逆变器对应的温室气体为 125 kg CO_2/m^2。在运输和回收过程中的温室气体的排放量无法确定。整个光伏系统加工和安装过程中的总温室气体的排放量为 98 482 kg CO_2。因此,光伏系统的温室气体回收时间约为 5.2 年。如果这个光伏系统安装在其他城市,则系统的温室气体回收时间将会有所不同。

本 章 小 结

太阳能源建筑系统是绿色建筑和新能源理念的两大革命技术的交汇点。太阳能技术与建筑节能相结合,可以为社会带来显著的环境效益、社会效益,是可持续发展新模式。在能源和环保压力的促进下,太阳能技术将成为新能源技术最重要的组成部分之一,太阳能在建筑学上的应用为节能环保绿色建筑的开发利用提供了无比广阔的前景。在我国太阳能与建筑一体化技术已基本成熟的条件下,太阳能与建筑一体化是我国太阳能利用行业发展的必然趋势。我国政府对 CO_2 减排国际义务承诺的落实、不断加强的建筑节能全民意识和日益成熟的房地产市场环境,促进了建筑节能完整利益链与市场化运行机制的形成,为建筑利用太阳能提供了良好机遇。可以肯定,未来的建筑市场将是节能减排的市场,太阳能建筑将迎来快速发展的春天。

未来太阳能与建筑一体化技术的发展会扩展到不局限于利用太阳能,而是从建筑的各个方面实现开源节能,向真正的绿色建筑迈进。随着太阳能与建筑一体化领域研究的不断发展,节能方式的不断完善,太阳能在绿色建筑上的应用将成为实现"双零建筑"(零能耗、零排放)的重要组成部分。

参考文献

[1] 杨洪兴,吕琳,马涛. 太阳能-风能互补发电技术及应用[M]. 北京:中国建筑工业出版社,2015.

[2] 沈辉,曾祖勤. 太阳能光伏发电技术[M]:北京:化学工业出版社,2005.

[3] EPIA. Global market outlook for photovoltaics 2014—2018[R]. Sweden,2014.

[4] 资信评估中心行业研究组. 2015 年光伏行业年度分析报告[R]. 北京,2015,3.

[5] 国家能源局. 国家能源局关于下达 2015 年光伏发电建设实施方案的通知[R]. 北京:国能新能 [2015]73 号. 2015,3.

[6] 杨洪兴,周伟. 太阳能建筑一体化技术与应用[M]. 北京:中国建筑工业出版社,2009.

[7] 彭晋卿,吕琳,杨洪兴. 太阳能光伏建筑一体化技术研究[J]. 建设科技,2012(21):54-59.

[8] BRINKWORTH B J, CROSS B M, MARSHALL R H, et al. Thermal regulation of photovoltaic cladding[J]. Solar Energy. 1997(61):169-78.

[9] MA T, YANG H, ZHANG Y, et al. Using phase change materials in photovoltaic systems for thermal regulation and electrical efficiency improvement: A review and outlook[J]. Renewable and Sustainable

Energy Reviews. 2015(43):1273-1284.

[10] KERN E C，Russell M C. Combined photovoltaic and thermal hybrid collector systems[J]. IEEE Photovoltaic Specialists Conference，1978:1153-1157.

[11] 荆树春，朱群志，陆佳伟. 太阳能光伏光热一体化技术的研究及应用[J]. 电源技术，2014，38(10)：1958-1960.

[12] HEGAZY A A. Comparative study of the performances of four photovoltaic/thermal solar air collectors [J]. Energy Conversion and Management. 2000，(41):861-881.

[13] 钱剑峰，张吉礼，马良栋. 新型光伏热建筑一体化系统及其相关技术分析[J]. 建筑热能通风空调，2010(2):12-16.

[14] 江涛，杨小凤，成镭. 浅谈建筑太阳能光电热综合利用[J]. 重庆建筑，2011，10(6):36-40.

[15] LIU K，HANFENG H E，et al. Numerical study of PV/T-SAHP system[J]. Zhejiang Univ Sci A. 2008，9(7):970-980.

[16] FANG G，HU H，LIU X. Experimental investigation on the photovoltaic-thermal solar heat pump air-conditioning system on water-heating mode[J]. Experimental Thermal and Fluid Science，2010，34(6):736-743.

[17] 倪明江，骆仲泱，寿春晖，等. 太阳能光热光电综合利用[J]. 上海电力，2009，(1):1-7.

[18] 杨洪兴. 光伏建筑一体化工程[M]. 北京：中国建筑工业出版社，2012.

第6章　绿色建筑与太阳能制冷技术

6.1　太阳能制冷技术原理概述

为创造舒适的居住环境,大量的能源被消耗在建筑上。据统计,建筑行业能耗占我国总能耗的 $28\%\sim30\%$。特别是在中国香港特别行政区,由于工业稀少,用电量的 90% 是由建筑造成的。在建筑所有的电力驱动设备中,空调系统以其高功率消耗而闻名。如图 6-1 和图 6-2 所示,在中国香港特别行政区典型的商业建筑和住宅建筑中,空调的电能能耗分别占建筑总电能消耗的 31% 和 36%。随着城市化进程的加速和人民生活水平的提高,为保持更加舒适的室内环境,将消耗更多的能源。然而,人类面临着越来越紧张的能源和环境问题,节能减排成为当前和未来社会备受关注的焦点与热点。研究新的空调系统、利用可再生能源作为新空调系统的动力将是解决空调、能源、环境三者间矛盾的根本出路。太阳能作为一种洁净和储量巨大的可再生能源,应用到制冷空调领域,发展成新型太阳能制冷空调技术,将对提高人类生活质量、降低传统化石能源的消耗以及促进绿色建筑行业发展起到积极的作用。

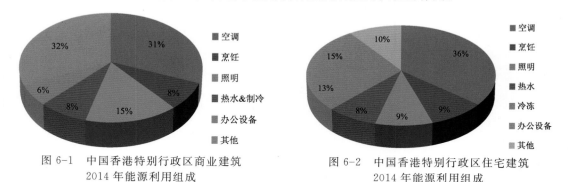

图 6-1　中国香港特别行政区商业建筑　　　　图 6-2　中国香港特别行政区住宅建筑
2014 年能源利用组成　　　　　　　　　2014 年能源利用组成

太阳能制冷技术用于建筑最常见的形式就是太阳能空调。如图 6-3 所示,太阳能空调的最大优点在于它有很好的季节匹配性,天气越热、越需要制冷的时候,太阳辐射条件越好,太阳能制冷系统的制冷量也越大。因此,使用太阳能空调制冷能有效地缓解夏季的高峰负荷。

太阳能空调制冷有两种实现形式:一种是太阳能光热转换制冷,首先进行光热转换,用太阳能集热器收集到的热量作为热源驱动空调系统;另一种是太阳能光电制冷,先利用光电转换技术实现太阳能发电,再用电力驱动常规压缩式制冷机进行制冷。目前,太阳能光热转换制冷系统主要有以下几种:太阳能吸收式制冷系统、太阳能吸附式制冷系统、太阳能液体除湿空调系统和太阳能蒸汽喷射式制冷系统。太阳能光电制冷系统主要分为光电半导体制冷和光电压缩式制冷。

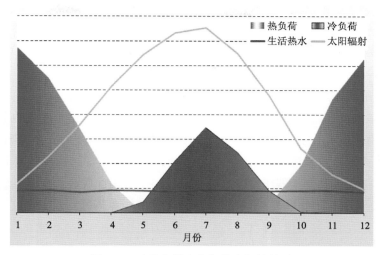

图 6-3　建筑能耗和太阳能之间的关系

下面就对这些系统的原理进行详细介绍。

6.2　太阳能吸收式制冷系统

　　吸收式制冷是利用两种物质所组成的二元溶液作为工质来运行的。这两种物质在同一压强下具有不同的沸点,其中高沸点的组分为吸收剂,低沸点的组分为制冷剂。吸收式制冷就是利用溶液的浓度随温度和压力变化而变化这一物理性质,将制冷剂与溶液分离,通过制冷剂的蒸发而制冷,又通过溶液实现对制冷剂的吸收。由于这种制冷方式利用吸收剂的质量分数变化来完成制冷剂循环,所以被称为吸收式制冷。

　　吸收式制冷系统的蒸发器和冷凝器与压缩式制冷系统类似。不同之处在于:在吸收式制冷系统中,压缩式制冷系统的压缩机被再生器、泵和吸收器取代。热源将用于加热发生器里的稀溶液使得制冷剂蒸汽沸腾并且压力升高,这样冷凝温度也会较高。由于吸收式制冷系统冷凝温度比环境温度高,冷凝器中的热量被排到环境中。接下来,冷凝器出口的高压液态制冷剂经减压阀减压,使得制冷剂的沸点降低。由于蒸发器温度和压力都较低,制冷剂在蒸发器中沸腾,吸收环境中的热量,达到空调房间的制冷效果。最后,制冷剂蒸汽被送入吸收器,被浓溶液吸收,浓溶液吸收制冷剂蒸汽后变成稀溶液再被溶液泵压入发生器,由此完成整个循环。

　　吸收式空调的性能系数(COP)定义为蒸发器传递的热量比上再生器传递的热量。吸收式空调系统常用的工质对有两种:一种是溴化锂-水,适用于大中型中央空调;另一种是氨-水,适用于小型家用空调。研究表明,相比其他工质对,溴化锂-水系统具有较高的性能系数。尽管由于结晶问题,这一系统的运行条件受到一定限制,但是它具有低成本、运行效率高等优点。与溴化锂-水系统相比,氨-水系统具有以下缺点:

（1）氨-水系统性能系数低于溴化锂-水系统。一般来说，相同条件下，氨-水系统性能系数低 10%～15%。

（2）氨-水系统对发生器入口介质温度要求更高。通常，溴化锂-水系统要求发生器入口介质温度为 70～88 ℃，而氨-水系统则要求发生器入口介质温度达到 90～180 ℃。因此，在使用平板太阳能集热器时，氨-水系统的性能系数会比较低。

（3）氨-水系统所需压力高，因此泵耗能也较高。

（4）在发生器出口处需要安装整流器将氨和水蒸气分开，这样整个系统也更为复杂。

（5）由于氨的使用有一定的危险，建筑使用氨-水系统具有一定的安全隐患。

太阳能吸收式制冷技术最早起源于 20 世纪初。太阳能吸收式制冷就是利用太阳能集热器为吸收式制冷机提供其发生器所需要的热媒水。用于太阳能吸收式空调系统的太阳能集热器，既可采用真空管太阳能集热器，也可采用平板型太阳能集热器。前者可以提供较高的热媒水温度，而后者提供的热媒水温度较低。理论和实验研究都表明：热媒水的温度越高，制冷机的性能系数（COP）越高，这样空调系统的制冷效率也越高。

由于太阳能是一种间歇性热源，早期的研究者常用的是间歇性吸收制冷循环。随着技术的发展，人们开始大量研究连续性吸收制冷循环系统。太阳能吸收式空调系统主要由太阳能集热器、吸收式制冷机、空调箱（或风机盘管）、辅助热源、储水箱和自动控制系统构成。由此可见：太阳能吸收式空调系统在常规吸收式空调系统的基础上，增加了太阳能集热器、储水箱和自动控制系统等主要部件。

6.2.1　单效太阳能吸收式空调系统

图 6-4 所示为单效太阳能吸收式空调系统的原理图。该系统是当前太阳能空调应用最广泛的一种。在太阳能吸收式空调系统中，太阳能集热器收集太阳能并将能量以热水的形式储存在储蓄槽中。然后，储蓄槽中的热水被提供给发生器，用于加热溶液，使制冷剂以蒸汽的形式蒸发出来。气态制冷剂在冷凝器中被降温冷凝成为液态制冷剂，然后进入低压蒸发器蒸发吸收被冷却空间中的热量。同时，发生器出口的浓溶液在吸收器前安装的换热器里与吸收器出口的稀溶液进行热交换，对要进入发生器的稀溶液进行预热。在吸收器中，浓溶液吸收蒸发器出口的气态制冷剂。冷却塔中的冷却水用于带走混合和冷凝产生的热量。由于吸收器的温度相比冷凝器温度对系统的效率影响更大，冷却水先用于冷却吸收器，然后再用于冷却冷凝器。系统还备有辅助热源，当太阳能不能满足发生器的温度要求时开启。

单效吸收式制冷循环如图 6-5 所示，下面详细叙述太阳能吸收式空调系统的工作过程。

（1）1-7：吸收器出口处状态点为 1 的稀溶液进入热交换器；点 7 是热交换器出口处稀溶液的状态点。1-7 整个过程中，溶液浓度没有发生变化。

（2）7-2-3：过程 7-2 是稀溶液在发生器中发生的显热变化，而 2-3 是溶液中的制冷剂（即溶液的溶剂）等压沸腾的过程。此沸腾压力与冷凝压力基本一致。在这一过程中，由于部分溶剂蒸发，稀溶液变成浓溶液。

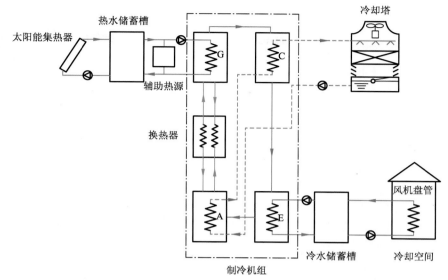

图 6-4　单效太阳能吸收式空调系统的原理图[1]

A—吸收器；G—发生器；C—冷凝器；E—蒸发器

（3）3-8：浓溶液在进入吸收器之前，在换热器里对吸收器出口的稀溶液进行预热。3-8 整个过程中，溶液浓度没有发生变化。

（4）8-4-1：吸收器中浓溶液吸收气态制冷剂的理想过程。

（5）2-5：冷凝器中气态制冷剂等压冷凝的过程（被来自冷却塔的冷却水冷却），冷凝压力为 p_C。

（6）5-6：制冷剂从冷凝器到蒸发器的状态变化。

（7）6-1：在蒸发器中，蒸发压力 p_E 较

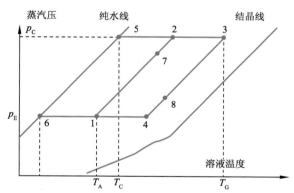

图 6-5　单效吸收式制冷循环[1]

p_C—冷凝压力；p_E—蒸发压力；T_E—蒸发温度；T_A—吸收温度；T_C—冷凝温度；T_G—再生温度

低。制冷剂蒸发吸收被冷却空间的热量。同时，蒸发器中气态制冷剂在吸收器中再次被吸收，完成整个制冷循环。

6.2.2　双效太阳能吸收式空调系统

吸收式制冷系统发生器的温度可以低至 73 ℃，因而可以更多地利用太阳能加热稀溶液。但是，较低的发生器温度也就意味着较低的性能系数。因此，用太阳能加热稀溶液为主，采用传统的化石燃料辅助加热，系统的效率往往较低，并不是明智之选。为提高系统的效率，有人提出了一种双效系统，此种系统有两个发生器，一级发生器燃烧化石燃料加热，另一级发生器使用太阳能加热。

图 6-6 所示为一种单/双效可转换吸收式制冷循环的原理图。在双效吸收式制冷机中,稀溶液会依次经过两个发生器。与单效吸收式制冷循环相比,单/双效可转换吸收式制冷机多一个高压发生器、一个二级热交换器和一个热回收单元。高压发生器和低压发生器共同作用,因此称为双效系统。由于相比单效系统,双效系统所需热量输入较低,所以双效系统的性能系数更高。

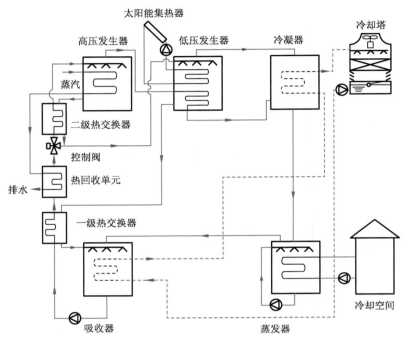

图 6-6　单/双效可转换吸收式制冷循环的原理图[1]

如图 6-6 所示,高压发生器产生的气态制冷剂和低压发生器中的溶液进行热交换,放出热量,然后进入冷凝器中。同时,低压发生器产生的气态制冷剂也进入冷凝器。然后,冷凝之后的制冷剂在蒸发器中吸收目标空间中的热量,产生制冷效果。显然,与单效吸收式制冷机相比,双效吸收式制冷机所需的冷凝量降低。

双效吸收式制冷机的稀溶液从吸收器出来之后,依次经过一级、二级热交换器和热回收单元。这样稀溶液得到了充分的预热。同时,高压发生器出口的浓溶液先进入低压发生器,然后经过一级热交换器回到吸收器。而如果太阳能系统作为加热源,控制阀会使从吸收器流出的稀溶液经一级热交换器和热回收单元后直接进入低压发生器。

6.2.3　双级太阳能吸收式空调系统

成本过高是限制单级太阳能吸收式制冷系统广泛应用的重要原因之一,其中最重要的是由于发生器所需温度高,需要安装成本较高的太阳能集热器。如果采用双级系统取代单级系统,就可以有效降低发生器的温度,从而可以使用成本较低的太阳能集热器。因此,为

了降低系统的初投资,最关键的是要降低发生器的温度。研究指出,降低发生器温度具有以下好处:

(1)系统可以使用常用的平板太阳能集热器,从而大大降低系统投资;

(2)对于溴化锂-水系统,可以避免溶液的结晶问题。

双级溴化锂吸收式制冷系统能使用温度更低的热源,适宜采用太阳能作为热源。起初,双级溴化锂吸收式制冷机是专门为回收低温工业废热设计的,但目前看来它们也适用于太阳能制冷系统。

图 6-7 所示为双级吸收式制冷机的原理图。系统有两个循环:高压循环和低压循环。高压发生器中的稀溴化锂溶液被热水加热,产生的水蒸气进入冷凝器冷凝。然后,冷凝水流入压力较低的蒸发器,在此处蒸发,从而产生制冷效果。而高压发生器中产生的浓溶液进入高压吸收器,吸收从低压发生器过来的水蒸气,变回稀溶液。接着,稀溶液被泵回高压发生器,完成高压循环。低压发生器中的浓溶液则流入低压吸收器,吸收蒸发器产生的水蒸气。低压吸收器产生的稀溶液被泵回低压发生器,完成低压循环。可见,制冷剂-水产生于高压状态,而吸收剂-浓溶液则产生于低压状态。因此,通过高压吸收低压再生,完成整个制冷循环。

图 6-8 所示为双级系统的焓-浓度图。由图可知,高压吸收器和低压发生器具有相同的工作压力,即 2.73 kPa。同时,双级系统的发生器温度大大降低,只有 66 ℃。实验表明:对于单级系统,当热媒温度低于 85 ℃ 时,系统的制冷能力和性能系数都会大大降低。然而,双级系统由于可以使用较低的热源,在不利的环境下运行时效果比单级系统要好。

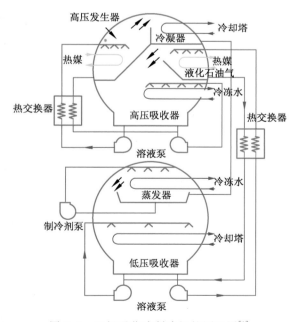

图 6-7　双级吸收式制冷机的原理图[1]

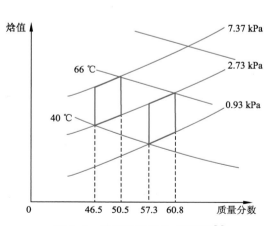

图 6-8　双级系统的焓-浓度图[1]

6.2.4 双循环太阳能吸收式空调系统

虽然上述吸收式系统为降低能量转换次数尽量直接利用太阳能,但这些系统的冷却塔消耗了大量的水资源。这在太阳能丰富而水资源匮乏的地区是一个严重的问题。双循环太阳能吸收式空调系统就是为了解决这一问题而提出的。它能避免使用湿式冷却塔,但系统的性能系数比较低。图 6-9 所示为此双循环太阳能吸收式空调系统的原理图,图 6-10 所示为该系统的浓度压力温度图(PTX 图)。该系统具有两个循环:高温循环和低温循环。每个循环和传统的单效吸收循环类似。高温循环的发生器的热量是由太阳能提供的,吸收器将热量释放到环境中,这也是该系统最主要的优势。低温循环的蒸发器产生制冷效果,这样完成整个系统和环境之间的热交换。

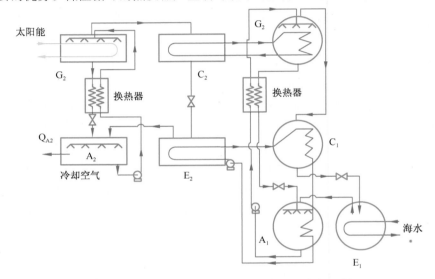

图 6-9　双循环太阳能吸收式空调系统的原理图[1]

高温循环和低温循环之间的热量交换原理是:高温循环的冷凝器为低温循环的发生器提供热源,该热源的温度需足够高,能使低温循环的发生器产生水蒸气;而高温循环的蒸发器则为低温循环的吸收器和冷凝器提供冷源。根据能量守恒,对于高温循环和低温循环,提供给发生器的热量和蒸发器产生的冷量的总和等于冷凝器和吸收器释放的热量的总和。同时,设计要求高温循环的冷凝器释放的热量应当等于低温再生器所需的热量。此外,高温循环的制冷量应当等于低温循环吸收器和冷凝器释放的热量。因此,此系统的设计非常复杂,因为要满足上述要

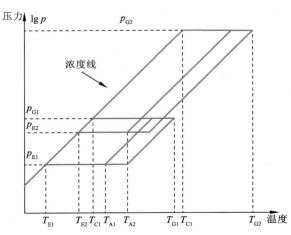

图 6-10　浓度压力温度图(PTX 图)[1]

求，同时还要考虑溴化锂溶液结晶和水结冰的问题。

由于双循环太阳能吸收式空调系统发生器温度较高，一般需要使用真空管太阳能集热器。同时，双循环太阳能吸收式空调系统的结构比单效系统要复杂得多，所以双循环太阳能吸收式空调系统只适用于太阳能丰富而水资源稀少的地区。

6.2.5　三效/多效太阳能吸收式空调系统

表 6-1[2] 所示为不同的太阳能吸收式空调系统的比较。三效太阳能吸收式空调系统性能系数最高，是通过在双效系统前加前置循环实现的。为了实现三效，前置循环的制冷剂冷凝产生的热量和前置循环吸收过程产生的热量将用来驱动双效循环的高压发生器。而高压阶段制冷剂冷凝热则用来驱动低压再生器。系统的制冷剂被三个阶段分用。驱动前置循环的发生器温度较高，一般高于 250 ℃，所以一般使用真空管或者槽式聚光太阳能集热器。

表 6-1　不同的太阳能吸收式空调系统的比较[2]

种　类	性能系数 COP	热源温度/℃	1 kW 制冷量 所需太阳能/kW	匹配的太阳能集热器类型
单效	0.75	80	1.43	平板
双效	1.4	130	0.83	平板、真空管
三效	1.8	250	0.59	真空管、槽式聚光

总的来说，太阳能吸收式空调系统与常规空调系统相比，具有以下三大明显的优点：

（1）太阳能空调的季节适应性好，也就是说，系统制冷能力随着太阳辐射能的增加而增大，而这正好与夏季空调负荷的变化趋势一致；

（2）传统的压缩式制冷机以氟利昂为介质，它对大气层有极大的破坏作用，而吸收式制冷机可以选择无毒、无害的溴化锂为介质，它对保护环境十分有利；

（3）同一套太阳能吸收式空调系统可以将夏季制冷、冬季采暖和其他季节提供热水结合起来，显著地提高了太阳能吸收式空调系统的利用率和经济性。

6.3　太阳能吸附式制冷系统

当流体与多孔固体接触时，流体中某一组分或多个组分在固体表面处积累，此现象称为吸附。吸附也指物质（主要是固体物质）表面吸住周围介质（液体或气体）中的分子或离子的现象。吸附属于一种传质过程，物质内部的分子和周围分子有互相吸引的引力达到平衡，但物质表面的分子，其中相对物质外部的作用力没有充分发挥，所以液体或固体物质的表面可以吸附其他的液体或气体，表面积越大，产生的吸附效果越明显。

太阳能吸附式制冷实际上是利用这一原理来达到制冷的目的。太阳能吸附制冷系统是一个封闭的系统。制冷循环包括两个主要阶段：制冷/吸附和再生/解吸。制冷剂在蒸发器里蒸发，然后被微观孔隙度非常高的固体物质吸附。在再生过程中，吸附剂被加热，制冷剂被解吸，然后回到蒸发器。用于吸附式制冷系统的吸附剂-制冷剂组合可以有不同的选择,例如:沸石-水、活性炭-甲醇等。这些物质均无毒、无害,也不会破坏大气臭氧层或者产生温室效应。

6.3.1 太阳能吸附式制冷技术的原理

图 6-11 所示为太阳能吸附式制冷系统的主要部件。此系统由太阳能集热器、冷凝器、接收器和蒸发器构成。

如图 6-12 所示,最基本的太阳能吸附式制冷循环包括以下 4 个阶段(2 个等压阶段和 2 个等比容阶段)。制冷过程起始点为状态点 1,此时吸附剂温度为 T_a(吸附温度),压力为低压 p_e(蒸发压力)。吸附剂中制冷剂(吸附质)的含量最高,为 X_{max}。隔离蒸发器和冷凝器之间的阀门关闭。当提供热量 Q_{d1} 给吸附剂的时候,吸附剂的温度和压力都升高,从状态点 1 变化到状态点 2(这一过程等同于蒸汽压缩循环中压缩机中制冷剂的变化过程),整个过程被吸附剂吸附的制冷剂含量相同,也是含量最高的。吸附剂达到状态点 2(冷凝压力 p_c)后,吸附剂被加热,从状态点 2 到状态点 3(这一过程等同于蒸汽压缩循环冷凝器中制冷剂的变化过程)。同时,解吸过程也开始了。被加热的吸附剂释放出制冷剂。制冷剂在冷凝器(冷凝温度 T_c)中冷凝变成液态,释放出冷凝热 Q_c,然后被接收器收集。当吸附剂达到最高的再生温度 T_d 时,吸附剂中制冷剂的含量会降到最低 X_{min}(状态点 3),此时解吸过程结束。接着,吸附剂被冷却,从状态点 3 到状态点 4(这一过程等同于蒸汽压缩循环膨胀阀中制冷剂的变化过程),整个过程被吸附剂吸附的制冷剂含量相同,也是含量最低的。在这一阶段,阀门开启,制冷剂流入蒸发器,系统的压力降低到蒸发压力 p_e,等同于制冷剂的蒸发压力(状态点 4)。此时制冷剂蒸发,从状态点 4 到状态点 1,产生制冷量 Q_e。在这一阶段,蒸发器中蒸发的制冷剂流入吸收器,被吸附剂吸收直至所含制冷剂达到最大值 X_{max}(状态点 1)。然后,吸附剂被冷却至吸附温度 T_a,释放出显热和吸附产生的潜热 Q_a。最后,阀门关闭,循环重新开始。在太阳能吸附式制冷循环中,状态点 1 到状态点 3 代表的是系统白天的运行情况,而状态点 3 到状态点 1 则代表的是系统晚上的运行情况。

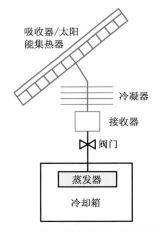

图 6-11　太阳能吸附式制冷系统的主要部件[3]

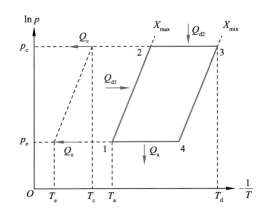

图 6-12　太阳能吸附式制冷循环[3]

6.3.2　吸附剂-吸附质工质对的选择

作为吸附式制冷的核心,吸附剂-吸附质工质对的选择是在设计制冷机制的过程中需要着重考虑的方面。在不同的应用环境下,选用合适的工质对不仅能大大提高制冷效率,还能节约成本,增强机制的安全性和可靠性。

(1)吸附质,即制冷剂的选择必须满足以下要求:

① 蒸发温度低于 0 ℃,为制冷需求,用于空调制冷时蒸发温度可以稍高;

② 为产生吸附效果,需要具有小的分子结构;

③ 具有高的蒸发潜热,液态时质量体积低;

④ 高导热系数;

⑤ 低黏度;

⑥ 在运行温度范围内,与吸附剂热物性稳定;

⑦ 在运行温度范围内,化学性质稳定;

⑧ 无毒、无腐蚀,不挥发;

⑨ 在正常运行温度下,饱和压力低(稍高于环境压力);

⑩ 对环境无污染,安全可靠。

吸附式制冷系统中最常用的制冷剂对大气环境完全无污染,如氨、甲醇和水,它们都具有较高的汽化潜热(分别为 1 368 kJ/kg、1 160 kJ/kg 和 2 258 kJ/kg)和较低的质量体积(比如数量级为 10^{-3} m^3/kg)。水和甲醇在运行温度下,压力为亚大气饱和压力,因此系统一旦渗入环境空气就会运行失常。如果使用氨,少量泄漏有时是可以容忍的,但是氨在冷凝温度为 35 ℃时,饱和压力是 1.3 MPa,这一点要求很难达到。同时氨有毒并且具有腐蚀性,水和甲醇无毒,也没有腐蚀性,但甲醇具有挥发性。因此,水是最常见的制冷剂,接下来是甲醇和氨。但是,水作为制冷剂时系统制冷温度必须高于 0 ℃。

(2)吸附剂选择时最重要的特征如下:

① 为产生较好的制冷效果,吸附剂在降低到室温的情况下能够吸附大量的制冷剂;

② 在被可利用的热源加热时,吸附剂能解吸大部分的制冷剂;

③ 低比热容;

④ 高热导系数有利于缩短循环周期;

⑤ 使用过程中吸附能力基本不变;

⑥ 无毒、无腐蚀;

⑦ 与所选制冷剂在物理和化学上兼容;

⑧ 低成本。

为了吸附大量的制冷剂,吸附剂一定要使用多孔材料(比表面积的数量级要在 600 m^2/g 以上),但多孔材料往往导热系数低,因而大大降低了制冷系统的性能。因此,在选择吸附剂材料时,要在多孔性和高导热性之间找到平衡点。

目前最常用的吸附剂有活性炭、沸石和硅胶(见图6-13[4])。活性炭具有较好的吸附和解吸能力,而天然沸石的解吸能力稍差。沸石的等温吸附线依赖于非线性压力,而活性炭和硅胶的吸附等温线则依赖于线性压力。硅胶虽然满足上面提到的大多数要求,但是价格高昂,而且在大多数国家地区属于稀缺材料。此外,硅胶长期使用后,吸附性能会恶化。

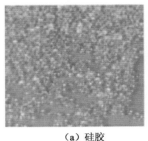 

（a）硅胶　　　　　　　　（b）沸石　　　　　　　　（c）活性炭

图6-13　常用的吸附剂[4]

目前,较为常用的吸附工质对主要有活性炭-甲醇/乙醇、硅胶-水、沸石-水等,其主要性质的比较见表6-2[5]。

表6-2　常用吸附工质对的性质对比[5]

工质对名称	制冷剂汽化潜热/(kJ·kg⁻¹)	极限吸附率	要求真空度	毒性	解析温度/℃	吸附温度/℃	近年来国内外试验样机的最大COP	备注
活性炭-甲醇	1 102	0.28	高	高	90	35	0.33	甲醛高于150 ℃会分解
活性炭-乙醇	842	0.20	中	无	100	35	0.10	—
沸石-水	2258	0.33	高	无	90	32	0.40	不适于制冰
硅胶-水	2 258	—	高	无	60	32	0.58	温度过高会使硅胶烧毁
氨-氯化钙	1 250	—	低	中	85	49	1.70	—

在对不同吸附工质对进行仔细研究后得出了以下使用规律:

① 冷冻(温度低于253 K):沸石-氨;

② 制冰(温度约为273 K):活性炭-甲醇;

③ 空调(温度范围为278~288 K):活性炭-甲醇、沸石/硅胶-水;

④ 采暖(温度约为333 K):活性炭-氨、沸石-水;

⑤ 工业热泵(温度高于373 K):沸石-水。

6.3.3　太阳能吸附式制冷的优点和缺点

(1)太阳能吸附式制冷具有以下优点:

① 系统稳定,和吸收式制冷相比,没有结晶的风险;

② 由于不需要使用泵,电力消耗较低(电力只需要用来切换阀门和控制单元);

③ 移动部件少,维护工作少,成本低。

(2)太阳能吸附式制冷具有以下缺点:

① 对容器的密封性有很高的要求;

② 与吸收式制冷相比,COP 较低;

③ 液压回路中循环温度变化导致需要对其进行精心的设计;

④ 商用机器价格昂贵,市场上只有很少量的供应商。

6.4　太阳能液体除湿空调系统

传统的压缩式制冷空调装置,通过将空气的温度降至露点以下使水析出来降低空气的湿度,为了达到所要求的送风温度又需要加热空气使其温度提高,这就造成了能源的浪费。而除湿式空调系统对空气的热负荷和湿负荷分别进行处理,使得制冷系统和除湿系统的能源利用效率都有显著的提升潜力。此外,除湿式空调系统与其他方式制冷系统相比还具有以下显著的优点:系统结构简单,噪声低;主要使用低品位的热能,节电效果好;无须氟利昂作为制冷剂,是一种环保型系统;处理空气量大,可直接加入新风,有益于提高室内空气品质。

除湿式制冷系统按照工作介质可分为固体除湿系统和液体除湿系统;按照制冷循环方式可划分为开式循环系统和闭式循环系统;按照结构形式可分为简单系统和复合系统。

6.4.1　太阳能液体除湿

6.4.1.1　液体除湿原理

液体除湿过程是一个复杂的传热传质过程,传质的驱动力是空气中水蒸气分压与除湿溶液表面的饱和蒸汽压之差。如图 6-14 所示,除湿剂表面的饱和蒸汽压比空气的水蒸气分压低,这样水蒸气就从空气向除湿溶液传递。随着传质过程的进行,被处理空气的含湿量下降,压力降低,而除湿溶液由于吸收了空气中的水分被稀释,其水蒸气压力增大。当接触时间足够长时,水分的传递过程最终将趋近平衡。除湿过后的稀溶液通过各种低品位热源进行加热再生,例如太阳能。

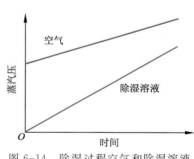

图 6-14　除湿过程空气和除湿溶液蒸汽压变化图

6.4.1.2　液体除湿剂

有机溶剂如三甘醇是最早用于液体除湿系统的除湿剂。但应用于除湿时,这些有机溶剂具有以下缺点:黏度大,易黏附在管道内壁,循环流动时易发生停滞,影响系统的稳定工作;易挥发,进入空调房间,影响空气品质,对人体造成危害;高损失率导致需要不断地向系统补充除湿剂。因此,在选择除湿剂时,有机溶剂已经逐渐被金属盐溶液取代。

最初,对单一溶质除湿剂的研究较多。1969 年,Kakabae 和 Khandurdyev[6]使用 LiCl 溶液作为除湿溶液。1978 年,Gandhidasan 和 Gupta 等[7]建议使用 CaCl₂ 进行除湿。1999 年,Lazzarin 等[8]采用 LiBr 溶液作为除湿溶液进行了实验,得到了大量的实验数据。2001 年,赵云等[9]通过比较分析得出 LiCl 溶液是更适合太阳能液体除湿空调系统的除湿溶液。2009 年,易晓勤等[10]通过实验比较了 LiCl 和 LiBr 的除湿性能,结果表明在实验工况范围内,LiCl 的除湿效果优于 LiBr。以上三种金属盐溶液成为目前太阳能液体除湿空调系统中最常用的几种除湿剂,但它们都具有一定的缺陷和不足。三者在高浓度下易结晶,并且对金属都具有一定的腐蚀性。CaCl₂ 成本低,价格便宜,但是 CaCl₂ 具有强腐蚀性并随空气入口状态的变化有浓度不稳定的缺点。而 LiCl 和 LiBr 腐蚀性稍低且性能稳定,但是价格昂贵。

为了开发性能好且价格便宜的除湿溶液,学者们建议将除湿性能优良但价格昂贵的除湿溶液与性能较差但低廉的除湿溶液进行混合。1992 年,Ertas 等[11]将 LiCl 和 CaCl₂ 按不同的比例进行混合后作为除湿剂,混合溶液中 LiCl 和 CaCl₂ 质量比为 1:1 时,性价比达到最佳。1995 年,Ameel 等[12]通过理论计算分析,认为将 LiCl 和 ZnCl₂ 以质量比为 2:1 混合后作为溶质的除湿剂是最理想的。2000 年,杨英等[13]配制了摩尔比为 1:1 的 LiCl 和 ZnCl₂ 进行了实验研究,证明 CaCl₂ 和 ZnCl₂ 的混合工质比任何单一工质的液体除湿剂在溶解度和黏度等方面均有明显改善。这是由于 LiCl、ZnCl₂ 混合溶液中形成了复杂的四氯化合物,在很大程度上降低了各自的黏度,并且具有较高的溶解度,因此表现出比单一溶质的除湿剂更好的特性。

可以看出,液体除湿空调系统中比较常用的有机除湿剂如三甘醇等在对空气除湿的过程中,易被空气携带,从而造成对室内环境的污染。而金属盐溶液 CaCl₂、LiCl 等溶液在运行过程中都有一定的浓度要求,高浓度时易出现结晶等现象,造成系统运行的故障。此外,盐溶液对金属具有一定程度的腐蚀性,给设备的选型和设计制造都带来一定的难度,使得系统的运行可靠性和寿命都大大降低。因此,寻找绿色环保无腐蚀性的除湿溶液是进一步改善太阳能溶液除湿空调系统性能,使其真正得到广泛应用的关键环节。

近年来,离子液体作为一种绿色溶剂和催化剂逐渐在化工领域受到国内外研究人员的关注。离子液体是由一种含氮杂环的有机阳离子和一种无机阴离子组成的盐,在室温或室温附近温度下呈液态,又称室温离子液体、室温熔融盐、有机离子液体等。罗伊默等[14,15]研究了离子液体作为除湿溶液的可能性。研究结果表明,85.5% 的 1-乙基-3-甲基咪唑四氟硼酸盐([Emim]BF₄)溶液和 81.7% 的 1,3-二甲基咪唑乙酸盐([Dmim]OAc)溶液,可以达到与40.9% 的 LiCl 溶液和 45% 的 LiBr 溶液相同的除湿效果。与盐溶液相比,两种离子液体在高浓度下不结晶,所以通过提高它们的浓度达到与盐溶液相同的除湿效果。同时,与 LiCl 和 LiBr 溶液相比,[Emim]BF₄ 溶液和[Dmim]OAc 溶液具有对金属低腐蚀或无腐蚀,以及在高浓度下不结晶等特点。这样[Emim]BF₄ 溶液和[Dmim]OAc 溶液就可以在太阳能液体除湿空调与热泵结合的新型空调系统中使用。虽然在除湿过程中离子液体溶液的浓度高,但它们在高浓度下不结晶,不会影响系统的运行。

目前由于有关离子液体应用于除湿的物性参数的资料很少,给研究带来了一定的困难。要选择合适的离子液体,需要对其物性参数有更加深入的了解,能通过阴、阳离子或其组合的种类进行一定的判断。

6.4.1.3　太阳能液体除湿空调系统工作原理

太阳能液体除湿空调系统工作原理如图 6-15 所示。在太阳能液体除湿空调系统中,由太阳能集热器、溶液再生器、除湿器、热回收器等关键部件构成集热循环和溶液循环两个回路。

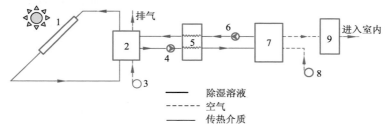

图 6-15　太阳能液体除湿空调系统工作原理图[16]
1—太阳能集热器;2—溶液再生器;3—再生风机;4—浓溶液泵;5—热回收器;
6—稀溶液泵;7—除湿器;8—除湿风机;9—空气处理器

(1)集热循环的工作流程如下:

① 太阳能集热器收集太阳辐射,将其转化为热能,加热其中的传热介质(一般为水或者空气),使其成为高温介质。

② 高温介质进入溶液再生器,加热溶液使溶液中的水分变为水蒸气蒸发出来,并被风机鼓入的空气吸收而后排出再生器。放热后的传热介质再回到太阳能集热器中进行吸热。

(2)溶液循环的工作流程如下:

① 溶液再生器产生的浓溶液在浓溶液泵的作用下进入热回收器。在热回收器中,高温的浓溶液和低温的稀溶液进行热量传递,对进入溶液除湿器的稀溶液进行预热,同时对进入除湿器的浓溶液进行预冷,从而提高除湿效率和系统的能源利用效率。

② 浓溶液进入除湿器与需要处理的高湿空气直接接触,进行热质交换,从空气中吸收水分,浓溶液变为稀溶液,空气湿度降低。

③ 稀溶液在稀溶液泵的作用下进入回热器进行预热,从而有效地提高了再生效率。

④ 稀溶液进入溶液再生器,被从太阳能集热器流出的高温介质加热,部分水分蒸发后变为浓溶液,进入下一个循环。

经过除湿器处理后的空气再通过空气处理器进行温度调整后成为温湿度适宜的空气,被送入室内。基于上述方式,可实现太阳能液体除湿空调系统的正常运行。

6.4.1.4　除湿器

1. 除湿器的结构

除湿器是太阳能液体除湿空调系统的核心部分,其设计直接关系到整个除湿空调系统的性能。除湿器通过浓溶液的喷洒处理空气,使空气达到送风要求。溶液再生器对稀溶液进行浓缩再生,以供除湿器继续利用。在除湿器中,主要发生空气和溶液的热质耦合传递过程,下面对除湿器的结构进行分析。

根据除湿过程中是否有热量加入或排出,除湿器可分为两大类:绝热型和内冷型,两种结构如图 6-16 所示。绝热型除湿器是指在空气和液体除湿剂的流动接触中完成除湿,除湿器与外界的热传递很少,除湿过程可近似为绝热过程。内冷型除湿器指在空气和液体除湿剂之间进行热质传递过程的同时,采用外加冷源(如冷却水或冷却空气等)的方式进行冷却,带走除湿过程中所产生的潜热(水蒸气液化所放出的潜热),该除湿过程近似于等温过程。

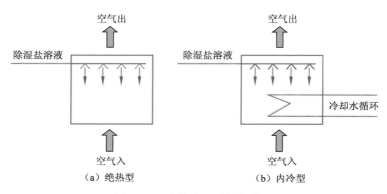

图 6-16 液体除湿器结构简图

2. 除湿器的流动形式

根据除湿器中溶液与空气的接触方向的不同,可以将除湿器分为顺流、逆流和叉流三种形式。在顺流式除湿器中,除湿溶液和被处理空气从同一侧进入,同一侧流出,两介质在填料中同向流动;在逆流式除湿器中,液体从上喷淋,气体自下而上,两介质在填料中逆向流动;在交叉流除湿器中,液体由填料上方喷淋,气体横向流动,呈交叉形式。其中,顺流除湿器的热质交换效果最差,逆流除湿器最优,叉流除湿器介于二者之间。逆流除湿器虽然传热传质的效果优于叉流,但是逆流接触形式使得空气和溶液的热湿交换设备不好布置、占用空间较大,很难实现多级串接,一般采用单级形式。叉流热质交换装置相对逆流而言,使得风道的布置更为容易、占用空间小,多个装置很容易结合起来,形成多级的除湿系统,从而进一步提高热质交换的能力。

3. 除湿器中热质交换的数学模型

对于绝热型的除湿器,最常用的热质交换模型有三种:有限差分模型、ε-NTU 模型和简化模型。其中有限差分模型是最准确也是最常用的。下面以绝热型逆流除湿器为例,简单介绍有限差分模型的基本计算过程。

在绝热型逆流除湿器中,空气和溶液的逆流热质交换过程如图 6-17 所示,下标 a 和 s 分别为空气和溶液。除湿器的高为 H,z 轴与空气流动方向一致,空气和溶液的进口参数如图 6-17 所示。

在建立逆流除湿填料中热质交换的计算模型前进行如下假设:除湿器中进行的传热传质

过程与外界是绝热绝湿的；填料层中传热和传质的面积相同；忽略空气和溶液在流动截面的不均匀性；沿流体流动方向无传热和传质进行；传热传质阻力主要取决于气相，液相阻力可以忽略。

取图 6-17 中 $\mathrm{d}z$ 长度的微元进行分析，在这个微元体中空气和溶液传热传质过程遵循能量守恒和质量守恒定理：

（1）微元体内水蒸气质量守恒方程

$$G_\mathrm{a}\mathrm{d}W_\mathrm{a}+\mathrm{d}G_\mathrm{s}=0 \tag{6-1}$$

式中，G_a 为微元体中空气的质量流速，$\mathrm{kg/(m^2 \cdot s)}$；$G_\mathrm{s}$ 为微元体中溶液的质量流速，$\mathrm{kg/(m^2 \cdot s)}$；$W_\mathrm{a}$ 为微元体湿空气的含湿量，$\mathrm{kg/(kg干空气)}$。

（2）微元体内热量守恒方程

$$G_\mathrm{a}\mathrm{d}h_\mathrm{a}+\mathrm{d}(h_\mathrm{s}G_\mathrm{s})=0 \tag{6-2}$$

式中，h_a 为微元体中空气的焓值，$\mathrm{kJ/kg}$；h_s 为微元体中溶液的焓值，$\mathrm{kJ/kg}$。

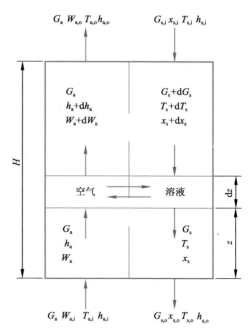

图 6-17　逆流除湿器热质交换示意图[15]

（3）微元体内空气与溶液的显热交换方程

$$G_\mathrm{a}C_\mathrm{pa}\mathrm{d}T_\mathrm{a}=\alpha_\mathrm{C}A_\mathrm{v}(T_\mathrm{s}-T_\mathrm{a})\mathrm{d}z \tag{6-3}$$

式中，C_pa 为湿空气的定压比热容，$\mathrm{kJ/(kg \cdot K)}$；α_C 为对流传热系数，$\mathrm{kW/(m^2 \cdot K)}$；$A_\mathrm{v}$ 为填料比表面积，$\mathrm{m^{-1}}$；T_s 为溶液温度，$\mathrm{℃}$；T_a 为空气温度，$\mathrm{℃}$。

（4）微元体内空气与溶液的全热交换方程

$$G_\mathrm{a}\mathrm{d}h_\mathrm{a}=\alpha_\mathrm{D}A_\mathrm{v}\mathrm{d}z\left[(h_{\mathrm{a},T_\mathrm{s}}-h_\mathrm{a})-\left(1-\frac{\alpha_\mathrm{C}}{\alpha_\mathrm{D}C_\mathrm{pa}}\right)C_\mathrm{pa}(T_\mathrm{s}-T_\mathrm{a})\right] \tag{6-4}$$

式中，α_D 为传质系数，$\mathrm{kg/(m^2 \cdot s)}$；$h_{\mathrm{a},T_\mathrm{s}}$ 为溶液表面饱和湿空气的焓值，$\mathrm{kJ/kg}$。

（5）边界条件的确定

$$z=0，T_\mathrm{a}=T_{\mathrm{a,i}}，G_\mathrm{a}=G_{\mathrm{a,i}}，W_\mathrm{a}=W_{\mathrm{a,i}}$$
$$z=H，T_\mathrm{s}=T_{\mathrm{s,i}}，G_\mathrm{s}=G_{\mathrm{s,i}}，x_\mathrm{s}=x_{\mathrm{s,i}}$$

除湿过程中的传质系数关系式为

$$\alpha_\mathrm{D}=25.9u^{0.833}/3\ 600 \tag{6-5}$$

式中，u 为空气流速，$\mathrm{m/s}$。

传热系数的计算使用如下简化计算方法：

$$\frac{\alpha_\mathrm{C}}{\alpha_\mathrm{D}}=C_\mathrm{pa} \tag{6-6}$$

式（6-1）～式（6-4）描述了一个微元体内空气和溶液的传热传质过程，其中对流换热系数和传质系数通过式（6-5）和式（6-6）进行计算。4 个方程有 4 个未知数，分别为出口溶液流量、出口溶液温度、出口空气的温度和出口空气的焓值，于是方程组得以封闭。

除湿中空气与溶液的传热传质过程是比较复杂的问题，随着计算机的发展，数值计算方法的应用越来越广泛。本书采用有限差分法对方程组进行离散。逆流的 z 坐标的 0 点选择在除湿器填料的底部，将整个除湿器划分成 n 个网格，网格是均匀分布的，如图 6-18 所示。

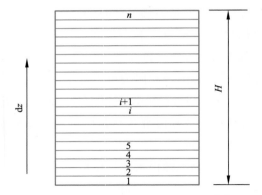

图 6-18 逆流除湿器数值计算模型[54]

基于图 6-18 的数值计算模型，采用向前差分格式，将方程（6-1）～式（6-4）离散化得到节点 i 处的差分方程：

$$G_{s,i+1} - G_{s,i} = G_a \times (W_{a,i+1} - W_{a,i}) \tag{6-7}$$

$$G_a \times (h_{a,i+1} - h_{a,i}) = G_{s,i}(h_{s,i+1} - h_{s,i}) + h_{s,i} \times (G_{s,i+1} - G_{s,i}) \tag{6-8}$$

$$G_a C_{p,a,i}(T_{a,i+1} - T_{a,i}) = \alpha_c A_v \left(T_{s,i} - \frac{T_{a,i} + T_{a,i+1}}{2} \right) \times \mathrm{d}z \tag{6-9}$$

$$G_a(h_{a,i+1} - h_{a,i}) = \alpha_D A_v \mathrm{d}z \left[\left(h_{a,\text{equ},i} - \frac{h_{a,i} + h_{a,i+1}}{2} \right) - \left(1 - \frac{\alpha_C}{\alpha_D C_{p,a,i}} \right) C_{pa,i} \left(T_{s,i} - \frac{T_{a,i} + T_{a,i+1}}{2} \right) \right] \tag{6-10}$$

结合空气和溶液的边界条件，便可通过数值计算得到出口状态。

计算过程：

① 假定出口溶液各参数；

② 从空气入口处开始计算，得到第一个微元体出口空气温度，空气焓值；

③ 根据空气焓值和干球温度计算空气含湿量；

④ 根据质量守恒可计算溶液的浓度和质量流量；

⑤ 根据能量守恒得到溶液的比焓；

⑥ 调用函数得到溶液的温度；

⑦ 重复步骤②～⑥，即可算出入口溶液的各参数，然后与实际溶液入口各参数比较，如超过允许误差范围即对假定出口溶液各参数进行修正后重复步骤①～⑦；如已经达到一定的精度，此时假定的出口溶液各参数即为准确值。具体求解步骤如图 6-19 所示。

以上常用的三种模型都是稳态模型。同时，为了简化计算，设定了很多假设条件，而在实际运行过程中并非如此。随着计算机技术的飞速发展，使用计算流体力学方法能准确地描述除湿器中复杂的传热传质过程。实际上，这种方法已经被大量地应用于对蒸发器、吸收塔、蒸馏塔等设备的研究中。因此，为能模拟除湿器中动态的热质交换过程，香港理工大学可再生能源研究组提出一种基于 CFD 的动态模型[17,18]。此模型的优势如下：

① 充分考虑了速度场对传热传质的影响，包括重力、黏性力和表面张力；

② 不像之前的模型将溶液和空气物性设置成恒定值,本模型两者物性是随除湿进行不断变化的;

③ 采用了渗透模型,实现了传热传质过程的动态模拟;

④ 此模型的计算能提供除湿器内不同地方的速度场、浓度场、温度场、液膜厚度以及液膜表面的波动情况。

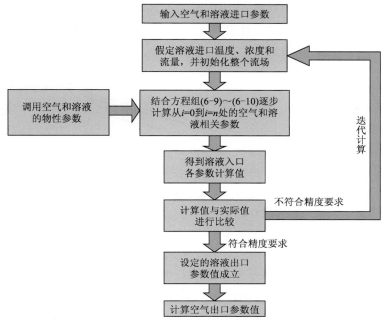

图 6-19　逆流除湿器数值计算流程图[16]

6.4.1.5　太阳能再生器

除湿之后的溶液变成稀溶液,需要再生到一定浓度才能进行下一次除湿,所以再生器是整个除湿系统不可或缺的组成部分。再生器和除湿器具有相同的结构和填料,但是其内部发生的传热传质过程和除湿器内正好相反。通常在稀溶液进入溶液再生器之前要将其加热到最佳温度以提高再生效率,常用的办法是安装热交换器回收从再生器中流出的浓溶液的热量。

通常,一些低品位的热能可以作为驱动再生器的热源,比如太阳能。太阳能集热器已经广泛应用于液体除湿系统的溶液再生中。太阳能集热器可直接或间接用于溶液的再生。在直接利用模式中,除湿器出口的稀溶液直接收集太阳能。在间接利用模式下,收集太阳能热量的流体是水,然后再用加热后的水来预热再生器入口的稀溶液。前者对太阳能的利用率更高,因为再生温度基本上和太阳能收集器温度一致。同时,由于太阳能集热器和溶液再生器是一体的,系统结构更简单。但是,在阴天太阳能不足时,仅靠太阳能集热器难以完成溶液的再生。因此,还需要安装备用热源以防太阳能不足时能满足再生要求。直接式太阳能集热器又可以分为以下几种:开式、闭式、自然对流式和强制对流式、间接式系统。在所有种类中,强制对流式再生器效率最高,应用最广泛。常见的太阳能再生器类型简介如下:

1. 开式

开式太阳能集热再生器是浓缩稀溶液最简单的再生器之一。如图 6-20 所示,开式太阳能集热再生器主要由分液器、倾斜的黑表面和太阳能集热器背面的绝热层组成。稀溶液流过太阳能集热器表面,和环境空气直接接触。因为溶液表面蒸汽压比环境空气的水蒸气分压大,所以溶液中的水蒸发,并向空气扩散。此过程除了蒸发以外,还伴随着各种形式的热交换。开式太阳能集热再生器对天气要求比较高,阴雨天气会大大影响它的效率。由于是开式系统,溶液与环境空气接触损耗的热量也降低了再生温度。

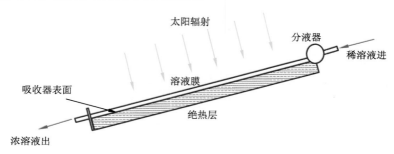

图 6-20　开式太阳能集热再生器示意图[19]

2. 闭式

闭式太阳能集热再生器能抵抗不利的外界环境的影响,并避免灰尘的污染。如图 6-21 所示,闭式太阳能集热再生器是开式再生器上加了一层玻璃,两头密封起来的装置。其内部发生的再生过程和太阳能蒸馏器类似。太阳辐射能被溶液膜吸收,从溶液中蒸发出来的水蒸气上升到玻璃罩下方冷凝并沿着玻璃板流到冷凝水箱中。再生器中发生的能量传递有三种形式:辐射、对流和蒸发-冷凝。太阳能集热器底部需要做好隔热处理,以避免热量损失。

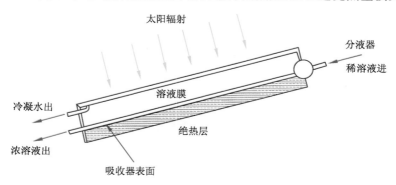

图 6-21　闭式太阳能集热再生器示意图[19]

有关研究结果表明,尽管闭式太阳能集热再生器能有效地降低对流换热造成的热损失,但是由于缺乏对流通风,再生的驱动力也会降低。

3. 自然对流式和强制对流式

对流式太阳能再生器和闭式再生器结构类似,只是其两端不封闭用于自然通风或强制对流。对流式太阳能再生器示意图如图 6-22 所示。

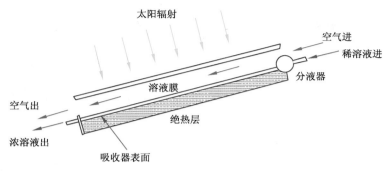

图 6-22　对流式太阳能再生器示意图[19]

自然对流式太阳能再生器的溶液入口条件和玻璃罩高度都是可控的,而强制对流式太阳能再生器除了以上两项外,还能控制入口空气流量。对于自然对流式太阳能再生器而言,由于风向是随机的,在溶液膜中会产生停滞不前的气穴,从而降低太阳能再生器的效率。而强制对流式太阳能再生器能保证连续的气流,溶液也一直是层流状态,所以设备压降不大。强制对流式太阳能再生器根据气流方向又可分为顺流型再生器和逆流型再生器。研究表明,顺流型再生器传质效率更高。

4. 间接式系统

前文已经提到,可利用太阳能先加热一种介质,再用来加热再生溶液。这种方式就是太阳能用于再生的间接利用。如图 6-23 所示,从太阳能集热器流出的热水被用于预热将流入再生器中的稀溶液。这种再生方式总效率可能比太阳集热再生器高,但是它对于太阳能的利用率要低。

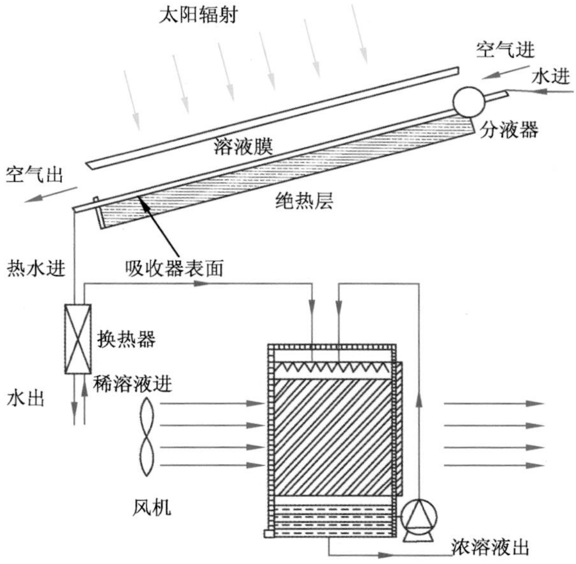

图 6-23　太阳能间接再生示意图[19]

6.4.2　太阳能固体除湿

1. 固体除湿原理

所有固体吸附剂本身都具有大量孔隙,因此孔隙内表面面积非常大。各孔隙内表面呈凹面,曲率半径小的凹面上水蒸气分压力比平液面上水蒸气分压力低,当被处理空气通过吸附材料时,空气的水蒸气分压力比凹面上水蒸气分压力高,因此,空气中的水蒸气向凹面迁移,由气态变为液态并释放出汽化潜热。

2. 固体除湿剂

固体除湿空调系统的性能好坏与固体除湿剂的选择有很大的关系。常用的除湿剂有活性炭、硅胶、活性氧化铝、天然和人造沸石、硅酸钛、合成聚合物、氯化锂和氯化钙等。

3. 太阳能固体转轮除湿空调系统

对于固体除湿空调系统,根据其吸附床的工作状态可分为固定床式和旋转床式。由于固定床式系统工作的间歇性,近年来旋转床系统越来越受重视并得到了较快的发展。下面重点介绍太阳能固体转轮除湿空调系统。

如图 6-24 所示,本书给出了一个典型的太阳能固体转轮除湿空调系统及其对应的空气处理过程。

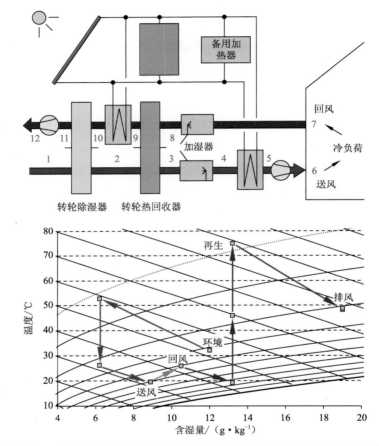

图 6-24　典型的太阳能固体转轮除湿空调系统及其对应的空气处理过程

系统空气处理过程如下:

(1)1-2:新风的吸附除湿过程,这一过程基本是绝热的,空气被吸附产生的潜热加热。除湿的转轮来自再生侧。

(2)2-3:利用室内回风对新风进行预冷的过程。

(3)3-4:利用除湿器将新风蒸发冷却到指定的送风状态点。

(4)4-5:加热盘管只在供暖季启动,用于预热空气。

(5)5—6：风机造成的少量温升。

(6)6—7：由于承担室内负荷，送入室内空气的温度和湿度同时增加。

(7)7—8：室内回风采用蒸发冷却方式处理到接近饱和线。

(8)8—9：使用高效热交换器与逆流新风进行热交换后，温度升高。

(9)9—10：太阳能集热器提供再生热。

(10)10—11：除湿器除湿剂空隙中吸附的水分被热空气解吸。

(11)11—12：废气被风机排到室外。

4. 太阳能固体转轮除湿空调系统

如图 6-25 所示，转轮除湿机的主体结构是一个不断转动的蜂窝状转轮，用覆有固体除湿剂的特殊复合耐热材料制成。转轮可以分成工作区和再生区，它们分别与处理气和再生空气相接触，两区中间被密封隔离。当湿空气进入工作区时，空气中水分子被转轮中的除湿剂吸收；吸收了水分子的转轮扇区饱和时自动转到再生空气侧扇区再生。再生过程中，太阳能集热器为再生器提供热量，加热后的空气进入再生扇区，将已饱和的除湿剂内的水分蒸发并带走，恢复除湿剂的除湿能力，从而使除湿过程和再生过程周而复始地进行。

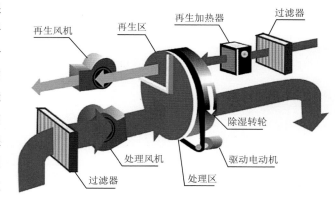

图 6-25　固体转轮除湿器

6.4.3　建筑应用经济性分析

对于太阳能液体除湿空调系统，香港理工大学可再生能源研究组对其进行了详细的模拟研究和经济性分析[20]。模拟以太阳能液体除湿空调系统用于一栋典型的商业建筑为例。如图 6-26 所示，使用的太阳能液体除湿空调系统主要由液体除湿循环系统和全空气空调系统构成，对室内潜热和显热分别进行处理。为提高传热传质效率，本系统采用了常用逆流内冷式除湿器和再生器，以 LiCl 作为除湿剂。从图中可以看出，系统包括一个溶液循环，两个水循环和两个空气循环。系统设置真空管太阳能集热器，用于溶液的再生，同时备有电加热器，在集热器供热量不足时使用。太阳能集热器面积为 500 m^2。此外，使用了多个热交换器来提高系统效率。换热器 1# 是用冷却塔中的冷却水来对即将进入除湿器中的浓溶液进行预冷，换热器 2# 则是提供稀溶液和浓溶液之间的换热。表 6-3 列出了系统的主要运行参数和一些假定条件。

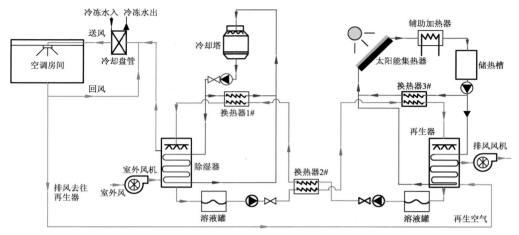

图 6-26　太阳能液体除湿空调系统示意图

表 6-3　系统部件运行条件

换热器	效率	1#：0.93
		2#：0.54
		3#：0.93
冷却塔	效率	0.45
太阳能集热器	倾斜角	纬度（朝南）
电加热器	效率	0.9
除湿器/再生器	长×宽	1m×1m
	流道宽度	0.02m
热储槽	尺寸	1 000 L×4
	效率	0.8
质量流量/(kg·s⁻¹)	溶液	0.25
	冷却水	0.5
	热水	0.5
	空气	除湿器：建筑通风率
		再生器：建筑排气率

　　模拟结果得到了该系统在五个不同的城市的运行结果，包括系统的 COP，干燥运行比和太阳能利用率。五个城市分别是洛杉矶、博尔顿、休斯敦、北京和新加坡。干燥运行比定义为湿负荷完全由液体除湿系统处理的时间占总运行时间的比例。太阳能利用率指太阳能集热器给系统提供的初次能源占系统所消耗初次能源的比例。

　　如图 6-27 所示，运行 COP 最高的系统在洛杉矶，其 COP 为 5。接下来是新加坡和休斯敦，COP 为 4.5～5。但是，系统在北京运行的 COP 较低，一般只有 2.5～3.5。在博尔顿，由于天气干燥，在制冷季，液体除湿系统可以除掉建筑 80% 的湿负荷。在洛杉矶，干燥运行比也较高，为 70% 左右。新加坡和休斯敦系统的干燥运行比是 55%～65%。系统在北京的干燥运行比最低。

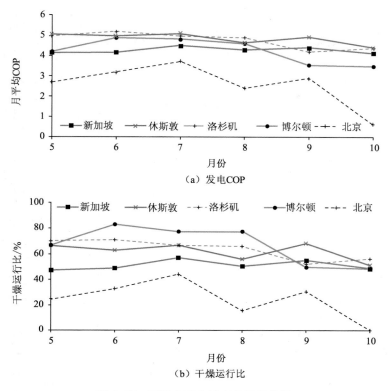

（a）发电COP

（b）干燥运行比

图 6-27　系统在五个城市的运行状况

对于潮湿地区的建筑，例如新加坡和休斯敦，如果使用传统空调系统，需要消耗大量电能用于空气的除湿。而如果使用太阳能除湿空调系统，消耗能量会大大降低。在制冷季，大约能节省 450 MW·h 的电能，约占系统能耗的 40%。对于干燥地区，如博尔顿，由于干燥运行比较高，系统 COP 得到提高，可以节约 45% 的电能。而在北京，系统运行结果最差。

太阳能的利用率在洛杉矶、博尔顿和北京分别是 30%～40%、24%～40% 和 20%～30%。在休斯敦和新加坡，由于制冷负荷较大，太阳能利用率较低，为 15%。

为进一步研究使用太阳能液体除湿空调系统的可行性，计算了系统的成本回收期。其定义如下：

成本回收期＝（除湿空调系统总费用－传统空调总费用）÷每年节省的电费

空调系统的总费用包括系统初投资、安装费用和每年的维护费用。对于传统的空调系统，初投资主要花在空气处理单元和蒸汽压缩制冷机组上，例如制冷机组、冷却盘管、冷却塔、风机和水泵。除了以上部件，太阳能液体除湿空调系统还需投资于液体除湿单元和太阳能集热器。两个系统在五个不同的城市的总费用和成本回收期见表 6-4。由于太阳能液体除湿空调系统结构更复杂，其安装和维护费用也更高。北京的成本略低是因为人工成本低。从表 6-4 中可以看出，在新加坡和休斯敦的回收期很短，只有约 7 年。而博尔顿的回收期也可以接受，约为 22 年。但是在湿度适中地带，例如洛杉矶和北京，成本回收期长达 30 多年。

表6-4 总费用和成本回收期

价格（百万美元）		博尔德		洛杉矶		北京		休斯敦		新加坡	
		传统系统	太阳能系统	传统系统	太阳能系统	传统系统	太阳能系统	传统系统	太阳能系统	传统系统	太阳能系统
空气处理单元	制冷机	0.32	0.32	0.28	0.29	0.18	0.16	0.58	0.53	0.46	0.42
	风机和泵	0.05	0.05	0.04	0.04	0.02	0.02	0.08	0.07	0.06	0.06
	冷却塔	0.03	0.03	0.03	0.03	0.02	0.02	0.06	0.05	0.05	0.04
	冷却盘管	0.39	0.39	0.34	0.35	0.21	0.2	0.7	0.63	0.56	0.51
	电加热装置	0.17	0.17	0.15	0.15	0.09	0.08	0.3	0.27	0.24	0.22
太阳能加热系统	集热器		0.19		0.19		0.12		0.19		0.19
	水箱		0.02		0.02		0.02		0.02		0.02
	水泵		0.02		0.02		0.01		0.02		0.02
液体除湿空调系统	除湿器		0.04		0.04		0.02		0.04		0.04
	再生器		0.04		0.04		0.02		0.04		0.04
	溶液罐		0.02		0.02		0.01		0.02		0.02
	风机和泵		0.01		0.01		0		0.01		0.01
安装和维护	安装	0.32	0.35	0.28	0.32	0.07	0.09	0.58	0.63	0.46	0.51
	维护（每年）	0.07	0.07	0.06	0.06	0.04	0.04	0.12	0.13	0.08	0.09
总费用和成本回收期	总费用/百万美元	3.18	3.64	3.44	3.96	2.13	2.38	3.16	3.49	2.19	2.49
	年发电量/（MW·h）	144.75	272.89	135.2	255.4	352.26	401.7	619.4	1028.6	732.8	1137
	成本回收期/年	22.15		30.88		31.58		7.15		6.74	

6.5　太阳能蒸汽喷射式制冷系统

6.5.1　喷射器

喷射器是喷射制冷系统的核心,由查尔斯·帕森斯爵士在 1901 年发明,用于从蒸汽机的冷凝器排除空气。1910 年,莫里斯·勒布朗首次将喷射器用于蒸汽喷射制冷系统中。在 20 世纪 30 年代早期,这一空调系统被广泛用于大型建筑物。下面简单介绍喷射器的主要特征。喷射器主要由喷嘴、混合室和扩压室组成。喷射器没有运动部件,并且无须其他能源驱动。

喷嘴和扩压室具有和文丘里管相同的汇合/发散的几何结构。喷嘴、混合室和扩压室的直径和长度,以及蒸汽流量和物性决定了喷射能力和性能。喷射能力定义为动力流(一次流)与引射流(二次流)之间的比值。喷射器的压缩流是动力流和引射流的总和。对制冷系统而言,最重要的参数包括引射率、膨胀比和压缩比。引射率是引射流与动力流的流量之比。膨胀比是动力流与引射流的压力之比。压缩比是压缩流和引射流的压力之比。引射率决定了制冷循环的效率,而压力比决定了排放热量的上限温度。因此,在给定工作条件下,最理想的喷射器具有高的引射率和尽可能高的排气压力。

6.5.2　工作介质

选择合适的工作流体(制冷剂)是蒸汽喷射制冷系统设计最重要的部分之一。本节将讲述蒸汽喷射式制冷系统常用工作流体的选择标准。表 6-5[21] 列出了常用的制冷剂,它们一般需满足以下条件:

表 6-5　喷射式制冷使用的制冷剂

制 冷 剂	R-11	R-12	R-113	R-123	R-141b	R-134a	R-718b(水)
1 个大气压下的沸点/℃	23.7	−29.8	47.6	27.9	32.1	−26.1	100
100 ℃时的压力/kPa	824	3343	438	787	677	3972	101
分子量/(kg/kmol)	137.38	120.92	187.39	152.93	116.9	102.03	18.02
10 ℃时的潜热/(kJ/kg)	186.3	147.6	155.3	176.8	129.3	1 909	2 257
全球变暖潜力 GWP	1	3	1.4	0.02	0.15	0.26	0
臭氧消耗潜能值 ODP	1	0.9	0.8	0.016	0	0.02	0
(干/湿)蒸汽	干	干	湿	湿	湿	干	干

(1)制冷剂需具有较高的蒸发潜热,以尽可能降低单位制冷量所需的制冷剂循环量。

(2)为降低对压力容器承压能力的要求和降低泵的能耗,制冷剂在发生器温度下压力不宜过高。

（3）制冷剂化学性质稳定、无毒、不爆炸、无腐蚀性、环境友好、成本低。

（4）具备有利的传热物性，如黏性和导热率。

（5）对同样的制冷能力，制冷剂分子量越小，喷射器越大。而且高分子量的制冷剂能提高引射率和喷射效率，但是制造小喷射器具有一定的难度。

6.5.3 基本的蒸汽喷射式制冷循环

蒸汽喷射式制冷是一项已应用多年的热驱动制冷技术。这种制冷系统的 COP 虽然比蒸汽压缩系统低很多，但是却有结构简单、没有移动部件的优点。它们最大的优势是可利用低品位热能制冷，例如温度高达 80 ℃ 的废热或太阳能。

图 6-28 所示为一个基本的蒸汽喷射式制冷系统图。系统包括两个循环：一个是能量循环，另一个是制冷剂循环。在能量循环中，低品位热 Q_b 被用于加热锅炉或者发生器中的液态制冷剂，使其产生高压制冷剂蒸汽（过程 1—2）。高压制冷剂蒸汽（即动力流）通过喷射器并在喷嘴处加速。动力流压力的减小导致蒸发器中的蒸汽喷射式制冷，即引射流，被引入喷射器（状态点 3）。动力流和引射流在混合室中混合，然后进入扩压室，在其中减速，压力上升。混合流体接着进入冷凝器冷凝放出热量 Q_c。一部分

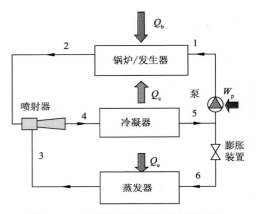

图 6-28　基本的蒸汽喷射式制冷系统

制冷剂液体流出冷凝器（状态点 5），然后被功耗 W_p 的溶液泵压入锅炉或发生器，完成能量循环。在制冷剂循环中，冷凝器中另一部分液态制冷剂经过膨胀装置降压成为液体和气体的混合物（状态点 6），然后进入蒸发器蒸发吸热，产生制冷量 Q_e。最后，气态制冷剂回到喷射器中（状态点 3）。引射流和动力流混合后，在扩压室被压缩，然后进入冷凝器中（状态点 4）。混合制冷剂在冷凝器中冷凝之后流出（状态点 5），如此完成制冷剂循环。

蒸汽喷射式制冷系统具有如下优点：

（1）喷射器没有运动部件，结构简单，运行可靠。

（2）相当于蒸汽压缩机的喷射器利用低品位热源驱动，从而系统电能消耗少，又充分利用了废热/余热和太阳能。

（3）可以利用水等环境友好介质作为系统制冷剂；喷射器结构简单，可与其他系统构成混合系统，从而提高效率而不增加系统复杂程度。

阻碍其发展的主要原因是：

（1）相比蒸汽压缩或者其他热驱动制冷技术而言，COP 很低，只有 0.2～0.3。此外，COP 在偏离设计点时下降得很快。

（2）对于特殊应用场合，没有现成的系统以便选择。缺乏商业运行数据。

6.5.4　太阳能蒸汽喷射式制冷系统

1. 单级蒸汽喷射式制冷系统

单级太阳能蒸汽喷射式制冷系统是被研究最多的系统。如图 6-29 所示，Huang 等[22] 开发了一种使用 R141b 的制冷系统，在发生器温度 95 ℃，蒸发温度为 8 ℃，太阳能辐射为 700 W/m²的条件下，系统 COP 为 0.22。

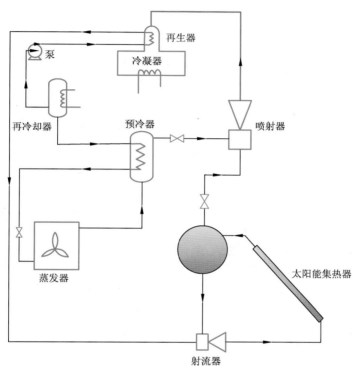

图 6-29　单级太阳能蒸汽喷射式制冷系统[22]

2. 多级蒸汽喷射式制冷系统

太阳能制冷主要技术问题的系统高度依赖于环境因素，如冷却水温度、空气温度、太阳辐射、风速等。对于太阳能蒸汽喷射式制冷系统，一个严重的限制就是热量的排放温度。要想系统正常运行，冷源的温度必须足够低。

尽管单级蒸汽喷射式制冷系统结构简单，但是由于运行环境的多样性，系统很难稳定在最优的工作状态。例如，环境温度高于设计温度或者日射能量较低时，都会造成运行不稳定。有效的解决办法就是采用多级喷射器。在冷凝器前并联多个喷射器，一次运行一个喷射器，每个喷射器的运行状态由冷凝器的压力决定。图 6-30 给出了喷射器的总体引射率。当冷凝器压力高于 p_{c1} 的时候，运行喷射器 1；冷凝器压力在 $p_{c1} \sim p_{c2}$ 之间时，运行喷射器 2；冷凝器压力在 $p_{c2} \sim p_{c3}$ 之间时，运行喷射器 3。这一系统是 Bejan 等[23] 提出的。

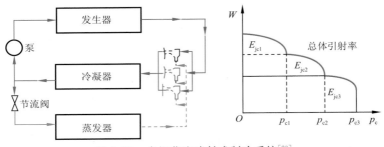

图 6-30　多级蒸汽喷射式制冷系统[23]

3. 带增压装置的蒸汽喷射式制冷系统

　　蒸汽喷射式制冷系统最大的缺点就是 COP 低。因此,人们一直尝试提高系统的运行效率。其中有一种解决方法就是在系统中安装增压装置。此外,需要加装一个中间冷却器来维持一定的中间压力。如图 6-31 所示,从蒸发器出来的制冷剂蒸汽先经过增压机提升到中间压力,然后经中间冷却器,再进入喷射器。如图 6-32 所示,1995 年 Bejan 等[23]提出了太阳能蒸汽喷射式制冷系统。该系统在蒸发温度为 4 ℃,冷凝温度为 50 ℃时,制冷量为 3.5 kW,喷射器理论 COP 达到 0.85,整个循环的 COP 达到了 0.5。

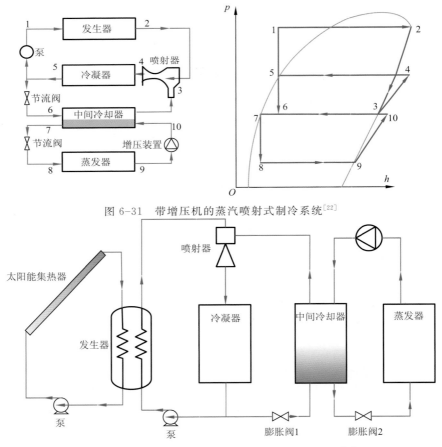

图 6-31　带增压机的蒸汽喷射式制冷系统[22]

图 6-32　带压缩机的太阳能蒸汽喷射式制冷系统[23]

6.6 光电半导体制冷

半导体制冷是利用热电制冷效应的一种制冷方式,因此又称热电制冷或温差电制冷。半导体制冷器的基本元件是热电偶对,即把一个 P 型半导体元件和一个 N 型半导体元件连成的热电偶。当直流电通过两种元件时,在结合处会有热被吸收或者放出。热流的方向取决于应用电流的方向和两种材料的相对塞贝克系数。图 6-33 所示为一个典型的光电半导体制冷示意图。它是一个由几组 P 型和 N 型半导体夹在两层导热但绝缘的材料中间构成的热泵。

代彦军等[24]研究了图 6-34 所示的太阳能光电半导体制冷系统。此系统主要由光伏组件、控制器、电池、整流器和热电制冷器构成。白天,光伏组件吸收太阳能发电用于提供制冷器所需热量。如果发电量超过需求量,多余电量将储存在电池中。如果发电量满足不了需求,电池会放电弥补不足。

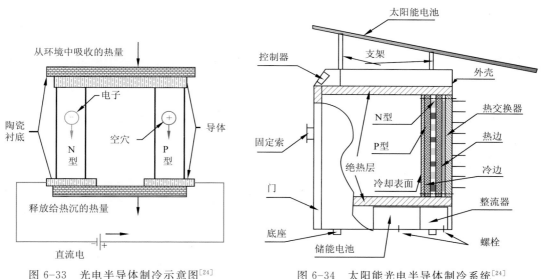

图 6-33　光电半导体制冷示意图[24]　　　　图 6-34　太阳能光电半导体制冷系统[24]

6.7 太阳能制冷技术建筑应用案例分析

6.7.1 太阳能吸收式空调系统应用

6.7.1.1 我国首座大型太阳能空调系统[25]

1. 应用对象

1998 年 1 月,中科院广州能源研究所成功研制了实用型太阳能空调热水系统,在广州江门市的一座新建的 24 层综合大楼投入运行。该大楼是一座多功能的综合性商用、办公大楼,有写字楼、营业厅、招待所、运动娱乐场所和培训中心等。利用太阳能全年提供大楼每天所需的大量生活用热水。除此以外,夏天以太阳能热水制冷,供给其中一层的空调系统。

2. 系统简介

太阳能空调热水系统如图 6-35 所示。以平板集热器收集太阳能产生热水，分别储存在制冷用热水和生活热水水箱中。运行中优先把太阳能输入制冷用热水箱，其温度远比生活用热水要高。系统选用一台 100 kW 的两级吸收式制冷机，按照中央空调供冷方式，制取的 9 ℃ 左右的冷媒水送到用户的风机盘管，然后返回冷冻水箱。当天气不好、水温不足时，用一台燃油热水炉辅助升温，保证系统能全天候运行。生活用热水则直接输入到用户，系统能够实现全数据自动采集和自动运行控制。

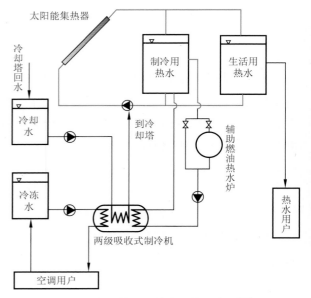

图 6-35　太阳能空调热水系统示意图[25]

3. 主要技术特点

（1）太阳能集热器。为了保证平板集热器能满足制冷空调的要求，又不改变其简单价廉的特点，通过研究试验，采取了一些简易而有效的技术改进措施。其中最主要的是增加一块透明、能耐较高温度的隔热板，作用是通过抑制空气自然对流从而减小表面的热损失。实验和试用结果证明了这种集热器良好的换热性能。它保证了在太阳辐射强的时候，能持续提供制冷用热水；在太阳辐射较弱时，也可以产生足够的生活用热水。

（2）制冷机。制冷机采用两级吸收式溴化锂制冷机。这种制冷机的一个重要的特点是驱动热源温度低，只需要 65～75 ℃，在 60 ℃ 的情况下，仍能以较高的制冷能力稳定地运行。另一个特点是热水的利用温差大，有 12～17 ℃。市场上普通的单级吸收式溴化锂制冷机热源温度一般要求 88 ℃ 以上，热水利用温差只有 6～8 ℃。

（3）自控系统。自动控制系统以可靠性摆在第一位，采用先进的可编程控制器（PLC）及工业控制微机控制和管理。系统可以做到无人值守，24 h 不间断工作。

4. 主要技术参数和指标

主要技术参数和指标见表 6-6。

表 6-6　主要技术参数和指标

太阳能集热系统	技术参数和指标	制冷系统	技术参数和指标
太阳能集热器	高效的平板式集热器	制冷机	两级吸收式溴化锂制冷机
集热面积	500 m²	制冷能力	100 kW
日常生活用热水	30 m³	热源温度	75 ℃
生活热水温度	55～60 ℃	冷媒水温度	(9±1) ℃
制冷用热水温度	65～75 ℃	供空调用户面积	600 m²
		辅助燃油系统	燃油热水炉
		自动控制系统	可编程控制器及工业控制微机

5. 系统运行情况

太阳能空调热水系统于 1998 年 1 月安装，并于 1998 年 6 月投入使用。太阳能集热系统效率很高。在二三月份太阳辐射很弱的阴天，也可以满足生活用热水的要求(高于 45 ℃)，极少需要燃油炉辅助加热。在太阳辐射较弱的情况下，也很容易把制冷机热源水升温至 85 ℃。制冷机初步调试结果令人满意，各项指标均超过设计要求：制冷能力可达 112 kW(设计值为 100 kW)，冷媒水可低至 6 ℃(设计工况为 9 ℃)，热源水温在 60~65 ℃时仍能稳定制冷(设计值为 75 ℃)，COP 初步预测可大于 0.4。1998 年 4 月 9 日正式向办公楼试供冷。运行一个月的结果表明，此系统可以满足一层(面积超过 600 m²)的办公和会议室空调。表 6-7 列出了几个有代表性的运行工况数据。

表 6-7　制冷剂运行工况数据

| 日期 | 时间 | 热　水 | | 冷　媒　水 | | | 冷　却　水 | | COP 测算值 |
		进口温度/℃	出口温度/℃	进口温度/℃	出口温度/℃	制冷量/kW	进口温度/℃	出口温度/℃	
4 月 29 日	13:00	62.0	51.9	11.1	6.8	81.8	29.2	32.9	0.453
5 月 4 日	12:00	69.1	55.7	15.5	101.1	102.8	29.6	35.7	0.434
5 月 4 日	15:30	69.6	56.0	13.5	9.7	91.3	30.1	35.8	0.410
5 月 5 日	13:00	69.1	56.9	12.0	7.5	86.6	29.6	35.1	0.397
5 月 6 日	10:00	62.6	52.2	14.3	10.1	81.8	29.1	33.9	0.440
5 月 7 日	11:30	70.8	56.8	15.1	9.5	106.5	29.2	35.7	0.426
5 月 8 日	11:00	66.4	54.1	17.3	12.0	100.8	29.9	35.5	0.458
5 月 8 日	15:30	73.6	59.7	14.5	9.8	109.4	30.6	36.9	0.437

从表 6-7 中的数据可以看出制冷机有以下特点：

(1)驱动热源温度低。设计热源温度为 75 ℃，实际运行在 65~75 ℃温度范围内都能达到设计要求；

(2)热源温度低于 60 ℃左右时，仍有较高的制冷能力；

(3)热源热水利用温差大，可高至 15 ℃；

(4)制冷能力可超过设计指标；

(5)冷媒水温度可低至 6~7 ℃；

(6)性能系数(COP)较高。

6.7.1.2　Carlos Ⅲ 大学太阳能吸收式空调系统[26]

在西班牙马德里 Carlos Ⅲ 大学，设计了一个太阳能吸收式空调系统($LiBr/H_2O$)用于承担一个典型的 80 m² 房间的冷热负荷。此系统的组成部件在市场上都能购买到。项目由西班牙工业部、马德里当地政府和 Carlos Ⅲ 大学等机构资助。

系统内水蒸气分别经过发生器、蒸发器、冷凝器和吸收器，由 20 个单位面积为 2.5 m² 的太阳能平板集热器驱动。集热器通过一个板式热交换器将热量储存在一个 2 m³ 的储热槽中。

在平板集热器中(见图 6-36),水通过铜吸收板吸收太阳能被加热到 90 ℃。然后通过板式热交换器,将热量传递到储热槽中。当槽上部温度达到 80 ℃时,热量提供给名义制冷量为 35 kW 的 LiBr/H$_2$O 吸收式制冷机组的发生器。在发生器中,稀溶液被加热,制冷剂蒸发,溶液浓度增加。接着制冷剂蒸汽在冷凝器中冷凝,然后经过膨胀阀降压变成气液两相制冷剂。液态制冷剂在蒸发器中蒸发,吸收热量,产生制冷效果。蒸发器中流过的冷冻水温度被降低到 8 ℃,用于提供给风机盘管。同时,再生器中产生的浓溶液经过一个逆流热交换器预热将进入发生器的稀溶液以提高再生效率。在吸收器中,蒸发器产生的制冷剂蒸汽重新被浓溶液吸收。而系统产生的冷凝和吸收热由冷却塔带走,冷却水进口温度 20 ℃,出口温度 25 ℃。需要指出的是,系统的驱动热全部由太阳能集热器提供。

图 6-36　校园屋顶安装的平板集热器

图 6-37 给出了构成系统的太阳能集热器、吸收式制冷机、冷却塔、储热槽和热交换器的实物图。太阳能平板集热器的铜衬底上覆盖了一层 TiNOx 涂层,用来提高吸收率降低发射率。太阳能平板收集器向南安装,倾斜角为 40°。为了避免回流和压力过高,每排集热板都安装了排气阀和止回阀,同时安装循环泵保证集热器的正常运行。吸收式制冷机组是 Yazaki 生产的名义制冷量为 35 kW,型号为 WFC-10 的机组。机组发生器所需热水温度为 65～90 ℃。在储热槽上部温度达到 65 ℃时,机组开始制冷。发生器的循环泵流量为 0.28 L/s。

研究人员测试了太阳能吸收式空调系统 2003 年 7 月 25 日到 8 月 19 日的运行状况。测试条件如下:

(1)在倾斜面上太阳辐射量:321.3～376.3 kW·h/d;

(2)蒸发器热输入量:18.2～40.0 kW·h/d;

(3)发生器热输入量:69.8～99.5 kW·h/d;

（4）冷凝器和吸收器热释放量：82.6～129.4 kW·h/d；

（5）平板集热器的热输出量：168.6～198.2 kW·h/d；

（6）储热槽热输入量：86.3～113.6 kW·h/d；

（7）储热槽热储存量：94.3～132.1 kW·h/d；

（8）平板集热器效率（没有考虑管道和平板换热器的热损失）：0.49～0.55；

（9）吸收式制冷机效率：0.23～0.42；

（10）储热槽热输入量与倾斜太阳辐射量之比：0.21～0.27；

（11）太阳能利用率：0.06～0.11。

20 天的运行得到如下结果：

（1）太阳能接收率为 139 kW·h/m²，提供给发生器的能量为 35.1 kW·h/m²；

（2）机组产生冷量为 12 kW·h/m²；

（3）平均制冷 COP 为 0.34；

（4）平均太阳能制冷率为 0.09。

（a）吸收制冷机组

（b）冷却塔

（c）热水储存罐

（d）制冷机组热交换器

图 6-37　Carlos Ⅲ大学太阳能吸收式空调系统组成

6.7.1.3　用于小型办公楼的太阳能吸收式热泵[26]

研究者开发了一套在欧洲使用的单级溴化锂吸收式热泵，该机组体积小（约 10 kW），与太阳能平板或真空管集热器和储热槽相连，系统冷暖两用。控制器决定辅助加热系统、热泵等运行状态。通过 TRNSYS 软件模拟得到了不同的系统设计参数和欧洲不同地方的灵敏度分析。主要研究成果有：10 kW 单级吸收式热泵样机、性能改善的太阳能集热器、地板加热/冷却系统的运行数据、系统设计和运行指南。

整个系统的布局和实物图如图 6-38 和图 6-39 所示。系统包括以下几个部件：太阳能集热器、储热槽、辅助加热器、吸收式热泵、冷却塔和地板加热/冷却系统。

运行状况如下：

（1）蒸发器：制冷机容量＝10 kW；冷冻水进口/出口温度＝20/15 ℃；冷冻水流量＝1.4 m³/h。

（2）发生器：产热量＝13 kW；热水进口/出口温度＝95/85 ℃；热水流量＝1.2 m³/h。

（3）吸收器/冷凝器：制冷能力＝23 kW；冷却水进口/出口温度＝27/35 ℃；冷却水流量＝2.6 m³/h；部分负荷能力＝2％～100％；COP＝0.77。

（4）系统尺寸和重量：长＝0.8 m；宽＝0.4 m；高＝1.8 m；质量＝400 kg。

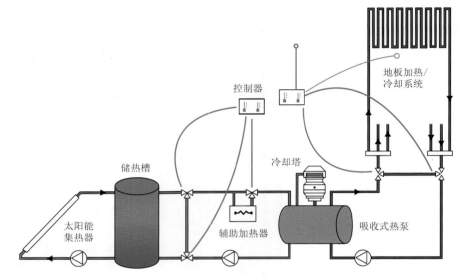

图 6-38　太阳能吸收式热泵布局图

图 6-39　系统实物图

模拟结果表明用于雅典的最优系统参数如下：真空管太阳能集热器面积 37～45 m²，储热槽体积为 1 000 长吨（1 长吨＝1 016.046 kg）。吸收式热泵的制冷量为 8.7 kW，性能系数为 0.85，一直维持舒适的室内热环境（5～9 月）。相比传统制冷系统，该系统能节约 20％的能量。

6.7.1.4 山东省乳山市热管式太阳能吸收式空调[27]

1. 应用对象

该系统应用于乳山市银滩旅游度假村建设的"中国新能源科普公园"内。乳山市位于山东半岛的东南端,地处北纬 36.7°,东经 121.5°。该地区夏季最高气温 33.1 ℃,冬季最低气温 −7.8 ℃,全年平均气温 12.3 ℃,全年平均日太阳辐照量 17.3 MJ/m²。可以看出,当地具有良好的太阳能资源,而夏季和冬季又分别有制冷和采暖的需求。

2. 系统简介

本系统主要由太阳能热管式真空管集热器、溴化锂吸收式制冷机、热储槽、冷储槽、生活用热水箱、循环水泵、冷却塔、空调箱、辅助燃油锅炉和自动控制系统构成。

本系统安装在科普公园内的太阳能馆。如图 6-40 所示,太阳能系统与建筑融为一体,不仅造型新颖大方,还满足了太阳能集热器的安装要求。建筑物南立面采用大斜屋面结构,倾斜角为 35°。本系统的大部分集热器就安装在这个大斜屋面上。

图 6-40　安装太阳能空调及供暖系统的建筑物

3. 主要技术特点

(1)热管式真空管集热器。此热管式真空管集热器由北京太阳能所研制,具有热效率高、耐冰冻、启动快、保温好、承压高、耐热冲击、运行可靠、维修方便等诸多优点,组成了高性能太阳能空调系统。为使集热器尽可能接收更多的太阳辐射,系统真空管采用半圆弧状的弯曲吸热板。这种集热器得热量比平板吸热板真空集热器高 10% 以上。系统集热器由 2 160 支上述集热器组成,总采光面积 540 m²,总吸热面积 364 m²。

(2)热储槽。热储槽的作用是保证系统的稳定运行,使得制冷机的进口热水温度不受变化的太阳辐射的影响。太阳能集热器出口的热水先进入热储槽,再由热储槽中的热水箱制冷机供热。此外,热储槽还可以把太阳辐射能高峰暂时用不了的能量以热水的形式储存起来备用。本系统设置了大、小两个热储槽。大热储槽体积为 8 m³,主要用来储存多余的热量;小热储槽体积为 4 m³,主要用来保证系统的快速启动,使每天早晨经集热器加热的热水温度,尽快达到制冷机所需要的运行温度或者采暖所需要的工作温度。

(3)冷储槽。尽管热储槽能够储存一定能量,但仍受到空间和时间限制。如果将制冷剂产出的低温冷媒水储存在容积为 6 m³ 的冷储槽内,可以维持更稳定的运行。设置冷储槽的另外一个原因是其热损失要比温度较高的热储槽要低得多。

(4)辅助燃油锅炉。太阳能系统最不利的地方在于受到气候条件的影响。为了保证系统全天候发挥功能,辅助热源必不可少。本系统采用辅助燃油锅炉。

（5）自动控制系统。自动控制系统的设置能够根据实际情况决定太阳能系统的启动、太阳能的储存以及太阳能与常规能源之间的切换，还能解决太阳能系统的过热和冻结问题。夏季，当热储槽内的水温达到94 ℃且冷储槽内的水温也达到7 ℃时，控制系统就会自动切换相应的阀门，让热水流经生活用热水箱中的换热器，以降低太阳能系统的温度。冬季，控制系统自动阶段性开启循环水泵，使热储槽中的热水流入管路，从而避免管路冻结。

4. 运行状况

（1）制冷性能。测试结果表明，本系统在没有辅助加热的情况下，可以提供100 kW左右的制冷量。制冷机的性能系数COP随着制冷机进口热水温度的变化而变化。在单纯利用太阳能的情况下，本系统COP的变化范围为0.50～0.71，全年平均COP为0.57。表6-8给出了系统部分运行期间的测量结果。

表6-8 测量结果1

日　　期	累积太阳能辐照量/MJ	集热器得热量/MJ	系统制冷量//MJ	集热器平均日效率/%	系统制冷效率/%
1999年6月25日	7 389.2	3 264.9	1 625.6	44.2	22.0
1999年8月14日	3 019.2	1 242.8	695.9	41.2	23.0
1999年8月15日	6 489.4	2 620.1	1 440.5	40.4	22.2
1999年8月16日	7 081.3	2 832.5	1 777.4	40.0	25.1
1999年8月24日	4 521.8	1 853.6	1 141.6	41.0	25.2

（2）采暖性能。在冬季，由于环境温度比较低，而太阳能集热器的工作温度又比较高（约60 ℃），因而集热器热损失相对来说比较大，这也就使得集热器平均日效率比夏季要低一些。表6-9列出了几天的测试结果。从表中可以看出，集热器平均日效率一般维持在33%左右，最高可达35%。

表6-9 测量结果2

日　　期	累积太阳能辐照量/MJ	集热器得热量/MJ	集热器平均日效率/%	白天最低环境温度/℃
1999年1月15日	5 973.2	1 859.9	31.1	−2.9
1999年1月16日	5 798.5	1 840.7	31.7	−2.1
1999年2月25日	2 857.4	9 53.3	33.4	4.8
1999年2月26日	3 549.0	1 251.7	35.3	7.2
1999年2月27日	8 899.8	2 966.6	33.3	0.5
1999年3月1日	6 235.3	2 175.3	34.9	6.9

（3）供热水性能。本系统过渡季节的功能较简单，即用太阳能加热生活热水，所以测试也比较简单，只需要测出生活用热水箱的温升，就可以计算出系统的集热器平均日效率。

经初步测算，本系统在太阳辐照较好的条件下，每天可以产生45 ℃生活热水30 t左右。

但是,一方面考虑到 30 m³ 水箱的体积太大,与建筑不协调;另一方面考虑到用户可能在上午就要用热水,所以采用一个 10 m³ 的生活用热水箱。

表 6-10 列出了 1999 年 5 月 25 日的供热水性能测试结果。早 8:00 时生活用热水箱内的平均水温为 18.2 ℃,到 10:30 时就被加热到 44.2 ℃,达到了适宜使用的水温。

表 6-10　生活用热水箱内温度变化和累积太阳辐照量(1999 年 5 月 25 日)

时　间	生活用热水箱内温度/℃				累积太阳辐照量/(MJ/m²)
	上　层	中　层	下　层	平　均	
8:00	19.8	18.5	16.4	18.2	0.00
8:30	25.6	24.3	21.8	23.9	0.94
9:00	30.3	29.3	26.6	28.7	1.94
9:30	35.1	34.2	31.7	33.7	3.02
10:00	40.1	39.2	36.8	38.7	4.31
10:30	45.7	44.7	42.2	44.2	5.83

6.7.2　太阳能吸附式空调系统

6.7.2.1　德国弗莱堡太阳能吸附制冷系统[28]

在德国弗莱堡某所大学校医院安装了一套太阳能制冷系统。该系统主要由一个制冷容量为 70 kW 硅胶-水的吸附制冷机和孔径面积为 170 m² 的太阳能真空管集热器构成。图 6-41 和图 6-42 分别展示了吸附制冷机和太阳能真空管集热器。该项目对此系统的运行监控了 4 年,并一直对系统进行着控制和运行的优化。主要得到了以下结果:太阳能集热器工作正常,吸附制冷机在经过一系列改进后达到了满意的性能系数(COP)。然而冷却塔运行消耗的电力太高。

图 6-41　安装在弗莱堡一座大学校医院的吸附制冷机[28]

图 6-42　安装在弗莱堡一座大学校医院的太阳能真空集热器[28]

系统在夏季典型日的运行结果如图 6-43 所示。可以看出,在白天的大多数时间里,制冷系统的驱动热是由太阳能提供的。

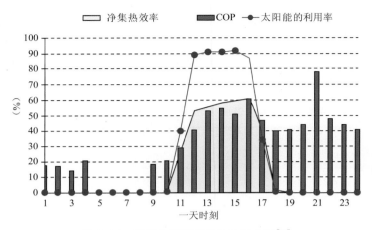

图 6-43　系统在典型夏季日运行状况[28]

6.7.2.2　混合型带增压泵吸附制冷系统

如图 6-44 所示，该吸附制冷系统由两个吸附床（硅胶作为吸附剂）、一个冷凝器、一个机械增压泵和一个蒸发器构成。系统运行参数见表 6-11。系统制冷量和 COP 与性能系数与热水温度的关系如图 6-45 所示。

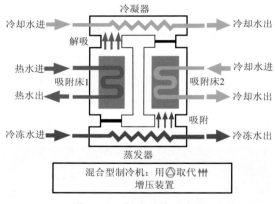

图 6-44　制冷系统示意图

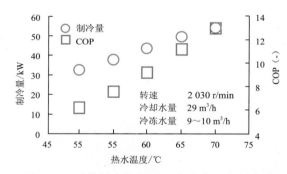

图 6-45　系统制冷量和 COP 与热水温度的关系

表 6-11　系统运行参数

型　　号	单　　位	ADRh—52k
吸附剂/制冷剂	—	硅胶/水
制冷量	kW	50
COP	—	10.2
冷冻水进/出口温度	℃	29/33
冷冻水流量	m³/h	30
热水进/出口温度	℃	55/50

续表

型　　号	单　　位	ADRh—52k
热水流量	m³/h	14.3
单位吸附剂对制冷剂的吸附量	kg-H₂O/kg-silica-gel	0.05
增压泵流量	m³/min	33.6
消耗能量	kW	4.5

6.7.3　太阳能除湿空调系统

6.7.3.1　德国弗莱堡太阳能固体除湿空调系统[28]

在德国弗莱堡某行业贸易大楼安装了一套除湿空调系统，用来承担建筑中会议室和餐厅的负荷。系统由硅胶固体转轮除湿单元（名义风量为 10 200 m³/h）和 100 m² 的太阳能集热器构成。图 6-46 所示为该套系统的示意图。图 6-47 所示为太阳能集热器的实地拍摄照片。

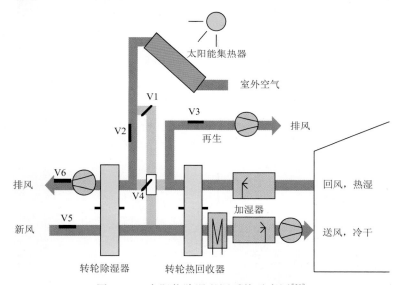

图 6-46　太阳能除湿空调系统示意图[28]

系统运行的主要结果如下：调整转轮的转速和控制通过太阳能集热器的风速能够提高系统的运行效率，但系统实际运行效率仍低于设计值。室内空气状态达到预期，用户对系统很满意。

6.7.3.2　德国安伯格太阳能液体除湿空调系统[28]

此系统是安装于德国安伯格的一套 LiCl/H₂O 太阳能液体除湿空调系统，项目从 1999 年 11 月开始，至 2002 年 12 月结束。

图 6-47　安装在弗莱堡某商业贸易大楼的太阳能集热器[28]

如图 6-48 所示,一座 5 000 m² 办公大楼配有区域供热和制冷系统,天花板中装有塑料管道供冷热媒运输。供热由天然气提供,冷冻水在塑料管道中循环制冷,空气的除湿由太阳能液体除湿空调系统完成。在夏天,空气的除湿是为了防止空气中的水蒸气在温度较低的天花板上冷凝。

如图 6-49 所示,新风量为 30 000 m³/h,由一个集中吸收器除湿后,再由井水冷却后送入室内。室内回风通过间接蒸发冷却器与吸收器和新风热交换。溶液再生温度为 70 ℃。

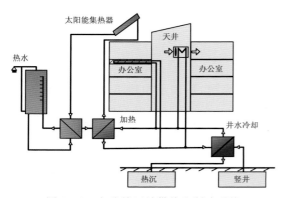

图 6-48　办公楼区域供热和制冷系统

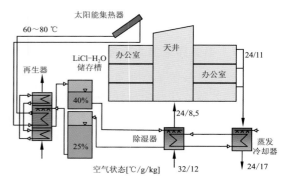

图 6-49　办公楼太阳能液体除湿空调系统

6.7.3.3　清华大学超低能耗示范楼液体除湿空调系统[29]

超低能耗示范楼位于清华大学校园东区,建筑设计如图 6-50 所示,总建筑面积 2 930 m²,地下一层,地上四层。由办公室、开放式实验室或试验台及相关辅助用房组成。

图 6-50　清华大学超低能耗示范楼

超低能耗示范楼共设置了 4 台 4 000 m³/h 的新风机组,通过溶液除湿设备的处理,可提供干燥的新风,用来消除室内的湿负荷,同时满足室内人员的新风要求。室内显热负荷用

18 ℃的冷水消除,相比常规空调采用 7 ℃的冷冻水,制冷机的 COP 可达到 9 以上,系统的节能效果显著。同时,通过溶液除湿后的新风可带走室内的湿负荷,房间内的末端装置仅负责显热部分(即可以采用较高温度的冷却水),系统干工况运行,不存在结露现象。

液体除湿系统由太阳能驱动,采用集中再生的方式,并使用储存溶液的蓄能装置。通过把溴化锂浓溶液送入各楼层新风机的除湿器中,对新风进行除湿处理,浓溶液吸收空气中的水分以后变成稀溶液。稀溶液经太阳能或内燃机废热驱动再生后循环使用。太阳能再生系统的再生器布置在与超低能耗楼紧邻的建筑馆屋面上,总面积约 250 m²。

本 章 小 结

太阳能光热转换制冷,首先是将太阳能转换成热能,再利用热能作为外界补偿来实现制冷目的。光热转换实现制冷主要从以下几个方向进行,即太阳能吸收式制冷、太阳能吸附式制冷、太阳能除湿制冷、太阳能蒸汽压缩式制冷和太阳能蒸汽喷射式制冷。其中太阳能吸收式制冷的研究最接近于实用化,其最常规的配置是:采用集热器来收集太阳能,用来驱动单效、双效或双级吸收式制冷机。工质对主要采用溴化锂-水,当太阳能不足时可采用燃油或燃煤锅炉进行辅助加热。系统主要构成与普通的吸收式制冷系统基本相同,唯一的区别就是在发生器处的热源是太阳能而不是通常的高温蒸汽、热水或高温废气等热源。太阳能吸附式制冷系统的制冷原理是利用吸附床中的固体吸附剂对制冷剂的周期性吸附、解吸附过程实现制冷循环。太阳能吸附式制冷系统主要由太阳能吸附集热器、冷凝器、储液器、蒸发器、阀门等组成。常用的吸附剂对制冷剂工质对有活性炭-甲醇、活性炭-氨、氯化钙-氨、硅胶-水、金属氢化物-氢等。太阳能吸附式制冷具有系统结构简单、无运动部件、噪声小、无须考虑腐蚀等优点,而且它的造价和运行费用都比较低。

太阳能光电制冷是利用光伏转换装置将太阳能转化成电能后,再用于驱动半导体制冷系统或常规压缩式制冷系统实现制冷的方法,即光电半导体制冷和光电压缩式制冷。这种制冷方式的前提是将太阳能转换为电能,其关键是光电转换技术,必须采用光电转换接收器,即光伏板,它的工作原理请参照上一章有关光伏光热利用的介绍。光电半导体制冷的理论基础是固体的热电效应,即当直流电通过两种不同导电材料构成的回路时,结点上将产生吸热或放热现象。如何改进材料的性能,寻找更为理想的材料,成为太阳能半导体制冷的重要问题。目前太阳能半导体制冷装置的效率还比较低,COP 一般约 0.2~0.3,远低于压缩式制冷。光电压缩式制冷的优点是采用技术成熟且效率高的压缩式制冷技术便可以方便地获取冷量。光电压缩式制冷系统在日照充足但电力匮乏的一些国家或地区已得到应用,例如在非洲国家用于生活和药品冷藏。但其成本比常规蒸汽压缩制冷高约 3~4 倍。随着光伏转换装置效率的提高和成本的降低,光电式太阳能制冷产品将有广阔的发展前景。

建筑应用的相关研究表明,单独用于空调的太阳能制冷系统是不经济的。原因是太阳能集热系统的投资占了大部分,而制冷需求通常只有半年多时间,系统的利用率和太阳能的利用率也低。但如果结合供热,那么同样的投资就可以在全年充分发挥作用。目前,太阳能热水器在国内已经形成一个很大的市场,说明其经济性已为人们所接受。太阳能空调系统如果建立在热水需求的基础上,就会有较好的经济效益。简言之,如果需要大量的热水需求,利用夏季多余的太阳能制冷,才是更加经济实用的方案。

参考文献

[1] LI Z F, SUMATHY K. Technology development in the solar absorption air-conditioning systems[J]. Renewable and Sustainable Energy Reviews, 2000,4:267-293.

[2] GROSSSMAN G. Solar-powered systems for cooling, dehumidification and air-Conditioning[J]. solar energy, 2002,72(1):53-62.

[3] FERNANDES M S, BRITES GJVN, COSTA J J, et al. Review and future trends of solar adsorption refrigeration systems[J]. Renewable and Sustainable Energy Reviews, 2014,39:102-123.

[4] WANG D, ZHANG J, XIA Y, et al. Investigation of adsorption performance deterioration in silica gel-water adsorption refrigeration[J]. Energy Conversion and Management, 2012,58:157-162.

[5] 杨宏坤,宋正昶,孙守强,等. 太阳能吸附式制冷关键环节分析及其优化[J]. 能源与环境,2008,5:17-19.

[6] KAKABAEV A, KHANDUDYEV A. Absorption solar refrigeration unit with open regeneration of solution[J]. Applied Solar Energy, 1969,5(4):28-32.

[7] GANDHIDASAN P, SRIRAMULU V, GUPTA M. Regeneration of absorbent solutions using solar energy[J]. Proceeding of IEEE Conference, 1978:164-168.

[8] LAZZARIN R, GASPARELLA A, LONGO G. Chemical dehumidification by liquid desiccants: theory and experiment[J]. International Journal of Refrigeration, 1999,22(4): 334-347.

[9] 赵云,施明恒. 太阳能液体除湿空调系统中除湿剂的选择[N]. 工程热物理学报,2001(Suppl.):165-168.

[10] 易晓勤,刘晓华. 两种液体吸湿剂的除湿性能比较[D]. 中国科技论文在线,2009,4(7):522-526.

[11] ERTAS A, ANDERSON E, KIRIS I. Properties of a new liquid desiccant solution-Lithium chloride and calcium chloride mixture[J]. Solar Energy, 1992,49(3):205-212.

[12] AMEEL T A, GEE K G, WOOD B D. Performance predictions of alternative, low cost absorbents for open-cycle absorption solar cooling[J]. Solar Energy, 1995,54(2):65-73.

[13] 杨英,李心刚. 高湿环境下太阳能液体除湿特性的实验研究[D]. 河北建筑科技学院学报,1999,16(3):40-45.

[14] LUO Y M, SHAO S Q, QIN F, et al. Investigation on feasibility of ionic liquids used in solar liquid desiccant air conditioning system[J]. Solar Energy, 2012,86(9):2718-2724.

[15] LUO Y M, SHAO S Q, XU H B, et al. Dehumidification performance of [EMim]BF$_4$[DB]. Applied Thermal Engineering, 2011,31:2772-2777.

[16] 罗伊默. 新型除湿溶液和除湿器性能研究[D]. 北京:中国科学院研究生院硕士论文,2011.

[17] LUO Y M, YANG H X, LU L. Dynamic and microscopic simulation of the counter-current flow in a liquid desiccant dehumidifier[J]. Applied Energy, 2014,136:1018-1025.

[18] LUO Y M，YANG H X，LU L. Liquid desiccant dehumidifier：development of a new performance predication model based on CFD[J]. International Journal of Heat and Mass Transfer，2014,69：408-416.

[19] Mei L，DAI Y J. A technical review on use of liquid-desiccant dehumidification for air-conditioning application[J]. Renewable and Sustainable Energy Reviews，2008,12：662-689.

[20] QI R H，LU L，HUANG Y. Energy performance of solar-assisted liquid desiccant air-conditioning system for commercial building in main climate zones[J]. Energy Conversion and Management，2014,88：749-757.

[21] ABDULATTF J M，SOPIAN K，ALGHOUL M A，et al. Review on solar-driven ejector refrigeration technologies[J]. Renewable and Sustainable Energy Reviews，2009,13：1338-1349.

[22] HUANG B J，CHANG J M，PETRENKO V A，et al. A solar ejector cooling system using refrigerant R141b[J]. Solar Energy，1998,64(4-6)：223-226.

[23] BEJAN A，VARGAS JVC，SOKOLOV M. Optimal allocation of a heat-exchanger inventory in heat driven refrigerators[J]. International Journal of Heat and Mass Transfer，1995,38(16)：2997-3004.

[24] DAI Y J，WANG R Z，NI L. Experimental investigation and analysis on a thermoelectric refrigerator driven by solar cells[J]. Solar Energy Materials & Solar Cells,2003,77：377-391.

[25] 李戬红，马伟斌，江晴，等. 100 kW 太阳能制冷空调系统[N]. 太阳能学报,1999,20(3)：239-243.

[26] SYEDA A，IZQUIERDOD M，RODRIGUEZ P，et al. A novel experimental investigation of a solar cooling system in Madrid[J]. International Journal of Refrigeriation，2005,28：859-871.

[27] 何梓年，朱宁，刘芳，等. 太阳能吸收式空调及供热系统的设计和性能[N]. 太阳能学报,2001,22(1)：6-11.

[28] HENNING H M. Solar assisted air conditioning of buildings- an overview[J]. Applied Thermal Engineering，2007,27：1734-1749.

[29] 江亿，薛志峰，曾剑龙，等. 清华大学超低能耗示范楼[J]. 暖通空调 HV&AC,2004,34(6)：64-66.

第7章 绿色建筑与微型风力发电技术

7.1 技术原理概述

7.1.1 风资源简介

7.1.1.1 风的形成

风是大规模的气体流动现象,是自然现象的一种。在地球上,风是由地球表面的空气流动形成的。在外层空间,存在太阳风和行星风。太阳风是气体或者带电粒子从太阳到太空的流动,而行星风则是星球大气层的轻化学元素经释气作用飘散至太空。

在地球上,形成风的主要原因是太阳辐射对地球表面的不均匀加热。由于地球形状以及和太阳的相对位置关系,赤道地区因吸收较多的太阳辐射导致该地区比两极地区热。温度梯度产生了压力梯度从而引起地表 $10\sim15$ km 高处的空气运动。在一个旋转的星球上,赤道以外的地方,空气的流动会受到科里奥利力的影响而产生偏转。同时,地形、地貌的差异,地球自转、公转的影响,更加剧了空气流动的力量和方向的不确定性,使风速和风向的变化更为复杂。

据估计,地球从太阳接受的辐射功率大约是 1.7×10^{14} kW,虽然只有大约 2% 转化为风能,但其总量十分可观。据世界气象组织(WMO)和中国气象局气象科学研究院分析,地球上可利用的风能资源为 200 亿 kW,是地球上可利用水能的 20 倍[1,2]。

但是,全球风资源的分布是非常不均匀的,反应为大尺度的气候差异和由于地形产生的小尺度差异。一般分为全球风气候、中尺度风气候和局部风气候。在世界大多数地方,风气候本质上取决于大尺度的天气系统,如中纬度西风、信风带和季风等。局部风气候是大尺度系统和局部效应的叠加,其中大尺度系统决定了风资源的长期总体走势。风资源是一个统计量,风速和风向是风资源评估的基础数据。

7.1.1.2 风速的概率分布

风作为一种自然现象,通常用风速、风频等基本指标来表述。风的大小通常用风速表示,指单位时间内空气在水平方向上移动的距离,单位有 m/s、km/h、mile/h 等。风频分为风向频率和风速频率,分别指各种速度的风及各种方向的风出现的频率。对于风力发电机的风能利用而言,总是希望风速较高、变化较小,同时,希望某一方向的频率尽可能的大。一个地区的风速概率分布是该地区风能资源状况的最重要指标之一。目前不少研究对风速分布采用各种统计模型来拟合,如瑞利(Rayleigh)分布、β 分布、韦布尔(Weibull)分布等,其中以两参数

Weibull 分布模型最近常用[3]。对于某风场的风速序列,其概率密度公式 $pd(v)$ 为

$$pd(v) = \left(\frac{k}{A}\right)\left(\frac{v}{A}\right)^{k-1} e^{-\left(\frac{v}{A}\right)^k} \tag{7-1}$$

式中,v 为风速;A、k 分别为 Weibull 分布的尺度参数和形状参数,这两个参数控制 Weibull 分布曲线的形状;尺度参数 A 反应风电场的平均风速,其量纲与速度相同;k 表示分布曲线的峰值情况,无量纲。

图 7-1 为我国香港特别行政区五个不同地区某年的风速 Weibull 分布概率密度曲线。

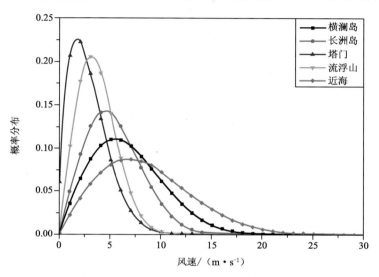

图 7-1　我国香港特别行政区年风速 Weibull 分布概率密度曲线[2]

7.1.1.3　风力等级

根据理论计算和实践结果,把具有一定风速的风(通常是指 7～20 m/s 的风)作为一种能量资源加以开发,用来做功(如发电);这一范围的风通常称为有效风能或风能资源。当风速小于 3 m/s 时,它的能量太小,没有利用价值;而当风速大于 20 m/s 时,它对风力发电机的破坏性很大,很难利用。但目前开发的大型水平轴风力发电机,可将上限风速提高到 25 m/s。根据世界气象组织的划分标准,风被分为 17 个等级,在没有风速计的情况下,可以借助它来粗略估计风速。风力等级见表 7-1。

表 7-1　风力等级表[4]

风级	名称	风速/(m·s⁻¹)	风速/(km·h⁻¹)	陆地地面物象	海面波浪	浪高/m	最高/m
0	无风	0.0～0.2	<1	静,烟直上	平静	0.0	0.0
1	软风	0.7～1.5	1～5	烟示风向	微波峰无飞沫	0.1	0.1
2	轻风	1.6～3.3	6～11	感觉有风	小波峰未破碎	0.2	0.3
3	微风	3.4～5.4	12～19	旌旗展开	小波峰顶破裂	0.6	1.0
4	和风	5.5～7.9	20～28	吹起尘土	小浪白沫波峰	1.0	1.5

风级	名称	风速/(m·s⁻¹)	风速/(km·h⁻¹)	陆地地面物象	海面波浪	浪高/m	最高/m
5	劲风	8.0～10.7	29～38	小树摇摆	中浪折沫峰群	2.0	2.5
6	强风	10.8～13.8	39～49	电线有声	大浪白沫离峰	3.0	4.0
7	疾风	13.9～17.1	50～61	步行困难	破峰白沫成条	4.0	5.5
8	大风	17.2～20.7	62～74	折毁树枝	浪长高有浪花	5.5	7.5
9	烈风	20.8～24.4	75～88	小损房屋	浪峰倒卷	7.0	10.0
10	狂风	24.5～28.4	89～102	拔起树木	海浪翻滚咆哮	9.0	12.5
11	暴风	28.5～32.6	107～117	损毁重大	波峰全呈飞沫	11.5	16.0
12	飓风	＞32.6	＞117	摧毁极大	海浪滔天	14.0	—
13	—	37.0～41.4	134～149	—	—	—	—
14	—	41.5～46.1	150～166	—	—	—	—
15	—	46.2～50.9	167～183	—	—	—	—
16	—	51.0～56.0	184～201	—	—	—	—
17	—	56.1～61.2	202～220	—	—	—	—

迄今为止,人类所能控制的能量要远远小于风所含的能量,举例说明:风速为 9～10 m/s 的 5 级风,吹到物体表面上的力约为 10 kg/m²;9 级风,风速为 20 m/s,吹到物体表面上的力约为 50 kg/m²。可见,风资源具有很大的开发潜力。

7.1.1.4 风的变化

风随时间和高度的变化为开发风资源带来了一定难度,但只要充分把握规律,就能大大降低难度。

1. 风随时间变化

在一天内,风的强弱是随机变化的。在地面上,白天风大而夜间风小;在高空中却相反。在沿海地区,由于陆地和海洋热容量不同,白天产生海风(从海洋吹向陆地),夜晚产生陆风(从陆地吹向海洋)。在不同的季节,太阳和地球的相对位置变化引起季节性温差,从而导致风速和风向产生季节性变化。在我国大部分地区,风的季节性变化规律是:春季最强,冬季次强,秋季第三,夏季最弱。

2. 风随高度变化

由于空气黏性和地面摩擦的影响,风速随高度的变化因地面平坦度、地表粗糙度及风通道上气温变化而异。从地球表面到 10 000 m 的高空内,风速随着高度的增加而增大。风切变描述了风速随高度的变化规律。有两种方法可以用来描述风切变,分别为指数公式和对数公式。其中,指数公式是描述风速随时间变化最常用的方法。工程近似公式如下:

$$\frac{v_2}{v_1} = \left(\frac{h_2}{h_1}\right)^{\gamma} \tag{7-2}$$

式中,v_1 和 v_2 分别是高度 h_1 和 h_2 处的风速;γ 为风切指数(shear)。

另一种方法是利用对数方式来推断风速，这个公式里，将用到表面粗糙度这个参数，公式如下：

$$\frac{v_2}{v_1} = \frac{\ln(h_2/z_0)}{\ln(h_1/z_0)} \tag{7-3}$$

式中，z_0 为表面粗长度（roughness length）。

由式（7-2）和式（7-3）可以推导出风切 shear 值的表达式

$$\gamma = \ln\left(\ln\frac{h_2}{z_0}\Big/\ln\frac{h_1}{z_0}\right)\Big/\ln(h_2/h_1) \tag{7-4}$$

因此，风切 shear 取决于高度和表面粗糙度。关于粗糙度等级、粗糙长度及风切指数可从表 7-2 中查到。

表 7-2 粗糙度等级、粗糙长度及风切参数对照表[5]

地形地貌	粗糙等级	粗糙长度	风切指数 γ
开阔的水面	0.0	0.000 1～0.003	0.08
地表光滑的开阔地	0.5	0.002 4	0.11
开阔地，少有障碍物	1.0	0.03	0.15
障碍间距为 1 250 m 的农田房屋	1.5	0.055	0.17
障碍物间距 500 m，有房屋围栏的农场	2.0	0.1	0.19
障碍物间距 250 m，有房屋围栏的农田	2.5	0.2	0.21
有树和森林的农场村庄小镇	3.0	0.4	0.25
高楼大厦的城市	3.5	0.8	0.31
摩天大楼	4.0	1.6	0.39

7.1.1.5 风能

风能是指风带有的能量，一般来讲，风能的大小取决于风速及空气密度。常用的风能公式为

$$E = \frac{1}{2}(\rho \cdot t \cdot S \cdot v^3) \tag{7-5}$$

式中，ρ 为空气密度，kg/m^2；v 为风速，m/s；S 为截面面积，m^2；t 为时间，s。

从该公式中可以看出，风速、风所流经的面积以及空气密度是决定风能大小的关键因素，有如下关系：

（1）风能的大小（E）与风速的三次方成正比，说明风速的变化对风能大小的影响很大，风速是决定风能大小的决定因素。

（2）风能的大小（E）与风流经过的面积（S）成正比。对于风力发电机来说，风经过的面积即为风力发电机叶片旋转时的扫风面积。所以，风能大小与风轮直径的平方成正比。

（3）风能大小（E）与空气密度（ρ）成正比。因此，计算风能时，必须要知道当地的空气密度，而空气密度取决于空气湿度、温度和海拔高度。

对于风力发电机来说,在单位时间内,空气传递给风机的风能功率(风能)为

$$P = \frac{1}{2}\rho v^2 \cdot Av = \frac{1}{2}\rho Av^3 \tag{7-6}$$

式中,A 为风机叶片的扫风面积,m^3;v 为风速,m;P 为风能功率,W。

但是,由于实际上,风力发电机不可能将叶片旋转的风能全部转变为轴的机械能,因而,实际风机的功率为

$$P = \frac{1}{2}\rho Av^3 C_p \tag{7-7}$$

式中,C_p 为风能的利用系数。以水平轴风机为例,理论上最大的风能利用系数为 0.593,这就是著名的贝茨理论(Betz Limit)。但再考虑到风速变化和叶片空气动力损失等因素,风能利用效率能达到 0.4 左右也很高。

风能密度有直接计算和概率计算两种方法。目前在各国的风能计算中心,大多采用 Weibull 分布来拟合风速频率分布方法来计算风能。除了风能以外,对于某一个地区来说,风能密度是表征该地区风资源的另一个重要参数。定义为单位面积上的风能。对于一个风力发电机来说,风能密度(单位:W/m^2)为

$$W = \frac{P}{A} = 0.5\rho v^3 \tag{7-8}$$

式中,W 为风能密度。

常年风能密度为

$$\overline{W} = \frac{1}{T}\int_0^T \frac{1}{2}\rho v^3 \mathrm{d}t \tag{7-9}$$

式中,$\overline{W}$ 为平均风能密度,W/m^2;T 为时间,h。

在实际应用中,常用以下公式来计算某地年(月)风能密度,即

$$W_{y(m)} = \frac{W_1 T_1 + W_2 T_2 + \cdots + W_n T_n}{T_1 + T_2 + \cdots + T_n} \tag{7-10}$$

式中,$W_{y(m)}$ 为某年(月)的风能密度,W/m^2;$W_i(1 \leqslant i \leqslant n)$ 为等级风速下的风能密度;$T_i(1 \leqslant i \leqslant n)$ 为各等级风速出现的时间,h。

7.1.1.6 风能的优点和局限性

风能因安全、清洁及储量巨大而受到世界各国的高度重视。目前,利用风力发电已经成为风能利用的主要形式,并且发展速度很快。与其他能源相比,风能具有明显的优点,但也有不可避免的局限性。

1. 风能的优点

风能蕴藏量大,无污染,可再生,分布广泛、就地取材且无须运输。风能是太阳能的一种转换形式,是取之不尽用之不竭的可再生能源。在边远地区(如高原、山区等地)利用风能发电具有很大的优越性。根据国内外形势,风能资源适用性强,前景广阔。目前,在我国拥有可利用风力资源的区域占全国国土面积的 76%,在我国发展小型风电潜力巨大。

2. 风能的缺点

由于风的不确定性,风能也有一定的缺点,比如能量密度低,只有水力的 1/816;气流瞬息万变(时有时无、时大时小),且随日、月、季的变化都十分明显;同时,由于地理位置及地形特点的不同,风力的地区差异很大。

7.1.2　风力发电技术概述

7.1.2.1　风力发电机基本原理

风的动能可以被多种设备转换为机械能和电能。风力发电的基本原理是:通过风力发电机,将风的动能转换成机械能,再带动发电机发电。风力发电技术涉及多个复杂的交叉学科,包括气象学、空气动力学、结构力学、计算机技术、电子控制技术、材料学、化学、机电工程、环境科学等。

从技术层面来讲,风电发展经历了曲折的过程。1887 年,美国人建造了第一台风力发电机,叶片达 144 个。此后,经过一百多年艰辛的探索、市场应用的考验以及多种技术革新,才造就今天各种稳定运行的风力发电机。相关领域技术上的突破也会推动风电技术不断发展。以全功率逆变器举例说明,其复杂结构和不可靠因素曾经一度让人望而却步,然而大功率 IG-BT/IGCT 的成熟和多电平技术的完善,使其在风力发电上的应用成为可能。

随着大型风力发电机技术的不断成熟和产品商业化过程的不断加速,风力发电机成本在逐年降低。风力发电具有消耗资源少、环境污染小、建设周期短的特点。一般来说,一台风机的运输安装时间不超过 3 个月,万千瓦级风电场建设周期不到一年。同时,安装一台即可投产一台,装机灵活,筹集资金便利,运行简单,可无人值守。风机系统占地较少,机组连同监控、变电等建筑仅占风电场整体面积的 1%,其余场地仍可供农、牧、渔使用。此外,风力电站在海边、河堤、荒漠及山丘等地形条件下均可建设,其发电方式多元化,既可联网运行,也可和太阳能发电、柴油发电机等集成互补系统或独立运行,是解决边远无电地区的供电问题的潜在方案。

从风电机本身来看,由于风电市场扩大、风电机组产量及单机容量增加以及技术上的进步,风电机组每千瓦的成本稳定下降。以美国为例,风力发电的成本降低了 80%。20 世纪 80 年代的第一批风力发电机,每发 1 kW·h 电的成本为 30 美分,而现在要少于 2 美分。另外,风电机组设计和工艺的改进提高了风机的性能和可靠性;塔架高度的增加以及风场选址评估方法的改进,大幅提升了风电机组的发电能力。目前,风电场的容量系数(一年的实际发电量除以装机额定功率与一年 8 760 h 的乘积)一般为 0.25~0.35。

从风电场造价来看,中国风电场造价要高于欧洲,基本上是欧洲 5 年前的程度,平均造价约为 8 500 元/kW。建设一个装机容量为 10 万 kW 的风电场,大约需要成本 8~10 亿元,而同样规模的火力发电厂和水电站,成本分别为约 5 亿元和 7 亿元。同时,独立运行的风电系统成本要高于并网型系统,因存在蓄电池和逆变器。

总之，风电技术的日趋成熟使风力发电的经济性日益提高，发电成本已接近煤电、低于油电与核电，但是，若考虑煤电的环境保护与交通运输的间接投资，则风电技术优于煤电。

风力发电机是风电系统的核心，一般由风轮、发电机（包括装置）、调向器（尾翼）、塔架、限速安全机构和储能装置等组成。风力发电机的工作原理比较简单，风轮在风力的作用下旋转，它把风的动能转变为风轮轴的机械能。根据风力发电机的发电轴转动方式，可将其分为两种类型：水平轴风力发电机（叶片绕着平行于地面的轴旋转）和垂直轴风力发电机（叶片绕着垂直于地面的轴旋转），如图 7-2 所示。

（a）水平轴风力发电机　　　　　　　　（b）垂直轴风力发电机

图 7-2　风力发电机类型

风力发电机的演示虽然很多，但总体来说，其原理和结构还是大同小异的，这里以水平轴风力发电机为例做一介绍。图 7-3 所示为水平轴风力发电机的总体结构图。

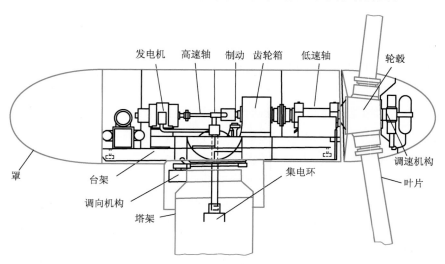

图 7-3　水平轴风力发电机的总体结构图[6]

水平轴风力发电机的核心构件包括：

（1）叶片。叶片的作用为捕获风能并将风力传达到转子轴心。当风吹向叶片时，产生的气动力驱动风轮转动，使空气动力能转变成机械能（转速＋扭矩）。叶片的材料要求强度高、质量小，目前多用玻璃钢或其他复合材料（如碳纤维）来制造。

（2）轮毂。风力发电机的叶片安装于轮毂上。轮毂是风轮的枢纽，连接叶片根部和主轴。从叶片传来的力都通过轮毂传动到传动系统，再传到风力机驱动的对象。轮毂也是控制叶片桨距的所在。因此，在设计中，轮毂应保证足够的强度。

（3）调速或限速装置。调速或限速装置是为了保证风力机在任何风速下，转速总保持恒定或不超过某一限定值的设计要求。在过高的风速下，这些装置还可用来限制功率，同时降低作用在叶片上的力。调速或者限速装置从原理上来看可以分为三类：使风轮偏离主风向、利用启动阻力或者改变叶片的桨距角。

（4）塔架。风力机塔载有机舱及转子。较高的塔架可以利用更高的风速，因为风速随离地高度增长。除了要支撑风力机的重量，塔架还要承受来流的风压，它的刚度和风力机的振动有密切关系。塔架的形状可以是管状，也可以为格子状。相比之下，对于维修人员来说，管状塔架更为安全，可以利用内部梯子达到塔顶；但格状塔架成本较低。

（5）低速轴。风力机的低速轴将转子轴心与齿轮箱连接在一起。

（6）高速轴及其机械闸。高速轴高速旋转并驱动发电机。它装备有紧急机械闸，用于空气动力闸失效或风力机被维修的情况。

（7）齿轮箱。由于风力大小及方向经常变化且风轮的转速比较低导致转速不稳定，所以，在带动发电机之前，必须附加变速齿轮箱和调速机构，以便将转速提高到发电机额定转速并保证稳定输出。升速齿轮箱的作用就是将风力机轴上的低速旋转输入转变为高速旋转输出，方便与发电机运转所需要的转速相匹配。

（8）发电机。在风力发电机中，已采用的发电机有三种，即直流发电、同步交流发电和异步交流发电机。风力发电机的工作原理较简单，风轮在风力的作用下旋转，把风的动能转变为风轮轴的机械能，从而带动发电机旋转发电。10 kW 以下的小型容量风力发电机组，交流发电机的形式为永磁式或自励式，经整流后向负载供电及向蓄电池充电；容量在 100 kW 以上的并网运行的风力发电机组，则较多采用同步发电机或异步发电机。通过励磁系统可控制发电机的电压和无功功率，发电机效率高，这是恒速同步发电机的优点。同步发电机需要通过同步设备的整步操作从而达到准同步并网（并网困难），由于风速变化较大，而同步发电机要求转速恒定，风力机必须装有良好的变桨距调节机构。恒速异步发电机结构简单、坚固且造价低。异步发电机在投入系统运行时，靠转差率来调节负荷，因此，对机组的调节精度要求不高，不需要同步设备的整步操作，只要转速接近同步速时就可并网，且并网后不会产生振荡和失步。缺点是并网时冲击电流幅值大，不能产生无功功率。

（9）调向机构。调向机构是用来调整风力发电机的风轮叶片与空气流动方向相对位置的机构，其功能是使风力发电机的风轮随时都处于迎风向，从而能最大限度地获取风能。因为当风轮叶片旋转平面与气流方向垂直,也就是迎风时,风力发电机从流动的空气中获取的能量最大,从而输出功率最大。调向机构又称迎风机构,国外统称为偏航系统。小型水平轴风力发电机常用的调向机构有尾舵和尾车,在风电场并网运行的中大型风力发电机则采用伺服电动机构。

(10)冷却系统。发电机在运转时需要冷却。大分布风力机采用大型风扇来空冷,还有一部分制造商采用水冷。水冷发电机更加小巧而且电效高,但这种方式需要在机舱内设置散热器,以消除液体冷却系统产生的热量。

(11)其他。机舱,风力机的关键设备,如齿轮箱、发电机都包容于机舱内;液压系统,用于重置风力机的叶尖扰流器;风速计及风向标,用于测量风速及风向。

7.1.2.2 风力发电机基本理论和贝茨理论

在风力发电系统中,风机是将风能转化为机械能的设备。质量为 m 风速为 v 的风所含的动能 E 为

$$E = \frac{1}{2}mv^2 \text{ (Nm)} \tag{7-11}$$

以流速 v 流过横截面为 A 的区域时,体积为

$$\dot{V} = vA \text{ (m}^3/\text{s)} \tag{7-12}$$

密度为 ρ 的流体的质量为

$$\dot{m} = \rho vA \text{ (kg/s)} \tag{7-13}$$

因此,来流中含有的能量 P 为

$$P = \frac{1}{2}\rho v^3 A \text{ (W)} \tag{7-14}$$

但是,不是所有的风能都能被风力发电机转化为电能,可被转化的只占一部分。如图 7-4 所示,自由风经过风力发电机以后,流体的横截面增大,同时风速降低。假设风机前后的风速为 v_1 和 v_2,前后的横截面积为 A_1 和 A_2,风机前后所含的能量差就是风机提取的机械能,则

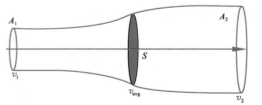

图 7-4　贝茨通道(S 代表风力发电机的叶轮面)

$$P = \frac{1}{2}\rho A_1 v_1^3 - \frac{1}{2}\rho A_2 v_2^3 = \frac{1}{2}\rho(A_1 v_1^3 - A_2 v_2^3) \text{ (W)} \tag{7-15}$$

其中,由连续性方程可知

$$\rho A_1 v_1 = \rho A_2 v_2 \tag{7-16}$$

因此,式(7-15)变形为

$$P = \frac{1}{2}\rho v_1 A_1 (v_1^2 - v_2^2) \text{ (W)} \tag{7-17}$$

或者

$$P = \frac{1}{2}\dot{m}(v_1^2 - v_2^2)\ (\text{W}) \tag{7-18}$$

从式(7-18)可以看出,当 v_2 为零的时候,风机从来流中提取的风能达到最大。但是,v_2 为零没有任何意义。因为,风机出口流速为零意味着来流风速也要为零,换句话说,风力发电机中没有流体通过。当 v_1/v_2 达到一定值的时候,风机发电量可以达到最大值。

贝茨理论是风力发电中关于能量利用效率的一条基本理论,它由德国物理学家 Albert Betz 于 1919 年提出[7]。贝茨定律描述了风机可以从风中提取的最大能量。根据贝茨理论,风机可从风中获得的最大能量为 16/27(59.3%),被定义为贝茨系数。实际情况下,考虑到风机叶片外形、装配、变桨策略和叶片转速等,风机可提取的能量只能达到贝茨极限的 75%～80%。贝茨极限是一个理论值,推导的过程需要做一些理想化的假设:

(1)风力发电机的叶轮面是一个无限薄的且不存在轮毂的理想圆盘。

(2)风机有无限多叶片且无拖动,因为任何拖动都会导致该理想值降低。

(3)风吹进和吹出的方向为风力发电机的轴向。

(4)风是不可压缩流体,且空气密度恒定,风机和叶轮之间不存在风热量交换。

(5)不考虑尾流效应。

根据动量守恒理论及相互作用力原理,风机对风的作用力为

$$F = m(v_1 - v_2)\ (\text{N}) \tag{7-19}$$

该受力单位时间内做功

$$P = Fv' = m(v_1 - v_2)v'\ (\text{W}) \tag{7-20}$$

式中:v' 表示作用在风机表面的风速,取 $v' = \frac{1}{2}(v_1 + v_2)$。

风机所获得的机械能为

$$P = \frac{1}{2}\rho A(v_1^2 - v_2^2)(v_1 + v_2)\ (\text{W}) \tag{7-21}$$

在相同的横截面积下,自由风含有的能量为

$$P_0 = \frac{1}{2}\rho A v_1^3\ (\text{W}) \tag{7-22}$$

所以,风功率转化系数或功率系数 c_p 可表示为

$$
\begin{aligned}
c_p = \frac{P}{P_0} &= \frac{\frac{1}{4}\rho A(v_1^2 - v_2^2)(v_1 + v_2)}{\frac{1}{2}\rho A v_1^3} \\
&= \frac{1}{2}\left[1 - \left(\frac{v_2}{v_1}\right)^2\right]\left(1 + \frac{v_2}{v_1}\right) \tag{7-23}
\end{aligned}
$$

从中可以看出,c_p 的大小取决于风机进出口风速的比例系数。从图 7-5 可

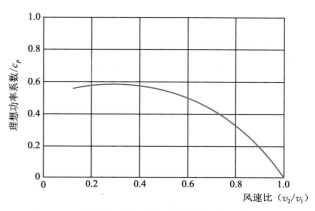

图 7-5　风力发电机功率系数与流速比关系图

以看出，c_p 的取值可由该比例系数确定。从图中可以取得该系数的最大值。

c_p 是从能量转换的角度考虑。但是从受力角度考虑，并不是全部风速都转化为对叶轮的推力 T，否则风机出口处的风速就是 0 了。用 c_T 表示推力系数，描述风速与对叶轮推力的转化。

7.1.2.3　风力发电机组的功率曲线

风机在运行时，功率时刻随着风速变化。功率曲线(power curve)是指某机型风力发电机组的输出功率和风速的对应函数关系。它是风力发电机的设计依据，同时也是考核机组性能、评估机组发电能力的一项重要指标。

从风的动能到风力发电机叶片的动能转化系数用 c_p 表示，而叶片的动能转化为电能的比例参数为 c_e，称作电能转化系数，由下式计算。

$$c_e = c_p \eta_m \eta_e \tag{7-24}$$

式中：η_m 表示叶片动能转化为电能过程中的机械效率，主要由齿轮箱的机械耗损决定，一般为 $0.95 \sim 0.97$；η_e 表示该过程的电气效率，包含发电机和电路损耗，通常为 $0.97 \sim 0.98$。

因此，风力发电机的输出功率曲线为

$$P = \frac{1}{2} \rho A v^3 c_e \tag{7-25}$$

图 7-6 所示为 Vestas 公司生产的 2 MW 风机的功率曲线。对一个风力发电机而言，除去额定发电功率与额定风速(风力发电机开始以额定功率发电时的风速)外，切入风速和切出风速是两个重要参数。切入风速是指风力发电机开始发电的最低风速，而切出风速是指风力发电机停止发电的最大风速。从图中可以看出，该风机的切入风速为 3 m/s，额定风速为 11.5 m/s，切出风速为 25 m/s。值得指出的是，根据设计特性，不同风力发电机的切入风速不同，一般为 3～4 m/s。

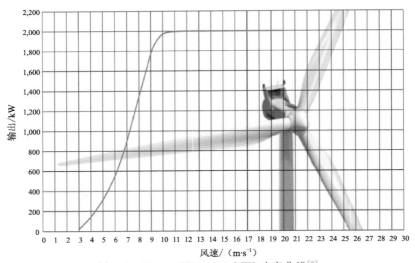

图 7-6　Vestas V110 2.0 MW 功率曲线[8]

7.1.2.4　建筑用风力发电机技术现状

目前，小型风力发电机拥有较高的安全性和可靠性，将其安装于风塔上可以有效避开因障碍物影响而导致的风力损失,提高发电量的同时,降低湍流负载。但是,在建筑环境中,相比于其他位置,风资源具有较高的湍流度,从而将导致风机负载加大。将小型风力发电机安装在建筑环境中,所需技术远高于传统的设计极限,同时,会引起其他关于安全性、可靠性和风机性能方面的新问题。

国际电工委员会(international electrotechnical commission,IEC)提出,小型风力发电机安装位置的最大湍流强度为 18%,该值远远低于 Carpman 在 Turbulence intensity binned with mean wind speed 中提供的复杂地形 10 m 高处的湍流强度值(41%)。规模尺度的不同导致小型风力发电机受湍流的影响不同于大型的风力发电机。湍流引起的漩涡可以轻而易举地吞没一个小型风力发电机,但是,对大型风力发电机来说,只能影响到风机的某一部分,从而对发电影响较小。

一般来说,建筑用风力发电机在 2~4 m 的风轮直径(对水平轴风力发电机来说)下的额定功率为 1~3 kW。小型风力发电机采用不同的机制控制叶轮转动速度,例如最常用被动超速限制会把叶片收起。但是考虑到不同的反应和恢复时间,在具有高湍流强度和多边风向的建筑环境中,该尺度范围内的水平轴风力发电机多采用自由偏航技术,利用尾舵或者桨叶锥去适应风向。然而,垂直轴风力发电机在发电过程中无须对风,因此在多变的建筑风环境中应用较为广泛。

垂直轴风力发电机又分为两种类型,分别为升力型和阻力型。阻力型垂直轴风力发电机主要是利用空气流过叶片产生的阻力作为驱动力的(如 Savonius 设计),而升力型则是利用空气流过叶片产生的升力作为驱动力的。由于叶片在旋转过程中随着转速的增加阻力急剧减小,而升力反而会增大,所以升力型的垂直轴风力发电机的效率要比阻力型的高很多。

7.1.3 建筑环境中的风能特点

相比于传统的能源利用形式,建筑环境中的风能利用所产生的电能可直接用于建筑本身,免去长途输送的损耗,为绿色建筑的发展提供了一种全新思路。

与自然风不同,当风遇到地面建筑物时,一部分被建筑物遮挡而绕行,从而使建筑物周围风场产生很大的变化。随着现代化和城市化的发展,建筑环境中的风场变化越来越明显。特别是建筑物较高和密度较大的城市,由于其下垫面具有较大的粗糙度,可能引起更强的机械湍流,将导致局部风场显著加强。尽管城区的来流风具有速度低、紊流度大且风速相对较小等特点,但是考虑到建筑物的影响,也可能出现局部高风速,甚至产生楼群风等城市风灾害。楼群风是指风受到高楼的阻挡,除了大部分向上和穿过两侧,有一股顺墙而下到达地面,进而被分为左右两侧,形成侧面的角流风;另外一股加入低矮建筑背面风区,形成涡旋风。这样城市上空的高速气流被高层建筑引到地面上来,加大了地面风速,从而形成了我们能够感觉到的过堂风、角流风、涡流风等楼群风。常见的几种建筑风效应描述如下:

(1)逆风:受高楼阻挡反刮所致,由下降流而造成的风速增大。高处高能量的空气受到高层建筑阻挡,从上到下在迎风面处形成了垂直方向的漩涡,也造成了此处的风速加大。特别是与高层建筑迎风方向相邻接的低层建筑物与来流风呈正交的时候,在低层建筑物与高层建筑物之间的漩涡运动会更加剧烈。

(2)分流风:来流受建筑物阻挡,由于分离而产生流速收敛的自由流区域。使建筑物两侧的风速明显增大。

（3）下冲风：由建筑物的越顶气流在建筑物背风面下降产生。这种风类似从山顶往下刮的大山风，危害特别大。

（4）穿堂风效应：在建筑物开口部位通过的气流。穿堂风造成的风速增大，在空气动力学上认为是由于建筑物迎风面与背风面的压力差所造成的。

在实际情况下，因为风向、风速不断变化以及各种风效应之间的相互影响，建筑物周围的风环境十分复杂，具有强烈的不稳定性。在一些建筑群中，还可观察到由建筑物产生的阻塞效应和屏蔽效应，建筑物迎风面的滞止效应和背风面的回流效应。

因此，在进行城市高层建筑设计时，应充分考虑减少城市风灾害，同时，应尽量考虑利用高层建筑中的较大风能，变害为宝。在高层建筑之间，为了捕获更多的风能，可将两个相邻建筑设计成开放式形状，楼群之间会产生较大的瞬时风功率。比如在两座高层建筑之间的夹道，高层建筑两侧以及建筑楼顶，安装风力发电机。

7.1.4 建筑环境中风能利用

7.1.4.1 建筑环境中风能利用形式[9]

建筑环境中的风能利用形式可分为：自然通风和排气，以适应地域风环境为主的被动式利用；风力发电，以转换地域风能为其他能源形式的主动式利用。其中，在建筑环境中利用风力发电中，研究较多的形式有两种：①在建筑物楼顶放置风机以利用屋顶的较大风速进行发电；②在建筑物的设计阶段，将其设计为风力集中器形式，利用风在吹过建筑物时的风力集结效应，将风能加强用于发电。

根据高层建筑中的风能特点，风力发电机的安装位置通常在风阻较小的屋顶或风力被加强的洞口、夹缝等部位，如图 7-7 所示。

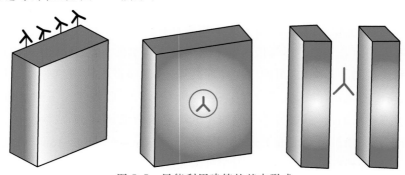

图 7-7　风能利用建筑的基本形式

（1）屋顶。建筑物的顶部风力大、环境干扰小，这是安装风力发电机的最佳位置。一般风力机应高出屋面一定距离，以避开檐口处的涡流区。

（2）楼身洞口。在建筑物的中部开口处，风力被汇聚和强化，会产生强劲的"穿堂风"，此处适合安装定向式风力机。

（3）建筑角边。在建筑角边有自由通过的风，还有被建筑形体引导过来的风，此处适宜安装小型风力机组，也可以将整个外墙作为发电机的受风体，使其成为旋转式建筑。

（4）建筑夹缝。建筑物之间垂直缝隙会产生"峡谷风"，且风力会随着建筑体积量的增大而增大，因此在此处适合安装垂直轴风力机或水平轴风力机组。

7.1.4.2　建筑环境中风机安装类型

根据美国国家可再生能源实验室（national renewable energy laboratory）关于建筑用风电技术的报告，根据风机不同的安装形式，将建筑用风机根据安装方式分为以下四类：

（1）安装在建筑边缘：如图 7-8（a）所示，风机安装于波士顿科学博物馆建筑边缘。

（2）安装在建筑屋顶：如图 7-8（b）所示，风机安装于波士顿科学博物馆建筑屋顶。

（3）建筑一体化风机：如图 7-8（c）所示，安装于巴林世贸中心的建筑一体化风机。

（4）安装在建筑底层地面：如图 7-8（d）所示，安装于加利福尼亚州的兰道尔博物馆建筑周边地面的风机。

（a）安装在建筑边缘　　　　　　　　　　（b）安装在建筑屋顶

（c）建筑一体化风机　　　　　　　　　　（d）安装在建筑底层地面

图 7-8　建筑用风力发电机安装类型

一般来说,大部分建筑用风力发电机安装在建筑屋顶,且额定功率小于等于 10 kW。对于传统的水平轴风力发电机来说,意味着风轮直径小于 7 m。当然,除水平轴风力发电机外,垂直轴风力发电机同样引起了公众的兴趣,一些制造商将其用于建筑上或城市中。

建筑一体化风机采用非传统的设计方法,将风力发电机与建筑结合在一起。建筑一体化风力发电机对工程师的专业技能有较高的要求,同时会增加投资。在进行建筑一体化风力发电机设计安装时,需要综合考虑空气动力学、共振以及其与建筑之间的相互影响。

安装于建筑地面的风机需要考虑利用位于城市底层地面并不丰富的风资源,如何提高风机的产出非常具有挑战性。

7.1.4.3　建筑环境中风能利用评价指标

由于风能与风速的三次方成正比,因此,风力发电机的安装位置应该尽量选取风速比较大且湍流强度比较低的地方,同时,考虑到安装成本,在条件符合的情况下尽可能降低风力发电机的安装高度。结合实际工程,以下性能指标可用来评价建筑环境的风能利用效能:

(1)实际风速 v,衡量具体位置风能的多少,同时评价其风能可利用的潜能。风力机安装位置的风速应尽量满足风力发电机的设计要求,即风速应在风力发电机切入和切出风速范围之内,一般来说为 $7\sim25$ m/s。同时,具体位置的不同风速,也是选择合适的风力发电机的重要依据。

(2)风速增大系数 $C_v=\dfrac{v}{v_0}-1$,用来衡量建筑对风速的强化效果。其中 v 为某位置的实际风速度,v_0 未受建筑干扰的自由风速。C_v 越大,说明建筑对风能的强化集结效果越好。

(3)风能强化系数 $C_u=\dfrac{v^3}{v_0^3}-1$,与风速强化系数类似。

(4)湍流强度(turbulence intensity,TI),风电场的湍流对风力发电机的性能有着非常不利的影响,会减少风机的输出功率并引起极端荷载,最终将破坏风力发电机。因此,安装风力发电机时,应尽量避开高湍流区域。湍流强度 TI≤0.1 表示低湍流强度,0.1<TI≤0.25 为中等程度湍流,湍流强度 TI>0.25 表示湍流强度过大。对于风电场来说,湍流强度应尽量不要超过 0.25。

(5)风速倾斜角 γ,其中 $\cos\gamma=\dfrac{v_-}{v}$,$v$ 为实际风速,v_- 为实际风速的水平分量。遇到不同形式的建筑物时,来流会产生倾斜,对风力发电机的发电功率产生相应的影响,也是一个重要的影响参数。

7.2　绿色建筑中风力发电技术

7.2.1　建筑环境中的风能利用研究现状

欧洲 20 世纪末才开始对在建筑环境中风能利用进行研究。1997 年,Jian ming He 和

Charles C. S. Song 对掠过 Texas Tech University（TTU）建筑物的风的流动特性和建筑物顶部拐角处的涡流性质进行了模拟分析[10]。1998 年，欧洲委员会开展了 Wind Energy in the Built Environment（WEBE）的研究项目，第一次将风力发电引入城市建筑中。同时项目组得出：建筑物的造型设计应该充分考虑如何使风力发电机达到最大效率。同时，由于建筑楼群的存在会扰乱空气流动，易造成湍流，设计建筑物表面时应保证来流顺畅地流向风机叶片。之后，国内外学者对建筑环境的风能利用技术进行了研究。研究主要集中在建筑风环境评估、建筑风力集中器研究、适宜建筑环境的风力发电机开发以及建筑环境风力发电效益评估等方面。

英国及荷兰的学者对扩散体型和平板型建筑进行了较为深入的研究。他们采用 CFD 数值模拟和风洞试验相结合的方法，对不同形式的建筑风能利用效果进行评价，得出当横截面为肾形和回飞棒形时，其风能利用效果最好。同时结合扩散体型建筑的特点，对平板型建筑进行了改进，设计出了新的风能利用建筑。

英国皇家工学院和德国斯图加特大学联合承担了欧盟资助的项目 WEBE，并在英国牛津附近的 Rutherford Appleton Laboratory 按照 1：7 的比例建造了一个风机直径为 2 m、高度为 7 m 的扩散型风力集中器形式的建筑模型。结果显示，曲线设计使发电效率提高了一倍，并且在此想法基础上，提出了双塔建筑模型的概念设计。

随着风能在建筑环境中的应用研究不断发展，进入 21 世纪后，取得了突破性研究成果。2003 年，Sander Mertens[11] 阐述了几种能够有效利用风能的建筑形式，采用数值模拟的方法，对安装在建筑顶部的风机展开了相关研究，并提出了计算和预测屋顶风机能量场的方法和步骤。研究发现，在屋顶上放置风力机的位置与未受绕流影响的风流场的情况差别很大。同时得出结论：考虑到来流倾斜角的问题，相比于水平轴风力发电机，垂直轴风力发电机更适合安装于屋顶。Andrea M. Jones 编制了在城区中利用计算流体动力学原理评估单体建筑利用风能效果的计算程序[12]。2004 年，Ken-ichi Abe、Yuji Ohya 使用 CFD 软件模拟分析了一种具有折边的扩散体建筑形式周围的流场，进而研究了此种建筑形式在进行风能利用时的特性。2005 年 GJ. W. Van Bussel、S. M. Mertens 对建筑环境中如何使用小型风机做了研究，包括纽约新世贸中心自由塔风电场的风机设计研究。2006 年，Emma Dayan 较为详尽地阐述了在建筑环境中利用风能的重要性、现有的技术与面临的挑战，并对未来的发展情况进行了展望。

有了理论上的分析，之后也就会有用于实践的工程。2007 年，海湾小国巴林在建筑上建造了利用风能发电的实际工程，这就是著名的巴林世贸中心，被誉为"风能建筑"的杰作。2010 年伦敦大象城堡区（Elephant and Castle）建成风能发电与住宅相结合的大楼 Strata，称为"空中住宅"，是世界上第一座楼顶安装风能涡轮发电机的摩天大楼。国外对于在建筑中融入风能发电的研究不断发展，其应用于实际工程的建筑也不断涌现，使风能利用走向又一个新的高度。

国内研究风力发电起步比较晚，但发展迅速。2004 年之前，中国的风电产业几乎一片空白。"十一五"期间，中国的并网风电得到迅速发展，其中包括与建筑结合的风能发电装置。20 世纪 90 年代初开始国内初步探索了立方体建筑的数值模拟，1990～1994 年汤广发等对二维矩形和立方体建筑周围的风速和风压分布进行了数值模拟；1994 年苏铭德等对矩形截面高层建筑在不同风向下的表面风压和周围风场进行了数值模拟并将计算得到的风压值与部分已有的试验结果进行了比较；吴义章等针对某些建筑布局可能引起的强局部风和造成不舒适的风环境问题，从大气边界层模拟、建筑模型风洞试验、风统计特性、风环境舒适性判断等方面介绍了几种研究方法。

从 20 世纪 90 年代末开始，国内许多研究者采用计算流体力学（CFD）商业软件对不同形式的单体和群体建筑物进行数值模拟，其中很多研究工作均针对工程实际并结合风洞试验进行。2003 年杨伟和顾明利用 FLUENT 软件和两种 κ-ε 湍流模型对单一体矩形截面高层建筑的三维定常流动风场进行了数值模拟，模拟结果与风洞试验结果作了比较。在单体建筑物绕流数值模拟及风洞试验研究的同时，关于建筑群风环境的数值模拟也开始出现，例如 2001 年周莉和席广利用 FLUENT 软件对三栋一字排列的高层建筑群进行了数值模拟，考虑建筑物之间不同间距对风场的影响；赵彬简要阐述了建筑群风环境与住区环境舒适性的重要关系，介绍仿真建筑群风环境的不同方法，并着重比较了各自的特点。

杜王盖经过对结构化网络和非结构化网络划分计算区域，对建筑风场进行数值模拟，指出六面体同位网格能适用于不同形状的建筑风场模拟。苑安民、田思进介绍了建筑群的"风能增大效应"和计算方法，提出了建筑"风洞"和"风坝"的概念。潘雷、张涛等通过数值模拟重点探讨了几种基于扩散体型风能建筑形式对增强风速、强化风能利用的效果，并研究了城市楼群风的特点，讨论了利用楼群风进行风力发电。冯芜蔚等对不同来流风向角时单、双风通道的最佳位置进行了分析，此外还对由相同尺寸建筑组成的不同布局形式的建筑群进行模拟计算，获得了中心建筑的风场状况、风速增强效果与建筑平面布局之间的影响关系。李太禄以在建筑密集城区内的风能利用为背景，采用理论分析、CFD 数值模拟和风洞试验相结合的方法，利用空气动力学的基本原理和计算流体动力学技术分析建筑周围空气流动的基本情况，根据流场进而分析和研究在建筑环境中将建筑物作为风力强化与集中的载体时安装风力机的最佳位置，通过把风力机与建筑物有机结合，实现对建筑环境中风力资源的优化利用。对于风能转换装置，除了水平轴和垂直轴风机外，贺德馨还提出了一些新概念风能转换装置。它们的共同点是希望通过较小的风轮扫掠面积来收集更多的风能，提高有效的风能密度。近年来，一些国家利用周围的风环境特别是高耸建筑物顶部的风环境进行风力发电，或者将风力发电装置和建筑物进行一体化设计，根据对气流绕建筑物的流场分析，在建筑物中布置风力发电机组。2010 年竣工的珠江城大厦就是运用风力发电的很好的实例。[13]

7.2.2 高层建筑中的应用风能的可行性分析及增强方法研究

为了了解建筑风能利用的可行性及风力增强方法，对空气动力学和市区内建筑区域的流场进行分析研究是非常必要的。在我国香港特别行政区，风力发电的研究主要集中在乡村地区的风力发电评估以及陆地和海上风电潜力的研究。在商用市场上，有两个独立的风力发电场正在建设或运行，同时，由港灯公司和 CLP 分别开发了两个海上风电场。香港机电工程署总部大楼的屋顶也安装了一台 1 kW 的水平轴风力发电机,以及一台 1.5 kW 的垂直轴小型风力发电机,用于示范和累积屋顶小型风力发电经验,如图 7-9 所示。

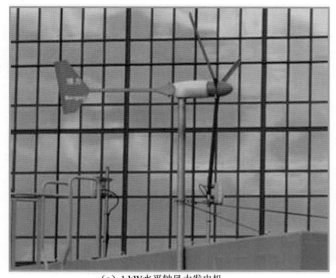

（a）1 kW水平轴风力发电机　　　　　　　（b）1.5 kW垂直轴风力发电机

图 7-9　香港机电工程署大楼屋顶风力发电机

尽管我国香港特别行政区以高风能密度和密集型高楼著称,但是,至今没有关于任何建筑用风力发电机系统的研究。研究风和建筑的相互作用和对建筑用风力发电系统的分析、设计及选址非常重要,同时,可以促进香港的风能开发。从另一方面来说,可以结合结构和建筑工程实践,为城市规划建设者提供风能利用的新思路。因此,为了弥补这一缺陷,香港理工大学可再生能源研究小组在空气动力学的基础上,结合香港本地的气象数据及高层建筑特点,提出了城市高层建筑风能利用策略,包括优化屋顶形状及利用风力集中器原理。

7.2.2.1　数值模型

计算风工程（CWE）是用数值的方法评价建筑与风之间的相互作用,计算流体力学（CFD）可用于建立风流量模型,以帮助分析和定位风力发电机在建筑周围的安装位置。

1. 数值模拟

湍流模型和网格是计算流体力学成功应用的两个重要问题。FLUENT 提供了几种湍流模型,本书将利用标准的 $\kappa\text{-}\varepsilon$ 模型,湍流动能 κ 及其速率耗散 ε 可以从以下的方程获得

$$\frac{\partial}{\partial t}(\rho k)+\frac{\partial}{\partial x_i}(\rho k u_i)=\frac{\partial}{\partial x_j}\left[\left(4\mu+\frac{\mu_t}{\sigma_k}\right)\frac{\partial k}{\partial x_j}\right]+G_k-\rho\varepsilon-Y_M+S_k \tag{7-26}$$

$$\frac{\partial}{\partial t}(\rho\varepsilon)+\frac{\partial}{\partial x_i}(\rho\varepsilon u_i)=\frac{\partial}{\partial x_i}\left[\left(\mu+\frac{\mu_t}{\sigma_\varepsilon}\right)\frac{\partial\varepsilon}{\partial x_j}\right]+G_{1\varepsilon}\frac{\varepsilon}{k}(G_k+C_{3\varepsilon}G_b)-\rho\varepsilon-C_{2\varepsilon}\rho\frac{\varepsilon^2}{k}+S_\varepsilon \tag{7-27}$$

式中,湍动黏滞系数 $\mu_t=\rho C_\mu\dfrac{k^2}{\varepsilon}$。

2. 数学模型

考虑到香港当地建筑特点,根据两个建筑的不同高度和间距,分析了三个不同方案和对应案例,见表7-3。

表 7-3　案例介绍表

方　案		建筑物概况	大楼距离/m	备　注
方案 A	案例1	两个相同建筑 25 m×70 m(高)×25 m	10	—
	案例2		15	见图 7-10
	案例3		20	—
方案 B	案例1	两个相同建筑 25 m×70 m(高)×25 m	15	案例1方案2
	案例2	两个相同建筑 25 m×140 m(高)×25 m		—
方案 C	案例1	1 号楼 25 m×70 m(高)×25 m	25	见图 7-11(a)
	案例2	2 号楼 25 m×140 m(高)×25 m		见图 7-11(b) 斜屋顶
	案例3	3 号楼 25 m×210 m(高)×25 m		—

方案 A 的研究目的是不同建筑间距对建筑物周围流场的影响。三个案例中,建筑间距分别为 10 m、15 m 和 20 m。两个建筑几何尺寸都为 25 m×70 m(高)×25 m。

方案 B 的研究目的为不同建筑高度对建筑周围风场的影响。70 m 和 140 m 为预设的两个不同建筑高度。在案例1和案例2中,建筑间距都为 15 m。

方案 C 的研究目的为不同建筑屋顶形状和建筑高度对风场的影响。三个建筑几何尺寸分别为 1 号楼 25 m×70 m(高)×25 m、2 号楼 25 m×140 m(高)×25 m 和 3 号楼25 m×210 m(高)×25 m。同时,案例 2 考虑建筑屋顶的形状对风场的影响。

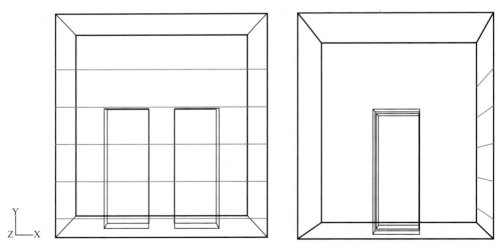

图 7-10　方案 A 案例 2 的几何体(建筑距离 15 m)

3. 气象数据

从香港天文台获得的风速、风向及温度将作为输入参数。对于方案 A 和方案 B 来说,模拟来风垂直吹过建筑。对于方案 C 来说,来流方向为从 1 号建筑到 3 号建筑。表 7-4 为方案 A 不同建筑高度处的风速列表。

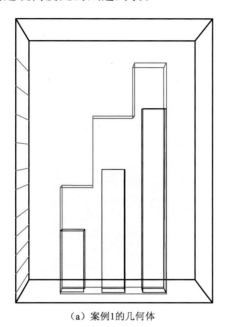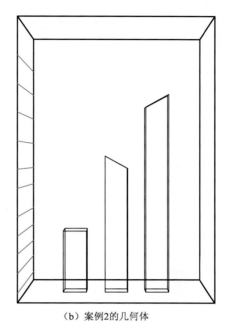

（a）案例1的几何体　　　　　　　　　（b）案例2的几何体

图 7-11　方案 C 的几何体

7.2.2.2　模拟结果及讨论

方案 A 和方案 B 给出了不同建筑间距和建筑高度对建筑周围风场的影响,而方案 C 侧重于研究不同建筑高度和屋顶形状对建筑周围风场的影响。

1. 方案 A:不同建筑间距下建筑物周围风场

在方案 A 中,将对建筑间距为 10 m、15 m 和 20 m 的三个不同案例进行模拟分析。图 7-12 显示了部分模拟结果。

（1）建筑间风速及风能密度增加。

在两个楼入口处,风速急剧增加,如图 7-12 所示。建筑间距越小,对风的集结作用越明显。风速在两建筑中间达到最大值,随着离出口距离的减小而减小。风速增加最剧烈的位置出现在两个建筑之间,同时在建筑外侧也发现风速有所增加。

表 7-4　方案 A 不同建筑高度处的风速表

边 界 名 称	高 度/m	风　速/(m·s^{-1})
入口 1（最底层）	0～10	6.027
入口 2	10～30	7.051
入口 3	30～50	7.585
入口 4	50～70	7.96
入口 5	70～90	8.25
入口 6（最高层）	90～120	8.595 7

通过对比方案 A 的三个案例,可以得到,在相同的模拟条件下,建筑间风速最高可达 15 m/s,也就是说,风能密度增加到原先的 8 倍之多(风能密度与风速的三次方成正比)。如图 7-13所示,超过 2 000 W/m² 的风能密度比美国能源部(DOE)规定的 7 级风能密度(>800 W/m²)还要高很多。该结果证明了建筑对风的集结效应可以在很大程度上增加风能的产出。尽管,当前由于昂贵的安装费用,在推行大功率风机时有些阻力,但最优风机安装位置的选取可以最大限度优化风能利用,从而抵消一部分安装费用。

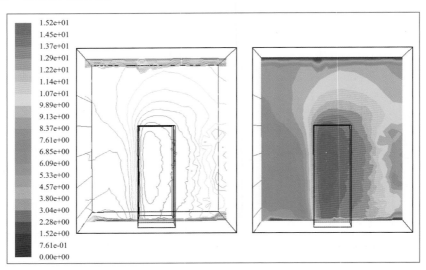

（a）侧视图

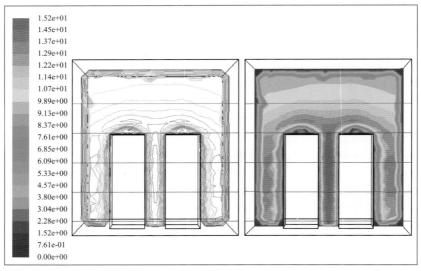

（b）主视图

图 7-12　方案 A 案例 2 速度云图

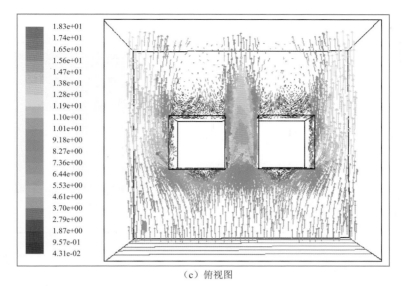

（c）俯视图

图 7-12　方案 A 案例 2 速度云图（续）

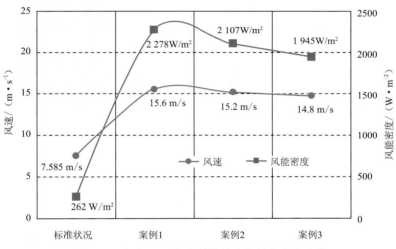

图 7-13　方案 A 三个案例的风速及风能密度比较

　　通过对比方案 A 的三个不同案例，可以发现：由于建筑间距最小，案例 1 对风的集结作用最为明显，风速可达 15.6 m/s。建筑间距影响风速的增加程度，理论上说，最小的建筑间距可获得最大的风速。但是，在实际工程中，需要考虑其他因素，比如建筑设计标准，风机直径以及湍流强度等影响因素。

　　（2）湍流层及其位置。

　　在风能利用中，另外一个重要的参数就是湍流度，它影响到风机的安装和运行。在本文的不同案例中，建筑表面存在湍流且其厚度大约为 3 m，如图 7-14 所示。因此，风机的安装位置与建筑间隔必须要大于 3 m 以便于更好地接收风能同时避免湍流影响。考虑到风机的直径，不同的风机直径要求保证不同的建筑间距。

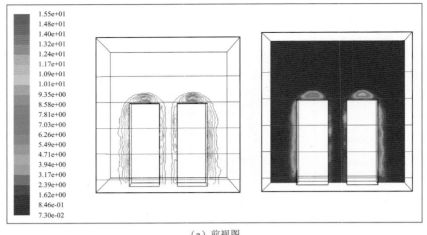

（a）前视图

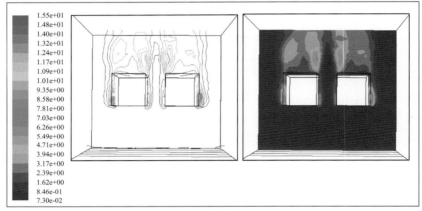

（b）俯视图

图 7-14　方案 A 案例 2 湍流度（m^2/s^2）云图

　　湍流一般发生在建筑屋顶和建筑背面以及侧面,从图 7-14（a）可以看到建筑屋顶和侧面的湍流,从图 7-14（b）则可以看到位于建筑背面的湍流。较高的湍流强度对风机的运行有十分不利的影响。为了避免湍流的影响,安装在建筑屋顶的风机,要求和建筑屋顶至少有 10 m 的高差,相应的,安装在建筑侧面的风机,要和建筑墙面有至少 6 m 的距离差。CFD模拟工作的任务,就是为了获取更为准确的风机安装位置,保证风机接收到速度较高的风同时避免湍流影响。虽然短时间的湍流作用效果并不明显,但是,应该考虑较长时间湍流的潜在影响力。

　　2. 方案 B:不同建筑高度下的建筑物周围风场

　　在方案 B 中,将对建筑高度为 70 m（案例 1）和 140 m（案例 2）的两个不同案例进行模拟分析。

(1)建筑高度对周围风场的影响。

通过对比图 7-14(方案 A 图)和图 7-15(方案 B 图)可以看出,对于方案 B 的两个不同案例来说,风场的情况基本相似,最高风速都可达 15.2 m/s,但是,最高风速发生的位置却不尽相同。对于案例 1 来说,最高风速的发生位置为从离地面 17 m(70 m 建筑高度的 1/4)的位置到 70 m 处;于对案例 2 来说,最高风速的发生位置为离地面 70 m(140 m 建筑高度的 1/2)到 140 m。因此,可以看出,对于高层建筑来说,建筑高度对风速的集结作用的影响应该不大,却对最高风速的发生位置有影响。对于高层建筑来说,最佳的风能利用位置比较高。

图 7-15　方案 B 案例 2 速度云图(m/s):侧视图

(2)湍流层及其位置。

从图 7-16 可以看出,在案例 2 中,建筑外墙处的湍流层厚度约为 3.75 m,相对于案例 1(3 m)来说,厚度有所增加。因此,在该来流状况下,为了避免湍流,在案例 1 中,风机的安装高度必须至少高于建筑屋顶 7.4 m;对于案例 2 来说,必须高于 11 m,见表 7-5。建筑屋顶中心处的湍流层厚度最大,两边略小,解释了屋顶的风机都安装在建筑屋顶边缘的原因。一般来说,建筑高度越高,屋顶湍流层的厚度越大,如案例所示,案例 2 中建筑外墙处的湍流厚度 15.6 m 明显大于案例 1 中的厚度 6.25 m。同时,从图 7-16 中可以看到,对于建筑外墙来说,最大湍流厚度一般发生在建筑高度的中间位置。此外,鉴于湍流厚度随高度变化,为了最大限度地避免其影响,模拟工作应以找到风机安装的最佳位置为目标。

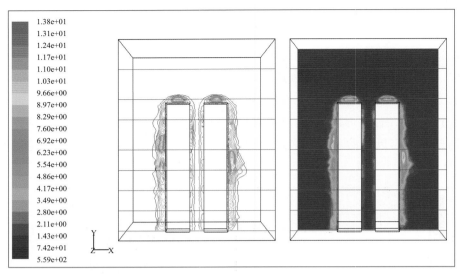

图 7-16　方案 B 案例 2 湍流度云图（m²/s²）：前视图

表 7-5　方案 B 最大湍流层厚度

名　称	案　例　1	案　例　2
距建筑内侧墙壁	3 m	3.75 m
距建筑外侧墙壁	7.4 m	11 m
距屋顶距离	6.25 m	15.6 m

3. 方案 C：不同屋顶形状下的建筑物周围风场

在方案 C 中，将对建筑高度及建筑屋顶形状对风场的影响状况进行模拟分析。

（1）方案 C 案例 1：建筑高度影响。

在本案例中，将对三个高度不同的建筑进行分析，分别为 1 号建筑，70 m；2 号建筑，140 m；3 号建筑，210 m。如图 7-17 所示，左边为来流入口，右边为来流出口。

从图 7-17 可以看出，很明显，最大风速（9.51～12.7 m/s）出现在最高的 3 号建筑处。经过分析，原因可能有两个：风速随高度增加的同时受建筑对风的集结作用的影响。同时可以看出，风流经不同平屋顶时的样式基本相似。可以看出，最高建筑屋顶为风机安装的最佳位置。在该案例中，与地面风速相比，可以被增加 2 倍；与处于开阔空间的同高度处相比，可以被增加 1.5 倍，相应的，从理论上风能密度可以被增加 8 倍或 3.4 倍。由此可见，在高层建筑中，有效地利用风能可以提高风机开发的可行性及经济性。

同时，如图 7-18 所示，可以观测到该案例的不同位置的湍流厚度。大体来说，建筑屋顶的湍流厚度约为 12 m。为了避免过多的湍流影响，风机的摆放高度必须高于建筑屋顶 12 m 或者以上。

图 7-17　方案 C 案例 1 速度云图(m/s)

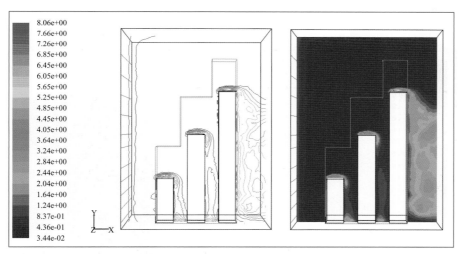

图 7-18　方案 C 案例 1 湍流度云图(m²/s²)

(2)方案 C 案例 2:建筑屋顶形状影响。

在本案例中,选择了三个不同的屋顶形状,包括平屋顶和斜屋顶。在上述输入风状况下,可以得到,最高风速出现在 2 号建筑屋顶,而不是 3 号建筑屋顶。在案例 1 中,最大风速出现在 3 号建筑屋顶是受到高度的影响;而在案例 2 中,最高风速出现在 2 号建筑屋顶是受到屋面形状的影响。如图 7-19 所示,2 号建筑屋顶的风速范围为 $10.1\sim12.7$ m/s。每个建筑的最大风速位置都可以在该图中看出,例如 3 号建筑最大风速处于斜屋顶的后上方,是安装风机最合适位置。

从图 7-20 可以看出,与案例 1 的平屋顶相比,2 号建筑的湍流区要明显大于 1 号和 3 号建筑。3 号建筑屋顶以及迎风面的圆柱区域,基本不存在湍流层。另外,尽管 2 号建筑的斜屋顶可以增加风能密度,但也引起了较高的湍流空间。因此,在选择风机位置时,要在尽可能避免湍流区域的同时选择较大风速位置。

图 7-19　方案 C 案例 2 三个建筑速度云图(m/s)

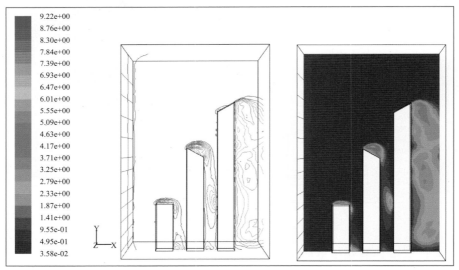

图 7-20　方案 C 案例 2 湍流度云图(m²/s²)

屋顶形状在很大程度上影响着风机位置的选择,流场内部情形受屋顶影响很大,例如,面对来流风向的斜屋顶可以较大程度地提升来流风速,但是相应的,也会引起较大的湍流影响区域。受此启发,我们在设计新建筑时,应该充分考虑屋顶形状对来流的影响以达到最大限度利用风力的目的,并因此创造风力发电技术在城市高层建筑及绿色建筑中的应用机遇。不同建筑高度及不同建筑屋顶形状对风力的集结作用和湍流层厚度影响有所不同,因此常年动态模拟对于开发风力发电技术的建筑应用是必不可少的。

7.2.2.3　高层建筑风能利用潜力总结

通过比较三个方案不同案例可知,在城市高层建筑中,不同建筑间距,不同的建筑高度以及不同建筑屋顶形状会导致不同的风力集结效果。一般来说,通过合理选择建筑间距及高度,风能密度可被提升 7～8 倍,可以有效促进风能在城市高层建筑中的开发应用。同时,在选择最优风机位置时,由不同建筑间距、高度以及屋顶形状导致的湍流层厚度也是一个重要考察因素。由模拟结果可知,在城市建筑环境中,尤其类似香港这种建筑密度较大、楼层高的城市,建筑对风的集结作用非常明显,风力发电技术在建筑中的应用有很大潜力。

7.2.3　建筑用风电技术经济性和节能减排效果分析

7.2.3.1　建筑用风力发电技术经济性分析

考虑到目前大多数经济性模型是以离网型风力发电技术为基础的,对于建筑用小型风力发电技术的经济性分析存在一定困难。一般来说,制造商会配套地提供电池以及逆变器的技术参数和价格,但却很少提供有关安装方面的数据。将一个风机改造加入建筑物的构造中,需要综合考虑各个方面,例如安全性,避免共振同时节省风塔建设、基础和电缆费用(所有这些都将会对最后的安装费用产生影响)。一般来说,较为全面的经济性评估包括:

(1)风机基本费用;

(2)逆变器和风力转换器费用;

(3)构造安装费用;

(4)电缆费用。

通常来说,只有前两个项目有较为全面的精准的数据。David Milborrow 提出了中型风力发电机容量费用及发电费用,参见图 7-21。并指出,不包括安装费用,WS1000 (1 kW)的风力发电机市场价为 995 英镑(垂直轴风机费用加成 5%)[14]。

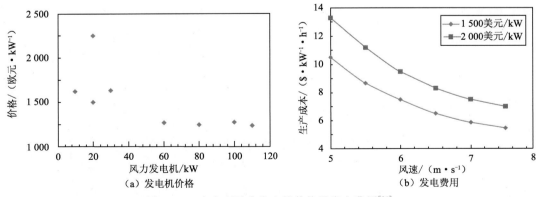

图 7-21　中小型风力发电机价格及发电费用[14]

根据美国能源部的风力发电市场报告,2015 年的风力发电平均成本为 1 690 美元/kW,随着风电技术的日益发展,价格将会继续降低。

7.2.3.2 改造建筑用风力发电技术节能减排潜力分析

对于建筑内安装风力发电机来说,该系统的 CO_2 减排量取决于以下几个方面:

(1)根据不同的建筑特点,尤其是墙体和屋顶类型,是否选择了合适的风力发电机类型。

(2)在高风速地区,不同建筑类型的排列方式。

(3)由城市环境引起的风速减弱。

(4)由建筑分布或建筑形状导致的特定风向的风速增大情况。

根据相关报告,在不同的风速情况下,住宅建筑用风机年发电量以及对应的 CO_2 减排量如图 7-22 所示。

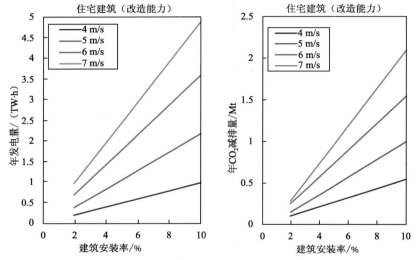

图 7-22　在不同风速状况下,住宅用建筑安装风力发电机的年发电量及 CO_2 减排量[14]

对于工业和商业建筑来说,可以考虑大规模安装风力发电机。在不同风速和建筑安装率的情况下,非住宅用建筑年发电量和 CO_2 减排量如图 7-23 所示。

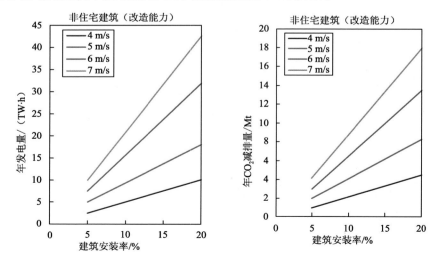

图 7-23　在不同风速状况下,非住宅用建筑安装风力发电机的年发电量及 CO_2 减排量[14]

7.2.3.3 新建建筑用风力发电技术节能减排潜力分析

对于新建建筑来说,可以在初始设计阶段就考虑风机与建筑结构的整合,如果设计的建筑安装率较高,就可以安装更多的风力发电机。假设建筑用风力发电技术的总建筑安装率为 $1\%\sim20\%$,在不同的风速条件下,年发电潜力和 CO_2 减排量如图 7-24 所示。

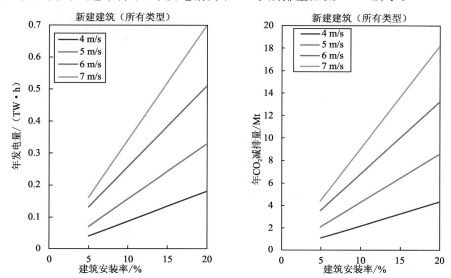

图 7-24 在不同风速状况下,新建建筑安装风力发电机的年发电量及 CO_2 减排量[14]

7.2.3.4 建筑用风力发电技术净节能减排潜力分析

建筑用风电技术的总体净发电量和 CO_2 减排量取决于建筑安装率(新建及改造)和在不同风资源状况下的安装形式。

以英国为例,住宅建筑 1% 的目标基线意味着要在至少 1% 的住宅建筑中建造安装小型风力发电机,也就是 250 000 个安装单位。非住宅建筑 1.5% 的目标基线意味着非住宅建筑的风力发电安装率为 1.5%,也就是 25 000 单位个 $20\sim100$ kW。最后,新建建筑 5% 的目标意味着有 7 500 个安装单位。图 7-25~图 7-27 显示了英国建筑用风电发电量和减排量的逐年累积结果。

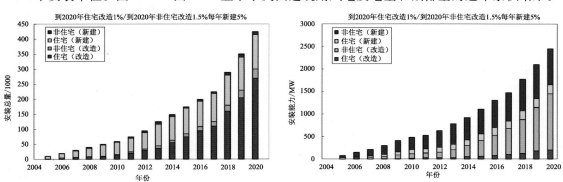

(a)安装总量和年发电量

图 7-25 不同建筑安装率下(住宅建筑 1%,非住宅建筑 1.5% 及新建建筑 5%),
建筑用风电技术 CO_2 减排量[15]

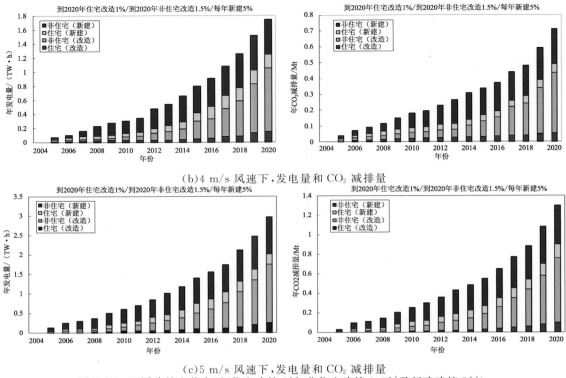

（b）4 m/s 风速下，发电量和 CO_2 减排量

（c）5 m/s 风速下，发电量和 CO_2 减排量

图 7-25　不同建筑安装率下（住宅建筑 1％，非住宅建筑 1.5％及新建建筑 5％），
建筑用风电技术 CO_2 减排量[15]（续）

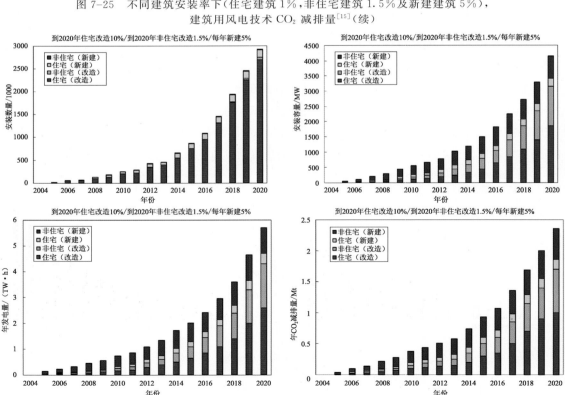

图 7-26　不同建筑安装率下（住宅建筑 10％，非住宅建筑 1.5％及新建建筑 5％），
建筑用风电技术 CO_2 减排量，风速 5m/s

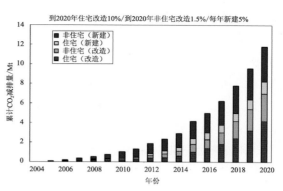

图 7-27 不同建筑安装率下(住宅建筑 1%(左),住宅建筑 10%(右),非住宅建筑 1.5% 及新建建筑 5%),建筑用风电技术 CO_2 减排累计量,风速 5 m/s[15]

7.2.3.5 建筑用风电节能减排潜力总结

建筑用风力发电技术以及对应的 CO_2 减排量取决于建筑结构分布、风环境及在最优风机布置下的捕风能力等。从上述报告分析中可以看出,该技术具有较大使用潜力,尤其在非住宅建筑中。

7.2.4 建筑用风力发电可行性因素分析

1. 满足可再生能源法规定

为了促进可再生能源开发利用,增加能源供应,改善能源结构,保障能源安全,保护环境,实现经济社会的可持续发展,国家相关部门制定了可再生能源法。建筑用风力发电技术,紧扣可再生能源法目标,把握风电技术发展机遇,具有广阔开发利用前景。

2. 满足绿色建筑用能目标

节能减排是绿色建筑概念的核心价值之一。如今,各国政府或者环保组织提出的绿色建筑评估法则中都有鼓励可再生能源利用的相关条文。国内最新的《绿色建筑评价标准》中也详细制定了建筑由可再生能源提供的电量比例所对应的得分规则。

3. 风速更高,能量更大(建筑集结效应)

一般来说,传统风电技术通过选择风速较高的场址,用以安装风力发电机,并通过输电网运送给用电终端。鉴于能量和风速的三次方关系,对于风速较大地区,输电网损失的电量相比于发电量可以忽略。

建筑用风力发电技术,一般考虑将风机安装在一个已建成的拥有较强风场的建筑上。考虑到建筑对风的集结提速作用,需要谨慎考虑风机的安装位置,以避免风速超过可接受范围。

4. 低运输成本

建筑用风力发电系统,直接将产出的电力输送给建筑用户本身,减少了运输损失和购买费用。因此,从用户方面来说,建筑风力发电成本更低。

5. 发电成本降低潜力

据 Milborrow 预测,到 2020 年,传统的大型陆上风场的发电成本会达到最低,与此同时,随着技术的进一步发展,AWEA 认为小型风力发电机的性能与发电效率也会有所提高并带来发电成本的降低。建筑用风力发电技术将从上述大趋势中受益,其成本将会随风力发电机改进而降低。

6. 弥补大型陆上风力发电不足

对于陆上风电场来说,开发利用的最大障碍是输电网的运输连接设计和民众的接受度。但是,建筑用风力发电却并不存在这些问题。建筑用风力发电系统直接连接低压配电网(通常是建筑用户),输电网连接不是其设计短板。相比于大型风电机来说,小型风力发电机的公众接受度是完全不同问题,建筑用风力发电系统通常安装在屋顶,对于建筑内用户影响很小。

7. 建筑师偏爱

建筑师们对在建筑物上安装风力发电机表现出了强烈的兴趣。国际上一些领先的建筑事务所如罗杰斯建筑事务所,以及以创新科技著称的 Bill Dunster 建筑公司都曾将风力发电技术引入到他们的概念性设计中。著名建筑师诺曼·福斯特在 2003 年夏天,与皇家学院举办了题为 Sky High 的展览,展示了多个高层建筑中安装风力发电机的有趣例子。

另外一个例子是 Ian Ritchie 和他的合作伙伴,在提交给客户的一个报告中,为一个购物中心提出了两个风力发电机的安装方案:

(1)该建筑上安装多个小型风机:总装机容量为 380 kW(19×20 kW),年发电量为 1.14 MW·h。

(2)安装单个大型风力发电机:额定发电量为 2 MW,年发电量为 5.5 MW·h。

当然,上述两个方案都经过了严格的风资源评估,在对应轮毂中心高度位置,平均风速分别为 6 m/s (55 m) 和 8 m/s(80 m)。

7.3 绿色建筑微型风力发电技术应用案例

7.3.1 巴林世贸中心

在波斯湾南部,卡塔尔和沙特阿拉伯之间的海域上,有一片阳光明媚且常年多风的群岛,名叫巴林王国群岛。巴林首都麦纳麦是巴林的最大城市,位于波斯湾中段,巴林岛的东北角,拥有约 150 万人口,约占巴林总人口的将近 1/4。巴林独特的地理位置,使其具有非常丰富的风资源。每天早上,随着太阳升起,麦纳麦地区的热空气受热上升,形成大范围的低气压区,附近的海面冷空气随之过来补充,如此循环往复,造就了在该市区内,60% 的时间内充满着相当富足的风资源。

建筑师肖恩·奇拉(Shaun Killa)以在中东地区设计摩天大楼而闻名,他并不是第一个将风能引进建筑技术的人,却是第一个成功实现摩天大楼与风能技术完美结合的人。作为全球第五大工程顾问公司阿特金斯(Atkins)的首席建筑设计师,他的梦想就是让节能建筑成为世界主流。巴林世贸中心是奇拉实现梦想的第一步,它于 2003 年开始设计,到 2008 年 4 月完工,被誉为"风能建筑的杰作"。巴林世贸中心耗资 9 600 万美元,总建筑面积 120 961 m²,主体建筑是两座高 240 m、50 层的三角形塔楼,底部是一个 3 层基座。每一座塔楼都有 34 层的办公空间和 42 层的观景平台。基座部分容纳了酒店、商场、咖啡屋、饭店和健身俱乐部等服务设施。三层带屋顶的停车场也设置在基座中,地下室则提供了更多的停车位。塔楼的外观像一对弯曲的风帆停靠在陆地上,也像是两块破碎的蓝色玻璃尖,优雅地迎接着从海面上吹来的海风,超越时空,自成风范。它是世界上首个可为自身提供可再生能源的摩天大楼,并于 2006 年获得"阿联酋绿叶奖"颁发的"大型规划中技术使用最佳"奖,还获得"阿拉伯建筑世界"颁发的"可持续设计奖"。

巴林世贸中心的设计图样是古典与现代结合的产物,设计师受传统阿拉伯"风塔"的启发,将两座楼之间的平面与剖面设计成了椭圆形和帆形,两座塔楼主体如同两片巨型机翼将来自波斯湾海面上的毫无阻碍、经年不息的海风集中并加速使其在经过两座塔楼时形成漏斗效应,力求提高风速,为安装风力发电机提供了充分的条件。三个直径为 29 m 的水平轴风力发电机被分别安装在双塔之间 16 层(61 m)、25 层(97 m)和 35 层(133 m)的三座重达 75 t 的跨越桥梁上。由于在巴林世贸中心设计阶段,大型的垂直轴风力发电机还没有被广泛应用于建筑,采用了水平轴风力发电机。由于风机被托举于横梁之上,叶轮被固定以后不能随风向转动,一定程度上影响了风机发电量。图 7-28 所示为巴林世贸中心外观图。

图 7-28　巴林世贸中心

图 7-29 所示为双塔之间的在不同风向下的流场分布情况,可以看出,来流被双塔影响,形成了 S 形流线穿过双塔。根据工程师预测,当风向在 270°~360°范围内时,风机可以运行,而更详细的研究显示风机的运行风向范围为 285°~345°。所以,巴林世贸中心面向当地主风向的设计绝对不是巧合。类似漏斗状的双塔将来流风速至少提升了近 30%。这种漏斗状的放大作用,连同双塔的形状以及风速随高度变化作用,共同提高了三个风机的发电量。相比于中间位置风机,当其发电量为 100% 时,最高处和最低处风机的发电量分别为 109% 和 93%。

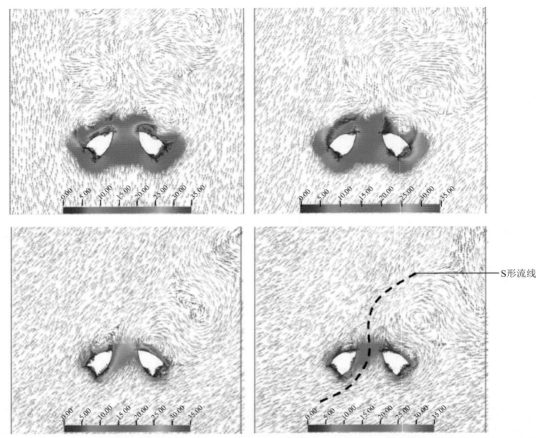

S形流线

图 7-29　双塔周围流场模拟图：顶部风机位置，不同风向（平行于双塔连线方向为 0°），
风向依次为 315°（模拟 90°）、345°（模拟 60°）、360°（模拟 45°）、15°（模拟 30°）[15]

作为风力发电系统的核心部件，巴林世贸中心所安装的三个风机参数见表 7-6。最佳设计发电状态在风速 15～20 m/s 时，额定功率约为 225 kW。风机转子的直径为 29 m，是用 50 层玻璃纤维制成的。在风力强劲，或需转入停顿状态时，翼片的顶端会向外推出，增加了转子的总力矩，达到减速目的。风机能承受的最大风速是 80 m/s，相当于 4 级飓风（风速 69 m/s 以上）。发电机是一个四极 400 V 异步感应型，基本不需要维护，并且可以通过建立在塔中心的控制台控制。目前，三座桥梁上均已安装小型起重机用于涡轮机部件的维修和更换。

表 7-6　风机参数表[16]

参　数	值	参　数	值
额定功率	225 kW	切入风速	4 m/s
叶片直径	29 m	切出风速	20 m/s
全额运行转速	38 r/min	叶片能承受最大风速	80 m/s

这三台风力发电机的寿命为 20 年，于 2008 年 4 月第一次实现共同工作。一般来说，在风

力发电系统中,风力发电机的投入要占整个系统的 30% 左右。在巴林世贸中心的风力发电系统中,由于采用了新技术,三台风力发电机的成本占总投资的 3.5% 左右。三台风力发电机每年提供电力 120 万 kW·h,可以为巴林世贸中心提供所需总能量的 11%～15%,相当于 200 万 t 煤或者 600 万桶石油的发电量,可供 300 个家庭一年之用。

三个风机的能量产出见表 7-7。

不过,将风力发电机与建筑本身结合起来毕竟是一种前瞻性的设计理念,自然会遇到前所未有的设计与实施难度。该工程的设计主要有两大难题:

表 7-7　风机能量输出表[16]

风 机 编 号	发 电 量
1 号风机(底部)	340～400 MW·h/年
2 号风机(中部)	360～430 MW·h/年
3 号风机(顶部)	400 470 MW·h/年

(1)双塔之间的风力发电机的叶轮设计。一般风力发电厂的叶轮都是安置在直杆上,便于叶轮始终保持迎风状态,旋转面也可随风向的偏转进行适时转向。而该设计采用横梁托载方式,将旋转叶轮固定在水平位置上,固定之后便不能再动,旋转面自然无法随风调节方向。不能随风调节,也就意味着不能保证足够时长的正面迎风状态,相应的电能产量也会降低。这一问题已在动力工程师的帮助下得到了解决。通过设计坡面流线型楼体,使两个建筑物具有捕风效果,即使遇到 45° 斜角度吹来的风,气流一旦与楼体相撞,路线也会变成 S 形,灌入双塔之间,对风力机形成正面的气流冲击,让叶轮保持旋转速度。气体在双塔间的流动过程可参考图 7-29。巴林世贸中心的两座楼体都能将风进行引导利用,化作强度更高的风力来带动风力机。

(2)安全问题。由于将直径长达 29 m 的风力机安装在市区内最繁华的商业中心地带(巴林世贸中心的基座是一个大型的购物商城,商城上面则是高级商务写字楼),风力叶轮在高空旋转,底下车水马龙,人流不断,一旦出现意外情况,例如极端天气造成的叶片意外脱落,或者横梁承重能力不足,后果不堪设想。为了解决叶片折断脱落问题,设计师在每一个叶轮内部都嵌套了钢筋链条。共振问题是风力发电机系统的另一重大安全隐患。共振是指一个物理系统在其自然的振动频率(所谓的共振频率)下趋于从周围环境而吸收更多能量的状态。以巴林世贸中心的风力发电机的横梁为例,在重达 11 t 的风力发电机的转动影响下,如果产生与之相应的震动,具有破坏力的共振作用就会产生。双方的震动在共振作用下长期累加,会由轻微的晃动演变成为剧烈震动,直至横梁断裂。为了研究和预防共振作用,工程设计团队建立了精确的模型,模拟了 199 种不同气候条件下的气流强度,并分别计算了在每种情况下叶片的震动频率。在此基础上,工程师们建造出震动频率远远高出风力发电机的横梁,用以承载风力发电机,从而在最大程度上避免了产生共振的风险。

2008 年 11 月,巴林世贸中心荣获芝加哥高层建筑和城市住区理事会评定的年度中东北非地区高层建筑最佳奖。

7.3.2　珠江大厦

2012 年竣工的珠江大厦位于中国广州,有着"世界最节能环保的摩天大厦"的美称,该大厦还是全球最大的冷辐射空调写字楼,也是中国首栋零碳建筑,它由美国著名 SOM 公司的建筑师 Adrian D. Smith 和 Gordon Gill 设计,中国烟草总公司广东省公司开发,上海建工集团总公司承建。珠江大厦坐落于天河区珠江大道西和金穗路交界处,是广州的第三高楼(排名前两位的分别是西塔和中信大厦),层高 309 m,共 71 层,建筑面积共 21.4 万 m²,标准层面积达 2 700m²。图 7-30 所示为珠江大厦外观图及设备层内垂直轴风力发电机。

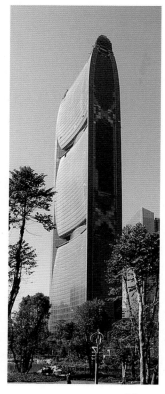 

图 7-30　珠江大厦外观图[3]及设备层内垂直轴风力发电机

　　珠江大厦实践了减少、回收、吸收、发电四大类 18 项可持续性环保节能措施以及建筑本身"零能耗"的环保理念,使其能够领先同类建筑 10 甚至 20 年之久。所谓节能,体现在设计师把十项最大革新的独特技术融入大厦中,达到一体化,显著减少了大厦基础设施所需的能源消耗。十项技术中包含了风能发电、太阳能发电、冷辐射空调、双层呼吸式幕墙和地下通风设备等,使建筑达到绿色节能、低碳环保。同时,这些系统所带给我们的是空前的需求,远远超越了现有技术发展水平能达到的室内环境舒适度和空气质量。风能利用、太阳能利用以及被动式技术的创新,是大厦本身能够实现能源供应自给自足的保障。珠江城大厦还通过并网,把富余的电量卖给国家电网,充分利用了可再生能源。

　　在超高层建筑中,设计师必须慎重处理应对风力对建筑物的影响。珠江大厦的建筑结构中,设计以风力发电机系统正是在考虑了当地的气候状况的基础上极为安全地利用了风力。

大厦独特的曲线外观就是在此基础上形成的：大厦的朝向与形态完全契合本地四季的主要风向，当建筑物与风向形成最佳角度时，不仅能确保风力涡轮系统获得最多的风能，也能减轻风力对建筑结构的负面影响。建筑的曲线形设计可以使来流风速提升近三倍，同时迫使其穿过风力涡轮机所在位置，避免了直接对外墙施压，减轻了结构负载并降低了建筑物背面破坏性的负压。同时，整个系统允许空气自然上升进入换气区，减少了流通空气所需的风机数量，大量节约了能源。建筑外形在 24 层和 50 层的地方分别包裹了进去，形成两个格外醒目的大嘴，即设备层的位置，在该处安装了 4 台芬兰 Windside 公司生产的垂直轴风力发电机，该风力发电机启动风速小、震动低、噪声轻、安全性高的，高 7 m，可有效地利用"穿堂风"发电。通过经济性分析及实验表明，该风力发电系统经济可行，垂直轴风力发电机产生的电能，可同时满足大厦的供热、通风和空调系统使用。据统计，4 台风力发电机年发电量约为 20 万 kW·h，而且大厦每年至少可减少 CO_2 排放量 3 000～5 000 t，相比于非节能建筑，建筑自身能耗降低近 60%。SOM 建筑设计事务所宣称：他们充分考虑到节能和发电技术同空间利用的结合，令大厦实现史无前例的收获。珠江城大厦代表了中国建筑业新的建设理念，具有里程碑的意义。同时这座大楼还利用太阳能发电，年发电量约 25 万 kW·h，风能和太阳能的建筑一体化利用，将引领绿色建筑技术的新潮流，推进我国可再生能源在绿色建筑中的应用。

7.3.3　伦敦 Strata（斯特拉塔）大厦

有"空中住宅"之称的伦敦 Strata 大厦位于英国伦敦大象城堡区（Elephant and Castle），它由英国建筑师 Marks Barfield 设计，以其酷似剃须刀的外形被当地人戏称为"电须刀"。整个大厦由 43 层塔楼和 5 层群楼组成，高约 148 m，有 408 套公寓，是伦敦最高的住宅项目。它的所在地原来是一栋名为 Castle House 的 6 层老建筑，与老建筑不同的是，新规划的 Strata 大厦在首层增加了更多的公共活动区域。该项目开发议案始于 2005 年，2007 年正式施工，2009 年 6 月封顶，2010 年 4 月全面建成。Strata 作为绿色建筑典范，应用了诸多的"可持续"设计，其中有风力发电系统、分区供暖系统、高性能外立面、带热回收装置的通风系统、低能耗照明、施工废料回收、与外部生物质热电联产系统接驳和中水冲厕等，为绿色建筑行业开创了新思潮。图 7-31 所示为伦敦 Strata 大厦外观图及风力发电机细节图。

图 7-31　伦敦 Strata 大厦外观图及风力发电机细节图

伦敦 Strata 大楼的塔楼顶端,安装了三座直径达 9 m 的风力涡轮发电机,嵌入到建筑正面,这是全世界第一个安装一体化风力发电机组的建筑,在房地产领域的可持续发展方面树立了一个新的标杆,同时也是伦敦南部 Elephant and Castle 地区旧城更新的一剂催化剂,现已成为伦敦地标性建筑。

位于该大楼顶端的风力发电机与传统竖立在地面上的风能发电机不同,能够将不同方向的风能收集过来,以提高通过涡轮时的风速。每个电机上安装有五个叶片,比普通风能发电机多两个,目的是减少噪声。这三组风力涡轮机发电机的基底重达 5 t,为了减少由电机引起的震动,基底上装有四个减震架。风力发电机的额定功率为 1.9 kW,每年发电量可达 50 MW·h,能满足 33 套两居室的公寓或 20 套三居室半独立式公寓的全部用电需求,占整栋大楼耗电量的 8%,可以满足整个大楼的照明要求。

Strata 每套公寓的能源成本比英国的一般住宅最多可降低 40%,整个项目比伦敦市设定的碳排放标准低 15%。英国绿色建筑委员会主席保罗·金(Paul King)将伦敦 Strata 大厦比喻为绿色建筑的先锋。

本 章 小 结

本章介绍了风资源基本概况、风力发电的基本知识以及建筑环境中的风资源状况和风能特点。在此基础上,将风力发电技术与建筑环境相结合,对建筑环境中的风能利用现状进行总结。以我国香港特别行政区高层建筑为例,研究了不同高层建筑群中的楼间距,建筑高度和屋顶形状对风资源的影响,对适合安装风力发电机的最优位置进行了技术性比较和选择推荐。同时,总结了不同建筑类型使用和安装风力发电机的发电潜力和 CO_2 减排量。此外,从各个角度对建筑用风力发电技术进行了可行性分析。本章最后,对以巴林世贸中心为代表的风能建筑进行了详细介绍并辅以技术及经济可行性分析。

可以看出,将风电技术应用于建筑,具有很大的发展前景,但同时也面临着一些困难。总体来说,实现风机在建筑环境中的良好运行有一定的难度,即使风机本身发电状况良好,从经济学角度出发却并不乐观。其中一个缺点是:虽然使在高层建筑环境中,风速较大且较持续,但来流相当混乱,与平流层比较稳定的风相比,不利于风力发电机高效运行。同时,风力发电机在工作时产生的噪声和振动会对建筑内人员的日常工作和生活产生影响。风机制造商和建筑业主对风机运行参数不公开,使得实际工程中风机运行数据缺乏,间接地影响了人员对于建筑风力发电的判断与态度。因此,如何在技术及经济层面上更好地解决风电技术与建筑结合的问题,是每个工程师的责任。

参考文献

[1] 杨洪兴,吕琳,马涛. 太阳能-风能互补发电技术及应用[M]. 北京:中国建筑工业出版社,2014.

[2] LU L, YANG H X. Wind data analysis and a case study of wind power generation in Hong Kong[J]. Wind

Engineering,2001,25(2):115-123.

[3] BURTON T，JENKINS N，SHARPE D，et al. Wind energy handbook[M]. Unites States:John Wiley & Sons,2011.

[4] 周志敏,纪爱华. 风光互补发电实用技术:工程设计、安装调试、运行维护[M]. 北京：电子工业出版社,2011.

[5] NIELSEN P，VILLADSEN J,et al：WindPRO 2.5 User Guide. EMD International A/S. Aalborg，2005.

[6] 北京化工大学计算机模拟与系统安全工程研究中心. 风力发电(Wind Turbine)仿真设备用户手册. [2015-05-19]. http://www.siemenscup.buct.edu.cn/Admin/ CompetitionMaterial /Normal/264.pdf.

[7] Betz's law. WIKIPEDIA. [2015-05-19]. http://en.wikipedia.org/wiki/Betz's_law.

[8] Vestas V110-2.0MW. [2015-05-19]. http://easywindenergy.blogspot.hk/2013/05/vestas-v110-20-mw.html.

[9] 张玉.风能利用建筑的风能利用效能研究与结构分析[M].杭州:浙江大学建筑工程学院,2011.

[10] HE J,SONG C C S. A numerical study of wind flow around the TTU building and the roof corner vortex[J]. Journal of Wind Engineering and Industrial Aerodynamics,1997,67-68(0):547-558.

[11] MERTENS S. The energy yield of roof mounted wind turbines[J]. Wind Engineering,2003,27(6): 507-518.

[12] JONES M，HERN A. Computational fluid dynamics for wind energy production in an urban setting[M]. Renewable Energy Source,Wind energy,2003.

[13] 袁行飞,张玉. 建筑环境中的风能利用研究进展[N].自然科学学报:2011,26(5):891-898.

[14] LU L，IP K Y. Investigation on the feasibility and enhancement methods of wind power utilization in high-rise buildings of Hong Kong[J]. Renewable and Sustainable Energy Reviews,2009,13(2): 450-461.

[15] MILBORROW D J. Wind Energy Economics[J]. International Journal of Solar Energy,1995,16(4),233-243.

[16] DUTTOON A G，HALLIDAY J A，BLANCH M J. The Feasibility of Building-Mounted/Integrated Wind Turbines (BUWTs): Achieving their potential for carbon emission reductions[M]. Energy Research Unit，CCLRC,2005.

第 8 章

绿色建筑与微型水力发电技术

8.1 建筑给排水系统及水力发电技术概述

水力发电技术是利用水位落差配合水轮发电机产生电力的技术。它利用水的位能转为水轮的机械能,再以机械推动发电机,从而得到电力。它作为一种经济效益、环境效益十分显著的可再生能源技术,得到了人们的广泛关注并迅猛发展。在地球传统能源日益紧张的情况下,各国都在大力发展水能资源。然而,目前世界范围内的水力发电研究几乎全都集中在修建水坝,利用自然界中存在的或者人为制造水源的高落差发电。

早在 20 世纪 50 年代,在我国农村就出现了由农机技术人员用电动机改制的微型水力发电设备。这种微小水电主要是利用小溪、小河等微小水源来进行发电,这一技术也已经在中国农村掀起了兴办小水电的热潮,得到了大规模的应用,特别是在偏远地区,农村无电人口正迅速减少。但对更小的微小水源的利用却很少得到关注,用于城市居民生活的水电转换节能很少有报道[1]。

随着经济的发展,城市化建设是必然的趋势,城市的人口迅速膨胀,可利用土地资源越来越少,因此,高层建筑已成为城市建设的主流。例如,上海是我国城市化水平最高的城市,上海市统计局 2014 年高层建筑总量官方统计见表 8-1。高层建筑的数量和建筑面积越来越大,本章对在高层建筑中使用水力发电技术的可行性进行分析研究。

表 8-1 上海市统计局 2014 年高层建筑总量官方统计数据表[2]

楼 层 数	8～10 层	11～15 层	16～19 层	20～29 层	30 层以上	总 计
总数/栋	5 037	16 539	8 213	4 803	1 463	36 055
建筑面积/ 万 m²	3 393	11 183	7 850	8 076	4 196	34 697

8.1.1 高层建筑给排水系统概述

建筑给排水系统是建筑最基本、不可或缺的组成部分之一,它上连城市给水系统,下连城市排水工程,处于水循环的中间阶段。它将城市给水管网中的水送至用户如居住小区、工业企业、各类公共建筑和住宅等,在满足用水要求的前提下,分配到各配水点和用水设备,供人们生活、生产使用,然后又将使用后因水质变化而失去使用价值的污水废水汇集、处置,或排入市政管网进行回收,或排入建筑中水的原水系统以备再生回用。

8.1.1.1 高层建筑给水系统的分类

按使用功能,高层建筑给排水系统分类如图 8-1 所示。

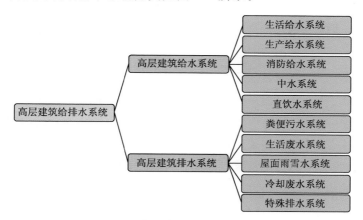

图 8-1 高层建筑给排水系统分类

(1)生活给水系统:主要是供给人们在生活方面(如饮用、烹调、沐浴、盥洗、洗涤及冲洗等)的用水。该系统除水压、水量应满足要求外,水质也必须严格满足国家现行的《生活饮用水卫生标准》。

(2)生产给水系统:主要是满足生产要求(包括洗衣房、锅炉房的软化水系统,空调、冷库的循环冷却水系统,游泳池水处理系统等)的用水。生产给水系统对水质、水压、水量及安全方面的要求应视具体的生产工艺确定。

(3)消防给水系统:主要是供建筑消防设备(包括消火栓给水系统、自动喷洒灭火系统、水幕消防给水系统等)的用水。高层建筑消防给水系统对水压、水量均有严格的要求。

(4)中水系统:主要是将建筑内排出的水质比较清洁的各类废水(如盥洗废水、冷却废水等),经适当的处理使其水质达到继续使用的标准后,再用中水管道输送到建筑内用于冲洗厕所、冲洗汽车、浇洒绿地和庭院等。

(5)直饮水系统:在标准比较高的宾馆、饭店及住宅中有时设置直饮水系统。直饮水系统就是将自来水进行深度处理,然后用管道输送到建筑内的用水点供人们直接饮用。

由于高层建筑对用水的安全要求比较高,特别是消防的要求特别严格,必须保证消防用水的安全可靠。因此,高层建筑各种给水系统一般宜设置独立的生活给水系统、消防给水系统、生产给水系统或生活-生产给水系统及独立的消防给水系统。

8.1.1.2 高层建筑排水系统的分类

按污水的来源和性质,高层建筑排水系统可分为粪便污水系统、生活废水系统、屋面雨雪水系统、冷却废水系统以及特殊排水系统。

(1)粪便污水系统:指从大、小便器排出的污水,其中含有便纸和粪便等杂物。

(2)生活废水系统:指从盥洗、沐浴、洗涤等卫生器具排出的污水,其中含有洗涤剂和一些洗涤下来的细小悬浮颗粒杂质,污染程度比粪便污水轻。

(3)屋面雨雪水系统:水中含有少量灰尘,比较干净。

(4)冷却废水系统:从空调机、冷却机组等排出的冷却废水。冷却废水水质未受污染,只是水温升高,经冷却后可循环使用。但如果长期使用则水质需要经过稳定处理。

(5)特殊排水系统:从公共厨房排出的含油废水和冲洗汽车的废水,含有较多的油类物质,需要单独收集,局部处理后排放。

高层建筑排出的污水,根据其性质的不同可采用分流制和合流制。分流制是指分别设置管道系统将污水排出;合流制是指对于其中两种以上的污水采用统一管道系统排出。

由于高层建筑多为民用建筑,一般不产生生产废水和生产污水,在高层建筑排水系统中,必须单独设置雨水系统;冷却水多采用循环使用的方式。合流制一般指粪便污水和生活废水合用一套管道系统,称为生活污水系统。因此,高层建筑排水方式的选择主要是指粪便污水和生活废水的收集排出方式。通常可以根据市政排水系统体制和污水处理设备的完善程度、建筑内或建筑群内是否设置中水系统和卫生等因素来确定排水方式,见表 8-2。

表 8-2　高层建筑排水方式及选择[3]

排水方式		污水厂	污水管道	雨水管道	合流制管道	建筑中水
分流制	生活废水→中水处理站；粪便污水→污水厂→水体；雨水	有	有	有	—	有
	生活废水→中水处理站；粪便废水→污水厂→水体；雨水	有	有	—	有	有
合流制	生活污水→污水厂→水体；雨水	有	有	有	—	—
	生活污水→污水厂→水体；雨水	有	有	—	有	—
分流制	生活废水→中水处理站；粪便污水→化粪池→水体；雨水	—	有	有	—	有
	生活废水→水体；粪便污水→化粪池；雨水	—	有	有	—	—
	生活废水→水体；粪便污水→化粪池；雨水	—	—	—	有	—

8.1.2 水力发电技术

水轮机是将水流能量转换为旋转机械能的水力原动机,水轮机产生的轴功可以用于驱动发电机,也可用于驱动其他旋转机械,如风扇等。

工业上常规的水轮机的过流通道依次是由引水部件、导水机构、转轮和泄水部件构成。水轮机将水流的能量转换为转轴的旋转机械能,能量的转换是借助转轮叶片与水流的相互作用实现。根据转轮内水流运动的特征和转轮转换水力能量形式的不同,现代水轮机可以划分为反击式和冲击式两大类。常见水轮机的分类如图 8-2 所示。

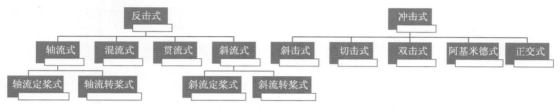

图 8-2 常见水轮机的分类

反击式水轮机利用了水流的势能和动能。水流充满整个水轮机的流道,水流是有压流动,工作时,水流沿着转轮外圆整周进水,从转轮的进口至出口水流压力逐渐减小。根据水流在转轮内运动方向的特征及转轮构造的特点,反击式水轮机分为混流式、轴流式、斜流式和贯流式。另外,根据转轮叶片能否依据运行工况进行转动调节,又可分为轴流定桨式和轴流转桨式。

冲击式水轮机仅利用了水流的动能。因此,必须借助特殊的导水装置(如喷嘴),将水流中的压力能转换为水流的动能,在流态上就体现为高静压水流转变为高速的自由射流,通过射流与转轮的相互作用,将水力能量传递给转轮。转轮和导水装置都安装在下游水位以上,转轮在空气中旋转,水流沿转轮斗叶流动过程中,水流具有与大气接触的自由表面,水流压力一般等于大气压,从转轮进口到出口水流压力不发生变化,只是转轮出口流速减小。根据转轮进水特征,冲击式又分为切击式、斜击式和双击式。

图 8-3 所示为常见的水轮机[4]。

1. 轴流式水轮机[4]

轴流式水轮机(见图 8-4)又称卡普兰式(Kaplan turbine)水轮机。轴流式水轮机中,水流通过转轮时沿轴向流入又沿轴向流出,叶片数目较少,在同样直径和水头的情况下,过流能力强,多应用于低水头,大流量的场合。同时,可以根据需要在运行中调整桨叶角度,以适应水头和流量的变化,保持较高效率。

2. 混流式水轮机

混流式水轮机(见图 8-5)又称弗朗西斯式(Francis turbine)水轮机。在混流式水轮机中,水流是由径向进入转轮,然后沿轴向流出。混流式水轮机对水头的适应范围广,结构简单,运行效率高[4]。

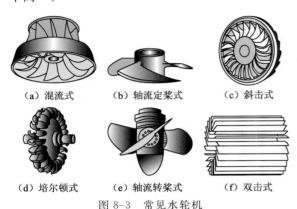

（a）混流式　　　（b）轴流定桨式　　　（c）斜击式

（d）培尔顿式　　（e）轴流转桨式　　　（f）双击式

图 8-3　常见水轮机

（来源：http://www.publicresearchinstitute.org/
Pages/hydroturbines/hydroturbines.html）

图 8-4　轴流式水轮机

（来源：http://commons.wikimedia.org/
wiki/file:kaplan_turbine.jpg）

3. 贯流式水轮机

贯流式水轮机是开发低水头水力资源的一种新机型，转轮形状与轴流式水轮机相似，水流在流道内基本沿轴向运动，因此过流能力和水力效率都比较高。根据发电机的安装位置又可以分为灯泡贯流式（见图 8-6）、轴伸式、竖井式等。贯流式水轮机适用于 $2\sim25$ m 水头，广泛应用于河床、潮汐式水电站[4]。

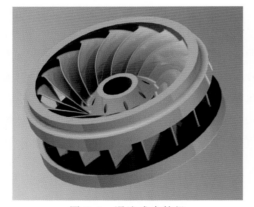

图 8-5　混流式水轮机

（来源：http://www.turbogen-engineering.
com/eng/home.html）

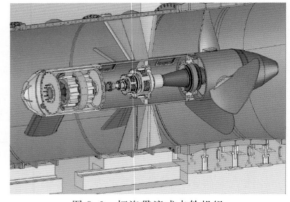

图 8-6　灯泡贯流式水轮机组

（来源：http://imgkid.com/hydropower-
turbine.shtml）

图 8-6 所示为灯泡贯流式水轮机组，其中，发电机安装在灯泡状的机室内，与转轮通过轴相连，这样，缩短了机组的高度和间距，简化了厂房布置，工程造价也相应降低。

4. 反击式水轮机

反击式水轮机（见图 8-7）工作中，水流从喷嘴射出，沿转轮圆周切线方向冲击在斗叶上；反击式水轮机不需要冲击式水轮机组必需的蜗壳及尾水管，由喷嘴和转轮组成，叶片为水斗式。根据喷嘴射流方向与转轮旋转平面的关系,可以分为切击式(pelton turbine)和斜击式两种。

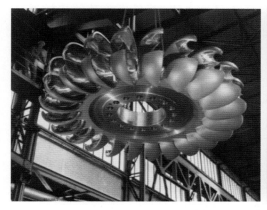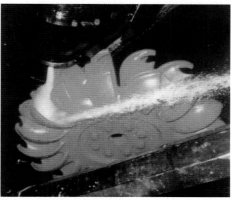

图 8-7 反击式水轮机

反击式水轮机最大的特点是无压流动,因此可以规避冲击式水轮机常见的气蚀问题,只要强度允许,可以应用较高的水头。因此反击式水轮机适用于负荷变化较大的场合。

5. 双击式水轮机

双击式水轮机又叫横流(cross flow)式、班克式(Banki)式水轮机,1912 年由匈牙利教授 D. Banki 发明,后经澳大利亚工程师 A. G. Mitchell 改进。

双击式水轮机构结构示意图如图 8-8 所示。该机型是由两块圆盘夹了许多弧形叶片而组成的圆柱。水流进入转轮,首先冲击上部叶片,然后落到转轮的内部空间,再一次冲击转轮的下部叶片。完成能量转换过程。在工作过程中,转轮中充满水。转轮叶片做成圆弧形或者渐开线形,喷嘴的空口做成矩形并且宽度略小于轮叶的宽度。其结构简单,制造维修方便、运行效率曲线平坦,但运行效率较低,适用于低水头。

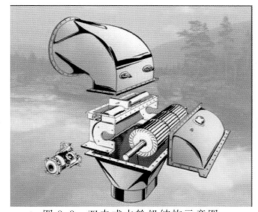

图 8-8 双击式水轮机结构示意图
(来源:http://renergeia.com/index3b.html)

图 8-9 所示为位于德国的一家双击式水轮机机组生产厂商(OSSBERGER)提供的双击式水轮机的适用范围:从图中可以看出,该型水轮机的最低适用水头是 2 m,最高可达 200 m,最高发电量可达 20 kW·h。

6. 阿基米德式水轮机

该型水轮机的叶轮形状类似于阿基米德螺旋线,一般将叶轮放置于较长的水槽内进行发电。最初这种装置用于提水灌溉,可以将河流中的水利用螺旋线提升到较高的位置。直到 1819 年,法国工程师 Claude Louis Marie Henri Navier 提出可以利用它作为水轮机进行发电。阿基米德式水轮机特别适用于低水头和低流量的来流,而且由于其转速较慢,叶片分布于较长的转轴上,因此,流动截面上堵塞面积小,特别适用于河流湖泊等水生动物需要通过的场合。

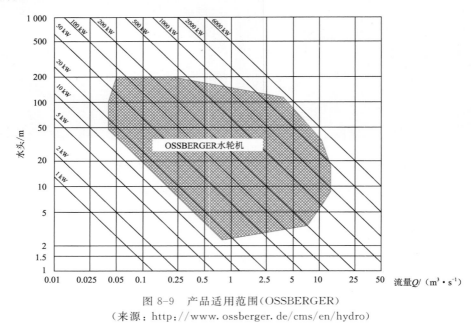

图 8-9　产品适用范围(OSSBERGER)

(来源:http://www.ossberger.de/cms/en/hydro)

7. 正交式水轮机

该型水轮机是用于风力发电的 Darrieux 风力机在水轮机中的衍生应用。由于该水轮机转轮叶片的运动轨迹为圆形,所以又称回旋式水轮机[5,6]。也有相关文献将其归于水动力学(hydrokinetic turbine)水轮机,以区别于大型的水力涡轮机(hydraulic turbine)。

正交流水轮机转轮呈圆形,通常有 3~4 个叶片。水轮机转轴既可立式安装,又可卧式安装。在这两种布置中,水流均横过转轴,即水流方向与转轴正交,故称正交式水轮机,又称横向冲击式水轮机[5]。

相比贯流式水轮机,正交式水轮机结构简单,发电机的布置更为灵活。如果按照低速设计制造,可以取消变速箱等装置。

根据叶片的构型不同,垂直轴风力机(见图 8-10)又可以分为 H 形、螺旋形、球形[5],如图 8-11所示。使用球形叶片构型可以降低叶片旋转过程中的径向力,减小支撑结构的机械负荷。采用螺旋形可以使叶轮在旋转过程中的力矩输出波动更小,降低由于周期性的力矩波动引起的机械疲劳。

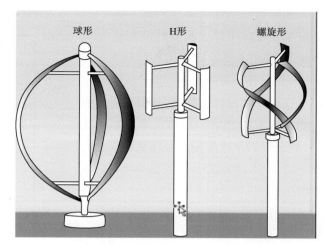

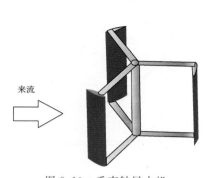

图 8-10　垂直轴风力机
（来源：http://www.lmfn.ulaval.ca/en/
projets_de_recherche/ener_renouv)

图 8-11　垂直轴风力机不同叶片构型
（来源：http://re.energybel.by/en/wind)

8.1.3　水轮机常见的工作参数及选型

水轮机是将水流能量转换为旋转机械能的机械设备，通常用水轮机的工作参数及这些参数之间的关系来表示，水轮机的基本工作参数为工作水头 h、流量 Q、转速 n、水轮机出力 P 和效率 $\eta^{[4,7]}$。

（1）工作水头 h。工作水头是水轮机进口和出口处单位质量水流的能量差值，单位为 m。

（2）流量 Q。水轮机的流量是水流在单位时间内通过水轮机的水量，通常用 Q 表示，单位是 m^3/s。水轮机的流量随着水轮机的工作水头和出力的变化而变化。在设计水头下，水轮机以额定出力工作时期过水流量最大。

（3）转速 n。水轮机单位时间内旋转的次数。

（4）水轮机出力 P 和效率 η。水轮机出力 P 为水轮机轴端输出的功率，常用单位为 W、kW 等。

水流的出力即理论上水流可以全部利用的能量，可以使用式（8-1）计算

$$P_t = \gamma Q h = 9.81 Q h \tag{8-1}$$

式中，γ 表示水的容重，即单位体积的水产生的重力。

由于水流在通过水轮机进行能量转换的过程中，会产生一定的损耗，损耗包括容积损失、水力损失和机械损失，因此水轮机的输出功率（P）会小于水力的出力。

水轮机出力与水流的出力的比值称为水轮机的效率，用 η 表示，即

$$\eta = \frac{P}{P_t} \tag{8-2}$$

目前大型水轮机的最高效率可到 $90\% \sim 95\%$，小型水轮机的最高效率可到 $60\% \sim 70\%$。

水轮机将水能转换成水轮机轴端的出力，产生旋转扭矩 M 用于克服发电机的阻抗力矩，并以角速度 ω 旋转。水轮机出力 P、旋转力矩 M 和角速度 ω 之间的关系如下：

$$P = M\omega = \pi Mn/30 \qquad (8\text{-}3)$$

在设计水轮机过程中，一般可以根据可用的水头和流量初步确定水轮机的类型，然后根据设计理论进行详细的设计计算。图 8-12 所示为不同类型水轮机的工作范围。

一般来说，对于低水头、小流量的应用场合，使用双击式水轮机是比较适宜的选择，一方面避免过多的导流部件如蜗壳、导水机构造成的水头损失；另一方面，由于是冲击转轮的局部叶片，对流量的要求较低[4]。

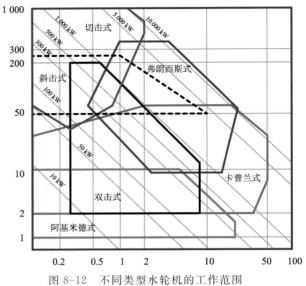

图 8-12　不同类型水轮机的工作范围

8.2　建筑给水系统水力发电

8.2.1　建筑给水系统的组成

图 8-13 是一个典型建筑给水系统的示意图，它主要由引入管，水表节点，升压、降压和贮水设备，管网及给水附件 4 部分组成。

（1）引入管（进户管）。它是从室外供水管网接出，一般需要穿过建筑物基础或外墙，引入建筑物内的给水连接管段。每条引入管应有不小于 3‰ 的坡度坡向外供水管网，并应安装阀门，必要时还要设泄水装置，以便管网检修时放水用。

（2）水表节点。水表是用来记录用水量的设备。通常需要根据具体情况可以在每个用户、每个单元、每幢建筑物或一个居住区内设置水表。需单独计算用水量的建筑物，水表应安装在引入管上，并装设检修阀门、旁通管、池水装置等。通常把水表及这些设施通称为水表节点。室外水表节点应设置在水表井内。

（3）升压、降压和贮水设备。当外部供水管网的水压、流量经常或间断不足，不能满足建筑给水的水压、水量要求，或为了保证建筑物内部供水的稳定性、安全性，应根据要求设置水泵、气压给水设备、减压阀、水箱等增压、减压、贮水设备。

（4）管网及给水附件。配水管网是将引入管送来的水输送给建筑物内各用水点的管道，主要包括水平干管、给水立管和支管等。给水附件则包括与配水管网相接的各种阀门、放水龙头及消防设备等。

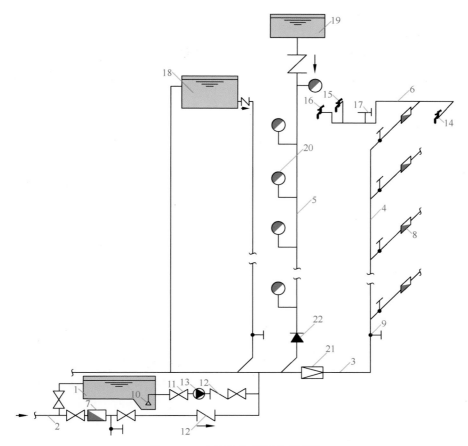

图 8-13 建筑给水系统示意图[8]

1—贮水池;2—引入管;3—水平干管;4—给水立管;5—消防给水竖管;6—给水横支管;
7—水表节点;8—分户水表;9—截止阀;10—喇叭口;11—闸阀;12—止回阀;
13—水泵;14—水龙头;15—盥洗龙头;16—冷水龙头;17—角形截止阀;18—高位生活水箱;
19—高位消防水箱;20—室内消火栓;21—减压阀;22—倒流防止器

8.2.1.1 高层建筑给水系统竖向分区

当建筑物很高时,给水系统需要进行竖向分区。它是指建筑物内的给水管网和供水设备根据建筑物的用途、层数、材料设备性能、维修管理、节约供水能耗及室外管网压力等因素,在竖直方向将高层建筑分为若干供水区,各分区的给水系统负责对所服务区域供水。

如果不进行竖向分区,那么底层的卫生器具会承受较大的压力,这样可能会导致一系列问题,主要表现如下[3]:

(1)龙头开启时,水流呈射流喷溅,影响使用,浪费水量。

(2)开关龙头、阀门时易形成水锤,产生噪声和振动,引起管道松动漏水,甚至损坏。

(3)龙头、阀门等给水配件容易损坏,缩短使用期限,增加了维护工作量。

(4)建筑底部楼层出流量大,导致顶部楼层水压不足,出流量过小,甚至出现负压抽吸,造成回流污染。

（5）不利于节能。理论上讲，分区供水比不分区供水要节能。

因此，高层建筑给水系统必须进行合理的竖向分区，使水压保持在一定的范围。但若分区压力值过低，势必增加分区数，并增加相应的管道、设备投资和维护管理工作量。因此分区压力值应根据供水安全、材料设备性能、维护管理条件，结合建筑功能、高度综合确定，并充分利用市政水压以节省能耗。

我国《建筑给水排水设计规范》（GB 50015—2003）[9]规定：分区供水不仅是为了防止损坏给水配件，同时可避免过高的供水压力造成用水不必要的浪费。

高层建筑生活给水系统应竖向分区，竖向分区压力应符合下列要求：

（1）各分区最低卫生器具配水点处的静水压不宜大于 0.45 MPa。

（2）静水压大于 0.35 MPa 的入户管（或配水横管），宜设减压或调压设施。

（3）各分区最不利配水点的水压，应满足用水水压要求。

居住建筑入户管给水压力不应大于 0.35 MPa。

每一分区所包含的建筑物层数与建筑物的性质、供水方式、建筑物的层高等有关，见表 8-3。当不采用高位水箱供水时，一般将 10～12 层划分为一个供水分区。当采用高位水箱供水时，各分区高位水箱要保证各分区最不利点卫生器具或用水设备的流出水头。水箱相对安装高度，即水箱的最低水位与该区最不利点卫生器具或用水设备的垂直距离应大于等于最不利点的流出水头与水流流经由水箱至最不利点管道和水表的水头损失之和，其值一般约为 100 kPa（经验数值）。因此，各分区高位水箱不能设置在本区的楼层内，至少应设置在该区以上 3 层，只有这样才能满足最不利点卫生器具或用水设备流出水头的要求。因此，高位水箱供水，水箱需要设置在该区以上 3 层，此时分区供水层数有所减少。

表 8-3　高层建筑高位水箱供水分区供水楼层[3]

建筑物名称	给水系统压力分区范围值/kPa	楼层高/m	分区供水层数/层	备　　注
住宅、旅馆、医院	300～350	2.80	8～9	（1）水箱应设置在该供水区以上 3 层；（2）住宅分区供水层数可以提高到 10 层；（3）分区供水管网不设减压及节流装置
		2.90	7～9	
		3.00	7～8	
办公楼	350～450	3.00	9～12	
		3.30	8～11	
		3.50	7～10	

一般来说，建筑高度不超过 100 m 的建筑的生活给水系统，宜采用垂直分区并联供水或分区减压的供水方式；建筑高度超过 100 m 的建筑的生活给水系统，宜采用垂直串联供水方式。

8.2.1.2　高层建筑给水方式

高层建筑给水方式主要是指采取何种水量调节措施及增压、减压形式,来满足各给水分区的用水要求。给水方式的选择关系到整个供水系统的可靠性、工程投资、运行费用、维护管理及使用效果,是高层建筑给水系统的核心。

高层建筑给水方式可分为高位水箱、气压罐和无水箱三种给水方式[10]。

1. 高位水箱给水方式

这种给水方式的供水设备包括离心水泵和水箱,主要特点是在建筑物中适当位置设高位水箱,起到储存、调节建筑物的用水量和稳定水压的作用,水箱内的水由设在底层或地下室的水泵输送。它又可细分为高位水箱并联、高位水箱串联,减压水箱和减压阀 4 种给水方式。

(1)高位水箱并联给水方式。各分区独立设高位水箱和水泵,水泵集中设置在建筑物底层或地下室,分别向各分区供水。

优点:各区给水系统独立,互不影响,供水安全可靠;水泵集中管理,维护方便;运行动力费用经济。

缺点:水泵台数多,高区水泵扬程较大,压水管线较长,设备费用增加;分区高位水箱占建筑楼层若干面积,给建筑平面布置带来困难,减少了使用面积,影响经济效益。

(2)高位水箱串联给水方式。水泵分散设置在各分区的楼层中,下一分区的高位水箱兼作上一给水分区的水源。

优点:无高压水泵和高压管线;运行动力费用经济。

缺点:水泵分散设置,连同高位水箱占楼层面积较大;水泵设置在楼层,防振隔音要求高;水泵分散,管理维护不便;若下一分区发生事故,其上部数分区供水受影响,供水可靠性差。

(3)减压水箱给水方式。整栋建筑的用水量全部由设置在底层或地下层的水泵提升至屋顶水箱,然后再分送到各分区高位水箱,分区高位水箱只起减压作用。

优点:水泵数量最少,设置费用降低,管理维护简单;水泵房面积小,各分区减压水箱调节容积小。

缺点:水泵运行动力费用高;屋顶水箱容积大,在地震时存在鞭梢效应,对建筑物安全不利;供水可靠性较差。

(4)减压阀给水方式。其工作原理与减压水箱给水方式相同,不同处在于以减压阀代替了减压水箱。

与减压水箱给水方式相比,减压阀不占楼层房间面积,但低区减压阀减压比较大,一旦失灵,对阀后供水存在隐患。

如图 8-14 所示,就高位水箱的 4 种给水方式而言,由于设置了水箱,水质受污染的可能性增大,因此水箱设置数量越多,水质受污染的可能性就越大;其次,水箱总要占用空间,并有相当的重量,水箱容积越大,对建筑和结构的影响就越大;此外,水箱的进水噪声容易对周围房间环境造成影响。

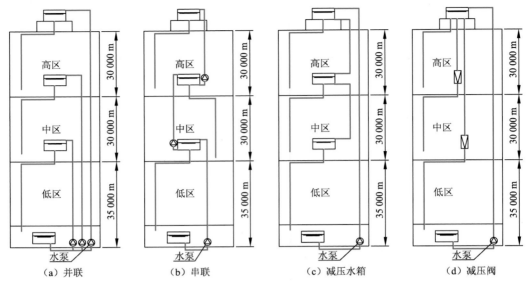

图 8-14 高层建筑高位水箱给水方式

2. 气压罐给水方式

这种给水方式的供水设备包括离心水泵和气压水罐。其中气压水罐为一钢制密闭容器,使气压水罐在系统中既可储存和调节水量,供水时又可以利用容器内空气的可压缩性,将罐内储存的水压送到一定的高度,因此可取消给水系统中的高位水箱。

气压给水装置是利用密闭压力水罐内空气的可压缩性储存、调节和压送水量的给水装置,其作用相当于高位水箱和水塔。水泵从贮水池或室外给水管网吸水,经加压后送至给水系统和气压水罐内,停泵时,再由气压水罐向室内给水系统供水,由气压水罐调节储存水量及控制水泵运行。

这种给水方式的优点:设备可设在建筑物的任何高度上,便于隐蔽,安装方便,水质不易受污染,投资少,建设周期短,便于实现自动化等。但是,这种方式给水压力波动较大,管理及运行费用较高,且调节能力小。

图 8-15(a)、(b)分别为气压给水设备的并联给水方式和减压阀给水方式。

3. 无水箱给水方式

近年来,人们对水质的要求越来越高,国内外高层建筑采用无水箱的调速水泵供水方式成为工程应用的主流。无水箱给水方式的最大特点是省去高位水箱,在保证系统压力恒定的情况下,根据用水量变化,利用变频设备来自动改变水泵的转速,且使水泵经常处在较高效率下工作。缺点是变频设备相对价格稍高,维修复杂,一旦停电则断水。

变频调速水泵是采用离心式水泵配以变频调速控制装置,通过改变电动机定子的供电频率来改变电动机的转速,从而使水泵的转速发生变化。通过调节水泵的转速,改变水泵的流量、扬程和功率,使出水量适应用水量的变化,实现变负荷供水。水泵的转速变化幅度一般在其额定转速的 80%～100% 内,在这个范围内,机组和电控设备的总效率比较高,可以实现水泵变流量供水时保持高效运行。

变频调速供水的最大优点是高效节能。当系统用水量减少时,水泵降低转速运行,根据相似定律,水泵的轴功率与转速的三次方成正比,转速下降时轴功率下降极大,所以变频调节流量在提高机械效率和减少能耗方面是显著的,该设备比一般设备节能 10%～40%。另外,变频调速水泵占地面积小,不设高位水箱,减少了建筑负荷,节省水箱占地面积,还能有效避免水质的二次污染,给水系统也可以随之相应简化。

图 8-15(c)、(d)分别为无水箱并联给水方式和无水箱减压阀给水方式。

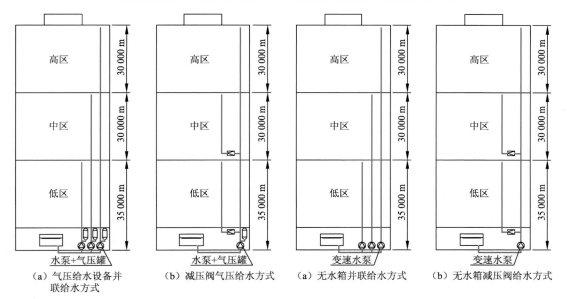

图 8-15　高层建筑气压给水方式及无水箱给水方式

由于建筑物情况各异、条件不同、供水可采用一种方式,也可采用几种方式的组合(如下区直接供水,上区用泵升压供水;局部水泵、水箱供水;局部变频泵、气压水罐供水;局部并联供水;局部串联供水等)。管道可以是上行下给式,也可以是下行上给式等。所以,工程中供水方案一般由设计人员根据实际情况,在符合有关规范、规定的前提下确定,力求以最简便的管路、经济、合理、安全地满足供水需求[11]。

8.2.2　建筑给水系统发电潜力

从建筑给水系统的组成中,可以看出为了保证建筑中水压分布均匀,需要使用各种加压和减压设备,如水泵和减压阀。减压阀(见图 8-16)是一种高层建筑中很常用的减压装置。通过调节减压阀阀门,可以将管道进口压力减至某一需要的出口压力,并依靠介质本身的能量,使出口压力自动保持稳定。从流体力学的观点看,减压阀是一个局部阻力可以变化的节流元件,即通过改变节流面积,使流速及流体的动能改变,造成不同的压力损失,从而达到减压的目的。通过控制与调节系统的调节,使阀后压力的波动与弹簧弹力相平衡,使阀后压力在一定的误差范围内保持恒定。

若能使用微型水力发电装置来取代减压阀,通过回收多余水压的方式来发电,也是可再生能源在建筑中的一种应用形式。

图 8-16 减压阀示意图

(来源:http://www.cla-val.com/waterworks-pressure-reducing-valves-c-1_3-l-en.html)

8.2.2.1 建筑给水发电系统

假设一个地上 30 层、地下 1 层的住宅建筑,层高为 3 m,每层住有 5 户家庭,每个家庭 4 人。图 8-17 为它的给水系统示意图。给水系统分为 4 个区:一区为 6 层及 6 层以下,直接利用城市自来水压力供水;二区为7~14层;三区为 15~22 层;四区为 23~30 层。四区采用变速水泵直接供水,二区和三区采用变速水泵分别设置减压阀供水。也就是前面提到的无水箱减压阀给水方式。这种方式是目前高层建筑中普遍采用的一种给水方式[12]。

由于市政管网中需要保证最不利配水点的水压要求,而在位于有利配水点的建筑物给水系统引入管处(A)通常有潜力进行发电。另外,高层建筑分层供水后,不同分区之间的压差需要用减压阀减去,此处(B 和 C)也有潜力进行发电。

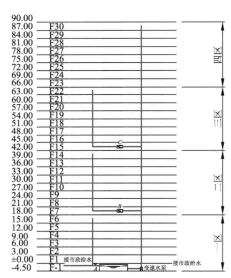

图 8-17 高层建筑给水系统示意图

8.2.2.2 建筑给水发电系统每日发电潜力

建筑给水发电系统每日发电潜力与可用水头和每日用水量有关。我国《城市给水工程规划规范》(GB 50282—1998)[13]规定:城市配水管网的供水水压宜满足用户接管点处服务水头 28 m 的要求。28 m 相当于把水送至 6 层建筑物所需的最小水头。目前大部分城市的配水管网为生活、生产、消防合一的管网,供水水压为低压制,不少城市的多层建筑屋顶上设置水箱,对昼夜用水量的不均匀情况进行调节,以达到较低压力的条件下也能满足白天供水目的。

对于高层建筑,给水从市政给水系统进入贮水池处的压力可以进行利用,因此 A 处可用水头约为 25 m。可用水量需要根据建筑用水量进行计算。

生活用水量根据建筑物的类别、建筑标准、建筑物内卫生设备的完善程度、地区条件等因素确定。生活用水在一昼夜间是极不均匀的,并且"逐时逐秒"都在变化。生活用水量按用水量定额和用水单位数确定。表 8-4 中列出了住宅最高日生活用水定额及小时变化系数。

表 8-4　住宅最高日生活用水定额及小时变化系数

住宅类型		卫生器具设置标准	用水定额/ (L/人·d)	小时变化系数 K_h
普通住宅	I	有大便器、洗涤盆	85~150	3.0~2.5
	II	有大便器、洗脸盆、洗涤盆、洗衣机、热水器和沐浴设备	130~300	2.8~2.3
	III	有大便器、洗脸盆、洗涤盆、洗衣机、家用热水机组(或家用热水机组)和沐浴设备	180~320	2.5~2.0
别墅		有大便器、洗脸盆、洗涤盆、洗衣机、洒水栓,家用热水机组和沐浴设备	200~350	2.3~1.8

注:1. 当地主管部门对住宅生活用水定额有具体规定时,应按当地规定执行。
　　2. 别墅用水定额中含庭院绿化用水和汽车洗车用水。

根据规范,按设计要求可以确定建筑物内生活用水的最高日用水量及最大小时用水量。

$$Q_d = m q_d \qquad (8-4)$$

式中,Q_d 表示最高日用水量,L/d;m 表示用水单位数;q_d 表示每人最高日生活用水定额,L/(人·d)。

假设住宅类型为普通住宅 II 类,取用水定额为 200 L/(人·d)。

由于进入低位水箱中的水要供给 7~30 层用户使用,因此,此处每日可用于发电的用水量为

$$V = m q_d T = 96 \ \text{m}^3 \qquad (8-5)$$

假设水轮机的效率 $\eta = 0.75$,则进户管处发电潜力为

$$E = \rho \times V \times g \times h \times \eta = 5 \ \text{kW} \cdot \text{h} \qquad (8-6)$$

B 处和 C 处的可用水头和可用水量需要根据建筑给水系统的管段设计进行计算。

B 处和 C 处的水分别需要供给 7~14 层、15~22 层用户使用,因此,此处每日可用于发电的用水量为

$$V = m q_d T = 32 \ \text{m}^3 \qquad (8-7)$$

B 处可用水头为 7 层与 23 层压差,C 处可用水头为 15 层与 23 层压差,分别为 48 m 和 24 m,经计算发电潜力分别为 3.2 kW·h 和 1.6 kW·h。

8.2.2.3　建筑给水发电系统瞬时发电潜力

建筑给水发电系统瞬时发电潜力与可用水头和水管中水的流速有关。水的流速与瞬时用水量和水管管径有关。水管管径和给水系统所需压力是给水管网系统水力计算的主要目的。对于低层分区系统需要复核室外管网提供的水压是否满足低区给水系统所需压力;对于中区和高区给水系统需要确定给水所需压力并为水泵选择提供依据。

在这里由于二区、三区和四区的给水管网类似,可用水头之差来源于位置水头,因此,不进

行压力的校核,仅适用压头差分别为 48 m 和 24 m。而流量与流速需要根据考虑同时使用系数。它们可以用设计秒流量的计算方法来计算。设计秒流量是根据建筑物内卫生器具类型数量和这些器具满足使用情况的水用量来确定,得出的建筑内卫生器具按最不利情况组合出流时的最大瞬时流量。对于建筑物内的卫生器具,室内用水总是通过配水龙头来体现的,但各种器具配水龙头的流量、出流特性各不相同,为简化计算,以污水盆用的一般球形阀配水龙头在出流水头为 2 m 全开时的流量 0.2 L/s 为 1 个给水当量(N),其他各种卫生器具配水龙头的流量以此换算成相应的当量数。各种卫生器具的给水额定流量、当量、连接管公称直径和最低工作压力按表 8-5 确定。

表 8-5 卫生器具的给水额定流量、当量、连接管公称直径和最低工作压力

序号	给水配件名称	额定流量/ (L·s⁻¹)	当 量	连接管公称直径/ mm	最低工作压力/ MPa
1	洗涤盆、拖布盆、 盥洗槽 单阀水嘴 单阀水嘴 混合水嘴	0.15~0.20 0.30~0.40 0.15~0.20 (0.14)	0.75~1.00 1.50~2.00 0.75~1.00 (0.70)	15 20 15	0.050
2	洗脸盆 单阀水嘴 混合水嘴	0.15 0.15(0.10)	0.75 0.75(0.50)	15 15	0.050
3	洗手盆 感应水嘴 混合水嘴	0.10 0.15(0.10)	0.50 0.75(0.50)	15 15	0.050
4	浴盆 单阀水嘴 混合水嘴 (含带沐浴转换器)	0.20 0.24(0.20)	1.00 1.20(1.00)	15 15	0.050 0.050~0.070
5	沐浴器 混合阀	0.15(0.10)	0.75(0.50)	15	0.050~0.100
6	大便器 冲洗水箱浮球阀 延时自闭式冲洗阀	0.10 1.20	0.50 6.00	15 25	0.020 0.100~0.150
7	小便器 手动或自动自 闭式冲洗阀自动 冲洗水箱进水阀	0.10 0.10	0.50 0.50	15 15	0.050 0.020
8	小便槽穿孔 冲洗管(每米长)	0.05	0.25	15~20	0.015
9	净身盆冲洗水嘴	0.10(0.07)	0.50(0.35)	15	0.050
10	医院倒便器	0.20	1.00	15	0.050
11	实验室化验水嘴 单联 双联 三联	0.07 0.15 0.20	0.35 0.75 1.00	15 15 15	0.020 0.020 0.020

序号	给水配件名称	额定流量/ (L·s⁻¹)	当　　量	连接管公称直径/ mm	最低工作压力/ MPa
12	饮水器喷嘴	0.05	0.25	15	0.050
13	洒水栓	0.40 0.70	2.00 3.50	20 25	0.050～0.100 0.050～0.100
14	室内地面冲洗水嘴	0.20	1.00	15	0.050
15	家用洗衣机水嘴	0.20	1.00	15	0.050

注：1. 表中括弧内的数值是在有热水供应时，单独计算冷水或热水时使用。
　　2. 当浴盆上附设淋浴器时，或混合水嘴有淋浴器转换开关时，其额定流量和当量只计水嘴，不计淋浴器。但水压应按淋浴器计。
　　3. 家用燃气热水器，所需水压按产品要求和热水供应系统配水点所需工作压力确定。
　　4. 绿地的自动喷灌应按产品要求设计。
　　5. 当卫生器具给水配件所需额定流量和最低工作压力有特殊要求时，其值应按产品要求确定。

我国《建筑给水排水设计规范》GB 50015—2003 中计算设计秒流量有 3 种方法，分别是概率法、平方根法和同时使用百分数法。住宅建筑生活给水管道设计秒流量采用概率法，按下列步骤和方法计算[14]：

（1）根据住宅配置的卫生器具给水当量、使用人数、用水定额、使用时数及小时变化系数，可按式（8-8）计算出最大用水时卫生器具给水当量平均出流概率

$$U_0 = \frac{100q_L m K_h}{0.2 \cdot N_g \cdot T \cdot 3600} (\%) \tag{8-8}$$

式中，U_0 表示生活给水管道最大用水时卫生器具给水当量平均出流概率，%；q_L 表示最高用水日的用水定额，按表 8-4 取用；m 表示每户用水人数；K_h 表示小时变化系数；N_g 表示每户设置的卫生器具给水当量数；T 表示用水时数，h；0.2 表示一个卫生器具给水当量的额定流量，L/s。

使用上述公式时应注意：①q_L 应按当地实际使用情况正确选用；②各建筑物的卫生器具给水当量最大用水时的平均出流概率参考值见表 8-6。

表 8-6　平均出流概率参考值

住宅类型	U_0 参考值	住宅类型	U_0 参考值
普通住宅 Ⅰ 型	3.4～4.5	普通住宅 Ⅲ 型	1.5～2.5
普通住宅 Ⅱ 型	2.0～3.5	别墅	1.5～2.0

（2）根据计算管段上的卫生器具给水当量总数，可按式（8-9）计算得出该管段的卫生器具给水当量的同时出流概率

$$U=100 \frac{1+\alpha_c(N_g-1)^{0.49}}{\sqrt{N_g}}(\%) \tag{8-9}$$

式中，U 表示计算管段的卫生器具给水当量同时出流概率，$\%$；α_c 表示对应于不同 U_0 的系数，按表 8-7 选用；

表 8-7　$U_0 \sim \alpha_c$ 值对应表

U_0	α_c	U_0	α_c	U_0	α_c
1.0	0.003 23	3.0	0.019 39	5.0	0.037 15
1.5	0.006 97	3.5	0.023 74	6.0	0.046 29
2.0	0.010 97	4.0	0.028 16	7.0	0.055 55
2.5	0.015 12	4.5	0.032 63	8.0	0.064 89

N_g 表示计算管段的卫生器具给水当量总数。

(3)根据计算管段上的卫生器具给水当量同时出流概率，可按式计算该管段的设计秒流量

$$q_g=0.2 \cdot U \cdot N_g \tag{8-10}$$

式中，q_g 表示计算管段的设计秒流量，L/s。

(4)给水干管有两条或两条以上具有不同最大用水时卫生器具给水当量平均出流概率的给水支管时，该管段的最大用水时卫生器具给水当量平均出流概率应按式(8-11)计算

$$\overline{U_0}=\frac{\sum \overline{U_{0i} N_{gi}}}{\sum N_{gi}} \tag{8-11}$$

式中，$\overline{U_0}$ 表示给水干管的卫生器具给水当量平均出流概率；$\overline{U_{0i}}$ 表示支管的最大用水时卫生器具给水当量平均出流概率；N_{gi} 表示相应支管的卫生器具给水当量总数。

假设建筑中每个家庭均拥有两卫一厨，每个卫生间有浴盆、坐便器、洗脸盆各一，每个厨房有洗涤盆一个。通过表 8-5 查得卫生器具及当量为：洗涤盆 1.0，低水位坐便器 0.5，洗脸盆 0.75，浴盆 1.2。通过式计算户内当量为 $N_g=2\times(0.5+0.75+1.2)+1.0=5.9$，于是平均出流概率为

$$U_0=\frac{100\times q_L\times m\times K_h}{0.2\times N_g\times T\times 3600}(\%)=\frac{100\times 200\times 4\times 2.5}{0.2\times 5.9\times 24\times 3600}(\%)=1.96\% \tag{8-12}$$

查表 8-7 得，$\alpha_c=0.01065$。B 处和 C 处的卫生器具给水当量总数为 $N_g=236$，于是可以得到设计秒流量为

$$q_g=0.2 \cdot U \cdot N_g=0.2\times 1.96\%\times 236=9.25\ L/s \tag{8-13}$$

于是得到 B 点和 C 点的瞬时最大发电量分别为

$$P_B=\rho\times q_g\times g\times h_B\times \eta=1.67\ kW \tag{8-14}$$

$$P_C=\rho\times q_g\times g\times h_C\times \eta=3.33\ kW \tag{8-15}$$

8.2.3　建筑给水系统发电研究

8.2.3.1　CLA-VAL 发电系统

CLA-VAL 公司开发了一种可以安装在自动控制阀上的独立发电系统,如图 8-18 所示。它能利用阀门两边的压降发最大 14 W 的电能,用以驱动阀门处的用电设备,如流量计、压力计等。

表 8-8 所示为 CLA-VAL 发电系统能达到的最高输出功率,图 8-19 所示为 CLA-VAL 发电系统功率-压差表。

表 8-8　CLA-VAL 发电系统能达到的最高输出功率

输出电压/V	连续最高输出功率/A	不连续最高输出功率/A
12	1.2(14W)	3.5(42W)
24	0.6(14W)	1.7(42W)

图 8-18　CLA-VAL 发电系统
来源：http://www.cla-val.com/electronic-power-generators-c-108_110-l-en.html)

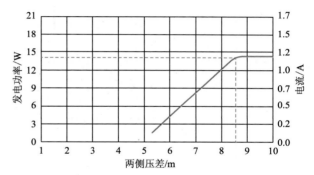

图 8-19　CLA-VAL 发电系统功率-压差表
(来源：http://www.cla-val.com/documents/pdf/E-X143IP_e-Power.pdf)

8.2.3.2　香港理工大学微型水力发电系统

香港理工大学开发了一种微型水力发电系统(见图 8-20)用于管道内利用剩余水压发电。这种微型水力发电机可以通过在管道上增加一个 T 形管,方便地添加到已有的建筑给水系统中。

为了对这种微型水力发电系统的性能进行分析,香港理工大学建立了图 8-21 所示的实验平台。高压水泵将水箱中的水抽出,经过微型水力发电系统后回到水箱。压力表可以测量系统中的压力,可以用来模拟建筑给水系统中不同的压力情况。流量计和压差计可以分别测量经过微型水力发电系统的流量和消耗的水头,与发电量对比,得到图 8-22～图 8-24 中的数据。

图 8-21　微型水力发电系统实验装置
1—高压水泵;2—压力表;3—流量计;
4—微型水力发电装置;5—压差计;
6—储水箱;7—节流阀

图 8-20　微型水力发电机

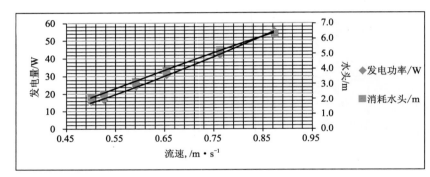

图 8-22　微型水力发电系统使用大挡块性能图

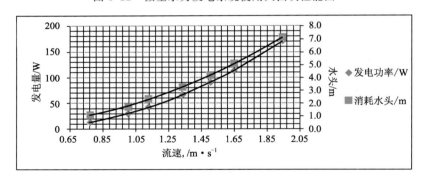

图 8-23　微型水力发电系统使用小挡块性能图

　　从图 8-24 中可以得到在管道中使用不同流通面积的挡块时,微型水力发电机的发电量和消耗的水头与流速的关系。当使用流通面积越大的挡块,系统发电量越能在小流速下发出电。随着流速的增大,发电量增大,同时消耗更多的水头。如同样发出 50 W 的电,使用这种挡块需要流速 0.83 m/s,消耗水头约 5.9 m;而使用流通面积小的挡块需要流速 1.20 m/s,消耗水头约 2 m；当不使用挡块时，需要流速 3.05 m/s，消耗水头约 3.3 m。

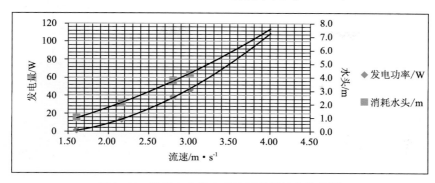

图 8-24　微型水力发电系统不使用挡块性能图

为了验证微型水力发电系统在实际应用中的效果，系统被装在一座商用大厦中，如图 8-25 所示。通过系统的水会供给大厦中部分商户使用，发出的电力先储存在电池中，需要时，可供照明使用。

图 8-25　微型水力发电系统的实际应用

8.2.4　建筑给水系统发电设备设计

本节主要介绍 8.2.3 节中微型水力发电装置的设计及性能参数。受限于机房的空间以及布置便利性要求，在给水系统中应用的微型水力系统的水轮机需要满足如下原则：

（1）不改变原有管网的布置形式。

（2）结构简单可靠。

（3）安装部署满足"即插即用"原则，部署时间短，不影响管网原有的功能。最大可利用压头为 5 m。

综合考虑了结构形式及安装特点后，决定采用如下布置形式（见图 8-26）：

（1）水轮机采用垂直轴布置形式，发电机置于水管上方。

（2）水轮机与发电机通过联轴器进行连接，密封结构采用机械密封结构。

（3）在原有水管上开 100 mm T 形连接口，整套发电系统直接通过该破口与管道匹配连接。

在水力管网中采用垂直轴涡轮发电机发电已经有一定的实施案例。英国一家名为 Lucid Energy 的公司借鉴风力发电机的结构形式，开发了基于升力型叶片的垂直轴水力发电装置，如图 8-27 所示。

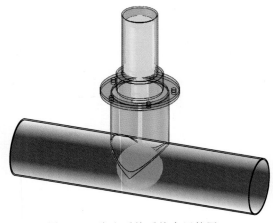

图 8-26　发电系统系统布置简图

图 8-27　管道内水力发电系统与风力发电叶片对比
（来源：http://www.lucidenergy.com，http://inhabitat.
com/eddy-gt-wind-turbine-is-sleek-silent-and-designedVfor-the-city）

但部署该套设备，需要对原有管路整体进行切割处理，工程量较大。因而无法直接应用在该项目中。

受该产品设计思想启发，借鉴风力发电机组的结构特点，针对 100 mm 直径的给水管网开发了阻力型叶片的水力发电机组。

在产品开发初期，针对功率输出指标，结合管道开口的详细外形尺寸，进行了大量的 CFD 模拟计算，初步获得了一些影响功率输出的参数及其优化措施，在此基础上，制造了一些原理样机进行试验。

8.2.4.1　CFD 模拟仿真

CFD 是计算流体动力学的简称，其采用有限体积法的思想在计算机上模拟包含流动、传热等的复杂物理过程,为产品详细设计提供一定的参考。CFD 分析技术在旋转机械开发、流动、传热传质机理研究领域都有了大规模的工程化应用。CFD 介入后的产品研发过程如图 8-28 所示。

在产品设计过程中采用 CFD 模拟后,使产品在研发初期可以覆盖尽可能多的设计方案,同时也避免了传统设计过程中由于制造物理样机的盲目性和随机性,可以大幅缩短产品开发周期,降低研发成本。

采用 CFD 进行产品设计的一般步骤如下:水轮机属于旋转机械的分支,对于叶片的设计和开发,经历了一维流动假设、二维流动假设、准三维流动假设三个阶段[4],随着计算能力的提高以及湍流相关理论的完善,直接考虑流场的三维黏性流动特性并进行 CFD 模拟是必然的趋势。

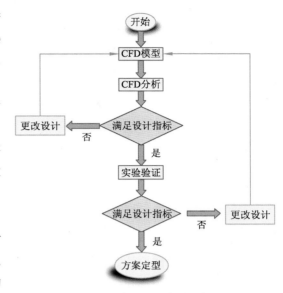

图 8-28　CFD 介入后的产品研发过程

8.2.4.2　水轮机设计历程

首先对管道内的某典型叶片原型(见图 8-29)进行数值模拟,了解影响功率输出的影响因素。

在 CFD 软件中的必要输入列举见表 8-9。

在计算趋于稳定后,提取计算结果进行分析。从图 8-30 所示的扭矩输出曲线可以看出,在流动趋于稳定后,轴功率的输出呈现一定的周期性。取功率在旋转一周的平均值可以认为是该型水轮机的理论输出功率。

图 8-29　待分析的叶片原型

表 8-9　CFD 软件的输入

材　料	常物性的水
物理模型	湍流模型:sst-kw 模型
	运动模式:滑移网格
边界条件	来流速度:1.5 m/s
	叶片转速:覆盖整个性能曲线
监测结果	叶片输出轴扭矩压力降

通过对称面上的压力分布可以看出,对于逆时针方向旋转的该型叶轮,后行叶片的迎水面与背水面的压力差产生正向即逆时针方向的扭矩,而前行部分叶片的压差抵消了部分正扭矩,因此从整体上造成了合扭矩偏低。如果更好地利用正扭矩而削弱负扭矩,可以考虑在叶轮上游添加一定的导流部件,改变水流的速度和方向,提高叶轮的功率输出,如图 8-31 所示。

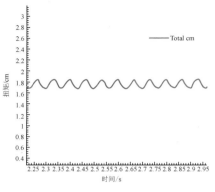

图 8-30　扭矩时间历程　　　　　　　　　图 8-31　对称面上压力分布

8.2.4.3　导流部件设计

针对导流部件的设计,借助于 CFD 模拟做了大量的外形以及尺寸的优化,优化的原则既使流动阻力尽可能小,同时使水流尽可能以比较大的动能冲击叶轮,提高能量转换效率。在此原则下,确定最后的产品设计样式[15]。图 8-32(a)所示为加入导流部件后叶片周围的流速分布,从图中可以看出,导流部件的过水断面较小,根据伯努利原理,流动面积缩小,流速增加,水流的动能增加,水的总水头大部分转化为水的动水头,这样,可以较高的动能冲击后行叶片;与此同时,前行叶片由于导流部件的遮挡,没有直接受到水流冲击,从整体上提升了转换效率。当然由于加入了导流部件,不可避免地造成了总压损失。因此,在设计过程中,优化导流部件的断面形状,使得局部水力损失尽可能小。

图 8-32(b)所示为叶片及导流部件的表面网格,在 CFD 分析中,通过局部加密的手段,使叶片周围的网格尽可能小,这样可以更好地捕捉周围的流态。

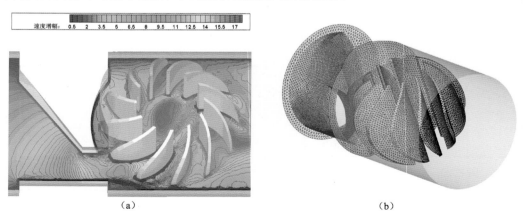

（a）　　　　　　　　　　　　　　　　　（b）

图 8-32　导流部件的表面网格及对称面上的流速分布[15]

图 8-33 所示为优化设计后定型的导流部件及叶片外形,通过验证不同导流部件的表面倾角及曲面外形,可以使水流更加集中地冲击部分叶片,进而提高能量转换效率。

图 8-33　定型后的导流部件与叶片模型

针对不同的导流部件,分别进行 CFD 模拟和实验,结果对比见表 8-10。

通过表 8-10 可以看出,CFD 计算的轴功率数值高于实验的发电功率。这是由于 CFD 模拟中无法考虑发电机负载及机械损耗,因此得到的是理论轴功率。但通过 CFD 可以更好地揭示不同方案的趋势及优劣,为后期的方案定型提供依据。

表 8-10　模拟与实验结果对比

结构形式	理论轴功率 (W)—CFD 模拟	实际输出功率 (W)—实验结果
无导流部件	0.1	0
楔面导流部件	26	12
孔形导流部件	67	32

最终,通过优化导流部件的过流能力以及叶片数量,可以满足在 1.5 m/s 的低来流速度下 80 W 的实际功率输出。

8.3　建筑排水系统水力发电

8.3.1　建筑排水系统的组成

建筑排水系统一般由图 8-34 所示部分组成。

1. 卫生器具和生产设备受水

它们是用来承受用水和将用后的废水、废物排泄到排水系统中的容器。建筑内的卫生器具应具有内表面光滑、不渗水、耐腐蚀、耐冷热、便于清洁卫生、经久耐用等性质。

2. 排水管道

排水管道由器具排水管(连接卫生器具和横支管之间的一段短管,除坐式大便器外,其间含有一个存水弯)、横支管、立管、埋设在地下的总干管和排出到室外的排出管等组成,其作用是将污(废)水能迅速安全地排到室外。

3. 通气管道

卫生器具排水时,需向排水管系补给空气,减小其内部气压的变化,防止卫生器具水封破坏,使水流畅通;需将排水管系中的臭气和有害气体排到大气中去,需使管系内经常有新鲜空气和废气之间对流,可减轻管道内废气造成的锈蚀。

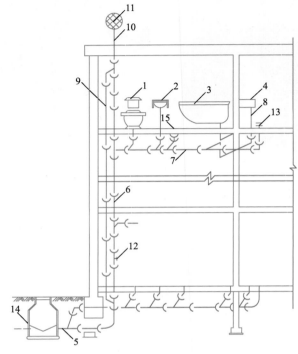

图 8-34　建筑内部排水系统组成

1—坐便器冲洗水箱;2—洗脸盆;3—浴盆;4—厨房洗盆;5—排水出户管;6—排水立管;7—排水横支管;
8—排水支管;9—专用通气管;10—伸顶通气管;11—通风帽;12—检查口;13—清通口;14—排水检查井;15—地漏

因此,排水管线要设置一个与大气相通的通气口。

4.清通设备

为疏通建筑内部排水管道,保障排水畅通,常需设置检查口、清扫口及带有清通门的90°弯头或三通接头、室内埋地横干管上的检查井等。

5.提升设备

当建筑物内的污(废)水不能自流排至室外时,需设置污水提升设备。建筑内部污废水提升包括污水泵的选择、污水集水池容积的确定和污水泵房设计,常用的污水泵有潜水泵、液下泵和卧式离心泵。

6.污水局部处理构筑物

当室内污水未经处理不允许直接排入城市排水系统或水体时需设置局部水处理构筑物。常用的局部水处理构筑物有化粪池、隔油井和降温池。

化粪池是一种利用沉淀和厌氧发酵原理去除生活污水中悬浮性有机物的最初级处理构筑物,由于目前我国许多小城镇还没有生活污水处理厂,所以建筑物卫生间内所排出的生活污水必须经过化粪池处理后才能排入合流制排水管道。

隔油井的工作原理是使含油污水流速降低,并使水流方向改变,使油类浮在水面上,然后将其收集排除,适用于食品加工车间、餐饮业的厨房排水、由汽车库排出的汽车冲洗污水和其他一些生产污水的除油处理。

一般城市排水管道允许排入的污水温度规定不大于 40 ℃,所以当室内排水温度高于 40 ℃(如锅炉排污水)时,首先应尽可能将其热量回收利用。如不可能回收,在排入城市管道前应采取降温措施,一般可在室外设降温池以冷却。

8.3.2　建筑排水系统发电潜力

从建筑排水系统的组成中,可以看出建筑排水从高处落到低处的能量被浪费了,可以通过微型水力发电装置将能量回收发电。

8.3.2.1　建筑排水发电系统

Sarkar 等提出了一种建筑排水发电系统,通过在中层放置水箱,底层放置涡轮机来发电(见图 8-35)[16]。由于建筑排水中含有一些杂物易阻塞管道,因此排水发电系统需要设置水箱进行杂物与水的分离。如图 8-35 所示,在建筑中层设置收集污水废水的水箱,当水位较低时,关闭下方阀门,储存污水;当水位达到一定值时,打开下方阀门,让污水一次通过。这样可以使管道中的水流更加容易集中,避免小流量时,发电系统无法发出电。

图 8-36 所示为其提出的建筑排水发电系统的原理图。

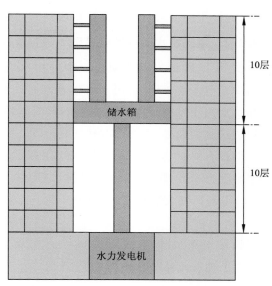

图 8-35　建筑排水系统中微型水力发电[16]

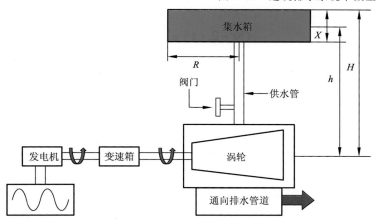

图 8-36　建筑排水发电系统原理图[16]

系统工作流程如下：

（1）一个半径为 R，高度为 X 的储水箱放置在距地面 $H-X$ 的地方。在储水箱上方楼层用过的水通过管道进入储水箱。

（2）储水箱中设有水位传感器。当水箱中的水达到所需的高度，传感器会传送信号到楼层底部的阀门。

（3）阀门打开时，水从储水箱中流出。管道的底部装有涡轮，水从高度为 h 的地方流下冲击涡轮，使涡轮转动。

（4）涡轮的选择需要基于水流的压力和流量。这里的水流具有流量小、压力大的特点，因此水斗式水轮机是一个很好的选择。

（5）涡轮与交流发电机通过变速箱连接。变速箱可以使发电机的输出频率稳定。

（6）产生的电力可以直接使用或是储存在电池中以后使用。

8.3.2.2 建筑排水系统发电模型

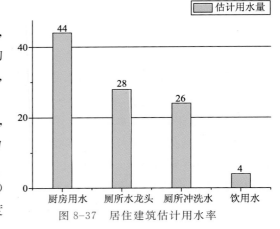

图 8-37 居住建筑估计用水率

图 8-37 所示为一典型建筑中的用水统计，建筑中约有 76% 的生活用水可以在经过一些初步净化后用于发电。净化后的水不含固体颗粒，可以被送到涡轮处，不会引起堵塞。

假设有一 20 层的高层建筑，每层住有 100 人，每层高度为 3 m，那么可以利用的排水系统水量为

$$Q = 171 \times 100(\text{人数}) \times 10(\text{层}) \times 0.76 = 130 \ \text{m}^3 \tag{8-16}$$

假设水箱的半径 $R = 1.855$ m，水箱高度 $X = 3$ m，那么水箱的体积为

$$V_{\text{tank}} = \pi \times R \times R \times X = 32.430\ 8 \ \text{m}^3 \tag{8-17}$$

假设水管的半径 $r = 0.031\ 75$ m，水管内水的体积为

$$V_{\text{duct}} = \pi \times r \times r \times (H-X) = 0.085\ 5 \ \text{m}^3 \tag{8-18}$$

可用水头为

$$h = \frac{V_{\text{tank}} \times \left(H - \dfrac{X}{2}\right) + V_{\text{duct}} \times \dfrac{X}{2}}{V_{\text{tank}} + V_{\text{duct}}} = 28.344 \ \text{m} \tag{8-19}$$

假设水轮机的效率 $\eta = 0.75$，则发电潜力为

$$E = \rho \times V \times g \times h \times \eta = 6.852\ 5 \ \text{kW} \cdot \text{h} \tag{8-20}$$

8.3.3 建筑排水系统发电研究

Sarkar 等为建筑排水系统发电做了一个缩小版（大约 1 : 30）的实验模型，如图 8-38 所示。在实验中，他们发现最低的水箱高度约为 30 m 或 10 层，此时发电量比较高。该实验使用

的是培尔顿涡轮机,通过特殊设计的水斗,可以将通过喷嘴喷射的高速水射流的动能转换为涡轮的轴功。其运行效率可以达到 70%。图 8-39 所示为中水发电用水轮机。

图 8-38　建筑排水系统发电实验模型

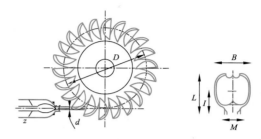

图 8-39　中水发电用水轮机

8.4　建筑冷却塔水力能量回收

冷却塔是利用空气同水的接触来冷却水的设备,现有的冷却塔一般是用电动机通过联轴器、传动轴、减速器来驱动冷却塔的风机,风机的抽风使进入冷却塔的水流快速散热冷却,然后又由水泵加压将水流输送到需要用水冷却的设备使用后,再引入冷却塔冷却,达到冷却水的循环使用[17]。

李延频[18]、熊研[19]在文章中使用数值模拟的方法对冷却塔专用超低比转速水轮机进行了设计。

由于冷却水在热交换设备和冷却塔之间的循环是通过水泵来驱动的。在设计、制造、选型及使用中,因考虑可靠性等多种因素,使该系统的水泵有大量的富裕扬程和流量,这主要表现在以下几个方面:

(1)每个循环水系统的水量很难精确计算,因此一般都会给予 10%～20% 的余量来确定水泵的流量。

(2)在整个循环水系统中,每段水管、弯头都有一定的阻力,冷却塔的位置高低、换热部件的阻力及压力要求都会在系统中产生阻力,这些阻力也不能很精确地计算出来,所以,工艺工程师计算的阻力值只是一个大概的数据,根据这个数值在选型水泵的扬程时,考虑更安全且满足生产需求的,在克服所计算出的阻力数值的基础上至少加 10%～20% 的余量来选型——整个循环系统中扬程一定是富裕的。

一台冷却塔在设计完成以后,其循环水流流量和富余水头基本上是固定不变的,目前国内冷却塔中的循环冷却水流量为 300～4 000 t/h,而富余水头为 6～16 m。

通过在传统冷却塔上部增加一个微型水轮机,就可以回收这部分富裕的压头,水轮机产生轴功率可以用来直接驱动风机进行热量交换,过流以后的水余压还可以用于布冷。这样就无须为驱动风机安装额外的电动机。相应的减速器、联轴器等配套附件都可以忽略。

该项改造方案具有广阔的应用前景,从能源转换效率上来说,充分利用了循环水泵所具有的余压,节约电能。技术上,更加可靠,也根除了电动机、电控和减速器漏电、漏油、烧毁和损坏的隐患,为完全运行提供保证;此外,水轮机的质量小于取代的电机、减速器、传动中三者之和,使冷却塔重心下移,增加运行环境安全性。改造前由于电动机转速过高引起的震动和噪声问题也得到解决。此外,采用水动风机后,冷却塔直接获得了自我调节的特性,随着热负荷的变换,水动风机的转速相应跟随循环水流量而改变,这样使冷却塔的汽水比稳定在最佳状态,达到最佳的冷却效果。

当然,由于水力涡轮的过流能力受到冷却塔循环水流量的制约,直接套用大型水利工程上应用的反击式水轮机会带来问题,因此必须根据冷却塔的工作特性合理选择匹配的微型水力涡轮机。

图 8-40 所示为冷却塔改造前后结构示意图。

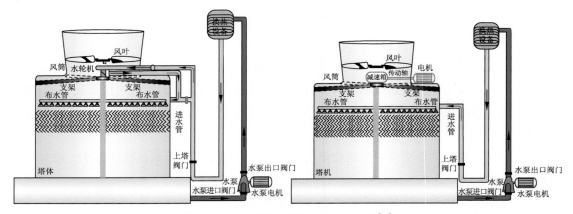

图 8-40　冷却塔改造前后结构示意图[17]

8.5　建筑雨水系统水力发电

8.5.1　雨水发电系统构成

我国的雨水资源十分丰富,具有很广阔的开发应用前景。可供选择的雨水发电方案设计有如下三种[20]:

1. 阵列式分布发电系统

此发电系统利用单位面积接收到的雨水冲击驱动叶轮转动,将雨水的能量转化为机械能,进而驱动发电机将机械能转化为电能送入用电装置中。该系统的一大特点是由很多发电单体组成,单个装置占地面积不大(通常不大于 $1.5m^2$),电量较小,因而该系统组装采用地毯式阵列分布形成覆盖式的发电网阵,将各个发电装置所发出的电汇集后输出。

针对目前住宅楼的楼顶多为平顶结构,该系统的布置主要集中在房顶,也可作为景观灯供电设备,其优点是不占用陆地资源,雨水能为清洁能源,对环境无污染,而且不影响居民的日常生活,维护费用低。其缺点是初期投入较大,安装调试过程烦琐。

2. 汇流式发电系统

此发电系统利用在高处将已经落下的雨水汇流到一起,在低处安装水流发电机,发电机与汇流的水流之间通过管道连接,利用两处的势能差使水流具有一定的能量,从而驱动水流发电机工作。水的能量被用来发电的同时,发电机流出的水也可以再次收集作为人们生活用水和灌溉用水等。

目前高层建筑均具有楼顶排水系统,但几乎都是将雨水通过这些排水管道排入地下污水管道中。此系统的特点是将落入高层建筑顶端的雨水通过楼顶排水管道暂时收集在一个集水塔中,这些管道从楼顶的各个方向将水流引向此集水塔,另有一管道从集水塔底部引出作为集水塔的排水通道,此排水通道将水笔直排向建筑物底部的水流发电机组中进行发电。由于此系统直接利用收集后的雨水流过水流发电机的内部转子,因而对水中的杂质要予以清除,以防损坏水流发电机或其叶片,这就需要在集水塔的出口端或入口端设置过滤器。

该系统的主要优点是发电量大,短时发电均匀,可以控制流入水流发电机的流量而控制发电量,初期投入较小,应用范围广,农村城市均可建设。缺点是需要专门建造集水塔,并且要安装过滤器设备,维护费用较高,对建筑物的防水和结构强度要求较高。

3. 混合式一体化发电系统

此发电系统即为阵列式分布发电系统与汇流式集中发电系统的混合系统。由于阵列式分布发电系统与汇流式集中发电系统所利用的雨水能量的层面不同,因而可以采用阵列式分布发电系统利用雨水的第一级能量发电,而采用汇流式集中发电系统利用雨水的第二级能量发电。在建筑物的顶端设置阵列式分布发电系统主要利用雨水降落时的能量,而在雨水落在建筑物顶端以后,通过各汇流管道将雨水收集在高处集水塔中而采用汇流式集中发电系统进行发电。该系统具有充分利用雨水不同层面能量的优点,发电量大,工作可靠。但缺点是初期投资大,对建筑物的结构要求高,在第二级发电系统处需设置过滤装置。

8.5.2 雨水系统发电应用案例

水流发电设备是整个雨水发电装置的核心部件,国内一些研究机构已经针对其特点进行了一定的研究。图 8-41 所示为整套系统的示意图。

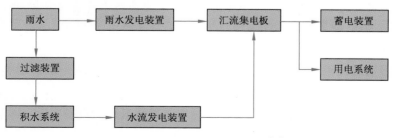

图 8-41 雨水发电装置示意图[21]

以武汉地区 60 栋楼的小区住宅为例进行计算和分析,一栋 20 层,层高 3 m,每层 2 梯 4 户,屋顶面积 800 m²,汉口地区一栋建筑屋面在一次暴雨中接收的雨量为 38 m³。选用的灯泡贯流式发电机组的效率为 70%,后续电路效率为 70%,一栋建筑一次降雨发电量为 3 kW·h。假定该小区有 60 栋楼,一个月降雨 8 次。则一年的发电量为 18 000 kW·h。

每栋楼的整套项目实施称为预算,见表 8-11。

这样整套系统运行 4 年即可收回成本。从经济可行性角度上来说是可行的。

表 8-11　系统建设成本[22]

开支类别	金额/元
发电机	22 400
屋面小型蓄水箱	4 000
蓄电池	25 200
电路制作组装成本	10 000
合计	61 600

本 章 小 结

水力发电技术是利用水位落差配合水轮发电机产生电力的技术。它利用水的位能转为水轮的机械能,再以机械推动发电机,从而得到电力。高层建筑中,由于卫生器具之间的高度差,给水系统和排水系统均有发电的潜力。

高层建筑给水系统需要进行竖向分区,减小底层卫生器具的压力。工程中,通常使用减压阀来降低压力,若能使用微型水力发电装置取代减压阀,通过回收多余水压的方式发电,也是可再生能源在建筑中的一种应用形式。

高层建筑排水系统中,生活污水从高处落到低处的能量被浪费了,可以通过微型水力发电装置将能量回收发电。排水发电系统通过在建筑中层放置水箱,收集污水废水,并分隔杂物,同时在建筑底层放置涡轮机,当水箱水位达到一定高度时,让排水流下从而冲击涡轮机发电。

建筑冷却塔中,冷却水在热交换设备和冷却塔之间的循环是通过水泵驱动的。因考虑可靠性等因素,该处水泵有大量的富裕扬程和流量。通过在冷却塔上部增加一个微型水轮机,就可以回收这部分富裕的压头,用于驱动风机进行热量交换。

我国的雨水资源十分丰富,具有很广阔的开发应用前景。阵列式分布发电系统利用单位面积接收到的雨水冲击驱动叶轮转动发电。汇流式发电系统利用在高处将已经落下的雨水汇流到一起,在低处安装水流发电机来发电。混合式一体化发电系统为阵列式分布发电系统与汇流式集中发电系统的混合系统。

建筑给水排水发电系统现在还处在研究阶段,主要研究方向在研究给水排水系统特点和开发合适的微型水力发电装置上。只有进一步提高发电系统效率并降低系统成本,才能被市场接受使用。

参考文献

[1] 班攀攀,孙永明,刘海峰,等.城市高层居民生活排水微小水电节能研究[J].中国水运(下半月),2009,9(1):260-261.

[2] 上海统计局.2014 上海统计年鉴[M].北京:中国统计出版社,2014.

［3］ 李亚峰,等.高层建筑给水排水工程［M］.北京:化学工业出版社,2004.

［4］ 刘大恺.水轮机［M］.北京:中国水利水电出版社,2008.

［5］ 戴庆忠.潮汐发电的发展和潮汐电站用水轮发电机组［J］.东方电气评论,2007,21(4):14-24.

［6］ 肖惠民,于波,蔡维由.超低水头水轮机在可再生能源开发中的应用进展［J］.水电与新能源,2011,3:
　　 62-63.

［7］ 匡会健.水电站［M］.北京:中国水利水电出版社,2005.

［8］ 王增欣,靳慧霞.建筑给水排水工程［M］.北京:中国电力出版社,2008.

［9］ 上海市城乡建设和交通委员会.GB 50015—2003(2009 版)建筑给水排水设计规范［M］.北京:中国计划
　　 出版社,2010.

［10］ 王春燕,张勤.高层建筑给水排水工程［M］.重庆:重庆大学出版社,2009.

［11］ 中国建筑设计研究院.建筑给水排水设计手册［M］.2 版.北京:中国建筑工业出版社,2008.

［12］ 李玉华,苏德俭.建筑给水排水工程设计计算［M］.北京:中国建筑工业出版社,2006.

［13］ 浙江省城乡规划设计研究院.GB 50282—1998 城市给水工程规划规范［M］.北京:中国建筑工业出版
　　 社,1999.

［14］ 岳秀萍.建筑给水排水工程［M］.北京:中国建筑工业出版社,2007.

［15］ CHEN J.CFD simulation and experiments on optimization design of vertical axis wind turbines(VAWTs)［M］.
　　 Diss. The Hong Kong Polytechnic University,2013.

［16］ SARKAR P,SHARMA B,MALIK U. Energy generation from grey water in high raised buildings:The
　　 case of India［J］. Renewable Energy,2014,69:284-289

［17］ 翟文忠.传统冷却塔的节电改造［J］.石油和化工节能,2011,6:25-26.

［18］ 李延频,南海鹏,陈德新.冷却塔专用水轮机的工作特性与选型［N］.水力发电学报,2011,30(1):
　　 175-179.

［19］ 熊研,屈波,霍志红,等.冷却塔专用超低比转速水轮机的设计与数值模拟［J］.南水北调与水利科技,
　　 2014,12(3):112-115.

［20］ 高展,陈梅洁,安成,等.微型水轮机复合雨水发电装置的流场数值模拟研究［J］.节能技术,2013,31(6):
　　 495-498

［21］ 林康,赵云,郑卫刚.雨水发电技术的应用研究［J］.环境研究与监测,2012,25:66-68.

［22］ 徐东伟,宁厚飞,张永斌.基于贯流式发电理念的高楼雨水发电新工艺［J］.山西建筑,2014,40(31):
　　 216-217.

第 9 章 绿色建筑与地源热泵技术

9.1 地源热泵概述

9.1.1 基本概念

热泵系统是一种把低位热源的热能转移到高位热源的装置,该系统从自然界的空气、水或土壤中获取低品位热能,以电力为驱动能量做功,为人们提供相应的高品位热能。根据获取能量的源泉不同,热泵可分为空气源热泵、水源热泵和地源热泵。

1. 空气源热泵

该热泵利用室外的空气作为冷热源,系统简单且初投资最省,目前家用冷暖空调器就是小型的空气源热泵。空气源热泵的缺点是在夏季时,室外温度越高,需要的冷负荷越大时,却越难向室外排放热量。冬季室外空气温度越低时需要的供热量越大,实现供热的难度亦越大,特别是当空气温度低于−5 ℃ 时热泵就难以正常工作,需要用电或其他辅助热源对空气进行加热。因此,不论在夏季还是冬季,以上情形都会导致热泵效率大大降低。此外,空气源热泵的蒸发器上会结霜,需要定期除霜,也会导致相当大一部分能量的损失。

2. 水源热泵

水源热泵则是以水体为冷热源,以高品位能量如电能为驱动热源从而实现热量由低温向高温转移。夏季制冷时,建筑物中的热量被"取"出来,释放到水体中去,水体在夏季的温度范围比环境空气温度低,因此可使制冷的冷凝温度降低,使得冷却效果好于风冷式和冷却塔式,从而提高机组运行效率。冬季供热时,利用水源热泵机组从水源中"提取"热能供给建筑物以实现供暖,且水体的温度范围在冬季要高于室外空气,因此制热性能要强于空气源热泵。

3. 地源热泵

地源热泵系统是目前世界上最先进的绿色空调系统之一,其利用大地中的低品位热量作为冷热源,在热泵机组的作用下,实现对建筑物的制冷及供热,同时还可以制取生活热水。因较深的地层中全年的温度波动较小趋于稳定,该温度在夏季时远低于室外的温度,而在冬季时又高于室外温度,与室外气温相比是冬暖夏凉,因此,地下介质是一种合理的冷热源,可以克服空气源热泵的技术障碍,具有较高的效率。

夏季时,系统将所吸收的建筑物内的热量通过循环换热介质释放到土壤中以达到对建筑物制冷,且释放的热量被土壤蓄存供冬季使用。冬季时,热泵系统将地下的热量进一步升高温度后为建筑物供暖,同时降低了土壤温度供夏季使用。因此,地下介质在供热空调过程中起到了蓄热器的作用,该系统具有较高的能效比,是一种可持续发展的建筑节能技术[1]。

地下深层未受热干扰时的温度既与地理位置有关,亦和距离地面的深度有关。一般来说,地下 15 m 左右的温度大致等于当地常年平均气温,地温随着深度的增加而逐渐升高,深度每增加 30 m,地温约提高 1 ℃。地下深层的温度为换热提供了良好的条件。多数情况下,热泵地下环路内的介质在热交换后可达到最低或最高温度;当换热负荷一定时,地下换热器的设计容量越小,埋管中介质的出口温度越高(夏季)或越低(冬季)。换而言之,若设计的地下换热介质的出口温度越高(夏季)或越低(冬季),则意味着地热换热器的设计容量不足以满足室内冷热负荷需求。

与地源热泵相比,空气源或水源热泵则无法为热泵主机提供如此优越的换热条件,从而导致机组的性能系数(COP)降低。地下空间的相对稳定温度使得在换热过程中的可利用温差明显,从而有利于热泵机组的 COP 值改善。从经济角度来讲,虽然地源热泵的初投资高,但其运行费用低、回收期合理、使用寿命较长,有利于未来推广应用。

9.1.2　发展历史

地源热泵的概念最早出现在 1912 年瑞士的一份专利文献中,且开放式地下水热泵系统在 20 世纪 30 年代被成功应用,随后欧洲和美国在 20 世纪 50 年代掀起了研究地源热泵的第一次高潮。美国爱迪生电子学院最早研究闭式环路热泵系统,印第安纳州的印第安纳波利斯最早安装闭式环路地源热泵系统。20 世纪 70 年代,在世界石油危机的影响下,人们开始关注节能和高效能源利用,并认识到可持续发展的重要性,使得地源热泵的研究进入了新的高潮,此时瑞典的研究人员开始将塑料管应用在闭式环路地源热泵系统上,地源热泵的推广应用迅速展开[2]。

经过近 50 年的发展,地源热泵技术在北美和欧洲已非常成熟,是一种被广泛采用的热泵空调系统。针对地源热泵机组、地热换热器,系统设计和安装有一整套标准、规范的计算方法和施工工艺。在美国,地源热泵系统作为一种节能环保技术,受到美国政府的大力推广,在空调系统的市场占有率高达 20%。到 1997 年底,美国在家庭、学校和商业建筑中使用的地源热泵系统达到 3 万台,每年提供约 8 000~11 000 GW·h 的能量,另据地源热泵协会统计,美国有 600 多所学校装有地源热泵系统。截至 2013 年,美国有 60 万台地源热泵在运转,占世界总数的 46%[3]。在实际工程应用中,北美对地源热泵应用偏重于全年冷热联供,采用闭式水环热泵系统。而欧洲国家则偏重于冬季供暖,往往采用热泵站方式等集中供应方式。我国气候条件与美国相似,故北美的方式对我国更具有借鉴意义。

我国对于地源热泵技术的研究起始于 20 世纪 80 年代,近些年来该技术已成为国内建筑节能及暖通界的热门研究课题,开始应用于工程领域,与此相关的热泵产品应运而生,掀起了地热空调的热潮。在研究方面,国内许多大学先后建立了地源热泵实验台,进行了地下埋管换热器与地上热泵设备联合运行的实验。在工程方面,一大批地源热泵空调系统相继建成并投入使用，且运行效果良好，证明了该技术的优势及应用的必然性。此外，通过将地源热泵系统与其他供暖模式进行比较，再一次验证了该系统的优越性[4]。

9.1.3 系统分类

在以上论述中，热泵系统从大方向可分为空气源、水源及地源热泵，对于地源热泵系统而言，地下介质承担供热和制冷的热源，且根据所使用的地下介质可分为不同类别，通常包括地表水源热泵、地下水源热泵以及地埋管地源热泵。

9.1.3.1 地表水源热泵

地表水是指地表上面的江、湖、河、海这些水体，对于地表水源热泵系统而言，其所使用的地表水源主要由流经城市的江河水、城市附近的湖泊水和沿海城市的海水所构成。该类型热泵系统以地表水为冷热源，具体而言，即夏季以地表水源作为冷却水从而对建筑物供冷，而冬天则从地表水中取热向建筑物供热。通常分为闭式地表水、开式地表水和间接地表水三种系统。闭式地表水换热系统将封闭的换热盘管按照特定的排列方法放入具有一定深度的地表水体中，传热介质通过换热管的管壁与地表水进行热交换。开式地表水换热系统是地表水在循环泵的驱动下，经处理直接流经水源热泵机组或通过中间换热器进行热交换的系统。

但是，地表水源受到自然条件的限制，即具有特定水源的地区才能使用该热泵系统，且地表水温度受气候影响较大。当环境温度过高和过低时，热泵系统的制冷系数和供热系数都会受到较大影响。我国的长江、黄河流域具有丰富的地表水，这些地区使用地表水系统可得到良好的经济效果。

此外，要采取相应的措施以确保换热器的传热效率和稳定使用，例如清理浮游垃圾、海洋生物和污泥，使用合理的管材或恰当的保护措施避免对换热管的腐蚀。而且最重要的一点是要考察该系统在经过连续的运行后是否对自然界的生态造成影响。

9.1.3.2 地下水源热泵

地下水源系统以地下水作为低位热源，通常从水井或废弃的矿井中抽取地下水，经过换热后的地下水可以回灌或排放到地表水中，该系统适合于地下水资源丰富，并且当地资源管理部门允许开采利用地下水的场合。该系统可分为开式和闭式两种方式，在开式环路地下水系统中，地下水被抽取然后直接供给水源热泵机组，与来自建筑物的冷冻水直接进行换热；在闭式环路地下水系统中，板式换热器作为中间换热站，使用板式换热器把建筑物内循环水和地下水分开[5]。

近些年来，地下水源系统虽然在我国得到了发展，但其应用也受到许多条件的限制：第一，丰富和稳定的地下水资源是利用该系统的前提条件；第二，很多情况下，被抽取的地下水在换热完成后，很难被回灌或排放到地表水中，从而造成了地下水资源的流失；第三，在整个系统运行期间，地下水层易受到污染。

9.1.3.3　地埋管地源热泵

与地表水源和地下水源系统相比,地埋管地源热泵的应用更为广泛,该系统不是利用地下的水源,而是以地下土壤为冷热源,通过水平布管或竖直布管的方式,传热介质在换热管中循环流动从而与土壤进行热交换。水平埋管通常是在地面挖 $1\sim2$ m 深的沟,每个沟中埋设 2、4 或 6 根换热管。竖直埋管是用钻机钻出直径为 $100\sim150$ mm 的钻孔,然后在钻孔中将单 U 管或双 U 管埋入,钻孔的深度范围通常为 $40\sim150$ m[6]。由于该系统使用的普遍性和广泛性,因此本章将主要介绍地埋管地源热泵系统,分析其节能、环保性能和在建筑空调和热水系统中的应用潜力。图 9-1 为该类型系统的工作原理图。

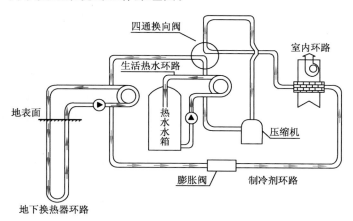

图 9-1　地源热泵空调系统示意图

由图 9-1 可以看出,整个系统由地下换热器环路、制冷剂环路、室内环路和生活热水环路组成。通常利用高密度聚乙烯管(HDPE)作为地下换热管,因为该材料具有较高的传热系数和耐腐蚀性。常见的管内传热循环介质为纯水或防冻液(如乙二醇溶液、丙酮溶液等)。以下将对各个环路进行详细介绍及说明[6]。

1. 地下换热器环路

由高强度塑料管组成的埋藏在土壤中的封闭环路,循环介质为水或防冻液,在循环水泵的作用下,该介质实现了循环流动。地下换热器环路是地源热泵系统功能实现的重要保证,整个系统在冬季从周围地层中吸收热量,而在夏季向周围地层中释放热量。

2. 制冷剂环路

该环路是指热泵机组内部的制冷循环,制冷剂依次经过蒸发器、压缩机、冷凝器及膨胀阀,是建筑物与地下介质换热的中转站,制冷剂分别与室内环路介质和地埋管环路介质进行热交换,从而将冷量或热量顺利地传递给建筑物,制冷剂有多种选择。

3. 室内环路

室内环路在建筑物和热泵机组之间传递热量,传递热量的介质有空气、水或制冷剂等,因而相应的热泵机组分别应为水-空气热泵机组、水-水热泵机组或水-制冷剂热泵机组。

4. 生活热水环路

该环路在生活热水箱和热泵冷凝器之间循环的封闭加热环路,是多功能系统的一个选择性环路。对于夏季工况,该循环可充分利用冷凝器排放的热量,减少一次性能源消耗而实现热水供应;在冬季或过渡季,其耗能也大大低于电热水器。

供热循环和制冷循环的转换可通过热泵机组的四通换向阀实现,使制冷剂的流向改变而实现冷热工况的转换,即内部转换。也可通过冷却水和冷冻水的热泵进出口的互换而实现,即外部转换。

9.1.4 应用前提条件

地源热泵的应用是一种必然趋势,该系统实现了节能环保,是一种绿色能源,其有众多优点,但该系统的应用必须满足以下前提条件:

1. 布置地埋管的充足空间

地热换热器的设置需要一定的地面面积及地下空间,对于地源热泵工程来讲,存在若干竖直埋管或水平埋管,建筑物周围一定的区域面积需要划出以供打桩和埋管,同时埋入的管路必然占据一定地下空间。地埋管的面积约为空调面积的 $1/5\sim1/3$。当埋管结束后,地面至地面下约 2 m 以内的空间可照常使用,比如可种植花草、建运动场、布置其他管道等。

2. 额外的初投资

这部分投资比传统空调中的冷却塔和热交换器要多一些。钻孔及地埋管费用约占地源热泵空调总投资的 $1/3\sim1/2$。

3. 冷、热负荷的相对平衡

地源热泵空调系统通过地热换热器,在夏天将室内热量释放到地下,在冬天从地下吸取热量转移到室内。这种热量的"冬取夏蓄",保证了地热换热器的高效运行。如果仅有热负荷,即只有冬天取热而无夏天的释放热,或反之,都将导致地下转移热量的不平衡,进而使地热换热器的效率降低。因此,地源热泵空调系统宜用于冬天采暖和夏天空调需求并存的建筑。如果地源热泵系统应用于冷、热负荷不平衡的地区,可采用复合系统。例如,在冷负荷远大于热负荷的地区,建立地源热泵加冷却塔复合系统,而在热负荷明显高于冷负荷的地区,可利用地源热泵加锅炉供暖或者太阳能集热的方式,以此来尽量保证冷热负荷的平衡。

9.1.5 主机的分类

地源热泵地下环路中的介质是水或防冻液溶液,根据其供热(冷)介质(承担室内负荷的介质)的组合方式不同,地源热泵主机可分为水-水系统、水-制冷剂系统、水-空气系统。与此相应的空调系统形式主要有三种:

1．水-水系统

水-水系统热泵主机的制冷工况与普通冷水机组的功能相同,即机组为各种空调系统的末端装置提供冷冻水。不同的是它所具有的供热工况的热泵运行方式,能够为空调系统提供45～55 ℃的热水。在选用该类型主机时,不但要注意空调系统供热工况或供暖方式末端装置的选择、设计应与热媒参数相匹配;而且要注意该型主机制冷与供热工况间的转换(一般是通过机外冷媒水与地热换热器循环水流道切换来实现)。

2．水-制冷剂系统

水-制冷剂系统热泵主机与冷、热两用的家用分体式空调的工作原理基本相同。不同的是它利用地热换热器循环水作为热泵制冷工况的冷却水和供热工况的低温热源。家用分体空调中体积庞大、噪声污染严重的室外机被两根循环水管所取代。由该型热泵主机组成的空调系统与风机盘管系统基本相同。只是前者承担室内负荷的是制冷剂,而后者是冷冻(热)水。因此,该型热泵主机的选择、设计、安装与控制可参照风机盘管系统进行。

3．水-空气系统

水-空气系统热泵主机与全空气系统中空调机组的作用相同。不同的是前者自身具备冷热源,其蒸发器(或冷凝器)相当于空调机组的表冷器(或加热器)。因此,该类型热泵主机的热效率高于水-水系统热泵主机。

9.1.6　竖直地埋管的形式

水平埋管造价低且易施工,但其占用面积大,并不适合于我国人口众多而相对土地面积较少的国情,且水平埋管由于埋管较浅易受外界环境温度影响。竖直埋管由于占地面积小且换热效率高已成为工程领域主要的埋管形式。根据在钻孔中埋管方式的不同,竖直埋管可又分为 U 形埋管和套管式埋管。制冷工况时,循环液进入地埋管的入口温度要高于其出口温度,制热工况时反之。

1．U 形埋管

(1)单 U 管。在钻孔中埋设一组 U 形管,用回填材料将钻孔填实以增强传热效果和保护地层不受破坏。循环液经过一供一回与回填材料进行热交换,即周围土壤和循环液的热量传递将通过回填材料来实现,单 U 管的结构示意图如图 9-2 所示。

(2)双 U 管。通常将两组并联的 U 形管埋设于钻孔中,循环液以并列的方式分别通过两组 U 形管。与单 U 管相比,双 U 管的优势是增加了传热面积从而使地埋管换热器的换热能力增强,在承担的冷负荷或热负荷不变的前提下,钻孔的长度可减少从而降低相应的施钻费用,但其管材的费用和运行中的能耗也必然会增加。图 9-3 所示为双 U 管的结构示意图。

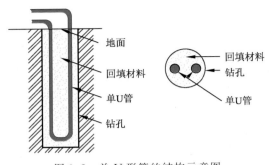

图 9-2　单 U 形管的结构示意图

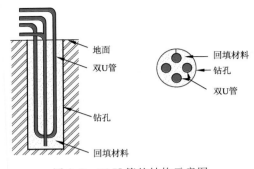

图 9-3　双 U 管的结构示意图

2. 套管式埋管

套管式地热换热器是将一对同心的换热管埋设于钻孔中,然后用回填材料填实。循环液既可以从内管流入从圆环管间流出,也可以反方向流动,即从圆环管间流入而从内管流出,由此与周围的地下介质进行换热。套管的结构示意图如图 9-4 所示。

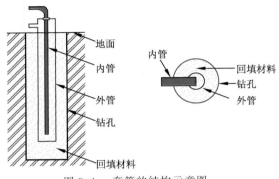

图 9-4　套管的结构示意图

9.1.7　技术优势

在过去若干年中,空气源热泵一直在空调系统中占据主体地位,而与之相比,地源热泵可在设备寿命、驱动能源、环境指标等方面显示出突出的优势,表 9-1 简要地列出了多种制冷和供热模式的特点[7]。

表 9-1　不同制冷及供热模式的特点对比

比 较 项	模　式						
	地源热泵空调系统	溴化锂吸收式直燃机组锅炉	水冷机组加燃油(气)热水锅炉	水冷机组加电热锅炉	水源热泵空调	煤炭锅炉	风冷热泵
机房占地面积	机房占地面积较小,可设在地下室或楼梯间	机房占用面积大,冷却塔占用房顶面积,储油设备需占用地面积	需冷冻站和锅炉房、冷却塔,占用屋顶面积,储油设备需占用地面积	需冷冻站、锅炉和冷却塔,占用屋顶面积,需较大电负荷	机房占地面积大,需消耗较多的地下水资源和污染地下水资源	占地面积大,不能制冷,需要煤场和煤渣	占地面积小,需要很大的电负荷,制冷效果受气候影响,有时不能制热
占地面积之间比例	1	2	2	1.5	1.2	3.5	0.6
设备寿命	至少25 年	7～10 年	冷水机组20 年,燃油锅炉7～10 年	冷水机组20 年,电锅炉15 年	15～20 年	7～10 年	7～10 年

续表

比 较 项	模 式						
	地源热泵空调系统	溴化锂吸收式直燃机组锅炉	水冷机组加燃油(气)热水锅炉	水冷机组加电热锅炉	水源热泵空调	煤炭锅炉	风冷热泵
年维护维修成本	100 元	3 000 元	1 500 元	1 500 元	2 000 元	2 000 元以上	50 元以上
水资源消耗	只利用地下的热量,不消耗且不污染水资源	冷却水循环量的2%,冬季供热的排污补水	冷却水循环量的2%,冬季供热的排污补水	冷却水循环量的2%,冬季供热的排污补水	消耗、污染地下水资源,有些地区难以回灌	消耗一定的排污补水	不消耗水
驱动能源	电能	燃油或燃气能源	夏季电能,冬季燃油或燃气能源	电能	电能	煤	电能
人员管理	无人值守	有人值守	有人值守	有人值守	有人值守	有人值守	无人值守
环境指标	无污染	有燃烧污染,有一定的噪声及水霉菌污染(冷却塔),产生城市热岛效应	有燃烧污染,有一定的噪声及水霉菌污染(冷却塔),产生城市热岛效应	无燃烧污染,夏季有一定的噪声及水霉菌污染(冷却塔),产生城市热岛效应	对水体有一定的污染(运行过程中加除垢剂)	有燃烧污染,煤场、粉尘的污染,和炉渣、噪声污染	产生热岛效应
安全性	没有危险,安全控制全智能化,需一套人员即可管理	机房需设置自动安全报警系统和灭火系统,需较多的人员值班管理	需要设置两套机组和人员,运行和维护复杂,锅炉需要设置自动安全报警系统	需要设置两套机组和人员,运行和维护复杂	需要水井经常维护,如果淤井需要洗井,需不断在运行中加阻垢剂	需要较多的运行人员轮班、运煤、除渣等	没有危险,管理人员少

由表 9-1 可知地源热泵的技术优势所在,接下来的几点将具体概括地源热泵各个方面的显著特点[8]。

1. 属于可再生能源的利用技术(国家重点推广技术)

地源热泵是利用地球岩土体所储藏的太阳能资源作为冷热源而进行能量转换的供暖空调系统。地表土壤和水体是一个巨大的太阳能集热器,收集了 47% 的太阳辐射能量,比人类每年利用能量的 500 倍还多,也是一个巨大的动态能量平衡系统,地表的土壤和水体可自动维持能量交换的相对平衡,为长期循环利用创造了条件。所以,地源热泵是一种清洁的可再生能源技术。

2. 高效节能

地源热泵机组可利用的土壤温度冬季为 13~18 ℃，土壤温度比环境空气温度高，所以热泵循环的蒸发温度和能效比较高。而夏季土壤亦为 13~18 ℃，其温度比环境空气温度低，所以制冷的冷凝温度降低，使得冷却效果好于风冷式和冷却塔式，机组效率较高。据美国环保署 EPA 估计，设计安装良好的地源热泵，平均来说较传统系统可以节约用户 30%~50% 的供热制冷空调的运行费用。

3. 绿色环保

地源热泵使用电能作为驱动能源，电能本身为一种清洁能源，相比消耗一次能源产生的污染物和温室气体较小。设计良好的地源热泵机组所消耗的电能，与空气源热泵相比，能减少 30% 以上，与电供暖相比，相当于减少 70% 以上。地源热泵技术采用的制冷剂，既可以是 R22，也可以是 R134A、R407C 和 R410A 等替代物。地源热泵机组的运行没有任何污染，可以建造在居民区内，没有燃烧，没有排烟，也没有废弃物，不需要堆放燃料废物的场地，且不用远距离输送热量。

4. 一机多用，应用范围广

地源热泵系统可于供暖、空调，还可供生活热水，一套系统可以替换原来的锅炉加空调的两套装置。特别是对于同时有供热和供冷要求的建筑物，地源热泵有着明显的优势。不仅节省了大量能源，而且用一套设备可以同时满足供热和供冷的要求，减少了设备的初投资。地源热泵可应用于宾馆、商场、办公楼、学校等建筑。

5. 美化建筑，计量方便

地源热泵系统不需锅炉和冷却塔，也不需家用空调的窗机，令建筑与环境更加赏心悦目。便于分户计量核算，计费合理方便。

6. 安全可靠

因为土壤的温度一年四季相对稳定，其波动的范围远远小于空气，是很好的冷热源，土壤温度较恒定的特性，使得热泵机组运行更可靠、稳定，也保证了系统的高效性和经济性，而且不存在空气源热泵的冬季除霜等难点问题。

9.1.8 应用于绿色建筑的意义

绿色建筑具有"节能、节地、节水、节材和环境保护"的要求，同时符合"和谐原则""适地原则""节约原则""舒适原则"和"经济原则"五大原则，绿色建筑的兴起，是地源热泵行业发展的一个重要动力，换言之，绿色建筑的发展理念及评价体系与地源热泵的技术特点十分契合，目前，地源热泵技术广泛应用于绿色建筑。图 9-5 所示为应用于绿色建筑的地源热泵系统。

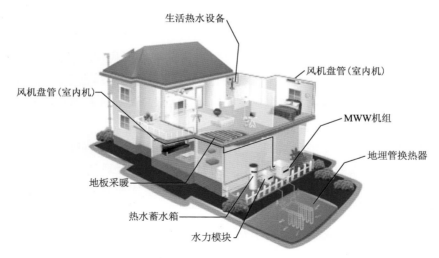

图 9-5　应用于绿色建筑的地源热泵系统

煤、石油、天然气等一次性能源将不会出现在地源热泵技术中，且有害物质不会产生，地源热泵技术具有储量大、可再生、污染小、就地取用和运行效率高等优势。以一栋 10 000 m² 的普通办公楼为例，传统中央空调需要 90 多万元的运行费用，而地源热泵系统只需要 50 多万元的运行费用，其节能效果显著。地源热泵系统的能量来源于自然界，不排放废水、废渣、废气，是一种真正的"绿色空调"技术。

地源热泵减少了碳的排放，并且降低了能源的消耗和水耗，能够帮助建筑物获得绿色建筑评估认证。例如，上海朗诗绿色街区项目是获得国家绿色建筑最高评级"绿色三星"认证标识项目之一，该项目运用多项科技系统，突破传统住宅理念，专注健康舒适人居，打造绿色节能住宅，其中地源热泵的应用是体现该绿色建筑标准的一项重要节能措施。

再者，以一栋典型的生命周期 50 年的办公建筑为例，其能源消费大约占总消费的 34%。因此，既要保证舒适、健康的室内环境，又要提高能源的使用效率，是建筑运行管理者、使用者重点考虑的问题。在发达国家中，供热和空调的能耗可占到社会总能耗的 25%～30%。所以绿色空调是未来建筑领域发展的一个主要方向。而地源热泵系统是天然的绿色空调系统，所以发展地源热泵系统技术在很大程度上推动了绿色建筑的发展。地源热泵系统较好地利用了环境条件而实现了建筑与自然的共生，同时它又是一种节能技术，属于建筑节能技术发展的对象，这已经被列入建设部建筑节能计划纲要。浅层地热能是一种不会枯竭的可再生能源，为提供可持续的舒适生活环境奠定了坚实的基础。

退一步，可以用我国传统的"黄土窑洞"来举例论证，该类型窑洞因地制宜，利用地层本身的储冷储热作用，达到了冬暖夏凉的效果，是一种典型的绿色建筑形式，这与地源热泵系统的特点不谋而合。窑洞民居是一种向地下争取居住空间的掩土建筑或地下建筑。窑洞的围护结构是原状土，热能散失最小，保温、隔热性能好，是一种能实现冬暖夏凉的天然节能建筑。根据相关测试数据，窑洞中的温度同地面温度一般保持±8 ℃左右的差别；意味着该温度在夏天比地面温度低 8 ℃,而在冬天比地面温度高 8 ℃。一凉一暖的特点为建筑节约了大量空调能耗,从这方面来说,与地源热泵系统的节能原理是一致的。窑洞建筑虽然是古代穴居建筑一种发展类型,但它保持环境,取之自然,融于自然,可以说是最符合现代建筑原则的建筑类型之一;因地制宜,就地取材,并具有浓郁的风土建筑特色;材料不需要焙烧,也不需要运输。因此,窑洞的建筑材料耗能是很少的。这与地源热泵在追求最大限度的发挥自然作用并与自然和谐统一方面是一致的。

将地源热泵与绿色建筑相结合,既可以充分发挥地源热泵的优势,也可以与绿色建筑的五大原则对应,近些年来,人们对能源危机的认识有所提高,且对舒适健康的新生活有了新的标准和追求,因此,对绿色建筑的关注度越来越高,将地源热泵这种新的节能技术应用于绿色建筑,可以大力推广和发展该节能新技术。

随着国家对节能减排要求的进一步深化,绿色建筑在未来地产项目中的比重将会不断加大,以前常用的外墙砖、砂浆等建材将会逐渐被节能保温材料取而代之,绿色建筑已上升到国家战略高度,2014 年国家在建筑节能方面投入超过 40 亿元,2015 年,全国新增绿色建筑面积 10 亿 m² 以上,而到 2020 年我国城镇绿色建筑占新建建筑比重将提升至 50%。过去 5 年我国绿色建筑都以每年翻番的速度发展,总面积已近 1.63 亿 m²。未来绿色节能建筑蕴含着巨大的发展潜力,而中央空调作为建筑节能领域中的重要一环,绿色建筑战略的实施,势必带来更多的对节能型中央空调产品的需求。此外,未来大量的建筑节能改造项目,包括中央空调系统的节能改造都将长期有利于中央空调行业。因此,开发符合绿色建筑要求的中央空调产品和系统解决方案将有助于企业在绿色建筑发展中赢得更大的市场。相比现有的同规模的暖通空调,地源热泵比传统空调运行效率要高 30%~60%;与电供暖相比,地源热泵可减少 70% 以上的污染物排放[9]。真正实现了节能减排[9]。

绿色建筑在建筑形态和施工方式确定后,其核心内容则是通过必要的措施降低建筑能耗和对周边环境的影响,合理使用和分配能源,合理利用可再生能源,从而提高建筑能源利用效率。自我国开始研究并应用地源热泵系统以来,地源热泵市场产值从不足数十万元增加到目前百亿元左右,这在很大程度上得益于国家节能减排政策的引导和地方政府对地源热泵技术的大力推广。同时,地源热泵的发展为解决南方供暖问题也带来了新的思路,很多南方城市纷纷关注这个新能源在供暖方面的作用,进行地源热泵供暖项目的尝试以避免阴冷难耐的冬天。早在 1989 年,上海就有了第一个地源热泵试点,虽然是由美国人投入技术设备支持,但为上海后来的地源热泵发展起了良好的带头作用。目前,上海地区对地源热泵节能工程的推广力度加大,已经有超过 500 个工程应用地源热泵,其地源热泵应用范畴涵盖办公、商业、图书馆、别墅、公寓住宅等诸多领域。促进了南方绿色环境的实现和绿色建筑的发展[10]。好的技术需要好的政策支持,2015 年 1 月 1 日正式施行的新《绿色建筑评价标准》多次将地源热泵作为节能节水措施提出,不仅能使地源热泵技术迅速得到推广应用,也可为其在绿色建筑中的扎根保驾护航。业内人士指出:绿色建筑的推广可以有力推动节能技术和可再生能源应用的发展,地源热泵的推广速度将显著提高。

随着国家《"十二五"新能源规划》《"十二五"建筑节能专项规划》及《可再生能源发展"十二五"规划》等政策的出台,给地源热泵等新能源行业的发展带来了新的机遇。"十二五"规划明确提出,建筑业既要加大既有建筑节能改造投入,又要推进新建建筑节能,要推广绿色建筑、绿色施工,着力用先进的材料、信息技术优化结构和服务模式,大力发展符合绿色建筑要求的新型建材及制品。有关专家表示,随着后续政策的出台,地热资源开发利用将掀起新一轮高潮,并且推动地源热泵产业模式的升级。

9.2 地埋管换热器的设计

套管在施工中的难度要高于 U 形管的安装,且内管与外管的循环液接触紧密,故容易出现"热短路"现象而造成换热效果的降低,因此竖直 U 形管地埋管换热器是目前地源热泵空调系统采用的主要形式。要认识地源热泵与建筑结合的意义,首先要明确地埋管换热器部分的组成以及各种影响其传热性能的参数,同时要了解设计施工中的注意事项。

9.2.1 设计内容概览

地源热泵系统的设计是一项综合技术,要考虑多个方面的因素,确保各个环节的协调运作,才能实现节能、环保、经济的绿色能源系统。

1. 整理原始资料

工程设计以原始资料为重要依据,设计方案的效果取决于该资料的准确性和完整性。具体而言,该资料可概括为以下 4 点:

(1)记录建筑物所在地区的气象参数,包括夏季最高温度和冬季最低温度以及年平均温度。并了解地下在一年中的最高温度和最低温度。

(2)了解工程概况,掌握建筑物周围的环境和可使用的室外地面面积,熟悉建筑物性质和用途以及占地面积,总结该建筑物对空调系统的要求,包括需要哪种形式的地源热泵系统实现制冷和供暖、是否需要生活用热水等。

(3)熟悉水文地质条件,了解可利用的地表水(如湖水、河水)、废热水、地下水及可用水量、水温、水质情况。

(4)掌握地质资料,不论采用何种形式的地源热泵系统,在工程设计前,需要对现场的地下环境进行勘探,首先通过勘探孔对地埋管换热系统进行勘察。要以场地大小为基础确定钻探方案,勘探孔深度应比普通钻孔至少深 5 m,经过勘探可了解岩土层的热物性参数,包括岩土层比热、密度和导热系数等。而且,勘探后可以发现工程场地状况及浅层地热能资源是否具备采用地源热泵系统的条件。根据勘察情况,可在方案设计前确定地源热泵系统的类型,即在地埋管、地下水或地表水地源热泵系统中选择一种形式。浅层地热能资源勘察包括地埋管换热系统勘察、地下水换热系统勘察及地表水换热系统勘察。不同地下介质对地埋管换热器施工进度和初投资的影响不同。松软的介质有利于施工进行和降低初投资,但会由于其地质变形对地下换热器造成不利影响,坚硬的岩土体将增加施工难度及初投资,但不易发生变形。因此,对地埋管换热系统实施的可行性及经济性的评估工作是至关重要的。

2. 计算冷热负荷

地源热泵空调系统空调房间设计冷、热负荷的计算方法与常用空调系统的完全相同。空调系统末端装置和热泵主机容量及机房辅助设备的选择要以设计负荷为依据。另外,地源热泵中地热换热器容量的设计不仅与瞬时峰值热负荷或冷负荷的大小及其持续时间有关,还与某段连续运行时间内的平均负荷有关。

地下换热器换热性能也受到其得热量与释热量平衡性的影响。因为夏季建筑物内的热量要传递到地层中,而冬季地下的热量则被吸取,若这两个热量平衡,则地热换热器长期运行时,不会引起地层中热量(或冷量)的积累而使其换热性能退化。因此,在负荷计算中应包括设计负荷计算,冬、夏季连续运行期间内的平均负荷计算以及夏(冬)季工况通过地热换热器传递到地层中的热(冷)量计算。

3. 选择冷热源

热泵系统冷热源的选择不但要因地制宜而且要因工程制宜。例如,我国的南方某些地区,夏季炎热冬季气候温暖,冷热负荷明显不平衡,地下水丰富或有地表水,可优先考虑地下水水源热泵或地表水水源热泵。反之,在我国北方的一些地带,夏季炎热冬季寒冷,地下水或地表水紧缺,则应首先考虑地埋管地源热泵系统。

地源热泵的冷热源环路系统通常由地热换热器、循环水泵和充有防冻液的循环水管路组成。循环水泵应根据循环水量、环路阻力以及防冻液的种类进行选型。地热换热器循环水系统,应考虑定压补水、系统排气以及并联环路的阻力平衡等问题。

4. 设备选择和系统设计

首先,对于主机而言,根据热源介质和承担室内负荷的介质的组合方式不同,地源热泵主机可分为水-水系统、水-制冷剂系统和水-空气系统热泵;根据热泵的设置位置不同可分为集中式与分散式两种。选用何种类型根据具体工程而定。

其次,热泵主机类型和空调系统形式决定了末端装置的类型及选择计算。例如,集中式空调系统或风机盘管系统可适用于水-水热泵机组,因为这两种末端装置的选择、设计、安装与传统的空调系统基本相同。但空调机组的加热器面积因地源热泵机组提供的热媒参数的降低将有所增加。而风机盘管系统不受热媒参数降低的影响,供回水温度分别为 45 ℃ 和 50 ℃ 的条件能够满足其供暖能力。

再者,对于水系统而言,当采用水-水系统时,水系统包括地热换热器水系统和用户侧的冷、热媒水系统。对于机外转换工况的机组设计时应考虑二者流道间的切换问题,以实现热泵冷、热工况的转换。对于其他类型的热泵机组,一般只有一个地热换热器水系统,它们的冷、热工况转换,可通过制冷剂循环中四通阀的转换实现。水系统中的定压补水装置、循环水泵、排气装置以及管道坡度的选择设计方法与传统的空调系统基本相同。地热换热器水系统应根据所充冷冻液种类,设计必要的防腐蚀循环管路。

另外,若建筑物需要生活热水,要增设一套水系统实现生活热水的供给,夏季时,该水系统的循环水吸收主机冷凝器释放的热量,而在冬季时,地下介质的热量将被吸取用来加热生活热水。

最后,关于风系统的问题,风道不宜过长且风系统阻力不宜过大,这些原则主要体现在中、小型热泵机组中,有利于降低噪声。

9.2.2　U 形管参数及连接

U 形管的材料通常为高密度聚乙烯,简称 HDPE,该材料无毒无味,能够耐热及耐寒,不但具有较好的化学稳定性,而且具有较高的刚性和韧性以及机械强度,另外,其还具有良好的导热性能。不论是单 U 管还是双 U 管,目前钻孔中常采用的是外径分别为 26 mm 和 32 mm 的管材。对于工程而言,若要满足建筑物的冷热负荷,钻孔的个数需要若干个,因此,钻孔之间的连接通常采用并联连接然后接集水器和分水器。用来连接若干钻孔 U 形管的干管外径通常为 50 mm 或 63 mm。工程中钻孔的深度一般在 50～150 m,为了减少钻孔之间的热干扰,相邻钻孔的距离一般为 4～6 m。双 U 管地埋管换热器的换热能力一般比单 U 管高 15%～20%,虽然前者相对后者来说钻孔内循环液的传热面积提高了一倍,但换热量并没有提升一倍,这是由于整个传热过程受钻孔内外热阻的影响,内部的传热热阻只是其中一部分,钻孔外的热阻对单 U 管和双 U 管换热器都一样。对于不同钻孔内的 U 形管,图 9-6 给出了钻孔地热换热器之间的连接示意图。该图是以 6 个钻孔为一组,利用两个连箱将每个钻孔的供回水管分别集合连接,然后利用外径 63 mm 的干管连接到分水器或集水器。

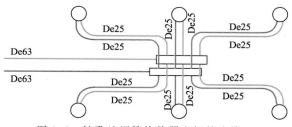

图 9-6　钻孔地埋管换热器之间的连接

9.2.3　地热换热器的得热量和释热量

夏季制冷时,建筑物的热量通过热泵机组和循环液排入地下,此时地下土壤的得热量来源于冷负荷、机组的压缩机功耗以及运行过程中循环水泵的散热量,若该工况下制冷性能系数用 COP 表示,在不考虑热量输送过程的热损失的情况下,排入到地下的热量表达式为:地下得热量=建筑物冷负荷×(1+1/COP)+水泵的散热量。冬季时,热泵机组消耗电功率由地下提取热量,因此建筑物的供暖量为压缩机的功耗和来自地下的热量连同水泵的功耗,地下被吸取热量的表达式为:地下吸热量 = 建筑物热负荷×(1-1/COP)-水泵的散热量。

对于任何工程,冷负荷和热负荷要分别计算,然后分别得出地下吸热量和放热量的值并加以比较,以较大值作为计算地埋管换热器长度的依据。若两种热量相差不大时,按数值大者计算地埋管的长度;若两者相差较大时,为保证地下得失热量在长期运行过程中的平衡性,可按数值较小者设计地埋管总长度,同时采取辅助措施,如若冷负荷较大,可采取冷却塔辅助供冷,若热负荷较大,可采用辅助供热,以保证整个系统长期运行的性能。

9.2.4 循环液的相关参数

根据前面所述,为防止循环液在冬季制热工况时温度低于 0 ℃ 而出现结冰,通常在循环液中加入一定浓度的防冻液。循环液在地埋管中流动与管壁直接接触进行放热或吸热,其流速不宜过大以免增加循环水泵的功耗,亦不宜过小,否则会无法产生湍流而不利于换热。因此表 9-2 总结了不同外径的 HPDE 管所对应的壁厚范围以及在设计时循环液应采用的合理流速。

循环液的温差通常控制在 3~5 ℃,则其流量可通过式(9-1)获得:

$$V = 3.6Q/C_p \Delta t \qquad (9-1)$$

式中,V 表示循环液的流量,m^3/h;C_p 表示循环液的定压比热容,$kJ/kg \cdot ℃$;Q 表示地热换热器的最大得热或放热量,kW;Δt 表示循环液的温差,℃。

表 9-2 不同外径 HDPE 管所对应的壁厚及循环液流速

公称外径/mm	公称壁厚/mm	循环液流速/(m·s⁻¹)
25	2.3~2.8	0.3~0.5
32	3.0~3.5	0.3~0.5
50	4.6~5.3	0.5~1.0
63	4.7~5.5	0.5~1.0
90	5.4~6.3	1.0~1.5
110	6.6~7.7	1.0~1.5
125	7.4~8.6	1.5~2.0
160	9.5~11	1.5~2.0
200	11.9~13.7	1.5~2.0

此外,循环液的压力损失是选取循环水泵的依据和基础,在该参数的计算过程中,首先要明确竖直地埋管的内径并获得其横截面面积及流速,然后计算管内循环液的雷诺数 Re;为保持良好的换热效果,Re 的值一般保持在 2300 以上以确保紊流。式(9-2)列出了单位管长的沿程阻力的表达式。

$$P_d = 0.158 \times \rho^{0.75} \times \mu^{0.25} \times d^{1.25} \times v^{1.75} \qquad (9-2)$$

式中,ρ 表示循环液的密度,kg/m^3;μ 表示循环液的动力黏度,$N \cdot s \cdot m^{-2}$;d 表示 U 形管的管内径,mm;v 表示循环液的流速,m/s。

式(9-3)分别给出了整个管长的沿程阻力和局部阻力的计算公式:

$$\begin{cases} P_y = P_d \times L \\ P_j = P_d \times L_j \end{cases} \qquad (9-3)$$

L 和 L_j 分别表示换热管的长度和相关管件的当量长度,压力损失即沿程损失与局部损失的总和。因此,根据压力损失的值可以选取合适的循环水泵以保证循环液的持续流动。

9.2.5 地下介质的热物性测试

地下介质的热物性参数是设计地埋管换热器的基础,对于钻孔竖直埋管来说,因为地层深度较大,可以采用现场测量结合参数估计的方法,根据非稳态模型计算得到的循环液流体的平均温度,结合实际实验中测得的循环液的平均温度,整个实验过程在固定时间间隔内记录数

据,因此共有若干组数据。将通过传热模型得到的结果与实际测量的结果进行对比而使方差

和 $f = \sum_{i=1}^{N}(T_{\text{cal},i} - T_{\text{exp},i})^2$ 取得最小值,其中 $T_{\text{cal},i}$ 和 $T_{\text{exp},i}$ 分别表示计算获得的和实验中获得

的循环液的平均温度。地下介质的热物性参数如体积比热容 ρ_c 和导热系数 k 都包含在非稳态模型里面,因此要不断迭代该热物性参数的估计值从而使得方差和的值达到最小,此时所对应的地下介质的热物性估计值非常接近实际的数值,因此可利用参数估计法获得该值。图 9-7 描述了热物性测试仪的现场测试图及其设备组成。

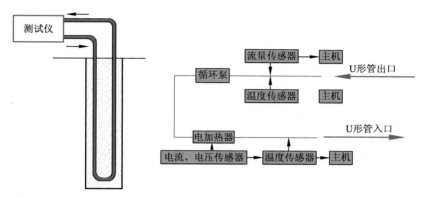

图 9-7　热物性测试仪的现象测试图及其设备组成

9.2.6　地热换热器的换热率及长度

换热率是指每米地热换热器的换热量,不同区域的地下介质类型有区别,导致地热换热器的换热量计算十分复杂,通常需要采用专业的设计软件根据实际的条件获得钻孔埋管的换热率及对应的总长度。建筑物的冷负荷或热负荷随着时间不断变化,可选择其最高值,用该值与换热率的比值即为换热器的总长度。图 9-8 列出了三种典型的地下介质所对应的单 U 形管和双U 形管地热换热器的换热率范围。

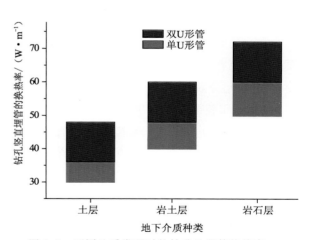

图 9-8　不同地质类型时的钻孔地埋管换热率

地热换热器每米孔深的换热量,不仅与地下传热可利用温差有很大关系,还与地下水位的高低和岩土层含水量多少等因素有关。图 9-8 中的数值为一般情况下的估算值。如地下水位较高或岩土层含水量较大,可适当增大每米孔深换热量。许多情况下地下介质的种类并不唯一,而是由多种介质混合而成,一种方式可采用加权平均法得到换热率的平均值,另一种方法则通过专门的设计软件进行计算且进一步掌握最终需要的地热换热器的总长度,如中国山东建筑大学开发的地热换热器计算软件"地

热之星"。

钻孔埋管的总长度确定后,需要决定钻孔的数量进而确定每个钻孔的长度,由公式(9-1)可得循环液流体的流量,该流量与U形管中流体的流速之比即为管道横截面的面积和,因地埋换热管的内径为已知参数,因此可得到钻孔的数量。

9.2.7 热泵主机的空间

地源热泵系统的热泵机组有三种:一种是小型机组,单机制冷量在25 kW以下,可安装于吊顶内,不占用任何室内空间;一种是大型螺杆机组,单机制冷量一般都在几百千瓦以上,需安装在专门的机房内;还有一种介于两者之间,机组一般分散安装于建筑内部,不占用专门的机房空间,但需要占用一定的室内空间。总体来说,地源热泵中央空调机组占地面积约为传统空调的1/3。

9.2.8 地热换热器的优化

地热换热器的设计长度取决于该换热器每米的换热量,而影响换热量的因素较多,包括U形管支管之间的间距、钻孔之间的距离以及回填材料的性质等。在工程实践中,要想最大化系统性价比,即在使地下部分达到最佳的换热效果的前提下尽量降低系统的投资,研究地热换热器的优化是非常必要的。若建筑物的冷热负荷及热泵机组的工作状态已知,通过不同的参数变化可研究分析钻孔埋管长度的变化。

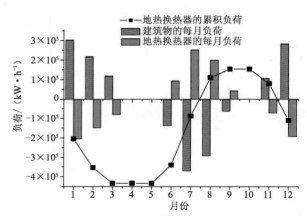

图9-9 建筑物和地热换热器全年的相关负荷

图9-9描绘了整个建筑物和地热换热器一年中每月的负荷以及地热换热器的累积负荷。

根据之前的介绍,埋入钻孔的U形管通常分为单U管和双U管,外径有25 mm和32 mm两种,以此为前提并结合图9-9所给出的负荷,分析各个因素的变化对钻孔埋管设计长度的影响,从而为优化提供必要的依据。

1. U形管支管间中心线的距离

若钻孔和U形管的半径分别为r_b和r_t,对于单U管,分析了当支管中心线间距取4种不同情况时,研究钻孔换热器长度的变化。

(1)间距等于U形管的直径,即$2r_t$。

(2)间距等于U形管的直径加上0.3倍的钻孔间隙,即$2r_t+0.3(2r_b-4r_t)$。

(3)间距等于钻孔的半径,即r_b。

(4)间距等于钻孔直径与U形管直径的差,即$2r_b-2r_t$。

对于双U管,由于相同钻孔内管路增多,因此取3种不同情况时的U形管间距对钻孔换热器长度的影响。

（1）间距等于 U 形管的直径加上 0.3 倍的钻孔间隙，即 $2r_t + 0.3(2r_b - 4r_t)$。

（2）间距等于钻孔的半径，即 r_b。

（3）间距等于 U 形管的直径加上 0.8 倍的钻孔余隙，即 $2r_t + 0.8(2r_b - 4r_t)$。

图 9-10 列出了单 U 管和双 U 管在 U 形管中心线间距取不同值时所导致的钻孔设计长度变化。由该图可知，随着 U 形管中心线间距的逐渐增大，不论何种样式的 U 形管，其对应的地埋管换热器的长度逐渐减小，因此系统的初投资则相应降低，这有利于提高整个空调系统的性价比。当若要实现较大的间距，其下管难度也会增加，施工过程也会更复杂，在现场条件允许的条件下，可使 U 形管间距尽量大。

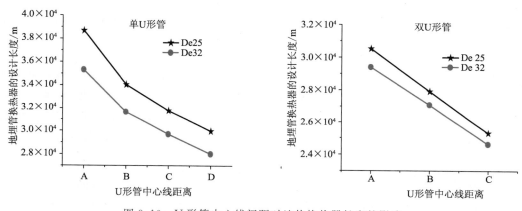

图 9-10　U 形管中心线间距对地热换热器长度的影响

2. 回填材料导热系数

回填材料通常是由沙、水泥和膨润土组成[11]，通过不同的质量比例调配，导热系数的数值也逐渐地变化。根据有关研究，当三种介质所占比例分别为 60%、30% 和 10% 时，回填材料的导热系数最好。目前，也有部分研究人员研制了专利回填材料，国外的研究中回填材料的导热系数值最高约为 $2.0\ \mathrm{W \cdot m^{-1} \cdot K^{-1}}$，国内近些年来所研制的回填材料，导热系数甚至可达到 $2.1\ \mathrm{W \cdot m^{-1} \cdot K^{-1}}$。随着回填材料导热系数的增加，不同样式的 U 形管所对应的钻孔埋管的长度如图 9-11 所示。根据图 9-11，回填材料的导热系数是一个明显的影响因素，良好的导热效果可使钻孔的长度减少，研制高性能的回填材料是提高系统性价比的一项必要工作。

3. 钻孔之间的间距

钻孔间距的范围通常可设定在 4～6 m，若间距太小，则导致地热换热器彼此的热干扰增强，不利于热量的传递，影响地下换热的效果。若间距太大，虽减小了热干扰，但会造成布置钻孔的地面面积增大，对于大多数建筑物而言，在地源热泵系统的施工过程中，周围可用于钻孔的土地面积是有限的，所以在土地使用允许的条件下才尽可能的增大钻孔间距。图 9-12 绘出了地埋管换热器的长度随钻孔间距增大的变化。

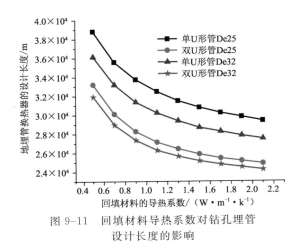

图 9-11 回填材料导热系数对钻孔埋管设计长度的影响

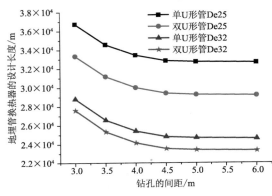

图 9-12 钻孔间距对地热换热器长度的影响

4. 循环液的类型

地源热泵空调系统在冬季制热工况运行时,根据设计参数的不同,地热换热器的循环液温度可能会低于 0 ℃。如果循环液此时仍然采用纯水,则会产生冻结,因此要在循环液中添加一定量的防冻剂。添加防冻剂之后,循环液进入热泵的最低温度可以降低,使得地下的传热温差增大,从而减少钻孔的设计长度。但是,需要认识到这种初投资的节省是以热泵效率的降低为代价的。

目前,适合地源热泵空调系统的防冻液主要有氯化钠、氯化钙、乙二醇等防冻剂的水溶液。乙二醇水溶液相对安全,腐蚀性较低,具有良好的导热性能,但它在低温工况下黏度会增加,增加了流动阻力,降低了热泵换热效率;氯化钠、氯化钙等盐溶液具有安全、无毒、导热性能好的优点,缺点是当有空气存在的情况下,盐溶液对大部分金属具有很强的腐蚀性。在本工程案例中,取了纯水、乙二醇 8.4% 水溶液、氯化钠 7% 水溶液和氯化钙 9.4% 水溶液 4 种循环液进行对比分析,该 4 种循环液可分别用符号 PW、EGS、SCS 和 CCS 表示。钻孔长度在不同循环液时的长度变化如图 9-13 所示。采用了防冻液后,无论对于哪种类型的地埋管,钻孔长度都会大大减少;同时我们还可以观察到,对于乙二醇 8.4% 水溶液、氯化钠 7% 水溶液、氯化钙 9.4% 水溶液这三种防冻液,它们所需的钻孔长度差别不多。所以在工程中,根据情况可以从这三种选项中选择一样来减少钻孔长度。

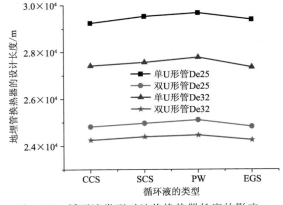

图 9-13 循环液类型对地热换热器长度的影响

5. 地下介质的种类

地下介质的导热性取决于其组成元素的种类及比例,因为钻孔外热阻的作用远大于内热阻,多数情况下地下介质的组成元素复杂,且不同地层的差异性也较大,需整体评价该介质的

热物性参数。图 9-14 仅是从地下介质为单
一元素时的角度论述导热性对地埋管换热器
设计长度的影响,实际情形中若组成元素复
杂,可取所有介质的热物性参数的平均值。
根据 9.2.5 中的介绍,反向计算法是一种值
得利用的获取地下平均热物性参数的方法。
图 9-14 可直观地反映出地下介质取不同物
质时的钻孔长度变化。由此可观察出在其他
条件不变的前提下,地下介质的影响是不能
忽略的。花岗岩的导热系数最高,而干土的

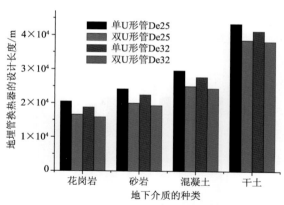

图 9-14　地下介质对地热换热器长度的影响

导热系数最低。在地源热泵工程施工之前,如果能准确地掌握地下介质的情况,则可准确估算
钻孔长度。

6. 钻孔的排列方式

钻孔之间的间距范围虽已知道,但如何排列钻孔也是一项值得注意的问题[12],因为不同
钻孔间存在热干扰,不同的布置方式所引起的换热效果不一定相同。目前,在布置中常采用的
方式有矩阵样式、双 L 形样式、U 形样式等,其示意图如图 9-15 所示。

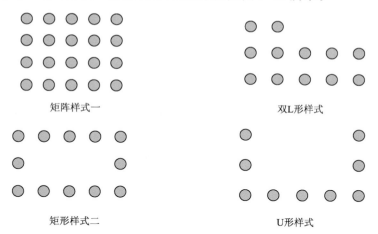

图 9-15　矩阵的排列方式

在不同布置方式下,采用各种 U 形管需要的地埋管长度如图 9-16 所示。相比较其他影
响因素,钻孔布置方式在间距及其他因素相同的条件下,其影响效果并不明显,但从节约土地
面积的角度来讲,矩阵形的布置方式是最合理的。

7. 进出热泵机组的循环液最低温度

当冬季制热工况下,循环液的温度较低,其进入地埋管吸取热量后进入热泵机组,地下的
温度在一年四季中变化不大,若循环液的温度较低,则地下介质和循环液之间的温差增大,传
热效果会更好,但循环液温度若一再降低,则容易达到其结冰点。应当承认,各种加了防冻液

的循环液,其换热效果肯定强于纯水,因为防冻液一旦采用,则可使循环液的温度进一步降低,有利于换热[13]。详细情况如图 9-17 所示。

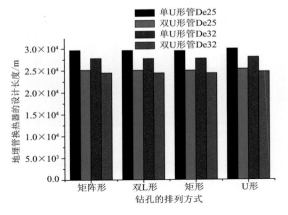

图 9-16 钻孔排列方式对地埋管换热器
长度的影响

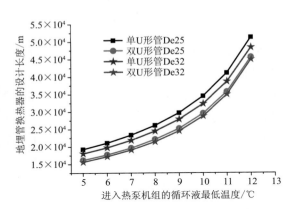

图 9-17 循环液进入热泵机组的最低温度对
埋管换热器长度的影响

9.2.9 地热换热器常用的数学模型

9.2.9.1 钻孔内的传热

对于单 U 管而言,若 U 形管的两根支管单位长度的热流分别为 q_1 和 q_2,钻孔内部的温度场即二者产生的温度场的叠加[14]。T_1 和 T_2 分别表示两根支管的平均温度,T_b 是钻孔壁的平均温度。R_{11} 和 R_{22} 分别表示每根支管内部的流体与钻孔壁之间的热阻,R_{12} 是两根管子之间的热阻,则埋有单 U 管的钻孔内的能量方程为

$$\begin{cases} T_1 - T_b = R_{11}q_1 + R_{12}q_2 \\ T_2 - T_b = R_{21}q_1 + R_{22}q_2 \end{cases} \tag{9-4}$$

考虑到两根支管呈 U 形,因此 $R_{11} = R_{12}$,由此可经过推导计算得出式(9-4)中各个重要参数的表达式,如式(9-5)所示:

$$\begin{cases} \sigma = (k_b - k_s)/(k_b + k_s) \\ R_{11} = \dfrac{1}{2\pi k_b}\left(\ln\dfrac{r_b}{r_0} + \sigma \cdot \ln\dfrac{r_b^2}{r_b^2 - D^2}\right) + R_p \\ R_{12} = \dfrac{1}{2\pi k_b}\left(\ln\dfrac{r_b}{2D} + \sigma \cdot \ln\dfrac{r_b^2}{r_b^2 + D^2}\right) \\ R_p = \dfrac{1}{2\pi k_p}\ln\dfrac{r_0}{r_{pi}} + \dfrac{1}{2\pi r_{pi}h} \end{cases} \tag{9-5}$$

式中,D 表示两根支管的间距;R_p 表示循环液到支管外壁的热阻;r_{pi} 和 r_0 分别表示 U 形管的内径和外径;r_b 表示钻孔的半径;k_s、k_b 和 k_p 分别表示地下介质、回填材料以及 U 形管的导热系数;h_c 表示对流换热系数。

对于双 U 管而言,通常两组并联的 U 形管埋入钻孔中,共计 4 根支管,D 代表每一组两根

支管的间距,4 根支管与钻孔壁的热阻分别为 R_{11}、R_{22}、R_{33} 和 R_{44},而每两根支管之间彼此的热阻关系为 $R_{mn}=R_{nm}(m,n=1,2,3,4)$,而且 $R_{12}=R_{14}$,因此可得到钻孔内部的传热方程组

$$\begin{cases} T_1-T_b=R_{11}q_1+R_{12}q_2+R_{13}q_3+R_{14}q_4 \\ T_2-T_b=R_{21}q_1+R_{22}q_2+R_{23}q_3+R_{24}q_4 \\ T_3-T_b=R_{31}q_1+R_{32}q_2+R_{33}q_3+R_{34}q_4 \\ T_4-T_b=R_{41}q_1+R_{42}q_2+R_{43}q_3+R_{44}q_4 \end{cases} \quad (9\text{-}6)$$

经过计算,可得到相关参数的表达式

$$\begin{cases} \sigma=(k_b-k_s)/(k_b+k_s) \\ R_{11}=\dfrac{1}{2\pi k_b}\left(\ln\dfrac{r_b}{r_0}-\sigma\cdot\ln\dfrac{r_b^2-D^2}{r_b^2}\right)+R_p \\ R_{12}=\dfrac{1}{2\pi k_b}\left(\ln\dfrac{r_b}{\sqrt{2}D}-\dfrac{\sigma}{2}\cdot\ln\dfrac{r_b^4+D^4}{r_b^4}\right) \\ R_{13}=\dfrac{1}{2\pi k_b}\left(\ln\dfrac{r_b}{2D}-\sigma\cdot\ln\dfrac{r_b^2+D^2}{r_b^2}\right) \\ R_p=\dfrac{1}{2\pi k_p}\ln\dfrac{r_0}{r_{pi}}+\dfrac{1}{2\pi r_{pi}h} \end{cases} \quad (9\text{-}7)$$

公式(9-7)中相关参数的含义与公式(9-5)中出现的相同。

9.2.9.2　钻孔外的传热

若不考虑其他因素(如地下水流动)的影响,在 U 形管与地下介质换热的过程中,地下介质的初始温度场将会被扰乱,从而产生温度场的变化。对于钻孔而言,其直径远远小于其长度,因此与长度相比较,直径可以忽略不计,整个钻孔可视为均匀散热的有限长度的线热源[15],地下岩土部分则可视为半无限大的介质。钻孔沿地面垂直而下,地面在整个传热过程中保持恒温状态,假设钻孔在数学坐标系中位于 z 轴,且钻孔上每一点的 z 坐标为 z',每米换热器的换热量为 q_1,则可建立数学模型,列出相关表达式及条件,如公式(9-8)所示。$\theta=t-t_0$,表示过余温度或温度响应,t 和 t_0 分别表示地下介质中除钻孔外任意一点的温度和初始温度。

$$\left.\begin{aligned} &\dfrac{\partial\theta}{\partial\tau}=a\left(\dfrac{\partial^2\theta}{\partial r^2}+\dfrac{1}{r}\dfrac{\partial\theta}{\partial r}+\dfrac{\partial^2\theta}{\partial z^2}\right),\text{for }0<r<\infty,0\leqslant z\leqslant h,\tau>0 \\ &\theta=0,\text{for }z=0,\tau\geqslant 0 \\ &\theta=0,\text{for }0<r<\infty,\tau=0 \\ &\theta\to0,\text{for }r\to\infty,\tau\geqslant 0 \\ &-k\dfrac{\partial\theta}{\partial r}2\pi r=q_1,\text{for }r\to0,\tau\geqslant 0 \end{aligned}\right\} \quad (9\text{-}8)$$

则地下空间中除钻孔外任意一点 (x,y,z) 的温度响应表达式为

$$\theta=t-t_0=\dfrac{q_1}{4\pi k}\int_0^k\left\{\dfrac{\mathrm{erfc}\left[\dfrac{\sqrt{x^2+y^2+(z-z')^2}}{2\sqrt{a\tau}}\right]}{\sqrt{x^2+y^2+(z-z')^2}}-\dfrac{\mathrm{erfc}\left[\dfrac{\sqrt{x^2+y^2+(z+z')^2}}{2\sqrt{a\tau}}\right]}{\sqrt{x^2+y^2+(z+z')^2}}\right\}\mathrm{d}z' \quad (9\text{-}9)$$

公式中，由于钻孔与地下介质未进行换热前，地下温度场恒定，可令整个地下温度场的初始温度为 t_0。k 和 a 分别为地下介质的导热系数和热扩散率，τ 为换热进行的时间。erfc 表示余误差函数，其表达式为

$$\mathrm{erfc}(z) = 1 - \frac{2}{\sqrt{\pi}} \int_0^z \exp(-u^2)\,\mathrm{d}u \qquad (9-10)$$

对式(9-9)进行无量纲化，令 $\Theta = k(t-t_0)/q_1$，$X = x/r_\mathrm{b}$，$Y = y/r_\mathrm{b}$，$Z = z/r_\mathrm{b}$，$Z' = z'/r_\mathrm{b}$，$H = h/r_\mathrm{b}$，$Fo = a\tau/r_\mathrm{b}^2$，$r_\mathrm{b}$ 为钻孔的半径，则式(9-9)可转化为

$$\Theta = \frac{1}{4\pi} \int_0^H \left\{ \frac{\mathrm{erfc}\left[\dfrac{\sqrt{X^2+Y^2+(Z-Z')^2}}{2\sqrt{Fo}}\right]}{\sqrt{X^2+Y^2+(Z-Z')^2}} - \frac{\mathrm{erfc}\left[\dfrac{\sqrt{X^2+Y^2+(Z+Z')^2}}{2\sqrt{Fo}}\right]}{\sqrt{X^2+Y^2+(Z+Z')^2}} \right\} \mathrm{d}Z' \quad (9-11)$$

不同长度的钻孔地热换热器，其对地下介质的温度场产生的影响总趋势相似，但响应的程度有所区别，图 9-18 描绘了不同钻孔地埋管换热器深度方向中点位置的温度响应随时间的变化，在钻孔半径保持不变的前提下，钻孔的长度可从短到长取不同的值，由该图可观察出温度响应的详细情形。随着同一个钻孔地埋管换热器长度的增加，其产生的温度响应在相同时刻愈来愈强，但不论多长，因受地面恒温条件的影响，所有钻孔地热换热器引起的温度响应最终都会趋于稳定状态。

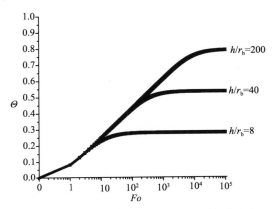

图 9-18　不同长度地埋管的温度响应随时间的变化

9.3　地埋管换热器的施工工艺

9.3.1　施工前的工作

在工程正式施工前，首先要进行现场勘查，以熟悉现场情况而便于搜集地质资料，为下一步的设计及施工提供依据。对现场情况、地质资料进行准确的勘察与调研可以为地埋管地源热泵系统的设计及施工奠定坚实的基础。

在勘察中，掌握地质状况是必需的，因为钻孔的施工以及挖掘设备都受其影响。一般需要设立测试孔用于勘测，以便于对施工现场的适应性做出评估。评估的内容主要围绕地下介质的各种特点，比如松散土层在自然状态和在负载后的密度、含水土层在负载后的状况、岩石层岩床的结构等。同时应对影响施工的因素和施工周边的条件进行调研与勘察。主要内容包括：

(1)现场的高架设施及绿化景点。

（2）周围的附属建筑及地下服务设施。

（3）现场可使用的土地面积。

（4）已有的和规划中的建筑物或构筑物。

（5）附近的交通设施。

（6）现场及附近的可利用电源和水源。

（7）已敷设的地下管线布置和废弃系统状况。

（8）其他可能安装系统的位置。

测试孔的应用，可为设计和安装竖直埋管地热换热器系统所需要的地下介质热物性及其构造提供基础数据，其直径通常与工程中地埋管换热器的钻孔直径相同。在测试孔的施工过程中，可以使用小直径的钻杆。测试孔不但可为工程提供基本勘测数据，而且以后也可以作为整个工程中的一个钻孔地埋管换热器，甚至可以作为竣工后的监测孔使用。当测试孔到达地下水的深度时，它所采集的地下水样不但能够反映最初的地下水质量，而且能够长时间的测量地层温度、地下水位及水的质量。对于建筑面积小于 3 000 m² 的竖直埋管地热换热器系统，可使用一个测试孔。对于大型建筑，则应采用两个或两个以上的测试孔。根据前面的描述，测试孔的深度应比 U 形埋管深 5 m。

通过测试孔采集不同深度的土石样品，对其进行热物性测试与分析，为地埋管设计提供基础数据。钻探测试孔，探明施工现场岩土层的构造，为合理选用钻孔设备，估算钻孔费用和钻孔时间提供第一手资料。同时可根据测试孔的钻探结果，对地埋管深度和单、双 U 形埋管的选择提出建议。对于不再使用的测试孔，应及时从底部到顶部进行灌浆封孔，以免污染地下水质。

勘测的另一项任务是获取水文地质报告，要了解在施工现场进行钻孔、挖掘时应遵守的规章条例、允许的水流量和用电量等；应该充分利用已经发表的地质以及水文报告，检查所有的勘测井测试记录和施工现场周围其他的地质水文记录，对总的地下条件进行评估（包括地下水位，可能遇到的含水层，以及相邻钻孔之间潜在的干扰等）。地下状况的调查方法应与采用的系统形式相匹配。对于竖直 U 形埋管地热换热器系统，需要测试孔。如果需要勘测后再确定采用哪种系统，那么选择勘测井十分有意义，应使其他满足任何一种系统形式的需要。即使这些勘测井最终对于热泵系统本身没有用，但施工结束后可用作钻孔地埋管换热器，或作为水井为施工期间提供水源。这些材料和数据将用于确定地埋管地源热泵系统的形式，为设计单位和施工单位提供必要的依据（如选择较为合适的钻孔和挖掘设备等），避免设计和施工期间遇到的许多问题，使设计和施工的工作准确顺利地开展，并且节省不必要的开销。

在勘测结束后，接下来的工作是提出施工与设计方案。场地规划是设计和施工方案中的重要环节，合理的场地规划不但能实现材料和设备的正确选择，也能减少安装的时间和成本，这为顺利完成地热换热器地埋管的安装奠定了基础。规划过程中应当考虑以下几方面的因素：

（1）要考虑挖沟方式及深度。

（2）要考虑沟的坡度、转向半径限制及其他结构参数的影响。

（3）竖直埋管时，要考虑钻孔的尺寸和数量，并要考虑竖直埋管采用的U形管类型。

（4）要考虑沟中埋设管道的数量、土质以及土壤含水量的影响。

另外，在施工区域内，现场规划的另一个主要任务就是对地下所埋的基础设施管道系统进行解释说明。在施工过程中要有高度责任感，对可能涉及业主利益的问题，必须要在征询业主的意见之后再做决定。

9.3.2　钻孔的施工

钻孔是形成地热换热器的必要条件，施工时要严格按照图纸制定的设计尺寸和排列，通常来说，单U管和双U管钻孔直径范围分别为 $110\sim130$ mm 和 $130\sim150$ mm，此范围能方便所对应的U形管埋入以及随后的灌浆封孔。如果钻孔较小，相应的泥浆流量、需要的钻头直径，泥浆池和泥浆泵都会相应减小，虽然可以减低泥浆泵的损耗和钻孔的费用，但会增加安装U形管的难度（目前工程上在钻孔中多采用外径分别为 25 mm 和 32 mm 的U形埋管，所对应的灌浆用管也是相同材料和规格）。因此，只有孔径适当，才能确保U形管顺利安全地插入孔底。

在钻孔时，通常采用湿钻孔和干钻孔两种方式。所谓湿钻孔，是指用泥浆或空气旋转钻孔的方法，高压空气、水和泥浆在钻机旋转作用下沿钻管内部进入钻孔，冷却并且润滑钻头，随后将钻屑沿钻杆的外侧送回地面。可在现场设置泥浆池储存泥浆，然后将泥浆运离现场或在钻孔结束后将泥浆用于回填封孔。所谓干钻孔，是指用标准螺旋钻或空心杆螺旋打孔的方式，钻孔作业完全处于干燥环境下，钻机驱动带有切削齿的钻尖旋转，并将大部分土屑带到地面，从而使得施工现场较为干净。空心螺旋钻杆在钻孔过程中可以有效保护钻孔，钻杆底部的钻头在施钻结束后将被击落（绳子上的重锤也可以用来击落一次性钻尖）然后插入埋管，由此钻杆将被拉出或旋出。

不同的地质可以采用最适合自己的钻孔方式，比如，对于卵石层，可采用冲击式钻机；对于较硬的岩石，可采用振动锤；对于湿土壤，可采用螺旋泥浆钻孔或空气钻孔；另外，若有些地下介质在钻孔时容易发生堵塞或塌陷，为了安全起见，可采用螺旋钻机。钻孔的位置、深度及数量可根据地下的情况调整，这些情况包括地下介质的热物性参数、地下管线的布置等，这样做的目的在于减少钻孔造成的负面影响，降低钻孔、下管及封井的难度。为了满足设计要求，根据前面的描述，钻孔埋管的总长度可以计算得出，而具体到每个孔的情况，可不必一成不变，这样才能制订出最合理的设计方案。比如，当局部遇到坚硬的岩石层，可以重新布置钻孔的位置及设定钻孔的深度及个数。钻孔深度的浅与深各有利弊，一方面，若钻较浅的孔，虽然施工容易且造价较低，但由于深度较小距离地面较近，导致地下土壤温度易受外界气温影响，故竖直埋管不宜采用较浅钻孔，深度一般应超过 30 m。随着深度的增加，土壤湿度和温度稳定性增加。另一方面，若钻孔深度太大，则使施工难度增加，因此具体的深度要依据现场的地下介质适时而定。钻孔数量少意味着水平埋管的连接少，减少所需要的地表面积。

与用来取水的钻井相比,埋设 U 形管的钻孔则要简单许多,钻孔无须下护壁套管,只有当孔壁周围土壤不牢固或者有洞穴,造成下管困难或回填材料大量流失时,才需要下套管或对孔壁进行固化。钻孔的目的仅仅是能够插放 U 形管,且钻孔埋管面临的问题比起钻井也要少很多。

钻孔时,钻机是核心设备,负责具体的钻孔操作。其由钻具、钻头、电动设备及其他元件组成。钻机在钻孔过程中带动钻具和钻头向地层深部钻进,并通过钻机上的升降机来完成起下钻具或套管、更换钻头等工作。另外,向孔内输送冲洗液的任务则由泵来负责,由此可使得孔底得到清洗,并且能够让钻头和钻具分别得到冷却和润滑。

对于钻机而言,按用途可分为岩心钻机、石油钻机、水文地质调查与水井钻机、工程地质勘查钻机等。这些钻机既可以实现以上目的,也完全可以胜任用于竖直埋管换热器的钻孔的施钻任务。因为竖直埋管系统安装的主要目的是保证一定长度的地下换热器,而不是钻一定深度的孔,因此过程更简单。由此可见,地源热泵的推广应用为钻孔机械开辟了新的工程应用领域。另外,钻机还可以按照钻进方法分为冲击式钻机、回转式钻机、振动钻机和复合式钻机。

采用钻机时,可根据地下介质而选取最合适的类型,当地下为普通土壤或泥沙等较软的介质时,可采用普通钻机;当地下为岩石或其他较硬的介质时,可采用施钻强度较高的设备(如潜孔垂钻机等)。图 9-19 为钻机在施工过程中的示意图。

在钻机施工中,也会遇到各种各样的问题,其中最大的问题则是钻孔偏斜[16],要解决这类情况,通常是采用 5～6 m 长的岩芯管,稳定钻孔轨迹,起到"满眼"钻进的作用,并使钻压均匀的作用于取芯或无芯钻头的上部;取芯钻进时,回次钻程为 3～4.5 m,回次钻进之初,用较小钻压转速冲扫孔,清除上回次残留岩芯导斜的隐患;无芯钻进时,5～7 m 为一回次钻程。在破碎带、硬岩层中钻进且适当缩短回次钻程,以便及时观察钻头的磨损、岩石变化等情况。

图 9-19 钻机现场钻孔示意图

9.3.3 地埋管的工艺

随着地埋管地源热泵空调系统的发展,该技术已逐渐实现产业化,相关厂家可按照设计方或施工方的要求,直接加工及组装 U 形埋管,为整个地埋管工程的顺利进行提供了方便。或者厂家可制作单 U 形和双 U 形接头,然后将其销售给需要方,在施工地将 HDPE 管和接头连接后埋入钻孔中。钻孔的尺寸虽然事先设计,但由于种种原因,实际钻孔的尺寸常常与其设计并不完全一致,因此,U 形管要在现场进行组装和切割,以满足有可能出现的设计变更,尤其是钻孔深度变化的需要。竖直地埋管换热器的 U 形弯管接头,宜选用定型的 U 形弯头成品件,图 9-20 给出了厂家加工的单 U 形和双 U 形接头,该弯头可直接与 HDPE 管连接,制作完整的单 U 管或双 U 管。

图 9-20　U 形接头示意图

整个 U 形管制作完成后,下管前应对其进行试压、冲洗。然后将 U 形管两个端口密封,以防杂物进入。冬季施工时,应将试压后 U 形管内的水及时放掉,以免冻裂管道[17]。U 形弯头是地热换热器的重要管件,其作用主要是连接钻孔底部的 U 形管的支管以成形。对于 U 形接头,其作用不可忽视,第一,可使焊口处不缩径,减少了运行阻力,避免弯头处堵塞。第二,可方便现场的施工,因为不需要在现场对其进行对焊,而直接用电熔或热熔方法将其与直管连接即可。第三,使用 U 形接头,可允许少量颗粒沉积,延长地热换热器冲洗的间隔时间。

钻孔结束后,将 U 形管安装埋入其中,一旦埋入,则无法取出,所以要严格把握该 U 形地埋管的质量,这直接影响到整个地埋管换热系统的性能。因此需要严格对地埋管进行检查以确保其可靠性。

首先,当地埋管及管件运抵施工现场后,要对其进行外观检查,严禁使用破损和不合格的产品。不得使用出厂已久的管材,宜采用刚制造出的管材。高密度聚乙烯管应符合《给水用聚乙烯(PE)管材》GB/T 13663—2000 的要求。聚丁烯管应符合《冷热水用聚丁烯(PB)管道系统第 2 部分:管材》GB/T 19473.2—2004 的要求。

其次,地埋管运抵工地后,应对其进行空气试压以检测其是否泄漏。地埋管及管件存放时,应避免阳光下曝晒。搬运和运输时,应小心轻放,采用柔韧性好的皮带、吊带或吊绳进行装卸,不应随意拽扯以免造成损坏。

在铺设水平地埋管前,沟槽底部应先铺设相当于管径厚度的细沙。要在管道两侧同步进行回填以保证回填均匀且回填土与管道紧密接触,当同一沟槽中有双排或多排管道时,管道之间的回填压实应与管道和槽壁之间的回填压实对称进行,并且各压实面的高差不宜超过 3 cm。管腋部采用人工回填,确保塞严、捣实。分层管道回填时,应重点做好每一管道层上方 15 cm 范围内的回填,回填土应采用网孔不大于 15 mm×15 mm 的筛进行过筛,可去除尖利的岩石块和其他易对地埋管造成损伤的介质。管道两侧和管顶以上 5 cm 范围内,要轻夯实,严禁压实机具直接作用在管道上,使管道受损。

当在钻孔过程中,出现多层地下水时,应采取回填封闭措施,防止地下水污染。钻孔前,套管应预先组装好,施钻完毕后要尽快将套管放入钻孔中,并立即将水充满套管,以防孔内积水使套管脱离孔底上浮,达不到预定埋设深度。下管时,可采用每隔 2～4 m 设一弹簧卡(或固定支卡)的方式将 U 形管两支管分开,以提高换热效果。图 9-21 所示为地热弹簧,此设备的作用重大,对钻孔地埋管的换热性能具有重要意义。其作用是减弱 U 形管间热量回流,即减弱 U 形管支管间的热干扰,意味着钻孔的内热阻将被降低,此装置有利于提高地热换热器的换热效率。在其他条件相同的情况下,采用地热弹簧可以有效减少地埋管换热器钻孔的总长度,因而能够显著降低系统的造价[18]。

钻孔及竖直埋管的工作结束后，需要通过水平管道对各个钻孔的地埋管进行连接，并利用水平与集分水器连接，最后所有的钻孔的地埋管换热器的管道将一起经过水平管道与机房的机组进行连接，因此水平管的施工十分重要。要严格按照安装要点进行安装施工，这些要点可总结为几个方面：①严格按照设计图纸在相关位置进行挖沟；②按照设计方案，在固定的位置做标志，对需要埋管的部位做标记；③在地沟中安装连接管道时要避免交叉现象，管线要梳理清晰；④按照设计标准和实际情况完成全部连接缝的熔焊；⑤将熔接的供回水管线连接到循环集管上，并一起安装在机房内；⑥在回填之前，应对涉及的管道进行试压以确保管道的安全和性能。图 9-22 所示为地理管水平管道连接示意图。

管道安装可伴随着挖沟同步进行。挖沟可使用挖掘机或人工挖沟。如采用全面铺设水平埋管的方式设置换热器，也可使用推土机等施工机械挖掘埋管场地。

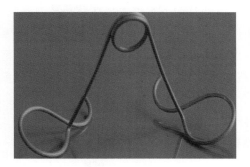

图 9-21　地热弹簧示意图

图 9-22　地埋管水平管道连接示意图

若土壤是黏土且气候非常干燥时，宜在管道周围填充细沙，以便管道与细沙的紧密接触。或者在管道上方埋设地下滴水管，以确保管道与周围土层的良好换热条件。

9.3.4　U 形管的压力试验

U 形管的压力试验，宜采用手动泵缓慢升压，对水管加压以检测换热管的耐压性及密封性，如有管件焊接不牢或管件丝扣不严就会发现渗漏或喷水现象，那么说明水路改造失败，需要重新处理。聚乙烯管道试压前应冲水浸泡，时间不应小于 12 h，彻底排净管道内空气，并进行水密封检查，检查管道接口及配件处，如有泄漏应采取相应措施进行排除。采用手动泵缓慢升压时，升压过程中应随时观察与检查[19]，不得有渗漏，不得以气压试验代替水压试验。压力试验可根据以下步骤进行。

(1)将试验管段接通水源，先由一端进水，利用给水管道的压力(约 0.2~0.4 MPa)，由另一端将水排出，排水是否通畅，观察无阻塞现象，水质透明，持续冲洗约 1 min。

(2)将试压管段封堵，缓慢注水，同时将管内空气排尽，管道充满水后，应进行密封检查。

(3)对管道进行缓慢升压，升压时间不应小于 10 min，升压到 1.0 MPa 后，停止加压，期间若有压力下降可注水补压，补压不得高于 1.0 MPa，稳压 15 min，压力降不应大于 3%，且无泄漏现象。

（4）将其密封后在有压状态下插入钻孔。

（5）竖直埋管插入钻孔后，回填灌浆前应再次进行压力试验，将压力升至试验压力 1.0 MPa，稳压至少 30 min，压力降不超过 3%，且无泄漏现象。

（6）管道的升压过程要缓慢，泄压过程也要缓慢，不允许快速降压。

（7）管道试压合格后，可以对管道进行冲洗，冲洗水应清洁，冲洗速度应大于 1.0 m/s，直到冲洗水的排放水与进水的浊度一致为止，冲洗完毕，再次向地埋管系统中冲注水时应排净空气，并及时密封。

9.3.5 回填封孔

在钻孔及埋管以及所对应的试压试验结束后，需要对钻孔进行灌浆封孔，灌浆既能增强地埋管与周围地下介质的传热能力，又能密封钻孔防止污染及地下水进入。在钻孔内灌浆时，尽量不采用人工的方法灌浆封孔，而应用泥浆泵通过灌浆管将混合浆灌入孔中[20]。泥浆泵的泵压足以使孔底的泥浆上返至地表，当上返泥浆密度与灌注材料的密度相等时，则可认为灌浆过程结束。灌浆时，应保证灌浆的连续性，应根据机械灌浆的速度将灌浆管逐渐抽出，使灌浆液自下而上灌注封孔，确保钻孔灌浆密实，无空腔。否则会降低传热效果，影响工程质量。当埋管深度超过 40 m 时，灌浆回填宜在周围临近钻孔均钻凿完毕后进行，目的在于防止钻孔倾斜而将相邻的 U 形管钻伤，便于更换。如前所述，灌浆材料一般为膨润土、水泥和沙的混合浆或专用灌浆材料。各种介质所占的比例可影响该灌浆材料的导热能力，目前国际上最高的灌浆材料，导热系数可达到 2.1 W·m⁻¹·K⁻¹。如果钻孔时取出的泥沙浆经过凝固后收缩很小时，也可用作灌浆材料。另外，若地埋管换热器埋入密实或坚硬的岩土体或岩石时，可采用水泥基料灌浆，以防止孔隙水因冻结膨胀损坏膨润土灌浆而导致管道被挤压节流。图 9-23 所示为灌浆回填示意图。

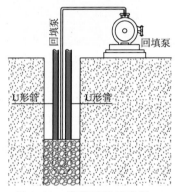

图 9-23　灌浆回填示意图

9.3.6 管道的处理

U 形管被埋入钻孔之后，不但不同钻孔内的地埋换热管将要进行连接，而且还要与水平管进行连接，为避免其他管线对水平连接的影响，水平管的埋设深度一般较大些，控制在 1.5～2.0 m 之间。当挖好管道沟后，应对沟底进行夯实，将细沙或细土填在上面，并保证坡度在 3‰～5‰ 的范围。为防止出现波浪弯，在管道弯头附近要采用人工回填的方式。在整个闭式环路中，集管连接管首先在地上连接成若干管段，然后置于地沟与 U 形管相接。此外，要注意在分、集水器的最高端或最低端设置排气装置或除污排水装置，并设立检查井以便于观察管路。管道沟回填时，应分层用木夯夯实。水平集管的连接可以沿钻孔的一侧或两排钻孔的中间铺设供水和回水集管，或者将供水和回水集管引至埋设地下 U 形管区域的中央位置。

连接接头一般采用热熔连接和电熔连接。一方面,对于热熔连接而言,用加热板加热融化 HDPE 管的管段界面,使其相互对接融合,经冷却后连接固定在一起,称为热熔对接;当将两个需要连接的管道端分别与一个较粗的承接管段两端部加热熔接时,称为热熔承插连接。另一方面,关于电熔连接,则是指将电熔管件套在管材、管件上,预埋在电熔管件内表面的电阻丝通电发热,电熔管件的内表面和对应承插的外表面因电阻丝产生的热能被加热融化从而被融为一体。

对比两种焊接方式,二者都需要专用的焊机,但详细而言,二者的区别可总结为以下几点:①热熔连接适用于公称直径大于 63 mm 的管材,而电熔连接适合于所有规格尺寸的管材;②热熔连接设备投资高而连接费用低,但易受环境影响,而电熔连接设备投资低而连接费用高,但不易受环境影响;③热熔连接主要适用于同牌号、材质的管材与管材连接,而电熔连接可适用于不同牌号、材质的管材与管材的连接;④热熔连接需要经过专门培训的操作人员,而电熔连接则简单易操作,不需要专门培训。

除了管道与管道的连接,当 HDPE 管和阀门或钢管连接时,则需要钢塑法兰对接或钢塑过渡接头。对于直径小于等于 63 mm 的 HDPE 管来说,通常需要钢塑过渡接头,而当直径大于 63 mm 时,则一般采用钢塑法兰对接[21]。

在对管道连接前,要在施工现场进行外观检查,而且所有管材、管件及附属设备、阀门、仪表必须按照设计要求进行校对。在施工过程中,每次收工时,应对管口进行临时堵封以免进入其他物质。在恶劣天气进行连接操作时,要采用合理的施工工艺并做好保护措施。

考虑到 HDPE 管的强度低,将其埋入土壤中,要注意所埋的深度,处理好 HDPE 承受的外荷载和防冻问题。另外,对于钻孔地埋管的水平连接管道,其深度一般为 1.5～2.0 m,通常埋于其他市政管道之下,并且该水平连接管道的最小管顶覆土深度应达到冻土层以下。

HDPE 管因为柔性而容易实现弯曲,但弯曲后管道的内侧和外侧将分别产生压应力和拉应力,要防止当材料形变超过一定限度时发生蠕变。再者,HDPE 管的线膨胀系数比金属管高十余倍,因此可采取蛇行铺设以避免产生拉应力。最后,将 HDPE 管埋于地下后,可沿管道走向埋设金属示踪线。图 9-24 所示为地下 U 形埋管与水平管的连接。

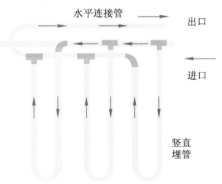

图 9-24 U 形管与水平管的连接

9.4 地源热泵技术的建筑应用分析

9.4.1 节能效果分析

所谓节能,就是充分发挥能源利用的效果和价值,力求以最小的能源消耗实现最大的社会效益和经济效益。地源热泵利用温度范围为 $12 \sim 20$ ℃的地下介质作为冷热源,在夏季,该温度比环境温度低,制冷系统的冷凝温度降低,制冷系数优于风冷式和冷却塔式机组;在冬季,该温度比环境温度高出许多,热泵循环的蒸发温度提高,使得制热系数提高。因此,在同样的制冷或制热要求下,地源热泵可较传统热泵系统节约能源。

近些年来,地源热泵技术发展迅速,很多工程项目经过近几年的运行,逐渐显示了令人欣慰的节能效果。我国地热资源相当丰富,应用潜力巨大,因此,大力发展地热能能够缓解能源供应紧张局面,很大程度上解决因大量使用化石能源所造成严重的空气污染问题[22]。

由于传统锅炉是利用电或化石燃料实现供暖,而这两种能源转化为热能的效率仅在 $70\% \sim 90\%$ 之间。而当采用地源热泵时,能效比较高,与电锅炉相比,可省 60% 以上的电能,与燃料锅炉相比,可节省约一半的能量。这是因为地源热泵利用全年温度几乎恒定的地下介质作为冷热源,其能效比可达到 4 或者以上,比传统的空气源热泵还要高出 40%[23]。举例说明,当地源热泵系统应用于集中采暖时,省去了供热锅炉及其煤耗,如果用于 $10\ 000\ \mathrm{m^2}$ 的建筑面积,每年可节省约 $500\ \mathrm{t}$ 的标准煤,其一次能源利用率也高于其他形式的热泵系统。

此外,各种混合式地源热泵系统有更大的节能减排空间。例如,对于冷负荷主导的地区,按冬季热负荷设计地埋管热泵埋管换热器,夏季增设冷却塔辅助散热,减少排入地层的热量,在取得排热量平衡的同时减少土壤温度的上升,有利于节省初投资和提高运行能效比。或者,夏季不将冷凝器的排热量全部排入地层,而是用部分冷凝器排热量加热生活热水,使生活热水无须再消耗电力或者其他化石燃料。当地源热泵系统处于间歇运行模式时,地下换热量可增加 5% 左右,可进一步体现其节能效果。

因此,利用各种形式的地源热泵系统供热及制冷节能效果显著,为该技术推广应用提供了必要保障。

9.4.2　经济性分析

地源热泵空调系统具备冷暖两用的功能,比传统的空调系统节能、清洁、使用长久。但不可否认的一点是:钻孔的费用是整个系统初投资中的一个重要组成部分,由于钻孔费用增加了地源热泵空调的初投资。同时,地埋管也需要占用土地面积,这也属于前面所叙述的地源热泵三个应用前提条件之一。虽然系统初投资高,但运行费用与其他形式的制冷和供暖系统模式相比体现出明显优势,可在一定期限内实现成本回收,长远来看经济效果显著。以山东省济南市的建筑为例,当建筑面积在 $300 \sim 5\ 000\ \mathrm{m^2}$ 时,通常采用中、小型空调系统为其制冷及供热。对目前常用的几种空调系统模式进行总结及比较,包括电压缩制冷机加电热水锅炉模式、电压缩制冷机加集中供热模式、空气源热泵加供暖设辅助热源模式、地源热泵模式,并将各自的情形及比较列于表 9-3 中。从该表中可知,地源热泵系统在初投资和年运行费用方面分别占据最高和最低位置。其利用一套设备实现了建筑物的供热与空调的两种要求,取消了锅炉房,显著降低了大气污染,提高了一次能源的利用率,减少了 CO_2 的排放,经计算增加的初投资一般可在 $3 \sim 5$ 年内回收。

表 9-3　几种中、小型空调方案经济性比较

方案序号	1	2	3	4
冷源与热源	电压缩制冷机＋电热水锅炉	电压缩制冷机＋集中供热	空气源热泵＋供暖设辅助热源	地源热泵（空调、供暖两用）
初投资比	1	1.15	1.20	1.30
年运行费比	1	0.65	0.60	0.48
系统主要特点	初投资少；运行可靠，需设锅炉房及冷却塔；但耗电量太大，浪费高品质能源，运行费用高	锅炉房被换热站取代，符合供热发展趋势，在无入网费时，初投资少；但供暖受外网制约，供暖运行费用较高	节约设备用房，施工周期短，但室外机影响建筑立面，运行费用较高，不利于环保、节能	可省去锅炉房、冷却塔等设备；运行费用低；安全可靠；节能、环保；维修量小。但初投资较大，占用地下空间

虽然在确定空调系统冷、热源的过程中，冷、热源的选择通常受到当地现有冷、热源类型、燃料供应及建筑周边条件等具体情况的制约。不同空调冷、热源都有其应用条件和适用范围，应因地制宜根据工程要求，通过经济技术分析比较，合理选用。但鼓励发展地热等可再生能源是大势所趋，也是我国政府倡导的并已明文规定的政策。在条件允许的情况下，应优先采用地源热泵系统。

在供热空调中应用热泵技术的主要制约因素曾经是电力供应不足和人民群众消费水平较低。随着改革开放以来我国经济的发展和人民生活水平的提高，以上两个制约因素已不复存在，空调和供热已成为普通老百姓的需求，并逐渐由城市向农村扩展，市场前景很好。而地源热泵由于其技术上的优势和节能的优点，将成为中小型建筑空调冷热源合理可行的选择方案之一。表 9-4 进一步详细地描述了几种供暖制冷方案的投资及运行费用，更有力地证明了地源热泵技术经济性的优势所在。

表 9-4　地源热泵空调与传统空调方式初投资及运行费用比较

项　　目	冷、热源方式及序号			
	1	2	3	4
	地源热泵	冷水机组与燃气锅炉配套	冷水机组与城市热网配套	直燃式溴化锂冷热水机组
冷热水机组/（元/kW 冷量）	660～740	660～740	660～740	850～1 000
燃气锅炉/（元/kW 热量）		400～550		
城市热网/（元/m² 采暖面积）			78	
冷却塔/（元/kW 冷量）	无	40～60		
地下钻孔及埋管/（元/kW）	800～1 200	无		
机房水泵、管道、控制等	基本相同（20～40 元/m²）			
建筑物空调末端	基本相同（70～110 元/m²）			
初投资概算比较（热指标 60 W/m²）				
初投资/（元/m² 采暖面积）	300～390	190～260	230～310	180～260

续表

项　目	冷、热源方式及序号							
	1		**2**		**3**		**4**	
	地源热泵		冷水机组与燃气锅炉配套		冷水机组与城市热网配套		直燃式溴化锂冷热水机组	
运行费用比较(热指标 60 W/m²,冷指标 100 W/m²)								
季节	夏季	冬季	夏季	冬季	夏季	冬季	冬、夏两季	
能源形式	电	电	电	天然气	电	供热网	天然气	轻柴油
单　位	kW·h	kW·h	kW·h	m³	kW·h	/m²季	m³	L
价格/元	0.6	0.6	0.6	2.5	0.6	22.5	2.5	3.5
热　值	1 000 W	1 000 W	1 000 W	28 480 kW	1 000 W		28 480 kW	34 400 kW
效　率	5.0	3.5	5.0	0.88	5.0		0.88	
燃料耗量　m²·h	0.020	0.017 2	0.020	0.008 6	0.020			
燃料耗量　m²·季	12.6	26.97	12.6	13.52	12.6		22.57	
燃料费用/(元/m²·季)	7.56	16.20	7.56	33.81	7.56	22.5	56.40	67.71
机房运行费用/(元/m²·季)	4.5 元/(m²·两季)							
冷却塔运行费用/(元/m²·季)	无		2 元/(m²·季)					
全年运行费合计/(元/m²)	28.26		47.87		36.56		62.9	74.21

表 9-4 给出了各项费用的一个大体范围,对于地源热泵而言,单位空调面积钻孔费用的高低主要取决于单位空调面积负荷的大小和当地的地质情况,即单位面积钻孔的多少和钻孔的难易程度。但不管如何,经过比较可知,地源热泵的确是一项经济合理的绿色能源技术,值得大力推广和应用。

9.4.3　实用性分析

近些年来,我国经济不断发展,由于人民生活水平的提高,制冷和供热的需求日渐提升,而且已经开始了由数量到质量的转变,开发利用绿色环保的可再生能源成为当前暖通空调领域的迫切要求。地埋管地源热泵系统由于其节能效果和经济性优势,不但成为中小型冷热联供空调系统的最佳选择方案之一,而且随着地热能集成系统的发展,越来越多的大型空调系统也开始采用地源热泵。研究、开发地源热泵空调系统并使之产业化将成为我国经济发展的一个新的增长点。该技术已成为一种有效的节能绿色产品,且将在我国建筑空调系统中发挥越来越重要的作用。从使用寿命来看,传统的空调使用寿命一般都在 10~15 年;但是地源热泵由于换热器放在地下土壤中,不会受到大气环境的影响,且 HDPE 管耐腐蚀性强,因此地源热泵空调的使用寿命较长,可达 25 年以上。

建筑空调系统一般应满足夏季制冷和冬季供热的要求。若采用传统的空调系统,需要分别设置冷源系统(比如制冷机)和热源系统(比如锅炉)。当锅炉以煤为燃料时,则会造成严重的大气污染,目前中小型燃煤锅炉在城市中已被逐步淘汰;当锅炉采用油或天然气为燃料时,虽然减轻了对大气的污染,但排放的气体产生温室效应仍然严重,而且运行费用很高。但热泵系统却不一样,冷源系统中的制冷机可以在冬季以热泵的模式运行实现供热,而热泵机组制冷和供热模式的转变较方便,如此可省去锅炉和锅炉房,不但节省了大量的初投资,而且只使用更为清洁的电力能源。此外,采用热泵空调系统还可以兼顾生活热水供应,特别在制冷工况下可利用制冷的废热加热热水,减少能量消耗。

当地源热泵与建筑结合时,如果采用竖直埋管作为地下换热元件,在建筑物周围进行钻孔埋管,工程结束后,其上面仍可用作绿化带和道路交通等,这意味着,钻孔埋管没有影响地面的使用,对建筑物及其周围设施没有任何负面影响,其实用性显而易见。

另外,从绿色建筑的概念出发,所谓"绿色建筑",是指人类建筑与生态环境协调发展的建筑样式,即要求在建筑设计、建造及使用中充分考虑环境保护的要求,将建筑物与环保、高新技术、能源等紧密结合起来,在有效满足各种使用功能的同时,能够有益于使用者的身心健康,并创造符合环境保护要求的工作和生活空间。绿色建筑的指导思想是在设计时务必要体现并符合人类的可持续发展的要求,具体应体现在以下几个方面:第一,该类型建筑要求保持环境、利用环境、防御自然灾害。保护生态系统并减少 CO_2 及其他大气污染物的排放,保持建筑周边环境生态系统的平衡;充分利用太阳能、地热能进行供暖、空调、采光以及通风,充分考虑绿化配置,软化人工建筑环境。第二,能够降低能耗、延长使用寿命、使用环保材料,注重能源的再利用、使用耐久性强的建筑材料及可循环再生材料的利用。第三,能够创造健康、舒适的室内环境,包括良好的工作、娱乐和学习环境,达标的空气品质等。第四,绿色建筑能融入历史与地域的人文环境[24]。由此可见,采用地源热泵技术与绿色建筑的主题恰恰相符。

地源热泵空调采暖系统涵盖地源热泵机组、风机盘管或风道、室内侧循环水泵与管路、室外侧循环管路。该系统除了热泵热源侧采用地埋管作为低温热源外,其余的与传统空调系统一样。该系统运行安全、可靠、经济、有效,已得到众多工程的普遍应用。

9.4.4　推广因素和发展成果

应用节能环保的暖通空调技术是住房与城乡建设部大力提倡的政策,地埋管地源热泵空调系统的推广正是响应其号召。该热泵系统利用电能和浅层地热能,可以显著降低暖通空调的运行成本;且系统运行较为安全,无燃油、天然气储存和压力装置。再加上节能性和经济性显著、占建筑有效空间小、维护简便、寿命长等诸多优点,势必成为建筑暖通空调市场上的新宠。

地源热泵的推广反过来也促进了相关领域的研究。目前,地热换热器中传热过程三个重要问题的解析解已经获得,相关学者专家也求得了半无限大介质中有限长线热源非稳态导热的解析解;钻孔内传热的准三维模型已被提出,并且单 U 形管和双 U 形管换热器中流体温度分布和相应热阻的解析解已被掌握。此外,关于地下水渗流对地热换热器的影响的研究也取得了发展,例如均匀渗流时线热源引起的非稳态温度场的解析解已经获得[25]。这些突破性成果拓展了传热学经典专著中相关问题的深度,是重要的理论创新。国内山东建筑大学开发了有自主知识产权的地热换热器设计和模拟软件"地热之星",并已开始推广应用。

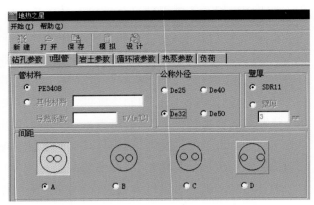

图 9-25 地热换热器模拟软件界面图

该软件具备友好的可视化图形界面,为项目设计提供了巨大的便利(见图 9-25)。

另外,目前国内也进行了深层岩土热物性测试的理论研究,制造了深层岩土热物性测试仪以便探索地下介质的热物性参数[26];并且成功开发了适合于地源热泵系统应用的热泵主机。相关企业结合我国国情优化了地源热泵系统的施工技术、工具和配件,取得"U形弯头"和"地热弹簧"两项专利。在进行理论研究和技术优化的同时,其工程实际应用也得到了发展。我国首个地埋管地源热泵空调系统的示范工程于 2001 年开始运行,随后涌现了数量越来越多、规模越来越大工程的设计与施工,其中的一些项目在投入运行后,长期的测试数据被记录在案用以检测地源热泵技术的实用性,并且对理论研究成果进行必要验证与校核。

9.5　绿色建筑应用案例

9.5.1　系统工作流程图

不论是普通建筑还是绿色建筑,当其采用地源热泵时,钻孔通常埋设在建筑物周围,由于钻孔直径较小,且在埋管后还要进行回填及封孔,所以钻孔并没有影响建筑物的安全或造成其他负面影响。如图 9-26 所示,机房部分可设置于建筑物内,也可以单独设置于外面,该图简要展示了建筑物与地源热泵结合的模式,也说明了就地取热、就地排热的方便性。

此外,关于地源热泵系统整个流程的详细介绍如图 9-27 所示。该工程采取了两台机组,用户侧、地源侧以及辅助设备清晰可见,就

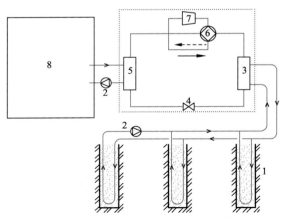

图 9-26　地源热泵与建筑物结合的示意图
1—地埋管换热器;2—循环水泵;3—换热器;4—节流阀;
5—换热器;6—四通换向阀;7—压缩机;8—建筑物

制冷和制热工况的具体情形而言,夏季制冷时,阀门 V2、V3、V5 和 V7 打开,同时 V1、V4、V6 和 V8 关闭,此时建筑的冷冻水环路经过热泵机组的蒸发器,而地源侧环路则是经过热泵机组的冷凝器。而在冬季制热工况时,情况相反,V1、V4、V6 和 V8 打开,而同时将 V2、V3、V5 和 V7 关闭,室内侧和地下侧的循环液则分别流经冷凝器和蒸发器。

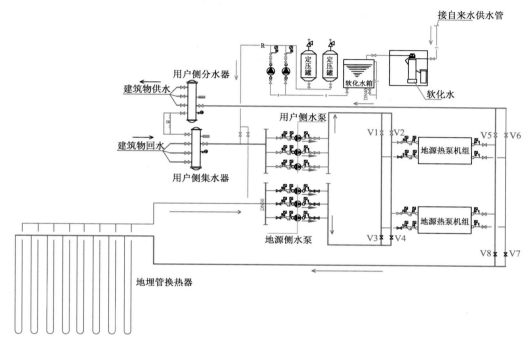

图 9-27　地源热泵系统详细流程图

9.5.2　供热空调工程

9.5.2.1　冷热负荷估算

本工程负荷计算考虑建筑节能,但保有一定裕量。根据表 9-5 可得整个建筑办公室及公寓空调和供暖估算总值。

表 9-5　绿色建筑的冷热负荷指标及每层的总负荷

建筑类型	层　数	建筑面积/ m²	冷负荷估算		热负荷估算	
			每层总负荷/ kW	单面面积负荷/ W	每层总负荷/ kW	单位面积负荷/ W
停车场	地下二层	1 511.13				
办公	地下一层	1 551.24	65.00	100.83	45.00	69.81
	1 层	1 372.37	65.00	89.20	45.00	61.76
	2 层	1 731.78	65.00	112.57	45.00	77.93
	3 层	1 731.78	65.00	112.57	45.00	77.93

续表

建筑类型	层 数	建筑面积/m²	冷负荷估算		热负荷估算	
			每层总负荷/kW	单面面积负荷/W	每层总负荷/kW	单位面积负荷/W
公寓	4、5 层	857.36	52.00	44.58	45.00	38.58
	6~10 层	779.74	52.00	40.55	45.00	35.09
	11~20 层	785.40	52.00	40.84	45.00	35.34
	21 层	648.68	52.00	33.73	45.00	29.19
	22~24 层	645.00	52.00	33.54	45.00	29.03
	25 层	545.43	52.00	28.36	45.00	24.54
	26~27 层	545.47	52.00	28.36	45.00	24.55

绿色建筑的总负荷见表 9-6。

表 9-6　绿色建筑的总负荷

建筑名称	建筑面积/m²	冷负荷/kW	热负荷/kW	备　注
办公	6 387.17	415.17	287.42	考虑节能建筑
公寓	17 798.16	925.50	800.92	考虑节能建筑
合计	24 185.33	1 340.67	1 088.34	

9.5.2.2　方案概要

本工程拟采用节能环保的地埋管地源热泵系统，并且办公区与公寓分设空调和采暖系统，但从节省初投资和提高系统安全性的角度分析，两套空调采暖系统可采用共用地埋管换热系统的方式。根据负荷情况（办公区冷负荷约 415 kW，热负荷约 287 kW；公寓冷负荷约 926 kW，热负荷约 800 kW），选用两台热泵机组作为空调采暖系统的冷热源，一台作为办公区空调系统的冷热源，一台作为公寓空调系统的冷热源，两套空调系统除地埋管换热系统外采用各自独立的循环水泵、供回水循环管路和其他设备，系统运行和计量互不影响。由于建筑总高度约 90 m，对公寓空调采暖系统实行高低分区，以建筑物 50 m 处楼层为界设置设备层，设备层内设水泵和板式换热器来满足高区空调采暖循环水需求。

9.5.2.3　办公区空调采暖系统

1. 主要设备选择

热泵主机是整个采暖空调系统的核心部件，它的选型直接关系到整个系统的正常工作、运行稳定性以及经济性等关键问题。因此，根据机组特点，结合本工程实际情况拟采用麦克维尔螺杆式热泵机组一台，其型号为 WPS-110.1，冷热两用。其相关参数见表 9-7。

表 9-7　办公区热泵机组的相关参数

热泵机组	制冷量/kW	制冷功率/kW	制热量/kW	制热功率/kW	质量/kg	尺　寸/mm		
						长	宽	高
WPS-110.1	405.1	76.2	441	105.1	2 470	3 574	793	1 740

2. 地埋管换热器设计

地下换热系统采用单 U 形竖直埋管,钻孔总长度约为 7 000 m。设计施工时,可根据现场热物性测试情况和具体的地埋管分组情况适当调整。钻孔深 100 m,钻孔 70 个,根据空间位置,分布于建筑师一侧,钻孔间距 4 m×4 m,回填材料使用钻井产生的泥浆。水平管沟深度可根据现场条件确定。

9.5.2.4 公寓空调采暖系统

1. 主要设备选择

用于公寓的热泵机组也为麦克维尔螺杆式热泵机组一台,其型号为 WPS-260.3,具体参数见表 9-8。

表 9-8 公寓热泵机组的相关参数

热泵机组	制冷量/kW	制冷功率/kW	制热量/kW	制热功率/kW	质量/kg	尺寸/mm 长	宽	高
WPS-260.3	948.2	180.5	1 028	249	5 908	4 167	1 596	2 252

2. 地埋管换热器设计

采用单 U 形竖直埋管,钻孔总长度约为 14 000 m。设计施工时,可根据现场热物性测试情况和具体的地埋管分组情况适当调整。钻孔的深度为 100 m,钻孔 140 个,根据空间位置,分布于建筑师一侧,钻孔间距 4 m×4 m,回填材料使用钻井产生的泥浆。水平管沟深度可根据现场条件确定。

9.5.2.5 初投资费用计算

对于该工程所涉及的投资费用见表 9-9。

表 9-9 绿色建筑地源热泵系统的投资费用

项 目	数 量	单 位	综合单价/元	总计/万元	备 注
钻孔	21 000	m	140	294.00	考虑岩石层
地下换热器安装	21 000	m	60	126.00	含管材、管件、管路安装、三次打压试验及管路冲洗
地源热泵主机	1	台	308 700	30.87	制冷量 405 kW,制热量 441 kW
地源热泵主机	1	台	663 600	66.36	制冷量 948.2 kW,制热量 1 028 kW
机房附属设备及安装	24 185.33	m²	55	133.02	水泵、水箱、分集水器、水处理设备板式换热器等(办公区与公寓两套系统,公寓系统需分区)
末端	24 185.33	m²	90	217.67	风机盘管系统
自动控制	1	套	200 000	20.00	变频等
总计	万元			887.92	根据钻孔情况调整

9.5.2.6 运行费用概算

1. 办公区空调采暖运行费用概算

该办公区域在整个制冷和供热过程中的相关运行费用见表 9-10。

表 9-10 办公区(6 387.17 m²)地源热泵系统的运行费用

设　备	工　况	功率/kW	年运行时间/h	运行份额	电费/(元/kW·h)	年运行费用/元
空调用热泵	制冷	76.2	900	0.5	0.6	20 574
	制热	105.1	1 920	0.5	0.6	60 537.6
地上侧循环水泵	制冷	11	900	1	0.6	5 940
	制热	11	1 920	1	0.6	12 672
地下侧循环水泵	制冷	11	900	1	0.6	5 940
	制热	11	1 920	1	0.6	12 672
总　计						118 335.6

2. 公寓空调采暖系统运行费用概算

公寓的整个制冷及供热阶段所涉及的运行费用见表 9-11。

表 9-11 公寓(17 798.16 m²)地源热泵系统的运行费用

设　备	工　况	功　率	年运行时间	运行份额	电费/(元/kW·h)	年运行费用/元
空调用热泵	制冷	180.5	900	0.5	0.6	48 735
	制热	249	1 920	0.5	0.6	143 424
地上侧循环水泵	制冷	30	900	1	0.6	16 200
	制热	30	1 920	1	0.6	34 560
地下侧循环水泵	制冷	30	900	1	0.6	16 200
	制热	30	1 920	1	0.6	34 560
设备层循环水泵	制冷	15	900	1	0.6	8 100
	制热	15	1 920	1	0.6	17 280
总　计						319 059

9.5.2.7 系统比较

为体现绿色建筑采用地源热泵系统的合理性,以该绿色建筑为依据,将采用地源热泵系统和采用冷水机组加城市热网的费用进行对比,具体细节见表 9-12。为清晰表达对比效果,将表 9-12 中的数据转化为图 9-28。

表 9-12 地源热泵与冷水机组加城市热网系统的对比分析

项　目	地源热泵	冷水机组＋城市热网
冷热水机组	97.23	97.23
城市热网/(元/m²)		205.60

续表

项目	地源热泵	冷水机组＋城市热网
冷却塔/万元		15.00
地下钻孔/万元	294.00	
地埋管/万元	126.00	
机房水泵、管道、控制等/万元	153.02	153.02
热网换热器及管路/万元		15.00
建筑物空调末端/万元	217.67	217.67
初投资比较/万元	887.92	703.52

运行费用比较				
季节	冬	夏	冬	夏
能源形式	电/(kW·h)	电/(kW·h)	供热网/(元·m⁻²)	电/(kW·h)
单价/元	0.60	0.60	24.00	0.60
热网费用/元			61.67	
冷却塔运行维护费用/元				8.00
机组与水泵/万元	31.90	11.83		11.83
合计/万元	43.73		81.50	

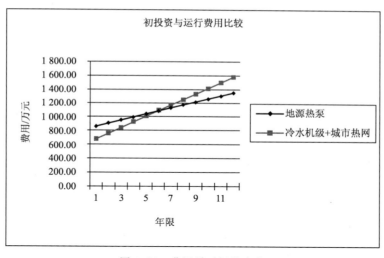

图 9-28　费用随时间的变化

由图 9-28 可见,地源热泵的初投资明显高于冷水机组加城市热网空调采暖系统,但是由于地源热泵的运行费用低廉,在第五年的时候,两个系统的初投资与运行费用累计值已持平,即从第五年之后,冷水机组加城市热网的总投资高于地源热泵。本工程当地土壤为岩石层,钻井费用较高,所以投资回收期稍长约为 5 年,但是地源热泵运行费用低的特点仍然得到体现。通过对比分析,地源热泵空调采暖系统在本工程的应用是合理可行的。途中的数据点代表随运行时间的延长初投资与运行费用的累计值。

9.5.3　生活热水工程

上一小节介绍了一幢采用地源热泵系统作为绿色建筑工程中暖通空调系统的案例,当考虑到同时有暖通空调和生活热水需求的建筑时(如别墅),采用地源热泵独立系统的适用性也可以通过接下来的案例分析说明。本案例将对青岛地区的一幢使用地源热泵系统的别墅进行分析。

1. 工程信息

该工程为别墅型绿色建筑,建筑面积 521.7 m²,空调冷热负荷是进行采暖空调方案的设计基础,同时空调冷热负荷的大小也会决定空调系统的投资大小。估算本建筑负荷见表 9-13。

表 9-13　别墅建筑的面积及负荷

建　筑	建筑面积/m²	冷负荷/kW	热负荷/kW
别墅	521.7	34	29

热水负荷假定别墅常住 5 人,用水定额按每人每日 220 L。冷水温度取 15 ℃,热水供水温度取 50 ℃,其生活热水负荷经计算约 10 kW。

2. 地埋管设计长度估算

根据工程经验和冷热负荷估算其空调用地埋管换热器设计长度约为 460 m,生活热水系统用地埋管换热器设计长度约 140 m,即地埋管换热器总估长度为 600 m。在设计单位或甲方给予详细建筑负荷的情况下可用专业软件"地热之星"进行设计校核计算。

3. 方案介绍

(1)方案一:地源热泵暖通空调及供热水系统。

采用一台涡旋式热泵作为暖通空调系统的主机,另一台涡旋式热泵作为生活热水系统的主机,暖通空调系统和生活热水系统共用地埋管换热器,设备共同放置于一机房中,除此之外各自独立。空调系统末端采用风机盘管系统。暖通空调系统地上侧(冷热水环路)和地下侧(地埋管循环水环路)各设一台循环水泵和一套定压设备;同暖通空调系统类似,生活热水系统地上侧和地下侧也各设一台循环水泵,在热水环路设一台承压贮热水罐,为末端用水设备提供压力。

(2)方案二:地源热泵暖通空调+太阳能供热水系统。

采用一台涡旋式热泵作为暖通空调系统的主机,室外侧设地埋管换热器,热泵、水泵等设备共同放置于一机房中,空调系统末端采用风机盘管系统。暖通空调系统地上侧(冷热水环路)和地下侧(地埋管循环水环路)各设一台循环水泵和一套定压设备。生活热水系统采用直流式温差循环太阳能集热供热水系统,根据热水负荷计算约需太阳能集热器 18m²,设高位水箱和贮热水箱,贮热水箱中设置辅助加热器。

4. 生活热水系统的技术分析

对于家用生活热水系统,国内推广最多的就是太阳能集热器热水系统。太阳能集热器热水系统同倾斜太阳总辐射月平均日辐照量、水平面太阳总辐射月平均日辐照量、月平均室外温度、月日照时数等气象参数有关[27]。各个地区因其地理位置,不同太阳能可利用情况也不同。在有充足太阳日照时间的地点应用问题不大,但在日照率不足或阴天雨天不见阳光时,集热器不能从通过阳光获取足够的太阳能来加热热水。在山东地区,一般情况下夏季用太阳能来制取生活热水都没有问题,目前可采用的设备(集热器)即使在阴雨天也可以收集到足够的热量。而对于冬季来说,太阳能的效果就会大打折扣。通常采用辅助热源,如电加热器、燃气(油)锅炉、热泵热水器等。由于太阳能集热供生活热水系统的热量来源主要是太阳能和作为补充热源的燃气或低谷时段的电能,所以其主要耗能设备为循环水泵和热水供水泵。因此太阳能集热系统的运行费用仍然较为合理。

采用地源热泵也可用来供给生活热水,现在常用的方式有两种:一是独立设置一台热泵机组专门用来制取生活热水,这样的好处是生活热水系统是一个独立的系统,开停的时间随用户的意愿需求而定,系统运行持续稳定;二是采用热回收形式的空调用热泵,热泵机组在制冷的时候要排放大量的冷凝热,有些厂家的设备采用热回收技术,回收制冷时的废热,加热生活热水,费用低廉,为用户大量节省热水运行费用。还有些机组内置独立的热回收回路,独立加热热水,这样做的好处是冬夏季都可以利用热回收回路制取生活热水。这种方式也有缺点,在春秋过渡季不使用空调的季节也要开启空调用热泵制取生活热水。采用地源热泵生活热水系统适合于冷负荷大于热负荷的地区。

5. 项目的投资及回收年限

经过投资和运行费用估算,因考虑其地质为岩石,所以地源热泵系统的初投资较高,但其运行费用很低,从表 9-14 中数据可见,地源热泵暖通空调系统和变容量多联机相对比,其增量投资可在 3 年内收回。所以本方案推荐暖通空调系统采用地源热泵暖通空调系统。对于生活热水供水系统,投资估算见表 9-15。太阳能集热供热水系统的初投资低于地源热泵供热水系统,由于地源热泵供热水系统是采用热泵进行生活用水的加热,其驱动能量为电能,此外还包括循环水泵,而太阳能集热系统的驱动能源为太阳能,消耗电能的设备仅为循环水泵和供水泵,所以太阳能集热系统的运行费用和初投资都要比地源热泵供热水系统略低,但因受气候影响严重,运行不稳定,有很多时候要用到辅助热源,通常会采用电加热,这在一定程度上也会增加运行成本。因此,不论是空调采暖系统,还是生活热水供水系统,相对于多联机空调系统加太阳能集热系统,地源热泵系统都具有运行稳定的特点。从投资和运行费用的分析来看,采用地源热泵暖通空调系统也是较佳的选择。因此,鉴于地源热泵的运行稳定性和舒适性,本项目最终选择方案一,即地源热泵负责暖通空调及生活热水。

表 9-14　暖通空调系统的投资估算及回收

暖通空调	地 源 热 泵			多 联 机		
初投资	项目	型号	投资/元	项目	数量	投资/元
1	水源热泵机组	制冷量 40.4 kW	45 000	室内机	1 套	70 000
2	地埋管换热器	460 m (岩石层)	73 600	室外机	1 套	70 000

续表

暖通空调	地源热泵			多联机		
初投资	项目	型号	投资/元	项目	数量	投资/元
3	机房辅助设备及安装	1套	20 000	管道及安装	1套	30 000
4	末端设备及安装	1套	40 000	—	—	—
小计			178 600			170 000
运行	项目	功率/kW	运行费用/元	项目	功率/kW	运行费用/元
夏季	热泵	7	3 150	热泵	14	6 300
	循环水泵	2	1 800	—	—	—
冬季	热泵	10	7 200	热泵	16	11 520
	循环水泵	2	2 880	—	—	—
小计			15 030			17 820
投资回收期	3 年					

表 9-15 生活热水系统投资对比表

热水	地源热泵供热水系统			太阳能集热供热水系统		
1	热水用热泵机组	制热量 10 kW	18 000 元	太阳能集热器	18 m²	15 000 元
2	地埋管换热器	80 m(岩石层)	12 800 元	贮热水箱和高位水箱	1.5 m³	10 000 元
3	贮热水箱	1 m³	8 000 元	输送系统及安装	1套	10 000 元
4	输送系统及安装	1套	8 000 元			
小计			46 800 元			35 000 元

本 章 小 结

　　当今世界气候问题日益严峻,各国将发展节能环保事业作为一个重要目标。建筑耗能在整个能源消耗中占据较大比例,降低该耗能,是我国在经济发展以及环保方面亟待解决的问题。因此,发展节能环保产业,降低环境污染,有利于建筑行业和我国经济的健康发展。为避免经济发展受到制约,节能环保日益重要。对于建筑能耗,暖通空调系统则是一个重要组成部分,该部分能耗可占到我国建筑的能耗的一半以上。与其他行业相比,建筑业也更容易实现节能降耗减排。

　　地源热泵技术具有优异的节能性、经济性和实用性,近年来在国内外市场都获得了迅速发展。使用地源热泵这种节能设备后,预计我国到 2020 年每年就可节省 3.35 亿吨标准煤,减少

8 000 kW·h 空调高峰负荷,相当于每年节省电力建设投资约 1 万亿元[29]。

　　此外,绿色建筑的实现需要节能环保型设备的应用,并且有机地整合不同的节能技术,统筹协调发挥最优的功效。地源热泵从设计到应用,整个过程都符合绿色建筑的要求,其利用的地下热能属于可再生能源。随着地源热泵技术的进步以及绿色建筑和节能减排政策的促进,地源热泵将成为建筑能源行业发展的焦点之一。

参考文献

[1] 赵军,戴传山.地源热泵技术与建筑节能应用[M].北京:中国建筑工业出版社,2007.

[2] 张佩芳.地源热泵在国外的发展概况及其在我国应用前景初探[J].制冷与空调,2003,(3):12-15.

[3] 何龙.美国现有 60 万台地源热泵机组每年递增 5 万户[J].地热能,2013,(5):15.

[4] 涂锋华,赵军.地源热泵的工程应用与环保节能特性分析[J].节能与环保,2001,(3):33-35.

[5] 曲云霞,张林华,方肇洪,等.地下水源热泵及其设计方法[J].可再生能源,2002,(6):11-14.

[6] 刁乃仁,方肇洪.地埋管地源热泵技术[M].北京:高等教育出版社,2006.

[7] 山东方亚地源热泵空调技术有限公司.地源热泵系统节能分析[EB/OL].百度文库,2011. http://wenku.baidu.com/link? url＝H7X_oypj4_8EmST3Meca2fU3a-rAZ8WE4ikIvsv ZSoTidwrSPqAO9mzk02ZRqA78-SeL C7JYpGVWxc4KyhTAkBL5mVhVWP-jfE_0-bl0DOC

[8] 寿青云,陈汝东.高效节能的空调:地源热泵[J].节能,2001,(1):41-43.

[9] 前瞻网数据.2014 年我国建筑节能方面投入将超过 40 亿元[EB/OL].前瞻网,2014. http://www.qianzhan.com/qzdata/detail/149/141118-8beb611a.html.

[10] 慧聪空调制冷网.地源热泵为南方供暖问题带来新思路[EB/OL].慧聪空调制冷网,2015. http://info.hvacr.hc360.com/2015/02/060930547972.shtml.

[11] 陈卫翠,刘巧玲,贾立群,等.高性能地埋管换热器钻孔回填材料的实验研究[J].暖通空调,2006,36(9):1-6.

[12] 林芸.地热换热器传热模型和设计计算的进一步研究[D].济南:山东建筑大学,2010.

[13] 于玮,樊玉杰,方肇洪.负荷特性对地埋管换热器性能的影响[J],暖通空调,2008,38(8):73-77.

[14] 曾和义,刁乃仁,方肇洪.竖直埋管地热换热器钻孔内的传热分析[J].太阳能学报,2004,25(3):399-405.

[15] ZENG H Y,DIAO N R,FANG Z H. A finite line-source model for boreholes in geothermal heat exchangers[J]. Heat Transfer—Asian Research, 2002, 31 (7):558-567.

[16] 王毅.钻孔偏斜的分析与控制[J].矿业研究与开发,1993,1.

[17] 北京中环工程设计监理有限责任公司.埋地聚乙烯给水管道工程技术规程[M].北京:中国建筑工业出版社,2004.

[18] 岳建军,徐向荣.土壤源热泵在内蒙古中部地区的应用分析与研究,全国暖通空调制冷 2008 年学术年会资料集.2008.

[19] 中华人民共和国建设部.地源热泵系统工程技术规范[M].北京:中国建筑工业出版社,2009.

[20] 张贵金,曾柳絮,陈安重,等.松软地层高压灌浆封孔浆体研制及应用论证[J].岩土工程报,2012,34(6):1109-1116.

[21] 聂荣忠.给水 PE 管施工技术及几点经验[J].甘肃科技,2007,23(1):42-44.

［22］ 马伟斌,龚宇烈,赵黛青,等.我国地热能开发利用现状与发展[J].中国科学院院刊,2016(2):199-207.

［23］ 朱岩,杨历,李中领.土壤源热泵的节能与技术经济性分析[J].煤气与热力,2005,25(3):73-76.

［24］ 李志锋,胡朝昱.浅析绿色建筑设计及其在我国的发展[J].广西城镇建设,2009,6:54-56.

［25］ MOLINA-GIRALDO N,BLUM P,ZHU K,et al. A moving finite line source model to simulate bore-hole heat exchangers with groundwater advection[J]. International Journal of Thermal Sciences,2011,50(12):2506-2513.

［26］ 于明志,彭晓峰,方肇洪,等.基于线热源模型的地下岩土热物性测试方法[J].太阳能学报,2006,27(3):279-283.

［27］ 李文博,吕建,解群,等.村镇住宅太阳能/沼气联合采暖系统的经济性分析[J].天津城市建设学院学报,2010,16(2):118-121.

［28］ 袁焱梁.绿色建筑与我国建筑业的可持续发展现状与展望[J].建设科技,2016,(15):96-97.

［29］ 慧聪建材网.建筑外墙保温材料的使用方法[EB/OL].慧聪建材网,2014. http://info. bm. hc360. com/2014/01/171121567541. shtml.

第10章 绿色建筑与热回收技术

我国的建筑能耗中暖通空调系统的能耗所占比例高达 50%～60%,其中新风能耗的比例约为 25%～30%。如果为提高室内空气品质而增大新风量的要求,将大大增加空调系统的能耗,加剧我国能源匮乏与高需求之间的矛盾;从另一个角度看,正因为空调系统能耗所占比例较高,其节能潜力也颇为可观。这里的节能不同于石油危机爆发时的盲目节能,而是在首先满足为人们提供舒适、健康的室内环境的前提下,尽量提高能源利用效率。以此背景为契机,各种热回收技术被广泛应用于绿色建筑系统中,包括热管技术、热电技术、复合冷凝技术、转轮式全热回收技术、膜式全热回收技术、溶液式全热回收技术、间接蒸发冷却技术等。本章将详细论述各种热回收技术的原理及其进展,并分析其节能经济效益,最后展示这些热回收技术在绿色建筑中的应用案例。

10.1 热 管 技 术

10.1.1 热管技术原理

10.1.1.1 整体式热管运行原理

整体式热管的运行原理用圆柱形几何形状比较容易理解,如图 10-1 所示。热管是一个包括管壁和端盖的封闭腔体,热管内部包含吸液芯和工质。热管沿长度方向可分为三部分:蒸发段、绝热段和冷凝段。一个热管可以有多个热源或热汇,可以包含或者不包含绝热段,均由其特殊的应用和设计决定。外部热源向蒸发段输入热量,通过管壁和吸液芯的导热作用传给工质,使工质蒸发,变成蒸汽。蒸汽经过绝热段流向冷凝段,在冷凝段释放潜热凝结成液体,在毛细驱动力的作用下回流至蒸发段,实现热量的传输。毛细驱动力是由吸液芯结构的表面张力产生,它将冷凝液泵回蒸发段。这样,热管就可以反复循环将蒸发段热量通过汽化潜热传输至冷凝段。只要可以产生足够的毛细力使冷凝段液体回流至蒸发段,这个过程就会连续不断进行。

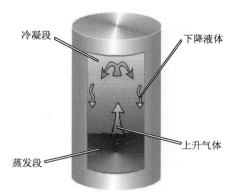

图 10-1 热管运行原理图

冷凝段

下降液体

上升气体

蒸发段

在蒸发段由于液体藏于吸液芯结构孔道之后,气液界面的曲度很大;另一方面,由于冷凝过程,冷凝段曲度接近于零。因为工质表面张力和曲度使得气液界面处产生毛细压差。气液界面的曲度差造成毛细力沿热管不同。毛细压差梯度使得液体克服气液压力损失和反向体积力(如重力)回流。

从热源向蒸发段内液-汽界面的传热基本上是一个传导过程。对于水或酒精这类低导热率的流体来说,由于吸液芯的导热率比流体高,因此热能差不多完全靠多孔吸液芯结构传导。但是,对高导热率的液态金属来说,热量既通过吸液芯结构导热,也被毛细孔内的液体所传导,对流传热是很小的,因为要产生任何有意义的对流流动,毛细孔空间太小,取决于工质和吸液芯材料、吸液芯厚度以及径向净热通量。这个温降是沿热流通路的温度梯度主要构成因素之一。

在热能传递到液-汽分界面附近以后,液体就可能蒸发,与此同时,从表面离开的净质量流使液-汽分界面缩回到吸液芯结构里面,造成一个凹形的弯月面,这个弯月的形状对热管工作原理有决定性的影响。在单个毛细孔上的简单力学平衡表明:对于球形分界面,蒸汽压力超过液体压力的数值等于两倍表面张力除以弯月面半径。这个压差是液体流动和蒸汽流动两者的基本推动力。它主要与循环时作用于液体的重力和黏滞力相对抗。但是,如果热通量增高,则弯月面还要进一步缩入吸液芯里面,而呈现一个更复杂的形状[1],最后它可能妨碍毛细结构内的液体流动。一旦液体吸收了汽化潜热而蒸发后,蒸汽就开始通过热管的蒸汽腔向冷凝段流动,此流动是由在蒸汽腔内占优势的小压差引起的,蒸发段内的温度比冷凝段内的温度稍微高一些,从而造成了这个压差。这个温降常常作为热管工作成功与否的一个判据。如果此温差小于 2 ℃,则热管常常被说成是在"热管工况"下工作,即等温工作[2,3]。在蒸汽向冷凝段流动的同时,从蒸发段的下游部分不断加进补充的质量,因此,在整个蒸发段内轴向的质量流量和速度是不断增加的,在热管的冷凝段则出现相反的情况。

热管的蒸发段内和冷凝段内的蒸汽流动,在动力学上与通过多孔壁注入或吸入的管内流动是等价的。流动可以是层流,也可以是湍流,取决于热管的工作情况。当蒸汽流过蒸发段(和绝热段)时,由于黏滞效应和加速度效应,压力不断下降。一旦达到冷凝段,蒸汽就开始在液体-吸液芯表面上冷凝,减速流动使部分动能回收,从而使在流体运动方向压力有所回升。值得注意的是,蒸汽腔内的驱动压力要比蒸发段与冷凝段内流体的蒸汽压差稍微小一些。这是因为要维持一个连续蒸发的过程,蒸发段内流体的蒸汽压必须超过相邻液体的蒸汽压。

当蒸汽冷凝时,液体就浸透冷凝段内的毛细孔,弯月面有很大的曲率半径,从而实际上可以认为它基本上是无穷大的。在热管内只要有过量的工质就一定集中在冷凝表面上,从而保证有一个平的分界面。冷凝热通过吸液芯-液体基体和管壳壁传给热汇。如果有过量液体存在,从分界面到管壳外面的温降将比蒸发段内相应的温降大。事实上,有些研究人员认为冷凝段内的热阻是热管设计中应考虑的主要参量之一[4]。

最后,由于毛细作用,冷凝液通过吸液芯被"送"到蒸发段,通常把液体流动看作层流,并假定被黏滞力所支配。由于黏滞损失,当热管在重力场下工作时,还因高度的增加,压力沿液流通路是下降的。

10.1.1.2　分离式热虹吸管的工作原理

　　分离式热管（又名分体热虹吸热管）原理如图10-2所示，是在闭式热虹吸管技术的基础上发展起来的一项高效传热技术。与普通的吸液芯热管不同的是：闭式热虹吸管属于无吸液芯热管，依靠重力回流形成热虹吸。热管蒸发段在下，冷凝段在上，蒸发段底部有液池，当有热量输入的时候，液池内工质蒸发形成蒸汽，蒸汽上升通过绝热段流向冷凝段，蒸汽在冷凝段释放潜热冷凝，依靠重力流回到蒸发段。由于热虹吸管的高效性、可靠性及经济性，在许多方面得以应用：保持永冻层；防止路面结冰；涡轮片的冷却以及在换热器中的传热等。分离型热虹吸管的加热段和冷凝段分开放置，管束把蒸发段或冷凝段各自组合起来，通过一根上升管和回流管将分离开的两组管束连接起来，热管工作介质在闭合回路中同向循环，这种热管换热器将高温侧和低温侧分成两个单独壳体，中间不设置隔板，两流体不会因泄漏而相混。

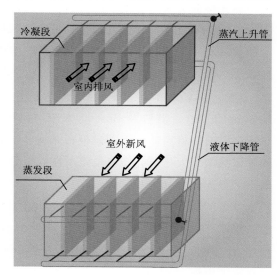

图 10-2　分离式热管原理图

　　分离型热管工作时，热流体横掠组合蒸发段，管内工质受热沸腾，蒸汽在蒸发段上部的接管汇集进入总管内，将热量传给横掠过组合冷凝段的冷流体。蒸汽放热后，冷凝为液体依附于管壁，冷凝液体在重力的作用下经连接管回流到组合蒸发段的下接管，这样就形成了闭式循环。为排放不凝气体，可在组合冷凝段下接管装设不凝气体分离排放装置。

　　分离式热管中冷凝段的布置必须高于蒸发段。在正常稳定工作过程中，液体下降管与蒸发段液面形成一定的液位差。该液位差可以平衡蒸汽流动和液体流动压力损失，同时保证系统在正常运行时蒸发段和冷凝段间的最低位置差，是液体回流的驱动力。此外，当组合冷凝段不能布置在组合蒸发段上方时，可采取辅助升液装置，将少量热流体导入升液装置，使工质沸腾，利用气-液混合物体积膨胀向高处输送工质。

10.1.2　热管发展历史及现状

　　众多传热元件中，热管是所知的最有效的传热元件之一，它可将大量热通过很小的截面积远距离传输而无须外加动力。热管的原理首先是美国俄亥俄州通用汽车公司（The General Motors Corporation, Ohio, U. S. A）的 Gaugler 于 1944 年在美国专利（No. 2350348）中提出的。他当时正在研究冷冻问题，他设想一装置由封闭的管子组成，在管内液体吸热蒸发后，由下方的某一装置放热冷凝，在无任何外加动力的前提下，冷凝液体借助管内的毛细吸液芯所产生的毛细力回到上方继续吸热蒸发，如此循环，达到热量从一处传输到另一处的目的，但是他的想法未被采纳。

1963 年,美国 Los Alamos 国家实验室的 Grover 重新发明了类似于 Gaugler 提出的传热元件,并进行了性能测试实验,在美国《应用物理》杂志上公开发表了第一篇论文[12],并正式将此传热元件命名为热管 Heat Pipe,指出它的热导率已超过任何一种已知的金属,并给出了以钠为工质,不锈钢为壳体,内部装有吸液芯的热管的实验结果。至此热管才开始受到重视。由于热管构思的先进性和巧妙性,以及在应用中展露出的强大生命力,引起了传热界的极大兴趣。许多学者开始对热管理论进行研究。

1965 年,Cotter 首次提出了较完整的热管理论,为以后的热管理论研究工作奠定了基础。Kemme 和 Deverall 以及 Busse[5] 对于声速极限做出了较大的贡献。Nukiyama 还提出了适用于液态金属热管启动过程的黏性极限理论。Ferrell 等对被液体所浸透的多孔物质中的蒸发沸腾传热做了大量研究。田长霖[6]在双组分热管、毛细芯性质、蒸汽流动以及热管性能等方面做出了很大的贡献。

学者们除了对热管理论进行研究外,还对热管在空间技术和地面各领域的应用进行了广泛的探索。Katzoff 提出了热管的另一种类型——可控热管的设想,而后来 Gray 设计不用毛细芯,而是利用管子旋转产生的离心力使液体从冷凝段回到蒸发段,称为旋转热管。它可用来冷却旋转物体。

热管技术首先在卫星的温度控制上取得应用。1967 年,Las Alamos 实验室首次将一根实验用不锈钢-水热管送入地球卫星轨道并运行成功,取得了热管运行性能的遥测数据,证明了热管在零重力条件下成功运行。1968 年,热管作为卫星仪器温度控制手段第一次用于测地卫星 GEOS-B,热管壳用铝合金,工作介质为氟利昂 11,目的是减少卫星中不同答应器之间的温差。实践证明,热管在空间中应用效果极佳,例如 1969 年美国发射的一颗同步轨道卫星上安装了 8 支环形热管,将向阳面的热量传至背阴面,整个卫星表面温度约在 13~27 ℃,温度差约为 14 ℃,而无热管时,表面温度约在 −44~74 ℃,温差高达 118 ℃。

以后的几年里,各国的科研机构更加致力于热管的应用研究方面。日本出现了带翅片热管束的空气加热器,在能源日趋紧张的情况下,可用来回收工业排气中的热能。同时,Turner 和 Bienert 提出了可变导热管来实现恒温控制。这些发明都是热管技术的重大突破。

除了空间技术外,热管随后被用于电子工业领域,用以冷却电子器件,例如电子管、半导体元件和集成电路板等。1969 年首先报道了用于大功率半导体元件冷却的热管散热器,并在电力机车上运行了四年,它的重量为传统的散热器重量的 1/5。此外,用热管作为等温部件以提供等温环境,对于半导体的生产工艺以及高精度的测量技术也有巨大的帮助。

由于热管技术的迅速发展,它的使用范围扩大到电机和机械部件的冷却:如电动机转子的冷却,变压器、高速轴承和铸模等的冷却。20 世纪 70 年代中期产生了将热管应用于医用手术刀及半导体工艺的等温炉的研究。近年来热管被用于输送地热以加热地面,防止结冻,或者在冻土带将地面热量传输到空气中,以保持地基的稳定性。

在热管发展史上值得一提的是,在横穿阿拉斯加输油管线的工程中,为防止夏季冻土融化使地面下沉以及冬季再次冰冻使地面拱起造成输油管道支架及输油管破裂，要求保持永久冻土层的稳定，为此采用了约 10 万支 9.4～20.1 m 的液氨-碳钢重力热管。每根支架支柱内壁两侧插入两根重力热管，冬季把地下热量排入大气，使支柱下面土壤冻结范围扩大而又结实，保证支柱基础稳定。夏季因重力热管的二级管性能，热管上部冷凝段外热源（大气）的温度接近或超过下部蒸发段外热源（土壤）的温度时，热管自动停止工作，不会使大气热量传入冻土层内，从而保持冻土层的稳定。实验表明，安装热管后，支柱壁面和 6 m 深处的温度很快下降，1 月初达到 −24 ℃，4 月中回升到 −7 ℃，夏季也在 0 ℃ 以下，10 月初热管又开始工作，如此循环，冻土将保持稳定，满足了工程需要[7]。

我国的青藏铁路沿线多年冻土全段长 550 km，其中融区约 90 km。实际通过多年冻土地段 460 km。其中年平均地温高于 −1 ℃ 地段约 310 km。这种多年冻土属不稳定多年冻土，热稳定差。一旦受到外界热干扰，其温度状况很难恢复，有的地段甚至永远不能恢复。用热管来冷冻这些地段的地基，可以确保地基基础稳定。

20 世纪 70 年代初，由于能源（石油）危机的刺激，热管技术在余热回收等节能工程方面获得迅速发展。70 年代中期，美国首先推出热管换热器的系列产品。目前热管换热器广泛用于锅炉、加热炉和工业窑炉等，并且已经部分商品化[8]。由于利用重力可以克服毛细力的不足，因此重力辅助热管的研究与应用近年来受到很大重视。

1974 年后，热管在节约能源和新能源开发方面的研究得到了充分的重视，热管换热器以及热管锅炉相继问世。

1984 年，Cotte 较完整地提出了微型热管的理论及展望，为微型热管的研究与应用奠定了理论基础。随着科学技术水平的不断提高，热管研究和应用的领域也不断拓宽。新能源的开发、电子装置芯片的冷却、笔记本式计算机 CPU 冷却以及大功率晶体管、可控硅元件、电路控制板等冷却、化工、动力、冶金、玻璃、轻工、陶瓷等领域的高效传热传质设备的开发，都将促进热管技术的进一步发展。

1972 年，我国第一根钠热管成功投入运行。至今热管研究和应用都已取得丰硕的成果。例如，在飞行器温度控制、高精度等温炉、机载雷达、行波管以及电子设备的散热和温控等方面都有成功的应用。我国在 20 世纪 70 年代中后期发射的回收卫星的仪器舱内装有 21 根直径 6.5 mm 的氨-铝轴向槽道热管，将仪器产生的热量供给电池，既降低了仪器的升温，又保持了电池的温度。

热管换热器作为余热回收的有效手段在我国已大量使用，我国对广泛使用的简单重力热管（两相闭式热虹吸管）的理论和实践都进行了探索并取得一定成效，包括分离型重力热管充液率临界值的探讨[8]等。热管技术在空调系统热回收中的应用近年来备受关注。空调系统耗能特点之一是系统同时存在供热（冷）和排热（冷）的处理过程，若能将需排掉的热（冷）量转移向需热（冷）的地方，即热能回收，就能有效地利用能[9]。而使用热管换热器在使得空调的送风温湿度适宜，达到人们舒适性要求的同时亦减少了空调系统的能耗。热管空调系统流程如图 10-3 所示。

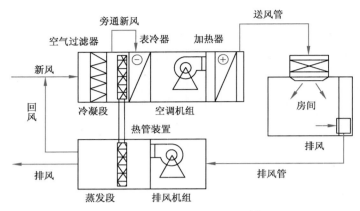

图 10-3　热管空调系统流程[9]

10.1.3　热回收技术节能经济效益分析

热管样机结构设计参数如下：

热管：紫铜管外径 $d_0=9.8$ mm，内径 $d_i=8.8$ mm；翅片：铝片，正弦波形，片厚 $\delta=0.2$ mm，正三角形排列，管间距 $S_1=25.0$ mm，翅片间距 $E=2.8$ mm，肋化系数 $\tau=13.07$，肋通系数 $a=14.45$ mm。

热管余热回收能量的多少取决于换热器的显热交换效率，即温度效率 E[10]。

$$E=\frac{换热器的实际传热量}{理论上最大可能传热量} \tag{10-1}$$

夏季工况如图 10-4 所示，此时

$$E=\frac{t_{1'}-t_{1''}}{t_{1'}-t_{2'}} \tag{10-2}$$

式中，$t_{1'}-t_{1''}$ 为蒸发段进出口平均温差；$t_{1'}-t_{2'}$ 为冷热气流平均温差。

温度效率 E 值与热管换热器冷、热两端管外的气体流型、两气流的水、当量比 R 和传热单元数 NTU 有关，理论上可按下式计算：

$$R=\frac{(G_1CP_1)_{\min}}{(G_2CP_2)_{\max}} \tag{10-3}$$

$$\text{NTU}=\frac{KA_t}{(G_1CP_1)_{\min}} \tag{10-4}$$

式中，$(G_1CP_1)_{\min}$、$(G_2CP_2)_{\max}$ 为两气流的水当量；K 为以加热段或冷却段管外表面积为基准的传热系数；A_t 为加热段或冷却段总换热面积。

$$E=\frac{1-\exp\left[-\text{NTU}\left(1-R\right)\right]}{1-R\cdot\exp\left[-\text{NTU}\left(1-R\right)\right]} \tag{10-5}$$

热管换热器的空气温度变化不是连续的，而是呈阶梯形变化，如图 10-5 所示。

根据不同的进排风条件，可以获得热管的温度效率，结果见表 10-1。

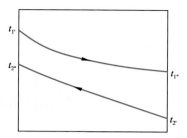

图 10-4 逆流温度分布[10]

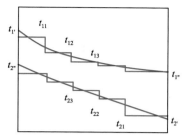

图 10-5 离散传热面温度分布[10]

表 10-1 热管排数及迎风面速度对温度效率的影响[10]

排数	迎面风速 $v_y/(m \cdot s^{-1})$	冷热气流平均温差 $\Delta T/℃$	蒸发段前后气流温差 $\Delta T'/℃$	温度效率 $E/\%$
	1.0	5.25	1.82	34.6
2 排	1.5	5.4	1.75	32.4
	2.0	4.85	1.5	30.9
	2.5	4.85	1.25	28.1
4 排	2.5	4.5	2.0	44.0

该能量回收装置用于空调排风能量回收在实际工程中是可行的。如果空调系统新风量按送风量的 30% 考虑,可使空调系统节能 7% 以上;随着冷热气流温差的增大和新风比的增大,节能效果将更显著。试验表明冷热气流温差只要超过 3℃ 即可回收能量。据此,我国上海、南京等长江中下游地区夏季空调冷回收的时间可达 150 h 以上。经按气象参数计算,三年内可收回设备初投资费用。

热管启动温度实验结果见表 10-2[10]。

表 10-2 热管启动温度实验结果

蒸发段高度/mm	冷热气流平均温差			
	$\Delta T = 2.5 ℃$		$\Delta T = 3.1 ℃$	
	进风	出风	进风	出风
400	27.0	26.9	27.8	27.7
300	27.1	26.8	28.1	27.6
200	27.2	26.9	28.1	27.5

10.2 热 电 技 术

10.2.1 热电技术原理

当直流电通过两种不同导电材料构成的回路时,节点上将产生吸热或放热现象。这是法国人帕耳帖最早发现的,1834 年首次发表于法国《物理和化学年鉴》,因此这个现象称为帕耳帖效应[11]。

帕耳帖效应是塞贝克效应的逆过程。当直流电通入图 10-6 所示的由两种不同材料构成的回路时,回路的一端吸收热量,另一端则放出热量。吸热量称为帕耳帖热,它正比于电流 I。

$$Q_p = \pi_{ab} I \qquad (10-6)$$

式中,π_{ab} 表示比例常数,称为帕耳帖常数。

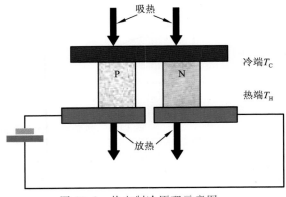

图 10-6　热电制冷原理示意图

帕耳帖常数取决于一对材料,对 π_{ab} 也有一个规定符号的问题,这必须与 ab 一致。通常,若材料 a 对材料 b 为正,当热电偶在冷接点断开时,ab 为正。同样,当材料 a 对材料 b 在温差电势上为正时,π_{ab} 为正。这样,若 a 至 b 的电流为正,则在接点上产生 Q_p。

这种效应是与半导体制冷有关的主要效应。帕耳帖效应的大小,取决于构成回路的节点温度和材料的性质,其数值可由塞贝克系数 ab 和节点处的绝对温度得出:

$$\pi_{ab} = ab \cdot I \qquad (10-7)$$

对于半导体热电偶,帕耳帖效应特别显著。当电流方向从空穴半导体流向电子半导体(P→N)时,接头处温度升高并放出热量;反之,接头处温度降低并从外界吸收热量。由于半导体内有两种导电机构,它的帕耳帖效应不能只用接触电位差来解释,否则将得出与上述事实截然相反的结论。

当电流方向是 P→N 时,P 型半导体中的空穴和 N 型半导体中的自由电子向接头处运动。在接头处,N 型半导体导带内的自由电子将通过接触面进入 P 型半导体的导带。这时,自由电子的运动方向是与接触电位差一致的,这相当于金属热电偶冷端的情况,当自由电子通过接头时将吸收热量。但是,进入 P 型半导体导带的自由电子立刻与满带中空穴复合,它们的能量转变为热量从接头处放出。由于这部分能量大大超过了它们为了克服接触电位差所吸收的能量,抵消一部分之后还是呈现放热。同样,P 型半导体满带中的空穴将通过接触面进入 N 型半导体的满带,也同样要克服接触电位差而吸热。由于进入 N 型半导体满带的空穴立刻与导带中的自由电子复合,它们的能量变为热量从接头处放出,这部分热量也大大超过克服接触电位差所吸收的热量,一部分抵消后还是放热。其结果是接头处温度升高而成为热端,并向外界放热。

当电流方向是 N→P 时,P 型半导体中的空穴和 N 型半导体中的自由电子作离开接头的背向运动。在接头处,P 型半导体满带内的电子跃入导带成为自由电子,在满带中留下一个空穴,即产生电子-空穴对。而新生的自由电子立刻通过接触面进入 N 型半导体的导带,这时自由电子的运动方向是与接触电位差相反的,这相当于金属热电偶热端的情况,电子通过接头时放出能量。同样,N 型半导体也产生电子-空穴对,新生的空穴也立刻通过接触面进入 P 型半导体的满带,产生电子-空穴对时所吸收的热量也大大超过了它们通过接头时所放出的能量。总的结果使接头处的温度下降而成为冷端,并从外界吸热,产生制冷效果。

由于碲化铋等半导体材料具有优异的热电性能,使帕耳帖效应非常显著,因此产生了实际应用的价值。近 40 多年来,以碲化铋为元件的热电制冷器不断得到推广应用,出现了种类繁多、性能各异和大小不一的半导体制冷器件,满足了各方面的特殊需要,在制冷领域中可谓独树一帜。

当把若干对半导体热电偶在电路上串联起来,在传热方面是并联的,这就构成了一个常见的制冷电热堆。采用若干组制冷热电堆并联,借助流体在多通道内流动进行热交换,使热电堆的热端不断散热,冷端则不断吸收制冷区内的热量,从而使制冷区内温度降低,或者使制热区温度升高,这就是热电制冷/制热的工作原理。

10.2.2　热电技术发展历史及现状

热电制冷/制热技术同一般机械制冷相比,不需要机械制冷那样的马达、泵、压缩机等机械运动部件,因而不存在磨损和噪声,也不需要像氨、氟利昂之类的制冷工质及其传输管路。除此之外,它还具有结构紧凑、体积小、寿命长、制冷迅速、冷热转换快、操作简单、无环境污染等优点。它不破坏臭氧层,开辟了制冷技术的一个独特新分支。但由于当时只能使用热电性能差的金属和合金材料,能量转换的效率很低,例如,当时曾用金属材料中热电性能最好的锑-铋(Sb-Bi)热电偶做成热电发生器,其效率还不到 1%。因此,热电效应在制冷技术上没有实际应用。

第二次世界大战后,热电性能较好的半导体材料的研究、发现和应用,推进了热电制冷技术的理论和实验研究。20 世纪 50 年代以后,半导体材料的性能已有很大的提高,作为特征参数的优值系数 Z 从 0.2×10^{-3} K^{-1} 提高到 3×10^{-3} K^{-1},从而使热电发电和半导体制冷进入工程实践领域。为使该方面的技术得到广泛应用,世界各国均投入了不少力量进行材料、工艺以及制冷技术等方面的理论和应用研究,GE 和 WH 等四家大公司同时对美国海军提出的核潜艇空调和制冷系统热电化进行了不同类型和系统的样机研制,大大推进了热电制冷技术在这方面的发展。紧接着前苏联也进行了船用热电空调器和半导体冰箱的研制工作。西方国家还发展了各种便携式的热电制冷器、小冰箱和经济食品箱等。我国在 20 世纪 60 年代初,也开始了热电制冷技术的研究设计并制造出多种热电制冷装置,主要用于石油化工、航天航空、军事工业及电子技术等领域。当前,国外专门从事半导体制冷器生产的厂家以 MARLOW、MEL-COR、CAMBION 三家公司最具代表性[11]。

热电制冷具有诸多特点,应用开发几乎涉及所有制冷领域,尤其在制冷量不大又要求装置小型化的场合更有其优越性。它在国防、科研、工农业、气象、医疗卫生等领域得到了广泛应用,用于仪器仪表、电子元件、药品、疫苗等的冷却、加热和恒温环境。如石油凝固点测定器、无线电元件恒温器、微机制冷器、红外探测器制冷器、显影液恒温槽、便携式冰箱、旅游汽车冷热两用箱、半导体空调器、军用和医用制冷帽、白内障摘除器、病理切片冷冻台、药品低温保温箱、潜艇空调器。半导体制冷式的空调器及民用市场的开发是发展方向。半导体制冷器未来将向大功率与微小型方向发展。目前,热电材料的优值系数 Z 较低,从理论上看尚有巨大的发展潜力,进一步研究和开发新材料,不断提高其优值系数将是今后的主要目标和任务。采用计算机辅助设计的生产技术、严格控制生产加工过程、完善热电制冷元件性能是非常必要的。可以预见,不断拓展半导体制冷的应用领域将是其技术发展的牵引力。

热电制冷在世界日益发展的高科技领域中正越来越显示出它的重要地位,这不仅归因于氟利昂制冷剂的逐步淘汰,更因为以上所述的特殊优越性。有理由相信,半导体制冷技术在未来将得到更广泛的应用。我国发展半导体制冷技术应避免盲目开展重复性研制工作和试验,应集中力量攻克一些重要的难关,高效利用资源和资金,缩短与国外先进水平的差距。

10.2.2.1　热电材料的进展

虽然半导体制冷具有机械制冷所没有的无振动、无制冷剂、工作简单可靠和寿命长等优点,但同机械制冷相比,仍存在制冷效率低、制冷温差较小等缺陷。其原因主要在于较低的材料的优值系数,因此,自半导体材料的帕耳帖效应发现以来,大部分研究工作都集中在寻找更好的半导体材料上。

为了得到理想的使用效果,热电制冷用的半导体材料必须具有以下特性:

(1)具有高优值系数 Z,它使热电制冷器获得较大的制冷系数;

(2)具有合适的机械性能,如屈服极限和耐热冲击性;

(3)具有一定的可焊性,以实现元件间的电连接,并能与热交换器焊成一体;

(4)制造成本不能过高,成本不仅取决于各种配料的性质和纯度,也取决于生产方法和批量。

自从 1956 年 Ioffe 等提出了固溶体理论后,热电制冷技术得到了突飞猛进的发展,至 20 世纪 60 年代中期,热电制冷材料的优值系数 Z 达到了相当高的水平:P 型半导体的优值系数 $Z_p = 3 \times 10^{-3}$ K^{-1},N 型半导体优值系数 $Z_n = (3-3.2) \times 10^{-3}$ K^{-1},绝热工况下的最大温差 $\Delta T_{max} \approx 78$ K(热端温度 $T_h = 300$ K 时)。当时,中国科学院半导体研究所研制的热电材料,其性能也达到了国际水平。20 世纪 60 年代后期,各国都致力于热电制冷新型材料的开发,希望进一步提高优值系数,以便使热电制冷的效果更好。

适合半导体制冷用的材料有很多种类,如 PbTe、SbZn、SiGe 等和某些 II-V、II-VI、V-VI 族的化合物及固溶体。目前几种热电性能较好的热电制冷材料为:

(1)二元 Bi_2Te_3-Sb_2Te_3 和 Bi_2Te_3-Sb_2Se_3 固溶体;

(2)三元 Bi_2Te_3-Sb_2Te_3-Sb_2Se_3 固溶体,目前研究最多的 P 型和 N 型 Bi_2Te_3-Sb_2Te_3-Sb_2Se_3 准三元合金的特性,这种半导体材料是将固溶体 Sb_2Se_3 加入到 Bi_2Te_3-Sb_2Te_3 中而得到的;

(3)P 型 $Ag_{(1-x)}Cu_{(x)}TiTe$ 材料;

(4) N 型 Bi-Sb 合金材料；

(5) YBaCuO 超导材料。

到目前为止，室温下优值系数 Z 最高的材料是 P 型 $Ag_{0.58}Cu_{0.29}Ti_{0.91}Te$ 四元合金，其在 300 K 时 Z 值可以达到 5.7×10^{-3} K^{-1}，但是制备起来非常困难；$200 \sim 300$ K 普冷范围内热电性能优良，应用最多的材料是三元 Bi_2Te_3-Sb_2Te_3-Sb_2Se_3 固溶合金，其在 $200 \sim 300$ K 范围内平均优值系数可维持在 3.0×10^{-3} K^{-1} 左右，是目前各国半导体制冷设备生产的首选材料，但是温度降到 200 K 以下时，热电性能将迅速下降；$20 \sim 200$ K 深、低冷范围内最好的材料是 N 型 Bi-Sb 合金，其 Z 值可普遍保持大于 3.0×10^{-3} K^{-1}，其中 $Bi_{85}Sb_{15}$ 在 80 K 时的 Z 值可以达到 6.5×10^{-3} K^{-1}，是已知材料中最高的（零磁场下），但当温度超过 200 K 时，优值系数会大大低于同温度下的固溶体材料。高临界转变温度（Tc）的高温超导（HTc）材料的使用，使得制成 150 K 温度以下的半导体制冷器成为可能。

提高优值系数的方法应包括材料最优化的物理原理和制造工艺两个方面，从物理方面来看，提高 Z 值的方法可以有选择最佳载流子浓度、增加材料的禁带宽度、提高载流子的迁移率与晶格热导率的比值、改变材料的散射机构等，这些方法都是可以通过合适的掺杂来实现的；从制造工艺方面来看，可以采取降低材料的生长速率，并合理选择退火温度和退火时间来提高 Z 值。

目前，利用声子散射机制进一步降低低晶格热导率是人们感兴趣的研究领域。除了合金散射、晶界散射外，近来又有人提出了声子的散射机构，包括了微杂集团和非离化（中性）杂质散射。同时人们对于塞贝克系数和功率因子 $\alpha^2\sigma$ 的兴趣也在进一步增加。随着半导体材料制备技术的不断创新，利用诸如分子束外延、金属有机物气体外延等手段，不仅可以灵活地设计和制作各种新型结构的材料，而且促进了对非均匀材料和异质结构的物理特性认识。这些进展也促使温差电材料的研究由传统的均匀块晶材料向非均匀异质结构延伸。初步的理论研究表明：采用诸如超晶格量子阱或者晶界势垒等，都有可能使材料的功率因子得到提高。此外，利用最近发现的共振散射、跳跃输运和重费米半导体等，都有可能提高材料的功率因子，从而使温差电优值系数得到提高。

10.2.2.2　热电制冷器的进展

热电制冷器通常是由几十个、几百个甚至更多的温差电对通过串联、并联或者混合的形式组成的，温差电对的热电性能直接决定了制冷器的性能。材料是影响温差电对性能的最主要的因素，但通过改进电臂的结构，设计特殊的电臂连接方式，同样可以改进电对的性能，例如，两电臂按最佳截面积比制作时优值系数最高。我们知道，目前半导体制冷器广泛采用等截面直电臂温差电对，由于电臂冷端和热端的电、热通路完全对称，焦耳热将有一半流向电臂的冷端，成为冷端的一个主要热耗。因此，如何改变电臂的热通路，尽量减少流向冷端的热量，就成为结构研究的重点。同轴环臂温差电对是设法阻隔冷端的热通路，而"无限级联"温差电对则是在热通路上尽量"捕获"流向冷端的热耗。

同轴环臂温差电对中的 p 型和 n 型电臂均为环状,内外环都与铜管连接,铜管既是换热面又是电极。电臂中电流沿径向流动,改变电流方向,即可使内铜管或者外铜管成为电臂冷端。实验表明:当内铜管为吸热端时,最大制冷温差将是内铜管为放热端时的最大制冷温差的 3 倍。根据实验显示,只要电臂的内外径之差不是非常小,都可以达到内铜管为吸热端时的情况,这是因为环状电臂的电、热通路不再对称,冷端的热阻要大于热端,更多的焦耳热将流向电臂的热端。

"无限级联"温差电对的 P 型和 N 型电臂之间用 0.25 mm 厚的硬纸绝缘,电臂外面化学积淀一层厚银膜实现短接,但银膜不能与电极接触。实验表明:这种电对的最大制冷温差与无银膜相比时,可提高 1.5~3 倍。

近年还出现了利用超导材料制作的 N-HTSC 高温超导温差电对。超导材料在其转变温度 Tc 下具有电导率无穷大的特点,虽然此时温差电动率几乎为零,但如能利用高温超导材料替代 P 型半导体材料作为被动式 P 型臂,即由 N 型半导体材料混合 HTSC 组成的温差电对的优值系数,就等于 N 型材料的优值系数,这将弥补目前低温下 P 型材料欠缺的不足。随着超导材料的 Tc 进一步提高,N-HTSC 低温半导体制冷器的道路必将越走越宽。

目前还有不少热电制冷器采用锥状电臂结构的研究。研究结果表明:锥状电臂热电制冷器的理论冷量计算公式与普通电臂一样,电臂中的焦耳热仍均匀分配到冷热两端;与普通电臂相比,采用锥状电臂后最佳工作电流减小,但最大制冷温差相同;当制冷器工作在最佳电流状态时,两者的制冷效率相同,锥状电臂的制冷量和直流功耗相对较低,降温时间缩短。

由于微电子工业的迅猛发展,促使电子器件的体积越来越小,其芯片的尺寸通常仅为几平方毫米,因此要求热电制冷器向微型化方向发展。目前国内外已经有不少这方面的研究,提出对半导体集成化的设想,探讨了实现热电制冷器微型化的可能性;实验证实热电制冷器的微型化引起制冷器内部一系列新物理现象,这些非线性如何影响和改变制冷器的优值 Z 和 COP。

10.2.2.3 热电制冷应用技术的进展

虽然材料的欠缺暂时阻碍了半导体制冷技术的发展,但半导体制冷器所具有的微型化、轻量化、无振动、长寿命等重要优点,使半导体制冷器已经而且仍将继续占领诸多特殊应用市场。只要在半导体材料上有所突破,结构简单且使用方便的半导体制冷器必将更受人们青睐。热电设备在过去几十年内广泛应用于很多领域,比如军事、航空、仪器和工业或商业产品。根据工作方式,这些应用可分为三类:制冷器(或加热器)、动力发电机和热能 H 传感器。

1. 热电设备在制冷器上的应用

一般制冷器用于这种场合,制冷系统设计标准包含下列因素:可靠性高、尺寸小、重量轻、在危险环境下安全性强、控制精度高。热电制冷器在低于 25 W 场合使用时更适合,因为它们的制冷系数(COP)比较低。

热电制冷主要应用于电子设备制冷、冰箱和空调及一些特殊场合。电子设备制冷上的应用目的是：一是冷却发热设备来保证设备正常运行；二是减少电子元件的热污染和电子设备的漏电，这可以改善电子仪器的精确度。如冷却测量航空 X 射线的 CdZnTe 探测器、红外探测器的二极管温度等。

热电制冷器早已广泛应用在各个领域。热电产品的费用在逐步降低，热电制冷器的消费市场已经打开，产品的数量和多样性也在不断增加。

2. 热电设备在发电方面的应用

热电发电机是一个很独特的热发动机，它以电荷载体为工作流体，没有转动部件，无噪声，可靠性高，然而效率相对较低（大约为 5%），因而只能应用在医疗、军事和航空等费用并非主要考虑的场合，比如深层空间探测的放射性同位素的动力装置和输油管道及湖泊的浮标。在最近几年，随着全球变暖和环境法引起的广泛关注，人们开始研究能够产生电能的经济适用的替代品，热电产品的出现是极有竞争力的。同时，热电作为一种绿色且适应性强的电能，能够满足很大范围的能源需求。热电发电机分为小功率和大功率两种：

小功率发电主要适用于规模小、独立的无线系统和一些敏感性低的控制、安全监测和测量系统。这些场合一般都使用电池，电池的寿命短，而且含有对环境有害的化学物质。所以小型、不太昂贵的热电发电机能够取代电池发挥越来越重要的作用，例如已经开始研究的为冰箱和发电机开发的以薄膜技术为基础的热电芯片。目前，通过薄膜热电发电机可以得到毫瓦或微瓦功率的水平，这种薄膜热电发电机是经济适用的。

大功率发电主要是利用废热和太阳能发电。热电发电机的效率就比较低，对于高功率发电，低效率严重限制它在一些特殊领域的应用。但发电机由于相对较低的转换效率，仍然有很大一部分没有回收的热从冷端散失。为了克服这个缺点，提出了共生发电的概念，这个概念把热电发电机作为一个具有双重功能的设备（热交换器/发电机）。太阳能热电发电的应用就是把太阳能热收集器和热电发电机结合起来产生电能。

3. 热电设备在热能传感器中的应用

目前已经开发了以帕耳帖效应或塞贝克效应为原理的许多新型热能传感器。这些新颖的传感器与常规的相比性能已经有很大提高。低温热流传感器、超声波亮度传感器、冷凝水探测器、流体流动传感器、红外传感器、薄膜热电传感器都是热电热能传感器的代表。

10.2.3　热电技术用于废水余热回收的节能效益分析

以上海宾馆为例，生活热水消耗主要集中在三方面：客房内的洗浴、厨房内洗涤与有关食品加工等用水、洗衣房内洗衣。

上海地区多种商业建筑能耗组成比例见表 10-3[12]，中高档旅馆卫生热水消耗见表 10-4[13]。在表 10-4 中，各种用途的热水都由折算为 65 ℃的热水量作为对照。

表 10-3　上海商业建筑能耗比例

能 耗 种 类	中国 2010 年情况/%	发达国家情况/%
照明、动力	30~40	14
通风空调、冷热损耗	50~60	65
卫生热水、给水排水	10	15
其他	—	6

表 10-4　中高档旅馆卫生热水消耗

项　　目	生活热水用量/(m³/d)	生活热水需热量/(kW·h/d)
客房	49.5(对 65 ℃水温,为 27.5)	1 439
内部职工	16.0(对 65 ℃水温,为 8.9)	465
餐厅、厨房	32.0(对 65 ℃水温,为 28.4)	1 488
洗衣房	40.0(对 65 ℃水温)	2 093
总计	104.3(对 65 ℃水温)	5 485

由于生活热水用量基本上不受室外气温的影响,如果客房出租率能稳定保持在 75%,则可认为生活热水用量、需"热"量一年四季均保持在上述水平。热电热泵的以下特点增强了该装置的适用性,拓展了其在建筑节能和废热回收方面的应用。

1. 低温差下的高效率

由以上分析可知:建筑废热与建筑需热之间的温差往往在 20 ℃以内,而空气置换废热(冷)与需热(冷)之间的温差则往往在 10 ℃左右。由前述有关热电热泵系统的性能分析可知:热电热泵装置在这种低介质温差下工作,效率较高,其制热系数可达 2.0 以上,因此,如能用热电热泵装置回收废热供热比直接以消耗电能方式供热,节能 50%以上。

2. 联合热泵效应

当采用热电热泵装置回收循环冷却水废热时,则起着联合热泵的作用。一方面,使循环冷却水降温。由于热电热泵装置可控性强,不像冷却塔那样效率受外界气温、湿度等气候因素的影响,因此使用热电热泵装置降温冷却水,可使冷却水进水温度较低且波动微小,从而提高了制冷机的效率和稳定性。另一方面,回收废热用于加热生活热水,消除了废热污染,而且可省去或部分省去锅炉加热,达到节能、环保的双重目的。作为联合热泵工作时,其性能系数应当是制冷系数与制热系数之和。

3. 可控制性强

热电热泵装置控制简便易行,通过改变输入电流或介质流量,均可方便地实现对热电热泵装置的性能调节,而且控制精度高;改变输入电流的方向,热泵冷、热端方向随之互换,在建筑废热回收中,就可随着季节的变换方便地将废"热"回收转变为废"冷"回收。

4. 布置灵活

热电热泵装置容量不受限制,体积小巧,可以适应建筑废热排放的集中与分散的特点,格外适用于旅馆、商业等使用率波动性较大的公共建筑。

5. 维护管理方便

热电热泵装置结构简单,运行维护管理方便。可以将大容量的热电热泵装置设计成由若干小容量的热电热泵单元结构组成组合式装置,各个单元结构独立工作,其中一个单元出现故障,并不影响整个装置的工作。热电热泵装置无机械转动部件,运行稳定可靠,使用寿命长,维护工作量小。

6. 系统简单

对旅馆、商业等公共建筑使用热电热泵装置可以基本避免管路输送系统和能源输送损耗,便于分区控制和计量。

7. 环保

热电热泵装置内无工质冲注,不会产生二次污染。

总之,常规电热水器无论怎样完善,也只能是"热水壶的高档化",因此,依据能量守恒定律,无论怎样改善性能,其热效率都将小于100%。对于通常的卫生洗浴系统而言,自来水经过加热后用于洗浴的过程中,很大一部分热能随外排废水浪费掉了,在冬季尤其可观,如能回收这部分热能,节能效益是十分可观的。利用热电热泵原理研制的热电热泵热水器,加热自来水的热端热能是废热回收量与消耗电功率之和,据热力学定律,其热效率,即热产出率将大于100%。为了得出洗浴废水余热回收潜力的大小,对典型浴室和典型气候条件下洗浴废水的温度变化情况进行了详细测试,部分数据整理如图 10-7 所示。

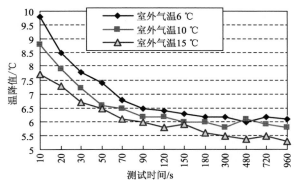

图 10-7　淋浴水温降测试(以 6 L/min 水流量为例)[14]

从测试结果看,淋浴水出水温度稳定在 42 ℃,而排出废水温度仍为 36 ℃ 左右。以 6 L/min 流量的热水器为例,42 ℃ 标准热水出水热功率在 10 000～16 000 W,而随废水外排废热则达 8 000～12 000 W,热回收节能潜力巨大。因此,可以采用热电热泵热水器冷端吸收排出废水的热量并传至热端放出,用于预热冷水。

制热系数计算式为

$$\eta = \frac{Q_h}{P} = \frac{Q_c + P}{P} = \frac{4\ 180G(T_o - T_i)}{3\ 600UI} \tag{10-8}$$

式中,$T_o - T_i$ 为自来水温升;G 为水流量。

结果如图 10-8 所示,300 L/h 流量的热水器在输出 45 ℃ 以内的卫生热水时,当自来水温度上升值为 25 ℃ 时,制热系数可以达到 150%,因而相对于普通电热水器可以节省电耗 50% 左右;而且外排废水温度大大降低,消除了废水对环境的热污染。

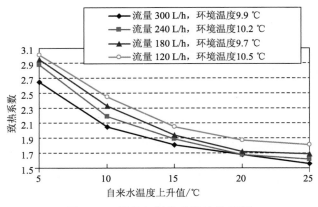

图 10-8　温差与制热系数的关系[14]

10.2.4　热电技术在绿色建筑中的应用案例

下面以我国香港特别行政区苏豪智选假日酒店热电技术——床头热电空调为例进行讲解。

1. 运行原理

(1)智能个人空调;

(2)关灯后 1 h 开启制冷系统;

(3)运用帕耳帖热电制冷技术使得床头周围温度降低 2～30 ℃,而室温维持 25 ℃。

2. 优势

(1)降低空调用电量;

(2)强化床面制冷效果;

(3)比室温降低 30 ℃;

(4)在睡眠时间降低空调用电量。

3. 控制策略

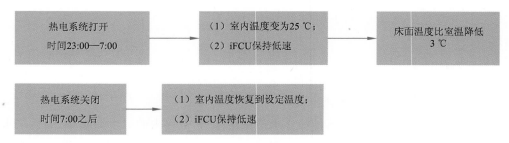

热电制冷技术应用如图 10-9 和图 10-10 所示。

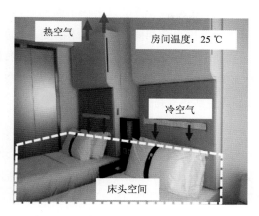

图 10-9　标准间热电制冷技术应用
（图片来源：盈电环保科技有限公司）

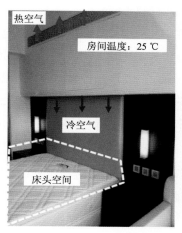

图 10-10　单人间热电制冷技术应用
（图片来源：盈电环保科技有限公司）

10.3　复合冷凝热回收技术

10.3.1　复合冷凝热回收技术原理

现实生活中，空调系统与生活热水制备的能源利用情况存在很多不合理的现象。一方面，空调机组在制冷工况运行时会排放出大量的冷凝热，这些冷凝热不仅造成环境的热污染，而且对空调系统本身来说，冷凝热的大量排放还会导致冷凝器周围环境温度升高，不利于持续放热，并且增加机组运行能耗。另一方面，建筑内部卫生热水系统的热水供应主要依靠煤、气、电等锅炉加热，在消耗高品位能源的同时对环境造成巨大污染。传统的两种能源利用模式是相互独立的，能量流相互平行，两者之间缺乏能量互补和耦合，是不尽合理的模式。因此，如果能利用冷凝热回收技术将排放的冷凝热回收起来以加热生活热水，不仅能够减少空调系统带来的热污染问题，带来良好的社会效益，同时也能够减少能源的消耗，节能效果和经济效益显著[15,16]。

10.3.1.1　可行性分析

在对废热进行回收利用时，其废热源要具备三个必要内部条件：首先废热的排放量要相对比较大；其次废热的排放是相对集中的；再者在相当长的某一段时间内废热的排放量要相对稳定。当具备这三个基本的要素后，废热才有回收价值。回收利用废热时，外部条件也是有要求的：在离废热较近的范围内要能够找到利用这种低品位能的场所并且其所需的热能品位以及使用时间要与废热的品位和产生时间相近。

在夏季空调工况下，释放的冷凝热量约为制冷量的 1.3 倍。很明显，在大中型集中空调系统中，其冷凝热的排放量是很大的。而对于家用空调器来说，尽管冷凝热排放量不是很大，但是足以满足一家生活热水的需要。空调冷凝热的排放都是通过冷凝器较为集中地排放,在空调运行期间,冷凝热在排放的相当长时间内较为稳定。故空调系统冷凝热基本满足以上三个内部条件,具有一定的回收价值。同时,家用生活热水的品位和冷凝热的品位大致相同,日常人们用水温度的要求不是很高,一般在 40 ℃左右,而空调冷凝温度可以达到 40 ℃以上,因此两者具有较好的匹配;虽然在冷凝热的排放时间与用户使用的时间上可能存在不一致的情况,但是完全可利用蓄热水箱或蓄热水池等来解决这一矛盾。所以利用空调冷凝热来加热生活热水是完全可行的。

10.3.1.2 冷凝器热回收基础

空调制冷机组主要包括压缩机、冷凝器、节流阀和蒸发器四大部件,其工作原理是使制冷剂在压缩机、冷凝器、节流阀和蒸发器等热力设备中进行压缩、放热冷凝、节流和吸热蒸发四个主要热力过程,从而完成制冷循环,实现制冷效果,其流程图见图 10-11(a):循环工作的制冷剂在节流阀的节流作用下降压降温,低压低温的液态制冷剂在蒸发器中吸热而气化,达到室内降温的目的,气化制冷剂再进入压缩机内经压缩机做功压缩,使制冷剂温度与压力升高,最后流入冷凝器内放热冷凝。制冷剂在冷凝过程中由气态变成液态放出冷凝热。全部的冷凝热量包括显热、潜热和过冷热三部分。压焓图如图 10-11(b)所示,AB 过程属于过热蒸汽区(两点间的温差称为过热度),释放制冷剂中包含的过热蒸汽热量(常称为显热),直至到达冷凝温度,变为饱和蒸汽;BN 过程属于湿蒸汽区,在保持冷凝温度不变的情况下,制冷剂放出冷凝热量(常称为潜热),使饱和蒸汽变为饱和液体;NC 过程处于液态区的再冷却过程,温度降低放出过冷热,使饱和液体变为过冷液体,其中 NC 两点间的温差称为过冷度,但是过冷热因量少而常常被忽略,或被认为是潜热的一部分[17]。

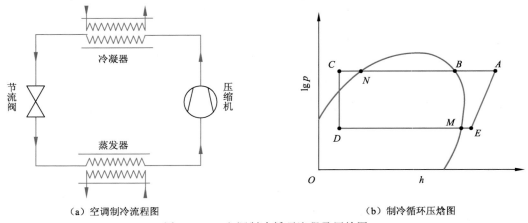

（a）空调制冷流程图　　　　　　　　　（b）制冷循环压焓图

图 10-11　空调制冷循环流程及压焓图

10.3.1.3 冷凝热回收模式

冷凝热利用方式主要可分为直接式和间接式。直接式是指制冷剂从压缩机出来后进入热回收器直接与自来水换热来制备生活热水。间接式是指利用常规空调的冷凝器侧排出的高温空气或 37 ℃的冷却水作为热源来加热制备生活用水。间接式由于要增加的设备比较多,换热效率比较低,所以该技术应用不是很广泛。

直接式又可分为两类:一种是显热回收,只利用压缩机出口蒸汽显热,吸收制冷剂压焓图[见图 10-11(b)]中 *AB* 过程的热量,其他 *BC* 过程中的冷凝热在冷凝器中被空气或冷却水带走;另一种是回收整个冷凝 *AC* 过程全部的冷凝热称为全热回收。

显热回收热回收比例不算大,因此热回收率不太高。考虑到换热效率以及排气中的显热比例,回收的热量仅为 15% 左右;在风冷机组冷凝器中制冷剂的冷凝温度与过热度均高于水冷机组,因此,热水回收温度要高于水冷机组,回收水温度比较高,最高回收水温可达 60 ℃左右;由于热回收器吸收了制冷气体中的部分热量,接下来的冷凝器所承担的热耗散量相对减少。这样,制冷气体在冷凝器中的过冷度会相对提高,从而有利于机组性能 COP 的提高。所以,显热回收对机组的性能有促进作用,能够提高机组效率。鉴于以上特点,显热回收适用于空调为主、热水需求量小的场所。

全热回收热回收比例大,热回收率比较高,但热回收器换热面积要求做得很大。在一些大的热回收器中,热量的回收比例可达排气热量的 80%;考虑到热回收水的温度对热回收率以及机组性能的影响,热回收水的温度会比较低,可控制在 35~45 ℃之间;热回收会对机组的性能产生一定的负面影响,影响的幅度则取决于热回收水温度和热回收率。因此全热回收适用于空调为主、热水需求量大的场所。

10.3.2 复合冷凝技术发展历史及现状

10.3.2.1 双冷凝技术

如图 10-12 所示,双冷凝器热回收技术是在压缩机和冷凝器之间加一个热回收器(冷凝器)回收冷凝热,从热交换器流出的汽液状或气态的制冷剂,由后面的冷凝器吸收其余热量。该技术可以根据要求直接回收制冷机组的制冷剂蒸汽显热或显热加部分潜热,来一次性或循环加热生活热水到指定温度。该系统主要应用于中央空调冷水机组。

随着家用空调的广泛使用,家用空调冷凝热回收技术开始出现。图 10-13 中展示了家用空调双冷凝热回收的原理,该技术是将空调器中压缩机排出的高温高压的制冷剂蒸汽注入热水换热设备中进行热交换,加热生活热水。若换热器的换热能力能够独立承担所有的冷凝热量,则无须使用风冷冷凝器,反之就要同时使用风冷和水冷冷凝器来承担所有的冷凝负荷。

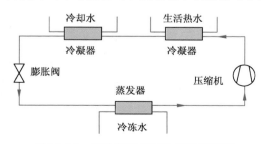

图 10-12 双冷凝器热回收制冷原理图

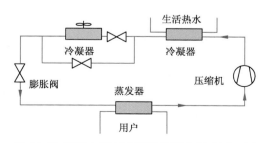

图 10-13 家用空调双冷凝器热回收制冷原理图

　　然而,双冷凝器热回收技术在应用中还存在一系列的问题。首先,热回收器须选用专用的高性能换热器。由于氟利昂具有强渗透性,而且安装位置在冷凝器前,内部氟利昂处于高压和高温过热状态易产生渗漏,因此,对换热器的材质和制造工艺都有特殊要求,如有不慎,不但达不到节能效果,反而会损坏制冷机组;其次,换热器除了保证与所改造机头的功率相适应的换热面积外,还必须有较低的阻力,以至于不会影响制冷机原有工况,否则会降低出口压力;由于它利用的是制冷循环过程产生的热量,传热量远小于原热水系统,只能小流量连续制备热水,不可能像蒸汽加热器或热水锅炉那样短时间内提供大量热水。因此,系统要配备足够容量的热水箱[16]。

10.3.2.2　热泵回收冷凝热[17]

　　空调制冷中冷却水温度一般为 $30 \sim 38\ ℃$,属低品位热能,要想充分回收冷凝热可以利用热泵技术,由制冷机组与热泵机组联合运行构成一套热回收装置。把热泵的蒸发器并联到制冷机组冷却水回路上(见图 10-14),作为间接式冷凝热回收方式,该种技术在原系统并联一套热泵机组,把冷凝热作为热泵热源来制备热水。当冷水机组和热泵同时工作时,可以通过控制冷却塔风机的启停来控制冷却水回水温度,也可以通过电动三通阀控制冷却塔的冷却水流量和热泵蒸发器的流量比例,使热泵的蒸发器出水温度低于 $32\ ℃$,以保证冷水机组的正常运行。

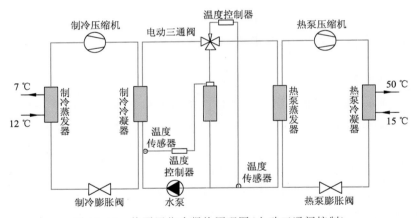

图 10-14　热泵回收冷凝热原理图(电动三通阀控制)

　　热泵回收冷凝热技术比较适合在现有的空调系统改造中应用,但是投资较大,运行费用高。若冷却水温度通过冷却塔风机控制则比较容易实现,但若采用电动三通阀控制,由于控制复杂,应用时容易出现问题,热水温度往往达不到设计温度,影响利用效果。

10.3.2.3　相变材料回收冷凝热

　　该技术利用蓄热器代替了双冷凝器热回收技术中的压缩机出口的冷凝器,并与常规风冷冷凝器(或冷却塔)采用串联连接,利用常规风冷冷凝器(或冷却塔)辅助热回收系统排出不能储存的剩余热量。热回收用蓄热器中相变材料的温度是随冷凝温度变化的。开始时,常规风冷冷凝器(或冷却塔回路)关闭,利用过热段的制冷剂显热和冷凝潜热对蓄热器中的相变材料进行加热,此时冷凝压力随蓄热器中相变材料温度的升高而升高。当系统冷凝压力达到限定值时,开启风冷冷凝器(或冷却塔)以释放多余的制冷剂冷凝潜热,降低系统的冷凝压力。此时蓄热器仍能利用蓄热器管内流过的气态制冷剂过热段的显热放热来加热相变材料,进一步提高相变材料的温度。当相变材料温度达到某一设定值后,系统恢复原冷凝器(冷却塔)冷凝的运行模式[17,18]。

目前相变材料回收空调冷凝热应用中还存在一些问题:首先,该技术中使用的蓄热器虽然在国外已广泛应用,在国内也逐渐发展起来,但是对高效率、低成本的相变蓄热器的设计计算尚无统一方法,对蓄热器的设计也处于摸索阶段;其次,蓄热物质应具有热容量大、蓄热能力强、化学稳定性好、熔点低、对人体和动植物无害、价格低廉等特性,国内满足条件的蓄热材料有待进一步开发;最后,实际运行中的冷凝温度是随季节甚至每日时刻不断变化的,应充分考虑各种不利因素,选择适当的设计冷凝温度,保证制冷装置在较低冷凝温度下高效率运行。

尽管空调冷凝热回收技术的应用还面临一些问题,但随着社会经济的发展和科技的进步,相信冷凝热回收在空调领域的应用将不断成熟与完善。相关研究证明了冷凝热回收在空调节能方面的有着巨大潜力,必然在现代建筑节能与环保方面将发挥越来越大的作用,对降低我国建筑能耗产生深远的影响。

10.3.3　冷凝热回收技术节能经济效益分析

空调冷凝热回收技术具有很好的社会和经济效益,为更好地证明该技术的节能效果,以某酒店项目设计为案例,在介绍空调冷凝热回收技术的工作模式后,分析空调和生活热水系统的运行能耗,并与传统的空调和生活热水供应系统(燃料锅炉热水机组+冷水机组系统)进行比较,从而揭示空调冷凝热回收系统是一种技术可行、经济合理、节能环保的空调和生活热水供应系统[19]。

10.3.3.1　项目概况

某酒店位于三亚市,总建筑面积 86 341 m²,建筑总高度 35.7 m。酒店主要功能用房有客房、桑拿房、中西餐厅、咖啡厅、会议中心、水疗用房、KTV 房和多功能房。

空调计算冷负荷 8 920 kW,生活热水负荷 900 kW。酒店采用集中供冷系统,大小机组搭配。选用两台制冷量为 3 150 kW 的水冷离心式冷水机组,能效比为 5.6,一台机组制冷量为 909 kW 的螺杆式热泵机组,能效比为 4.8。机组冷水设计供回水温度为 7 ℃/12 ℃,冷却水设计供回水温度为 32 ℃/37 ℃。制冷机房设在 A 区首层,生活热水泵房及蓄热水箱设在 A 区地下室。其中,小机组采用冷凝热全热回收热泵机组,为空调提供冷水的同时输送 55 ℃的生活热水,当蓄热饱和且无生活热水负荷时,冷凝热通过冷却塔排放。

10.3.3.2　系统工作原理

本工程采用了一台冷凝热全热回收热泵机组,该机组为双机头,基本参数见表 10-5。

该热泵机组可以在制备空调冷水的同时供应生活热水,整个系统工作原理图如图 10-15 所示。

表 10-5　热泵机组参数

工　况	制冷量/kW	蒸发侧温度/℃	回收热量/kW	冷凝侧温度/℃	输入功率/kW	能效比
热回收	909	7/12	1210	50/55	313	6.77
单冷	1018	7/12	—	32/37	211	4.80

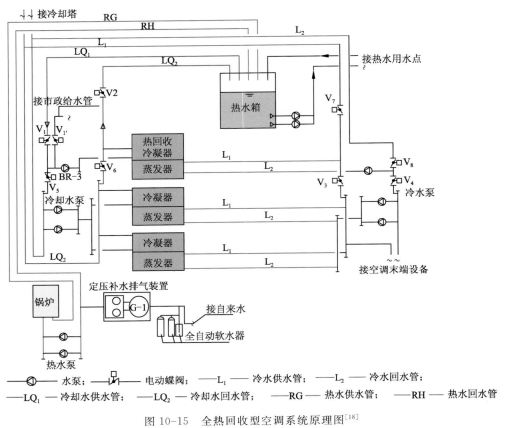

图 10-15　全热回收型空调系统原理图[18]

从表 10-5 可知,热泵机组制冷的能效比为 2.90,低于常规工况冷水机组的能效比,但是,热泵机组能完全回收冷凝热,为生活热水用户提供 55 ℃ 的热水,热量为 1 210 kW,能效比为 3.87,综合能效比高达 6.77,明显高于采用冷水机组供冷和燃气锅炉热水机组供热的方案。当无空调冷负荷时,热泵机组停止工作,生活热水用户由燃气热水机组辅助制热。当无生活热水负荷且空调负荷处于尖峰状态时,热泵机组以制冷工况工作,向空调用户供应 7 ℃/12 ℃ 的冷水,此时,为了获得较高的效率,冷凝热通过冷却塔排放,冷却水温度为 32 ℃/37 ℃,机组能效比为 4.80。

10.3.3.3 系统设计

采用空调冷凝热为热源的生活热水供应系统的设计包括生活热水耗热量计算、空调冷凝热回收机组的装机容量以及蓄热水箱容量的计算。

1. 耗热量计算

系统供应生活热水的水温为 55 ℃，冷水温度设为 15 ℃，经计算，设计日热水量 225 m³，日耗热量为 10 468 kW·h。

2. 空调热回收机组的选择

空调冷凝热回收热泵机组设计容量的确定是一个核心问题。容量太大，不仅设备费用高，而且当空调实时冷负荷太小时，机组无法正常启动，系统运行时间缩短，影响冷凝热回收效率；而如果选择机组容量太小，回收的冷凝热不能满足大多数时间生活热水需求，需要经常性地借助燃料热源供热，也会影响冷凝热回收效率。影响热泵机组设计容量的另一个重要因素是空调运行时间与生活热水使用时间的不同步性，主要表现在日逐时负荷不同步性和季节负荷不同步性。

所以，机组存在一个最佳设计容量值，既可以使机组满足生活热水供应的需求，又能最大限度地利用机组的冷凝热。首先，该值应能使日空调负荷总量不小于生活热水供应总量，以满足生活热水供应的需求。其次，保证空调系统在较低的部分负荷率的情况下，机组仍能以较高的效率运行。经计算确定，机组的热水装机容量为 1 210 kW，空调容量为 909 kW。

3. 蓄热水箱容量计算

空调负荷与生活热水负荷具有不同步性，为了解决负荷不平衡问题，将蓄热水箱引入空调和生活热水供应系统设计中，以延长空调冷凝热的利用时间，从而达到最佳的节能效果。当热回收机组制备的热水量小于生活热水高峰用水量时，需要从蓄热水箱补充才能满足用水量的需要；当空调冷凝热回收机组制备的热水量大于消耗的生活热水量时，富余的热水进入蓄热水箱储存起来。因此，蓄热水箱容积设计合理与否，是应用空调冷凝热全热回收系统的关键所在。水箱容积与许多因素有关，如空调热回收机组的制冷量大小及运行方式、生活热水的使用方式和使用量等。经计算，水箱计算容积为 24 m³，考虑一定的裕量，取 36 m³。

4. 效益分析

三亚地处热带地区，全年无冬季，空调系统全年运行 330 d 以上，每年有大约 35 d 的时间停开空调，所以全热回收热泵机组系统仍然要配置辅助热源。在空调系统运行的 330 d 中，空调负荷能满足生活热水供应负荷要求的天数为 320 d，这段时间（工况 1）可以完全由空调冷凝热来提供生活热水，无须辅助热源；其余的 10 d 需启动辅助热源（工况 2）。

节能效益分析：下面对冷凝热全热回收热泵系统（方案 1）与传统的冷水机组加燃气锅炉系统（方案 2）进行节能性与经济性分析。假设在工况 1 时机组每天运行 8 h，工况 2 时空调冷凝热回收机组每天运行 5 h，作为辅助热源的燃气锅炉运行 3 h，则两种方案在不同工况下的运行能耗量见表 10-6 和表 10-7。

表 10-6　方案 1　全热回收热泵系统运行能耗

设　备	工况 1(冷凝热供热)		工况 2(冷凝热供热＋辅助热源)	
	运行时间/h	总能耗/(kW·h)	运行时间/h	总能耗/(kW·h)
全热回收热泵机组	2 560	801 280	50	15 650
冷水泵	2 560	53 760	50	1 050
热泵用热水泵	2 560	23 040	50	450
燃气热水锅炉机组	—	—	30	4 080 m³(耗气)
锅炉用热水泵	—	—	30	270
合计		878 080		17 420＋4 080 m³

表 10-7　方案 2　冷水机组＋燃气热水锅炉系统运行能耗

设　备	工况 1(冷凝热供热)		工况 2(冷凝热供热＋辅助热源)	
	运行时间/h	总能耗/(kW·h)	运行时间/h	总能耗/(kW·h)
燃气热水锅炉机组	2 560	348 160 m³(耗气)	80	10 880 m³(耗气)
热水泵	2 560	23 040	80	720
水冷机组	2 560	504 320	50	9 850
冷水泵	2 560	53 760	50	1 050
冷却水泵	2 560	61 440	50	1 200
热水机组	2 560	20 480	80	640
合计		663 040＋348 160 m³		112 820＋10 880 m³

通过两种方案的运行能耗对比可以发现:虽然采用冷凝热全热回收的热泵系统的方案 1 比普通的冷水机组加燃气热水锅炉系统的方案 2 多耗电 119 640 kW·h,但可以节省燃气量为 348 660 m³。将两个方案中耗电量差值与耗气量差值折合成标准煤,分别为 48.33 t 和 363.72 t,所以方案 1 相比方案 2 节省 315.39 t 标准煤,节能潜力与节能效果明显。

经济效益分析:由于全回收热泵机组的价格要高于普通冷水机组,方案 1 的初投资高于方案 2 是毋庸置疑的,比较两种方案中各设备价格,方案 1 的初投资为 190.3 万元,方案 2 为 124.6 万元。方案 1 比方案 2 多 65.7 万元。但方案 1 的运行费用要比方案 2 的运行费用低,按天然气价格 3.10 元/m³,电价 0.80 元/(kW·h)计算,在整个空调季内,方案 1 比方案 2 节省运行费用 92.59 万元,因此 9 个月内就可实现成本回收。

计算表明,采用空调冷凝热回收机组的生活热水供应系统同常规系统的冷水机组(不带热回收)加燃气热水锅炉系统比较,每年可以节能 315.39 t 标准煤,实现 9 个月内回收成本。因此,空调冷凝热回收技术在减少废热排放、实现建筑节能方面具有良好的经济和能源效益,应用前景广阔。

10.4　转轮式全热回收技术

10.4.1　转轮式全热回收技术原理

10.4.1.1　背景

新风负荷一般要占到建筑物空调总负荷的 30% 或以上,在潮湿地区甚至会达到

50%～60%。若空调系统中的排风不经过处理而直接排至室外，不仅会造成其中的冷热量的浪费，而且还会引起城市热污染，加重热岛效应。《公共建筑节能设计标准》（GB 50189—2005）5.3.14 中规定：当建筑物内设有集中排风系统且符合送风量大于或等于 3 000 m³/h 的直流式空气调节系统且新风与排风的温度差大于或等于 8 ℃、设计新风量大于或等于 4 000 m³/h 的空气调节系统且新风与排风的温度差大于或等于 8 ℃、设有独立新风和排风系统时，宜设置排风热回收装置。排风热回收装置（全热和显热）的额定热回收效率不应低于 60%。而在一些发达国家，即使在新风与排风温度相差不大的情况下使用热回收系统，节能效果也比较明显。例如，德国夏季室外温度通常不会超过 30 ℃，但热回收系统由于节能效果较好，已经是大多数空调机组的标准配置。我国的实际情况可参考《采暖通风与空气调节设计规范》，规范表示在我国的炎热地区、夏热冬暖地区、夏热冬冷地区和部分寒冷地区，夏季室外空调计算温度（32～34 ℃）比室内设计温度（一般采用 24～28 ℃）高 6～10 ℃；而在冬季，通常设计室内温度在 16～24 ℃，远超过国内大部分地区的冬季室外空调设计温度（除海口等南方个别城市外，通常低于 6～8 ℃）。因此，在我国采用排风热回收装置，不但可行而且能够取得较好的预期节能效益。

转轮热回收装置可以在空调系统的排风及送风之间实现排风中的冷（热）量回收及再利用，是一种有效的空调节能方式。转轮热回收装置利用排风中的余冷余热来预处理新风，减少所需的能量及机组负荷，从而达到降低空调运行能耗及装机容量的作用，提高空调系统的经济性。全热回收转轮的通风孔道大多为蜂窝状结构，表面附着有硅胶、溴化锂或氧化铝等吸湿材料。通过热回收转轮，冬夏季可利用室内排风对新风进行降温除湿或加热加湿，而过渡季可实现新风的自然冷却。夏季显热回收效率和全热回收效率均可达 70% 以上。

世界上关于转轮全热回收技术最早的专利在 1935 年诞生于欧洲。其后，蒙特公司对转轮全热回收技术的发展做出了卓越的贡献，开发了"牛皮纸-溴化锂"转轮及氧化铝转轮。氧化铝转轮在换热铝箔的表面镀上氧化层，可以用来进行少量的湿交换，这一类型在欧洲市场占统治地位直至 21 世纪。1985 年，美国 Semco 公司研发出新型的分子筛转轮，效率显著提高领先全球，迅速占领了美国及加拿大市场。分子筛转轮的出现引发了众多企业的模仿，20 世纪 90 年代初，印度北极工程私人有限公司 AIE 制造出分子筛转轮，其后进入马来西亚，并在 20 世纪90 年代末进入我国。2003 年的"非典"促进了我国新风热回收行业的爆炸性增长。至今日转轮回收有了长足的发展，我国的市场上活跃着来自欧洲、美洲、亚洲和中国本土的至少 15 家热回收转轮企业。目前国内市场上使用的全热回收转轮材质大致可分为铝箔-分子筛、铝箔-硅胶、纤维-氯化锂、铝箔-氧化铝等。

转轮式热回收系统与空调系统配合，全年均可使用。在夏季，可节约空调系统的制冷量、有效降低机组容量并且减少温室气体的排放；在冬季，可降低加湿器、采暖设备的运行能耗，大大节约了总投资；在过渡季，则可提高室内的舒适性。转轮传热稳定性好，可长期运行；同时，转轮式换热器是一个整体，便于拆卸维修，可及时清除转轮内的污垢和杂物，以保证设备高的换热效率并减少污垢杂物所引起的压力损失和风机能效的降低。与其他排风热回收类型（板翅式、管式及热管式）相比较，转轮式全热回收系统的性能、优缺点和热回收效率见表 10-8～表 10-10。

表 10-8　不同热回收系统的性能比较

类　型	压降	传热系数	维护难度	初始投资	占地空间	单位体积的传热面积
板翅式	高	中	高	高	低	中
管式	中	低	中	低	高	低
热管式	低	高	低	中	中	高
转轮式	低	高	低	高	中	高

表 10-9　不同热回收系统的优缺点比较

类　型	优　点	缺　点
板翅式	换热效率高；体积小，结构紧凑	流道窄小，流道容易堵塞，尤其在空气含尘量大的场合，随运行时间的增加，换热效率急剧降低，流动阻力大；布水不均匀，浸润能力差；金属表面易结垢，维护困难；加工精度低，有漏水现象，成本高
管式	布水均匀；流道较宽，不会产生堵塞，流动阻力小，有利于蒸发冷却的进行	换热效率低；体积大，占地空间大
热管式	导热性好；传热系数高，是一般金属的几百乃至几千倍；结构紧凑，流道不易堵塞	组装起来比较复杂，对安装要求比较高，且不太美观；热管的倾斜度对传热特性有很大影响
转轮式	比表面积大；换热效率高；处理的风量范围大；传热稳定性好；整体性好；布置灵活；排风和新风交替逆向流过转轮，具有自净的作用；通过控制转速，能适应室外空气参数的变化；能应用于较高温度（≤80℃）的排风系统	装置体积较大；空气流动阻力较大；要求把新风和排风集中在一起，给系统布置带来困难；有空气掺混的可能性

表 10-10　四种系统热回收效率的比较

类　型	板翅式	管　式	热管式	转轮式
热回收效率	40%～60%	30%～50%	60%～80%	60%～80%

　　通过综合对比，可以看出转轮式全热回收系统具有换热效率高、处理的风量范围大、布置灵活、整体性好及经济效益好等优势，可以通过调节转轮的旋转速度来调节热回收效率，能适应不同的室内外空气参数。转轮式全热回收系统能够克服其他热回收设备在实际工程应用中存在的换热效率低、布置工艺复杂、处理风量范围有限等不足，在各种热回收设备中具有一定的优势。但转轮系统也存在占用建筑面积较大、空气流动阻力增大导致的能耗增加，通过分隔板的密封圈的少量空气掺混等问题，需根据建筑情况具体考虑其实用性，例如，该系统不宜用于含有有害污染物的排风热回收。

10.4.1.2　转轮式热回收系统工作原理

转轮式热回收器的工作原理如图 10-16 所示。转轮固定在箱体的中心部位，装配在一个左右或上下分隔的金属箔箱体内，由减速传动机构通过皮带驱动轮转动。在转轮的旋转过程中，转轮内的填料为蓄热体，以相逆方向流过转轮的排风与新风与轮体进行传热传质，蓄热体将排风中的能量存储起来，然后再释放给新风，从而完成相互间的能量交换过程。一般来讲，全热回收转轮新风风量和排风风量相同或相近，且新风的迎风面积和排风的迎风面积也基本相同。全热回收转轮的转速一般在

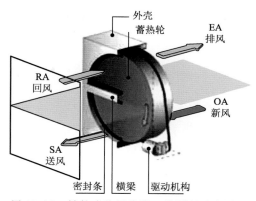

图 10-16　转轮式热回收器工作原理示意图

300～1 000 r/h，比用于新风除湿的转轮系统快很多，而后者的转速一般只有 10～30 r/h。

转轮为热回收器的核心部件。转轮内部材料以特殊的铝合金箔或复合纤维作为载体，并覆以无毒、无味及环保的吸湿蓄热材料构成。材料通常加工成波纹状和平板状，然后按一层平板、一层波纹板相间卷绕成一个圆柱形的蓄热芯体。于是，在层与层之间形成了许多蜂窝状的通道，即为空气流道。在流道中，气流呈现近似层流的流动状态，使得空气中携带的干燥污染物和颗粒物不易沉淀在转轮中。为保证内部气流的通畅，通常需要在新风管道内设置中效过滤器，以防止尘粒等堵塞转轮。热回收性能及效率除了受到固体吸湿材料的影响外，转轮的结构参数（如通道大小、转轮厚度和再生角度等）和运行参数（如处理空气进口温湿度、再生空气进口温湿度、处理空气流量、再生空气流量和转轮转速等）均会对转轮的除湿性能产生相应的影响。

为计算新风、排风及转轮内部材料之间的热量质量交换，转轮理论模型不仅需要考虑空气侧阻力，同时也要考虑吸湿材料内部的导热阻力和质量扩散阻力。转轮蜂窝状孔道内部吸附材料与空气的传热传质过程中的控制单元示意图如图 10-17 所示。

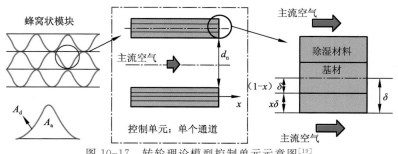

图 10-17　转轮理论模型控制单元示意图[19]

本节介绍的理论模型主要基于张立志等人的研究[19]。模型中有以下假设：孔道均匀地分布在转轮上；空气进口参数的角度方向均一致；只考虑孔道中空气状态沿流动方向的变化，而

不考虑空气沿轴向和径向的扩散和导热；只考虑吸附材料状态随空气流动方向的变化，并认为厚度方向均匀仅随角度（时间）变化。空气能量和质量守恒方程为

$$\frac{1}{u_a}\frac{\partial t_a}{\partial \tau}+\frac{\partial t_a}{\partial z}=\frac{4h}{\rho_a c_{pa} u_a d_h}(t_d-t_a) \tag{10-9}$$

$$\frac{1}{u_a}\frac{\partial d_a}{\partial \tau}+\frac{\partial d_a}{\partial z}=\frac{4h_m}{\rho_a u_a d_h}(d_d-d_a) \tag{10-10}$$

式中，u_a 为空气在蜂窝状孔道内的速度，m/s；t_a 为空气温度，℃；τ——时间，s；z 为空气流动方向，m；h 为换热系数，W/（m²·℃）；ρ_a 为空气密度，kg/m³；c_{pa} 为空气的比定压热容，J/（kg·℃）；t_d 为硅胶温度，℃；d_h 为控制体的水力直径，m，$d_h=4A_a/P$，其中 A_a 和 P 分别为单个通道中的空气迎风面积（m²）和湿周（m）；d_a 为空气含湿量，kg/kg；h_m 为传质系数，kg/（s·m²）；d_d 为硅胶等效含湿量，kg/kg。

转轮内部固体材料的能量及质量守恒方程为：

$$\rho_d\left(c_{pd}+\frac{\rho_{ad}x}{\rho_d}c_{pw}W\right)\frac{\partial t_d}{\partial \tau}+x\rho_{ad}c_{pw}t_d\frac{\partial W}{\partial \tau}=k_d\frac{\partial^2 t_d}{\partial z^2}+q_{st}\rho_{ad}x\frac{\partial W}{\partial \tau}+\frac{4h}{d_h f}(t_a-t_d) \tag{10-11}$$

$$\varepsilon\rho_a\frac{\partial d_d}{\partial \tau}+\rho_{ad}\frac{\partial W}{\partial \tau}=\varepsilon\rho_a D_A\frac{\partial^2 d_d}{\partial z^2}+\rho_{ad}D_s\frac{\partial^2 W}{\partial z^2}+\frac{4h_m}{x d_h f}(d_a-d_d) \tag{10-12}$$

式中，ρ_d 为综合转轮中基材和除湿材料的加权密度，kg/m³，$\rho_d=x\rho_{ad}+(1-x)\rho_m$，其中 x 为转轮的固体部分中除湿材料所占的体积比，ρ_{ad} 和 ρ_m 分别为除湿材料和基材的密度，kg/m³；c_{pd} 为综合转轮中基材和除湿材料的加权比定压热容，J/（kg·℃），$c_{pd}=xc_{pad}+(1-x)c_{pm}$，其中 c_{pad} 和 c_{pm} 分别为除湿材料和基材的比定压热容，J/（kg·℃）；c_{pw} 为水的比定压热容，J/（kg·℃）；w 为硅胶含水率，kg/kg；k_d 为吸附材料的导热系数，W/（m²·℃）；q_{st} 为吸附，J/kg；f 为单个通道的固体迎风面积 A_d 和空气迎风面积 A_a 之比；ε 为孔隙率。

这一理论模型中同时考虑了一般扩散系数 D_A 和表面扩散系数 D_s，这两者的计算公式如下：

$$D_A=\frac{\varepsilon}{\xi}\left(\frac{1}{D_{AO}}+\frac{1}{D_{Ak}}\right)^{-1} \tag{10-13}$$

$$D_s=\frac{1}{\xi}D_0\exp\left(-0.974\times10^{-3}\frac{q_{st}}{t_d}\right) \tag{10-14}$$

$$\begin{cases} D_{Ao}=1.758\times10^{-4}\dfrac{t_d^{1.685}}{p_a} \\[2mm] D_{Ak}=97a\left(\dfrac{t_d}{M}\right)^{0.5} \end{cases} \tag{10-15}$$

式中，ξ 为曲折因子；D_0 为表面扩散常数，m²/s；a 为吸附剂微孔的平均半径，m；p_a 为大气压力，Pa；M 为水的摩尔质量，kg/kmol。

若采用硅胶为转轮上的吸附材料，则吸附等温线公式如下：

$$W = \frac{W_{\max}}{1 - C + \dfrac{C}{\varphi}} \tag{10-16}$$

式中，$W_{\max}$ 为最大含水率；C 为形状因子；φ 为空气的相对湿度，%。

硅胶的温度与相对湿度及硅胶等效表面含湿量的关系则可用克拉贝隆方程描述。

$$\frac{\varphi}{d_{\mathrm{d}}} = 10^{-6} \exp\left(\frac{5.297}{t_{\mathrm{d}}}\right) - 1.61\varphi \tag{10-17}$$

为求解这一系列的方程，边界条件如下：

1 区（新风区）$2\pi - \varnothing_R \leqslant \varnothing < 2\pi$，有

$$d_{\mathrm{a,进口}} = d_{\mathrm{a,1,in}}$$

$$t_{\mathrm{a,进口}} = t_{\mathrm{a,1,in}}$$

2 区（排风区）$0 \leqslant \varnothing < 2\pi - \varnothing_R$，有

$$d_{\mathrm{a,进口}} = d_{\mathrm{a,2,in}}$$

$$t_{\mathrm{a,进口}} = t_{\mathrm{a,2,in}}$$

式中，$\varnothing$ 为旋转角度。

若新风和排风为顺流，则进口截面是相同的，即同为 $z = 0$ 或 $z = 1$ 截面；若新风和排风为逆流，则进口截面不同，分别为 $z = 0$ 或 $z = 1$ 截面。

同时 $\varnothing = 0$ 处存在周期性边界条件：

$$d_{\mathrm{a}}(0, z, \tau) = d_{\mathrm{a}}(2\pi, z, \tau)$$

$$t_{\mathrm{a}}(0, z, \tau) = t_{\mathrm{a}}(2\pi, z, \tau)$$

$$d_{\mathrm{d}}(0, z, \tau) = d_{\mathrm{d}}(2\pi, z, \tau)$$

$$t_{\mathrm{d}}(0, z, \tau) = t_{\mathrm{d}}(2\pi, z, \tau)$$

考虑到这一非稳态过程，初始条件如下：

$$d_{\mathrm{d}}(\varnothing, z, 0) = d_{\mathrm{d,0}}$$

$$t_{\mathrm{d}}(\varnothing, z, 0) = t_{\mathrm{d,0}}$$

式中，$d_{\mathrm{d,0}}$ 及 $t_{\mathrm{d,0}}$ 分别为转轮内部材料的初始水分吸附率和初始温度。

为求解这一系列方程，可以采用在计算区域内利用有限差分的方法对方程组进行离散。一般来讲，对流相宜采用一阶迎风差分格式，扩散项宜采用中心差分格式。

对于时间序列，可改写为

$$\varnothing = \varepsilon \varnothing^i + (1 - \varepsilon) \varnothing^{i-1}$$

ε 的取值不同对应着不同的时间差分格式，在计算中需根据不同的要求及精度进行选取。一般来说，对于稳态问题，建议选取全隐格式，即 $\varepsilon = 1$ 进行差分；而对于非稳态问题，则建议选取 Crank-Nicolson 格式，以提高时间差分精度。当然，若不要求较高的计算精度，对于非稳态问题也可以采用显式格式，使得在每一个时间层上不必进行迭代计算，减少在每个时间层上的计算时间，从而大大降低总体计算时间。但是，这种典型的时间推进法计算采用的时间步长不能太大，否则计算不稳定。

10.4.1.3 评价指标

对于热回收装置来说,最主要的评价指标是热交换效率,包括显热回收效率、潜热回收效率及全热效率,可通过下式计算得到:

$$\eta_s = \frac{t_{a1in} - t_{a1out}}{t_{a1in} - t_{a2in}} \tag{10-18}$$

$$\eta_l = \frac{d_{a1in} - d_{a1out}}{d_{a1in} - d_{a2in}} \tag{10-19}$$

$$\eta_t = \frac{h_{a1in} - h_{a1out}}{h_{a1in} - h_{a2in}} \tag{10-20}$$

式中,下标 1 为风量较小侧,2 为风量较大侧,in 为进口,out 为出口。

转轮式热回收系统的全热回收量可由下式计算得到:

$$Q = G_a(h_{a1in} - h_{a1out}) \tag{10-21}$$

式中,G_a 为较小侧的风量;h 为空气的焓值,kJ/kg。

由于增加了转轮热回收设备,排风和新风风道内的阻力都有所增加,对于风机风压的要求因此加大,排风及新风系统增加的风机单位风量的能耗可通过以下公式计算:

$$\Delta N = \frac{2P}{3\ 600\ \eta_t} \tag{10-22}$$

式中,P 为转轮热回收设备的空气阻力;η_t 为风机总效率。

因此,转轮全热回收系统的能效比(回收能量与多耗的电能之比)为

$$COP_h = \frac{\Delta Q}{\Delta N} \tag{10-23}$$

目前的研究表明:影响转轮性能评价指标的主要因素为转轮的比表面积、吸附剂和主流空气之间的表面传热系数和对流传质系数、吸附材料的吸附等温线、吸湿材料性质、风量、转轮体积和蜂窝状结构及转速等。

10.4.2 转轮全热回收技术进展

为更好地指导实际应用,对于转轮热回收的理论及实验研究近年来是我国的一项热门课题,主要分为以下几个方面:提高转轮回收效率,改进转轮内部材料或通道,以及改善转轮等。2005 年,张立志等人给出了转速和转轮厚度对除湿转轮和全热回收效率的影响[19]。同年,郝红等人通过数值模拟得到,在一定厚度内转轮越厚除湿效果越好,而超出一定的厚度只会无谓增加材料消耗,而对效果的改善不明显。2006 年,贾春霞等人研发了一种硅胶及氯化锂的复合转轮干燥材料,发现复合干燥剂的平衡吸附量高达常用硅胶干燥剂的 2 倍,在低湿度情况下表现甚至更为优异。应用了这一新型复合干燥剂的转轮与传统硅胶转轮相比性能系数可提高 34.7%。2009 年,蒋祚贤等人针对转轮微通道形状对除湿转轮的性能影响进行了分析,发现在低温低湿的情况下,各种不同形状的微通道性能相差不大;但是随着温湿度的升高,三角形微通道的转轮在性能评价指标上表现最为出色,且与其他形

状微通道转轮的表现差异也变得越来越明显。他们研究发现:在高湿情况下,三角形通道比最低的六边形微通道转轮各个评价指标高 10% 左右。2014 年,涂壤等人的研究表明,在考虑了新风及排风掺混的影响下,随着转速的增大,转轮系统热回收的效率呈现先增大后减小的趋势,即存在对应最高热回收效率的最优转速,且这一最优转速受转轮厚度及空气流速的影响较显著。他们的实验研究中发现在相同转轮厚度下,空气流速越大,最优转速越高;同时,在相同空气流速下,转轮厚度越大,最优转速越低。2014 年,方继华等人的研究表明:随着迎面风速的增大,转轮的显热、潜热与全热回收效率均降低;而随着排风量与新风量之比的增大,转轮的这三类效率均增大。他们还发现:当新风干球温度升高时,转轮的显热效率增大,潜热效率与全热效率降低;而随新风含湿量的增大,转轮的显热效率不变,潜热效率与全热效率升高。

10.4.3 转轮全热回收技术节能及经济效益分析

10.4.3.1 转轮式热回收机组在上海某学院综合楼中的应用

上海某学院综合楼,共两层,主要功能为餐厅,总建筑面积为 3 800 m²。该楼一层层高为 4.8 m,二层餐厅层高为 6 m,总建筑高度为 11.9 m。该楼夏季总制冷量为 849 kW,冬季的总热负荷为 663 kW。整个综合楼共设置了 5 套转轮式全热回收空气处理机组,分别负担着一层休息厅、一层餐厅、一层大堂及休息区、二层餐厅及大堂及二层自助餐厅的新排风热回收的工作。每台机组均设置配电控柜及风阀,并设置了旁通阀,同时排风风机以变频方式运行。机组冬夏季按最小新风量运行,过渡季节全新风运行。本节中重点介绍负责一层休息区及大堂的转轮式热回收机组的运行模式及经济效益。转轮热回收机组冬夏两季的设计参数见表 10-11。

表 10-11 转轮热回收机组冬夏两季设计参数

大气压力 $p=101.325$ kPa		风量/ (m³·h⁻¹)	温度/ ℃	含湿量/ (g·kg⁻¹)	焓/ (kJ·kg⁻¹)	相对湿度/ %
夏	排风(3)进口	6 000	25	10.86	52.92	55
	新风(1)进口	6 000	34	21.77	90.62	65
冬	排风(3)进口	6 000	20	5.05	33.02	35
	新风(1)进口	6 000	−4	2.01	0.98	75

根据设计参数,该系统选用了 RotothermET 型 7 号转轮热回收机组,确定新排风量比为 $R=1$,转轮迎面风速取 2.5 m/s。通过查表可得,转轮直径 $D=1$ 350 mm,压力损失 $p=34$ Pa,显热效率约 68%。为避免气流短路,安装时送排风的朝向应尽量不同,或设置排风竖井将排风引至高位排放。系统安装简图如图 10-18 所示。

这一系统的基本运行模式为:

(1)冬、夏季两季运行时,关闭旁通阀 A、B,使得排风预处理新风。新风通过粗效过滤器后,通过热回收转轮与排风进行热、湿交换后与回风混合,并通过电动对开多叶调节阀 C,调节混合比例。之后,混合风通过加热(或表冷)段进一步处理,并经送风机将处理后的空气送入室内。

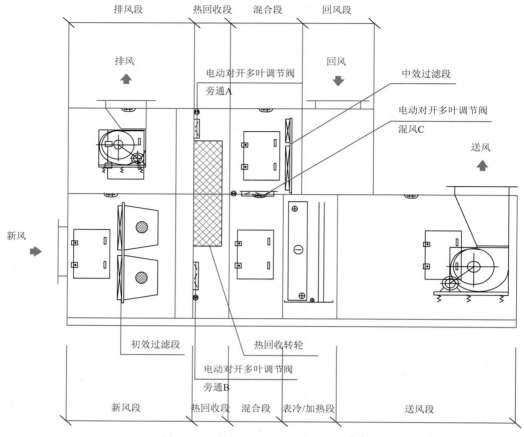

图 10-18 转轮热回收机组安装简图[20]

(2)过渡季运行时,开启旁通阀 A、B 并关闭电动对开多叶调节阀 C。新风不经过转轮直接送入室内,实现全新风运行。排风也同样不经过转轮,直接通过旁通阀 A,排到室外。

采用了这一转轮热回收系统后,所配套的冷热源采用风冷热泵机组,其容量可相应减小 51 kW(约 43 860 大卡),按照 1.2 元/大卡的初投资计算,即节省金额为 5.26 万元。同时,冷热源所需的配套设备附件及管材管径相应减小,其中冷冻水泵流量可减少约 8.77 t/h,水泵选型可相应降低,冷热水管路及保温材料亦同时减小,可共节省约 1.0 万元。但是,转轮式热回收系统中的新风空调箱初投资则相应增加,一般可达 8 元/(m³·h⁻¹),高于传统新风机组 3 元/(m³·h⁻¹)的价格,因此会导致初投资增加约 3.0 万元。另外,由于需设置变频排风机以及相应的控制模块,增加的费用为 1.0 万元。因此,综上所述,采用转轮式热回收机组后可共节约初投资的量为 2.26 万元。

除可节约初投资外,新排风间采用转轮式热回收机组还可大大节约空调系统的运行能耗。由于系统尚未正式运行,这里可采用相关软件,根据上海地区的气象资料,对于使用及不使用热回收的空调能耗进行了模拟,所得到的节能量如图 10-19 所示。

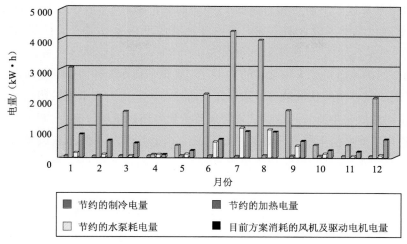

图 10-19 每月项目节省的电量[20]

可以得出,若与传统运行模式对比,使用热回收系统每年可以节省当量电能 19 330 kW·h,根据上海对全年的分时电费,所节约的运行费用见表 10-12。

表 10-12 十年内可节省的运行费用

转轮效率衰减率 0.99;当量电费增加率 1.1;年基准利率 1.07;当前基准电费元									
使用年份	1	2	3	4	5	6	7	8	9	10
当年节省的当量电量/(MW·h)	19.3	19.1	18.9	18.7	18.5	18.3	18.2	18.0	17.8	17.6
当年节省的费用/万元	1.93	2.11.	2.29	2.50	2.72	2.96	3.22	3.51	3.82	4.16
折现价值/万元	1.81	1.84	1.87	1.90	1.94	1.97	2.01	2.04	2.08	2.12
10 年使用期节省的折现价值/万元	19.58									

因此,可以计算得到,投资回收期为 2~3 年。可以看出,对这一综合楼来讲,采用转轮热回收设备是有效的节能手段。

10.4.3.2 转轮式热回收机组在湖南省常德市某办公综合楼中的应用

本节以湖南省常德市某办公综合楼的新风系统为例进行改造设计。常德市位于北纬 29°03′,东经 111°41′,属于夏热冬冷地区。其中,夏季的空调室外设计温度为 35.3 ℃,湿球温度为 28.3 ℃,相对湿度为 75%,室外风速为 2.1 m/s;而冬季的室外设计温度为 -3 ℃,相对湿度为 79%,室外风速为 1.9 m/s。夏季室内设计温度为(26±2)℃,相对湿度为 60×(1±10%),风速小于 0.3 m/s。冬季室内设计温度为(18±2)℃,相对湿度大于 35%,风速小于 0.2 m/s。

这一办公综合楼的总建筑面积为 31 372 m²,由塔楼和裙楼组成,其中塔楼为 24 层,裙楼 4 层,地下 1 层。目前现有的中央空调系统采用电制冷螺杆式冷水机组加燃气式热水锅炉的空调方式,空调的布置则采用风机盘管或吊顶风柜+新风机组的方式。目前新风系统先将新风处理到室内空气参数的焓值与相对湿度 95％线的交汇点处,然后通过新风管道直接送入室内,在室内与处理过的回风混合使得室内的温湿度满足室内设计要求。该建筑空调系统的计算新风量为 101 650 m³/h,计算新风冷负荷为 1 052 kW,计算新风热负荷为 735 kW。

本节主要介绍的改造对象为综合楼的第 14 层,建筑平面布局如图 10-20 所示。图中以粗线简单地表示了原新风系统的新风机组以及新风管路的布置。原空调系统采用的是分层设置水平式新风系统,每层按房间中所需的新风量及新风负荷配置新风机组。其中,新风负荷主要由新风机组承担,而空调房间中的末端空气处理设备承担室内的冷负荷及部分新风湿负荷。原空调系统中,部分新风量较小的房间,如客房等没有设置排风系统;而对于会议室、宴会厅、歌舞厅等新风量较大的房间,则按该房间的新风量配置排风风机,并维持室内正压。

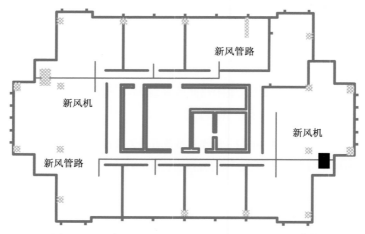

图 10-20 建筑平面图及原新风系统平面布置图[21]

本改造中拟采用转轮全热回收系统进行排风热回收,替代原新风系统中的新风机组,可以省去新风机组所需的冷水/热水管路,而且不需要重新设计新风系统,但需要加设排风管路。拟改造后的系统平面布置及管路如图 10-21 所示。

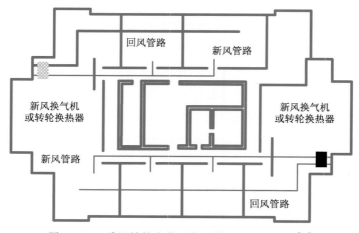

图 10-21 采用转轮全热回收系统的平面布置图[21]

该层原新风系统和采用了转轮全热回收设备的系统的设计参数见表 10-13。

表 10-13　原方案及改造方案的设备主要参数表

| 方　案 | 设　备 | η/% | 风量/(m³·h⁻¹) | 设备提供（回收） | | 功率/kW |
				冷量/kW	热量/kW	
原系统	新风机组		117 500	1 339	1 493	23
	排风风组		<117 500	—	—	30
转轮全热回收系统	转轮换热器	80%	109 755	842	588	123

采用全热回收设备后，系统空调负荷会相应降低，即可降低空调主机的装机容量，减少机房内的各种设备的初投资与费用，特别是冷水机组、水泵及风机等。同时，全热回收系统不需要额外的新风机，也可以节约一部分初投资，但购买转轮热回收设备也需投入。原新风系统与采用转轮全热回收设备系统的初投资费用见表 10-14。

表 10-14　原方案与改造方案的设备初投资

方　案	机房设备费用/万元	新风机/万元	转轮换热器/万元	合计/万元
原系统	395.11	176.25	—	571.36
转轮全热回收系统	289.26	—	219.51	508.77

应用转轮全热回收系统后，空调系统的总冷负荷和总热负荷均有不同程度的降低，运行费用也会相应减少。在对不同空调系统的运行能耗的模拟中，考虑了湖南地区的气候特点，并以湖南地区的电价为依据，按照电价（商业用电）0.8 元/kW·h 和气价 3.3 元/m³ 进行计算。不同方案的运行费用见表 10-15。

表 10-15　原方案与改造方案的运行费用

运行费用	夏季电费/万元	冬季电费/万元	冬季燃料费/万元	合计/万元
原系统	121.90	6.04	117.10	245.04
转轮全热回收系统	100.92	11.92	73.32	186.16

综合考虑初投资、运行费用以及设备的使用寿命等因素，可以得到年平均成本，这一成本可以直接反映方案投资和运行的合理性与经济性。按螺杆式冷水机组的寿命为 15 年计算，原方案的年平均成本为 283 万元，而改造后的方案的成本大幅下降，仅为 220 万元，较原运行方案节约了 30％ 左右。可以看出在这一设有集中排风的建筑中，利用转轮全热回收这一高效节能的技术，可以在获得良好空气品质的前提下，有效降低能源消耗。

10.4.4 转轮全热回收技术在绿色建筑中的应用案例

本节以佛山依云水岸商业楼全空调系统转轮全热回收为案例进行分析。

空调系统安装 5 台新风机组，全部采用排风全热回收型，新风机组采用吊装方式，排风热回收装置集中在新风机组内，采用转轮式全热回收，额定全热回收效率可达 0.6，总新风量为 8 000 m³/h，考虑到实际排风损失和卫生间排风，有效热回收的排风量为 6 000 m³/h。由全热回收器全热回收效率可知，在室外空气焓值为 i_1 时，通过全热回收器后的新风焓值为

$$i_2 = i_1 - (i_1 - i_3)\eta_{is} \tag{10-24}$$

式中，η_{is} 为全热回收设备效率；i_1 为进口新风焓值，kJ/kg；i_2 为通过全热交换器后新风的焓值，kJ/kg；i_3 为进口排风焓值，kJ/kg。

因此，全热回收器的冷回收量为

$$Q_s = G \cdot \rho \cdot (i_2 - i_1) \tag{10-25}$$

式中，Q_s 为全热回收器的冷回收量，kJ/h；G 为热回收设备新风量，m³/h；ρ 为空气密度 1.16 kg/m³。

取全热回收器进口排风温度 26 ℃，相对湿度 60%，经计算空气焓值 58.85 kJ/kg。室外新风取夏季全年日平均温度空调设计温度 33.5 ℃，湿球温度 27.7 ℃，经计算空气焓值 90 kJ/kg，则全热回收器在额定工况下冷量回收量 173 443 kJ/h。

由于缺乏热回收运行期间的综合效率模拟软件及相关计算公式，考虑其运行状态变化与冷机的运行状态变化比较相似，故以主机的综合工况计算公式作为热回收综合效率的计算公式做近似计算。转轮式全热交换器的综合效率取最大值 0.29，则全热回收器冷量回收量为 83 831 kJ/h。以全热回收器全年工作时间 6 个月，每天工作 10 h 计算，全年可回收冷量为

$$W = Q_t T / 3\ 600 \tag{10-26}$$

式中，Q_t 为在综合效率下全热回收器冷回收量，kJ/h；W 为全年可回收冷量，kW·h；T 为全热回收器全年工作时间，h。

计算得出全热回收器全年实际可回收冷量约 4.2×10^4 kW·h。以制冷机组额定工况 COP 值 3.0 计算，则年减少耗电 1.4×10^4 kW·h。

10.5 膜式全热回收技术

10.5.1 膜式全热回收技术原理

膜科学技术是一门新兴的高分离、浓缩、提纯、净化技术。近年来随着膜技术的进步，它在空调热湿回收领域的研究和应用有了较快发展。人们利用透湿膜做成全热交换器，这是一种被动除湿技术，又称膜焓回收器。膜式全热交换器用于空调排风的热湿回收时，可以节约中央空调能耗的 20%～40%[22～24]。

　　膜法空气除湿的机理主要是溶解-扩散机理。根据这个机理,水蒸气在膜内的传递分为三步:新风侧的水蒸气被膜吸附;水蒸气从新风侧的膜扩散到排风侧的膜;水蒸气从排风侧脱附并被排风带走。将选择性半透膜组合起来就成为膜式全热交换器。近年来,华南理工大学节能室内环境技术团队成功研发一种新型透湿膜[25],它只允许水蒸气选择性透过,该膜的透湿效率很高,潜热效率高达 75%,显热效率也高达 85%,同时能够防止污染物的渗透。

　　研究表明膜式全热交换器的换热效率主要受膜材料的传热传质特性、新排风的温湿度、芯体的迎面风速以及交换器气体通道的形状和结构等因素影响。目前研究较为广泛的组件形式有平行板式及中空纤维式等。如图 10-22 所示,典型的平行板式膜组件是由一组平行板式膜堆叠在一起形成的,相邻膜之间等间距布置,形成多通道的矩形流道,新排风空气在矩形流道内交替流动。由于结构简单及组装容易,平行板式膜组件结构已在空气热质交换器和全热回收器中广泛应用。由于平行板式膜组件之间空间较大,可以考虑增加正弦、三角形或矩形波纹等翅片强化流动与传热传质。翅片的增加可以对平板式膜起到支撑作用,弥补膜机械强度较低的缺陷,但支撑也会导致空气阻力增加。中空纤维膜组件具有可观的装填密度,比表面积可达 2 000 m²/m³,组件传热传质能力也较平板式有很大提高,但结构复杂,制作困难,特别是两端的密封问题较难解决,流道内的压降较大。该形式一般多用于溶液除湿或加湿等过程中,而较少使用在全热交换器中[23~25]。

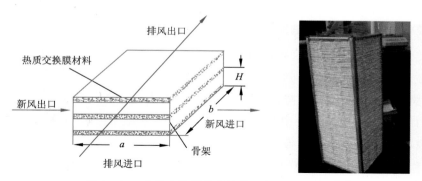

图 10-22　全热交换器芯体结构示意图及实物图[25]

　　常见的膜式全热回收装置安装在新排风风道内,如图 10-23 所示,使得两者通过半透性膜进行热质交换。在夏季,室外温湿度相对较高的新风会将热湿传递给室内温湿度相对比较低的排风,使室外空气在进入新风机组前达到预冷除湿的目的;在冬季,室内排风的温湿度比室外新风的高,使室外新风达到预热加湿的目的。

　　为进一步提高膜式全热回收器的应用范围及效率,张立志[25]等人结合膜式除湿和制冷除湿的优点,提出了由膜式全热交换器和制冷除湿系统构成的膜式全热回收制冷除湿系统,如图 10-24 所示。这一系统由膜式全热交换器、压缩机、蒸发器、膨胀阀以及两个平行布置的冷凝器组成。新风和排风分别交叉流过膜式全热交换器,在全热交换器中,在两侧的含湿量差的驱动力下,新风和排风同时热湿交换,使排风的全热得到回收,新风的温度和含湿量都降低了。

温度和含湿量降低之后的新风通过蒸发器进一步冷却下降。由于蒸发器出口的空气温度很低,不能直接输送到室内,需要将其再热到 20 ℃ 再输送到室内,否则会引起人员的冷吹风感,影响人体的舒适性或者造成墙壁表面结露,影响墙体的寿命。因此,利用辅助冷凝器释放的冷凝热量可以将空气再热到 20 ℃,而无须额外的能源消耗,提高了系统的综合效率。通过模拟可以得到:张立志提出的这一系统能够很好地解决新风量和能耗的问题,并且该系统结构紧凑,利用电能,适用于城市人口密集的南方城市。

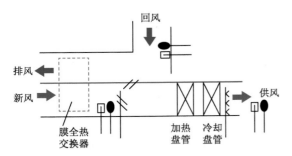

图 10-23　膜的全热交换器在新风处理单元中的应用

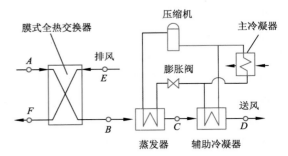

图 10-24　膜式全热回收制冷除湿系统示意图

10.5.2　膜式全热回收技术进展

10.5.2.1　膜材料的选择及研究进展

膜的种类包括有机高分子聚合物膜和无机膜。

有机高分子聚合物膜根据不同的结构,可分为以下三种:

(1)均质膜:以压力、浓度或电势梯度作为驱动力,通过不同的传递速率和溶解度,产生了各种物质在均质膜中的分离。这一类型膜的效果主要是受扩散率影响,一般来说渗透率较低,制备时应使膜尽可能薄,可制成平板型和中空纤维型。

(2)非对称膜:非对称膜有很薄的表层活性膜(0.1～1 μm),其孔径和性质决定了分离特性,而传递速度取决于其厚度。除表层外,该类型膜还具有多孔支撑层(100～200 μm),主要起支撑作用,对分离特性和传递速度影响非常小。连续性的非对称膜具有较高的传质速率和良好的机械强度,在同样的压力差推动下,其渗透速率比相似性能的对称膜高 10～100 倍。

(3)复合膜:复合膜的结构如图 10-25 所示,其分离性能主要是由表层决定的,但也要受到微孔支撑层的结构、孔径、分布及孔隙率的影响。一般来说,孔底膜结构的孔隙率愈高愈好,可降低膜表层与支撑层的

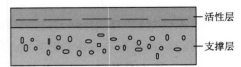

图 10-25　复合型膜结构示意图

接触部分,有利于物质传递;而孔径则应愈小愈好,可减小高分子层中不起支撑作用的点间距离。目前工业上复合膜常用聚醚砜做多孔支撑,因其化学性能稳定,机械性能良好。目前的研究中也使用其他高分子有机化合物(如聚丙烯腈偏氟乙烯等)或无机物(如石英玻璃和硅酸盐类等)做多孔支撑层。

无机膜通常又被称为分子筛膜。与有机高分子聚合物膜相比,无机膜具有许多突出优点,例如耐热、耐化学腐蚀及高机械强度等,特别适合于高温气体分离和化学反应过程。目前实际使用的无机膜孔径多为 $0.1\sim1$ μm。

由于膜的特性将直接影响全热回收器的各项性能,提高及改进膜的各项特质一直是这一行业中的热门研究领域。Wang 等人使用聚醚砜做支撑层,硅氧烷酰胺做选择性活性层的中空纤维膜;该膜的水蒸气与空气的选择性可以高达 4 000∶1,且水的渗透速率很大。2006 年,张立志等人制备了一种新型的三层复合支撑液膜。该复合支撑液膜由液膜相、支撑层以及皮层构成。液膜相是质量分数为 30% 的氯化锂盐浓溶液,支撑层是醋酸纤维素膜,皮层是聚偏氟乙烯。实测发现水蒸气在膜内的平均渗透速率约为 1.14×10^{-4} kg·m^{-2}·s^{-1},几乎是同样厚度的固体亲水醋酸纤维膜的两倍。2008 年,张立志等人以多孔聚醚砜(PES)做支撑层,以经过亲水改性的聚乙烯醇(PVA)溶液做活性分离层,合成一种新型的透气复合除湿膜。研究发现在 PVA 溶液中添加氯化锂可以提高膜的渗透性能,亲水改性后的膜的透湿性能提高了 70%。2009 年,马文宝制备了 PSF/PVDF 共混膜,利用 SMA 和 CTAB 对共混膜进行亲水化改性以降低共混膜表面的粗糙度提高其亲水性。

10.5.2.2　膜式全热回收器理论模型进展

在全热回收器中,两股具有不同温湿度的空气交叉流过全热交换器,通过膜这一中间介质进行热湿交换。其中热量传递的动力是温差,质量传递的动力是水蒸气分压力差。全热回收器的传湿量除了与两股空气间水蒸气分压力差有关系外,还受中间媒介的透湿性能影响。

平行板流道全热交换器由许多个平行流道组成,风和排风分别流过板材的两侧,同时交换湿热。由于对称性,只研究相邻两层膜间的传热传质。本节介绍的理论模型,以相邻的两个流道作为研究对象,采用微元法将其划分为若干微元,如图 10-26 所示。每个微元中,新风和排风都是以交叉流的方式进行热湿交换,其中,新风的温度和含湿量沿着 x 方向变化,排风的温度和含湿量沿着 y 方向变化。

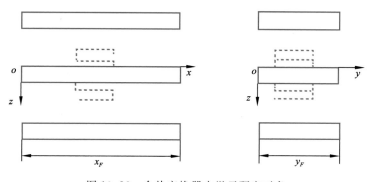

图 10-26　全热交换器内微元研究对象

计算模型分为传热传质过程稳态及非稳态两种,建模时采用了以下假设[23]:

（1）气流内的热扩散是质扩散与对流传递相比可忽略不计；

（2）膜与水蒸气间是平衡吸附；

（3）膜内的热导率、质量扩散系数等热物理参数是常数；

（4）膜内的温度和浓度在膜厚度方向上是线性分布；

（5）水蒸气在膜内的扩散仅发生在厚度方向，即可以将膜内传质过程简化为一维过程；

（6）膜的厚度与它的宽度、长度尺寸相比是很小的，因此只考虑膜的厚度方向上一维的导热过程；

（7）忽略气流在垂直于流道方向上的传热传质，视作二维（在 x 和 y 方向）传递。

对于稳态情况，控制方程为（10-4），其中空气侧的传热传质的无量纲方程为

$$\frac{\partial t_a}{\partial x^*} = \mathrm{NTU}_{\mathrm{h,a}}(t_\mathrm{m}^* - t_\mathrm{a}^*)$$
$$\frac{\partial \omega_a}{\partial x^*} = \mathrm{NTU}_{\mathrm{D,a}}(\omega_\mathrm{m}^* - \omega_\mathrm{a}^*)$$
$$(10\text{-}27)$$

式中，NTU 为传热传质单元数；t 为温度；ω 为含湿量；下标 h 为传热，D 为传质，a 为空气流动；m 为该空气侧的薄膜表面。

膜的传热传质方程为

$$\frac{\partial t_\mathrm{m}^*}{\partial z^*} = \frac{\partial^2 t_\mathrm{m}^*}{\partial (x^*)^2} + \frac{\partial^2 t_\mathrm{m}^*}{\partial (y^*)^2} + \frac{\partial^2 t_\mathrm{m}^*}{\partial (z^*)^2}$$
$$\dot{m}_\mathrm{w} = -D_{\mathrm{wm}}\rho_\mathrm{m}\frac{\partial \omega}{\partial z} = D_{\mathrm{wm}}\rho_\mathrm{m}\frac{\omega_{\mathrm{m,a1}} - \omega_{\mathrm{m,a2}}}{\delta}$$
$$(10\text{-}28)$$

式中，D_{wm} 为水蒸气在膜内的扩散系数；$\dot{m}_\mathrm{w}$ 为质量流量。

运行过程中，新风通过对流传热将热量传递给该空气侧的膜表面，然后通过导热传递到排风侧膜表面，排风侧的膜表面通过对流传递的方式将热量带走，则通过膜的热量为

$$h_\mathrm{f}(t_\mathrm{a1}^* - t_\mathrm{m,a1}^*) = \frac{\lambda_\mathrm{m}}{\delta}(t_\mathrm{m,a1}^* - t_\mathrm{m,a2}^*) = -h_\mathrm{f}(t_\mathrm{a2}^* - t_\mathrm{m,a2}^*)$$
$$(10\text{-}29)$$

式中，h 为对流传热系数；δ 为厚度。

根据溶解扩散模型，在膜的传质过程中，水蒸气首先吸附在新风侧膜表面上，然后扩散到排风侧的膜表面上，最后在排风侧的膜表面上完成解吸。在吸附和解吸这一过程中，存在着吸附平衡。水蒸气通过膜的质量流量可由下式计算得到：

$$\rho_\mathrm{a}k_\mathrm{a1}(\omega_\mathrm{a1}^* - \omega_\mathrm{m,a1}^*) = \frac{\rho_\mathrm{m}D_{\mathrm{wm}}}{\delta}(\theta_\mathrm{m,a1}^* - \theta_\mathrm{m,a2}^*) = -\rho_\mathrm{a}k_\mathrm{a2}(\omega_\mathrm{a2}^* - \omega_\mathrm{m,a2}^*)$$
$$(10\text{-}30)$$

式中，k 为对流传质系数。

对于非稳态情况，模型控制方程为式（10-31）～式（10-35），其中质量连续方程为

$$\frac{\partial \rho u_j}{\partial x_j} = 0$$
$$(10\text{-}31)$$

式中，ρ 是流体密度，$\mathrm{kg/m^3}$；u 为流动速度，$\mathrm{m/s}$。

流道中的 N-S 方程为

$$\frac{\partial}{\partial x_j}(\rho u_i u_j) = -\frac{\partial p}{\partial x_i} + \frac{\partial}{\partial x_j}(\tau_{ij} + \tau_{ij}^t)$$

其中，
$$\tau_{ij} = \mu\left(\frac{\partial u_i}{\partial x_j} + \frac{\partial u_j}{\partial x_i}\right), \tau_{ij}^t = -\rho \overline{u'_i u'_j} \tag{10-32}$$

式中，p 为压力，Pa；μ 为动力黏度，Pa·s。

能量守恒式为

$$\frac{\partial}{\partial x_j}(\rho C_p u_j T) = \frac{\partial}{\partial x_j}(h_j + h_j^t)$$

其中，
$$h_j = \frac{\mu C_p}{P_r}\frac{\partial T}{\partial x_j}, h_j^t = -\rho C_p \overline{u'_i \overline{u}'_j} \tag{10-33}$$

质量守恒式为

$$\frac{\partial}{\partial x_j}(\rho u_j \omega_v) = \frac{\partial}{\partial x_j}(q_j + q_j^t)$$

其中，
$$q_j = D_{va}\frac{\partial \omega_v}{\partial x_j}, q_j^t = -\overline{\rho u'_j}\,\overline{\omega}'_j \tag{10-34}$$

式中，D_{va} 为干空气的质传递速率，m^2/s。

湍流压力由式(10-35)决定：

$$\tau_{ij}^t = \mu_t\left(\frac{\partial u_i}{\partial x_j} + \frac{\partial u_j}{\partial x_i}\right) - \frac{2}{3}\delta_{ij}k\rho \tag{10-35}$$

式中，δ_{ij} 为克罗内克函数，当 $i=j$ 时 $\delta_{ij}=1$。

控制方程中的湍流传热传质系数可由下式计算得到：

$$h_j^t = \frac{\mu_t}{\sigma_\theta}\frac{\partial T}{\partial x_j}, q_j^t = \frac{\mu_t}{Sc_t}\frac{\partial \omega_v}{\partial x_j} \tag{10-36}$$

式中，σ_θ 为常数；Sc 为施密特数，一般来讲可以取 0.7。

对于理论模型中的准则数，可通过式(10-37)～式(10-40)计算。

边界层内的对流传热系数可以通过 Nusselt 关联式来表示：

$$Nu = \frac{hd_e}{\lambda_a} \tag{10-37}$$

边界层内的传质则可由 Sherwood 关联式来描述，并且根据 Colburn-Chilton 关联式加以修正：

$$Sh = \frac{kd_e}{D_{ma}} = Nu\left(\frac{Sc}{P_r}\right)^{0.4} \tag{10-38}$$

施密特数 Sc 为

$$Sc = \frac{\mu_a}{\rho_a D_{wa}} = \frac{\nu_a}{D_{wa}} \tag{10-39}$$

雷诺数的计算公式为

$$Re = \frac{\rho_a u_m D_h}{\mu_a} \tag{10-40}$$

式中，u_m 为入口平均风速，m/s。

10.5.2.3 性能指标及研究进展

膜式全热交换器的性能指标主要包括热工性能、空气动力性能、有效换气率及漏风量。

热工性能即热交换效率，包括显热、潜热和全热交换效率，其计算方法与前述介绍的全热回收设备相同。通过测试全热回收器进出口新排风的温湿度，即可计算得到热交换效率。

膜式交换器的空气动力性能，主要包括风量、迎面风速和空气阻力。当全热交换器所处理的风量减小时，由于对流传热传质系数的降低，一定程度上会对热质交换产生不利影响；但当通道长度一定时，风量下降将使单位体积空气在通道内的停留时间加长，又有利于新风与排风进行充分的热质交换。同时，全热交换器的阻力也与处理风量密切相关。动力性能主要由测量全热交换器的阻力及风量得到。

有效换气率和漏风量是检测全热交换器性能的两个重要评价指标。若全热交换器的两个通道之间存在泄露，不但热质交换效率将会下降，更有可能导致新风的污染及细菌传播。全热交换器的有效换气率公式如下：

$$\eta_e = \left(1 - \frac{C_{a1,out} - C_{a1,in}}{C_{a2,in} - C_{a1,in}}\right) \times 100\%$$

$$E_G = \left(\frac{C_{a1,out} - C_{a1,in}}{C_{a2,in} - C_{a1,in}}\right) \times 100\% = 1 - \eta_e$$

(10-41)

式中，η_e 为有效换气率，%；E_G 为二氧化碳漏气率，%；C 为二氧化碳体积分数，%，下角标 a1、a2 分别为新风和排风，in 和 out 分别为进出口。

通过在新风进风、送风和排风出风三点进行二氧化碳取样，测得其浓度值，即可计算得到全热交换器的有效换气率。《空气-空气能量回收装置》（GB/T 21087—2007）中规定空气-空气能量回收通风装置的有效换气率不小于 90%。为保证准确度，一般这项测定在实验室中完成，测试实验台如图 10-27 所示。

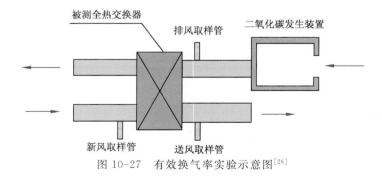

图 10-27 有效换气率实验示意图[26]

使用全热交换器回收的能量计算公式为

$$Q_r = G_w \rho (h_w - h_N) \eta_h \times \frac{1}{3\,600}$$

(10-42)

式中,G_w 为新风风量;h_w 为新风焓值;h_N 为室内排风焓值。

风机所需轴功率的计算公式:

$$N_z = \frac{QP}{3.6\eta\eta_m} \times 10^{-6} \tag{10-43}$$

式中,N_z 为风机所需的轴功率,kW;Q 为风机所需风量,m^3/h;P 为风机所产生的风压,Pa。

风机所配电动机的功率可按下式计算:

$$N = N_z \times K \tag{10-44}$$

式中,K 为电动机容量安全系数,取 1.2。

孙淑红等人对于膜式全热回收器各项参数对于热交换效率的影响进行了较为完整的分析。具体来说,膜式全热交换器的换热效率随着处理风量的增大而减小,且潜热换热效率的降低幅度明显大于显热效率。这是由于随着气流速度的增大,虽然传热阻力及传质阻力均下降,但接触时间大为减少导致效率降低。而随着新排风进出口温差的增大,显热、潜热效率均有显著增加。主要是由于交换器交换膜两侧的温差越大,膜的平均温度越高,使得透过传湿膜的传湿通量增加,潜热效率变大;而传湿通量的增加使得传热阻减小,从而改善了换热效果使得显热效率也有增加。同样,交换器的显热、潜热效率随新排风进出口含湿量差的增加而增加,其中潜热效率受其影响更明显。膜芯体材料的厚度及孔径对显热换热及潜热换热都有影响,芯体的厚度越薄,孔径分布越细密,则传热传质效果越好,换热效率越高。另外,对于相同的膜式全热换热器,夏季工况下的潜热换热效率高于冬季工况,而显热效率及全热换热效率则低于冬季工况。随着风量的逐渐加大,芯体迎面风速逐渐增大,全热换热器的阻力也随之增加,一般来讲呈抛物线关系。

梁才航发现材料的性质对膜的湿阻有重要影响,而湿阻又决定了膜换热器的传质性能。他们成功地研发出了一种新型透湿膜,并发现该膜的热阻对显热交换的影响不大,新风和排风之间可充分进行显热交换;且该膜的厚度很小,湿阻很小,非常有利于传质的进行,使得新风和排风的潜热交换非常充分。材料的亲水性对潜热效率也有一定的影响。材料越亲水,潜热效率越高。同时,流道结构对膜全热交换器的性能有较大的影响。分析研究表明:平行流道结构的换热器的换热性能比三角形流道结构的换热器高,而压降则比三角形流道结构的换热器低。

10.5.3　膜式全热交换器在空调系统中的应用

由于膜式全热交换器尚处于研发阶段,尚未投入正式大规模使用,为了向读者介绍膜式系统的性能及经济性,这里介绍的案例皆为模拟工况下膜式全热交换器在空调系统中的应用。

10.5.3.1　膜式全热回收在广州地区的应用

我国华南地区属于亚热带地区,气候炎热潮湿,大部分时间空气的相对湿度很高。例如广州,全年空气的平均相对湿度为 76%,夏季有时甚至达到 90%～95%。由于室外湿度高,广州地区全年都需要除湿。即使在冬季和过渡季节,室外的空气干球温度较低,但室外空气的相对湿度较高,都超过了 60%。广州市冬季室内的设计干球温度为 18 ℃,空气的相对湿度为 50%。夏季室内的设计干球温度为 25 ℃,空气的相对湿度与冬季相同。通过模拟可知,为达到合适的室内环境,湿负荷占到总的通风负荷(冷却负荷和除湿负荷)的 80% 左右。因此,在华南地区,对新风进行除湿比冷却更加重要,回收潜热比回收显热的节能意义更大。

使用膜式全热回收的制冷除湿系统将膜式全热回收器与制冷系统结合,有效地提高了系统效率。模拟计算表明该系统具有较高的除湿量和 COP。在室外空气温度 35 ℃,相对湿度 70%,室内回风温度 27 ℃,相对湿度 53%,送风温度 20 ℃,空气流量 200 m³/h 的设定下,该系统的除湿量为 3.58 kg/h,COP 可达 6.8。与传统的除湿系统相比,相同工况下该系统的除湿量高出 4 倍,COP 高出 2.5 倍。同时,该系统在高温高湿的恶劣气候条件下,具有较好的健壮性(安全稳定性)。一般情况下,当空气的温度和相对湿度越高时,制冷除湿系统的能效比会降低,而膜全热交换器的性能却越来越好。膜式全热回收器回收的能量部分抵消了制冷除湿系统性能的下降,所以膜式全热回收的制冷除湿系统在高温高湿的地区有着较好的应用前景。

10.5.3.2 膜式全热回收在东莞地区的应用

东莞某电子工厂厂房的空调拟应用此类全热交换器。该厂房空调总面积为 5 000 m²,新排风量都较大,分别高达 16 800 m³/h 及 10 000 m³/h。如果不利用排风的显热和潜热,那么新风处理的负荷将很大。

当采用膜全热交换器组合式空调净化机组(排风热回收装置)后,夏季主机总装机容量可减少 77.8 kW,冬季主机总装机容量可减少 68.5 kW,冬季末端设备内加湿器加湿量可减少 46.6 kg/h,则主机房的一次投资可减少 16.4 万元;加湿器一次投资亦有减少。除初投资外,运行费用也有所减少。本项目设计为连续不间断生产,东莞地区夏季空调时间为 280 天,冬季运行为 85 天,每天运行 24 h,整个夏季可节省运行能耗 127.7 MW·h,冬季则可节约 31.7 MW·h,总的来讲主机房全年运行费用可减少 12.5 万元。

本 章 小 结

本章主要介绍了热管技术、热电技术、复合冷凝技术、转轮全热回收技术和膜式全热回收技术的原理及其进展,并分析其节能经济效益,展示和分析了这些热回收技术的应用案例。

众多的传热元件中,热管可将大量热通过很小的截面积远距离传输而无须外加动力,是有效的传热元件之一。热管技术具有热阻小、传热快、传热量大的特点,其均温性能好,热管工作时,蒸发段产生的蒸汽高速流向冷凝段而压降甚微,故管壳内接近等压,由此热管内两端蒸汽温差很小,一般只有 1~3 ℃。热管的传热方向可逆,热流密度可变,热管处于失重状态或水平放置时,任一端受热即为蒸发段,另一端为冷凝段,反之亦然。热管热流密度可通过改变蒸发段和冷凝段的换热面积的方式改变,这种特性可用于集中热流分散处理,也可用于分散热流集中处理使用。热管的应用温度范围广,适应性强,目前能适应的温度范围可达$-200\sim2\,000\,℃$(因工作介质与管壳材料而异)。热管应用不仅不受热源的限制,其蒸发段和冷凝段还可以制造成各种形状。从 10.1 节列出的热管应用实例可以看出,热管回收装置用于空调排风能量回收,在实际工程应用中,如果按空调系统新风量为送风量的 30% 考虑,可使空调系统节能 7% 以上。据此,我国上海、南京等长江中下游地区夏季空调冷回收的时间可达 1 500 h 以上。通过气象参数计算,三年内可收回设备初投资费用。

热电热回收技术发展主要依靠热电材料性能的提高,是近年兴起的一项建筑节能技术。热电技术在低温差下能维持较高效率,由于空气置换废热与需热之间的温差则往往较小,在$10\,℃$左右,而热电热回收系统在这种低介质温差下的制热系数可达 2.0 以上,远远高于直接消耗电能的供热方式。热电技术具有热泵效应,其同时包括冷端和热端,分别相当于热泵的蒸发段和冷凝段,在冷端吸收能量的同时传送至热端放出能量。一方面消除了废热污染,另一方面省去或部分省去锅炉加热,达到节能与环保的双重目的。热电热回收系统的可控性强,其控制简便易行,通过改变输入电流或介质流量,均可方便地实现对热电热泵装置的性能调节,而且控制精度高;改变输入电流的方向,热泵冷、热端方向随之互换,在建筑废热回收中,就可随着季节的变换方便地将废“热”回收转变为废“冷”回收。并且,热电热回收装置内无工质冲注,不会产生二次污染。鉴于热电技术的独特优势,这项技术会越来越广泛地应用于绿色建筑。

自空调冷凝热作为免费热源提供热水的概念提出以来,伴随着空调使用量的急剧增加,复合冷凝技术已经取得快速发展。大型空调系统的冷凝热回收的研究工作开展较早,已经能够生产出成熟的冷凝热回收冷凝机组。由于具有在大型空调制冷系统上成功运用复合冷凝技术的经验,小型空调系统的冷凝热回收的发展也取得了一定进步。复合冷凝热技术能够充分利用空调系统废热,将空调系统中的低品位热量转换加热生活热水,在有效减少热污染的同时,也达到了节能的目的。尽管空调冷凝热应用过程中存在着空调系统运行时段与热水使用时段的时间差问题以及生活热水的用量与冷凝热量之间不匹配的问题,但是这一系列问题都可以通过合理设计蓄热水箱及辅助热源解决,因此复合冷凝技术是一种切实可行的建筑节能技术。

对于转轮式热回收的研究已有近百年历史,近年来更是大规模投入实际应用,有效地提高了建筑室内空气品质,降低了空调能耗。转轮式热回收具有比表面积大,换热效率高,处理的风量范围大,整体性能好,布置灵活等优点;排风和新风交替逆向流过转轮,具有自净的作用;并且通过控制转速,能适应室外空气参数的变化;还能够应用于较高温度($\leqslant80\,℃$)的排风系统。不过,转轮热回收也存在着装置体积较大,空气流动阻力较高等问题;另外,该热回收要求把新风和排风集中在一起,给系统布置带来困难,并有空气掺混的可能性。近年来对于转轮热回收的理论及实验研究主要集中在提高转轮回收效率,改进转轮内部材料或通道,以及改善转轮等。建筑中应用转轮式热回收,运行理想的情况下,节能量可达 30% 以上,且回收期可控制在五年以内。

　　相比其他热回收方式,膜式全热回收是一项新兴技术。随着膜科学的发展与进步,它在空调热湿回收领域的研究和应用有了较快发展。通过采用选择性透湿膜,该全热回收方式具有显热、潜热效率高,装置体积小,布置灵活,可防止污染物扩散等优势。由于膜的特性将直接影响全热回收器的各项性能,提高及改进膜的各项特质一直是这一行业中的热门研究领域。相关研究预测,膜式全热回收于建筑中应用可节约 $20\%\sim40\%$ 的中央空调能耗。受制作工艺、成本及长期运行可靠性等影响,这一系统目前尚未投入正式大规模使用。但膜式全热回收具有其独特的优势和极强的竞争力,相信随着科技的发展及研究的深入,会有越来越多的实际应用。

参考文献

[1] 刘娣. 分离型热管特性分析及其热回收空调器的应用研究[D]. 长沙:湖南大学, 2005: 1-15.

[2] GROVE G M, COTTER T P, ERICKSON G P. Structure of very high thermal conductance[J]. Appl. Physics, 1964, 35(6):1990-1991.

[3] ANAND D K, ROBERT E J. Effects of condenser parameters on heat pipe optimization[J]. Spacecraft Rockets, 1967, 4(5):695-696.

[4] GROVE G M, COTTER T P, ERICKSON G P. Structure of very high thermal conductance[J]. Appl. Physics, 1964, 35(6):1990-1991.

[5] BUSSE C A. Theory of ultimate heat transfer limit of cylindrical hat pipes. Int[J]. Heat and Mass Transfer, 1973, 16(1):169-186.

[6] TIEN C L. Fluid dynamics of heat pipes. Annual Review Fluid Mechanics[J]. Am. Inst. Physics, 1975, 7(1):167-185.

[7] LIU D, TANG G F, ZHAO F Y, et al. Modeling and experimental investigation of looped separate heat pipe as waste heat recovery facility[J]. Applied Thermal Engineering, 2006, 26(17-18):2433-2441.

[8] 汤广发, 刘娣, 赵福云,等. 分离型热管充液率运行边界探讨[N]. 湖南大学学报(自然科学版), 2005, 32(1):63-68.

[9] 张杰, 张利红, 郭建宁,等. 热管在空调热回收中的应用[J]. 环境工程, 2009, 27 (3):72-74.

[10] 刘凤田, 黄祥奎. 空调用分体热虹吸热管冷热回收装置的试验研究[J]. 暖通空调,1994,4:25-27.

[11] 徐德胜. 半导体制冷与应用技术[M]. 2 版. 上海:上海交通大学出版社, 1998:1-18.

[12] 薛志峰. 商业建筑节能技术与市场分析[J]. 清华同方技术通讯,2000(3):70-71.

[13] 汪训昌. 中高档旅馆废热排放与热利用分析[J]. 暖通空调,1995(4):53-56.

[14] 罗清海,汤广发,龚光彩,等. 热电热泵热水器的研制与节能分析[J]. 制冷空调与电力机械,2004,25(1):26-29.

[15] 周光辉,余娜,张震,等. 空调冷凝热热回收技术研究现状及发展趋势[J]. 低温与超导,2008,36(10):65-68.

[16] 张震,周光辉,王慧,等. 我国的空调冷凝热热回收的研究现状[N]. 中原工学院学报,2006,17(4):43-45.

[17] 江辉民,马最良,姚杨,等. 小型空调器冷凝热回收技术的研究现状与应用分析[J]. 暖通空调,2005,35(10):29-35.

［18］ 黄璞洁,李艳霞,何耀炳,等. 集中空调冷凝热回收技术在生活热水供应系统中的应用［J］.暖通空调,
2001,41(8):54-57.

［19］ ZHANG L Z,NIU J L,Performance comparisons of desiccant wheels for air dehumidification and en-
thalpy recovery［J］,Applied Thermal Engineering,2002,22(12):1347-1367.

［20］ 陈昊,邵怡. 转轮热回收系统节能初探［J］.建筑节能,2011(10):23-27.

［21］ 杨昌智,陈丹. 排风热回收系统的经济性分析［N］.湖南大学学报(自然科学版),2009(36)(12):
103-108.

［22］ 胡腾,闵敬春,宋耀祖. 膜换湿过程热质耦合的分析与模拟［N］.工程热物理学报,2010,31(11):
1913-1916.

［23］ ZHANG L Z. Progress on heat and moisture recovery with membranes:from fundamentals to engineering
applications［J］. Energy Conversion and Management,2012,63(11):173-195.

［24］ ZHANG L Z,WANG Y Y,WANG C L,et al. Synthesis and characterization of a PVA/LiCl blend
membrane for air dehumidification［J］. Journal of Membrane Science,2008,308(1-2):198-206.

［25］ ZHANG L Z,LIANG C H,PEI L X. Heat and moisture transfer in application scale parallel-plates en-
thalpy exchangers with novel membrane materials［J］. Journal of Membrane Science,2008,325 (1-2):
672-682.

［26］ 孙淑红. 膜式全热换热器性能及其电场强化传热研究［D］.北京:北京工业大学,2010.

第11章 我国绿色建筑与可再生能源应用前景展望

11.1 绿色建筑评估体系

目前中国绿色建筑标识的标准体系主要包括《绿色建筑评价标准》《绿色工业建筑评价标准》《绿色办公建筑评价标准》《绿色商店建筑评价标准》《既有建筑绿色改造评价标准》《绿色医院建筑评价标准》。虽然现在的体系较 2006 年的初代系统覆盖建筑类型更加广泛,评价条文种类更加全面,分数计算方法更加科学,但仍有以下几个方面的问题值得进一步探索:

首先,《绿色建筑评价标准》虽然包括各种民用建筑,但目前只将居住建筑和公共建筑分开,规定了不同的评价指标权重和每个条文的试用情况。然而,根据国内外的项目经验,即使同属于公共建筑,如果建筑功能和使用方式(如办公建筑、商场、教育机构)不同,其能耗、用水和室内环境品质的相关指标会产生显著差异,应给予足够重视并且区别对待。因此,各评估条文应详细解释和指明不同建筑的试用条件和达标细则,例如,不同类型建筑应该根据不同的节能百分比授予分数,并且重新调整和分配各条文种类的权重系数。

其次,现行《既有建筑改造绿色评价标准》的评估指标分类与新建建筑评估不一致,需要借鉴我国香港特别行政区和国外既有绿色建筑的评估经验和教训加以调整。此外,既有建筑的改造由于受到现有场地、建筑结构和项目资金的限制,往往很难达到新建绿色建筑的标准,如果按照目前规定施行,会对现有建筑的参评造成较大压力。因此,应合理调整部分条文,同时采取分期、分步骤、分条文种类评估等方式修订既有建筑改造的相关标准。

再次,鉴于我国城镇化的快速发展和推进,除新建和既有建筑改造标准外,制定针对区域绿色建筑规划、设计和施工的相关标准成为未来绿色建筑发展的必然趋势。我国的绿色建筑评价标识系统可在美国的 LEED Neighbourhood Development 和英国的 BREEAM Communities 基础上,结合我国本土的人口密度、气候条件和文化背景开发具有中国特色的绿色城镇发展标准。

11.2 绿色建筑评估软件

绿色建筑评估材料的准备和提交目前主要依靠评估咨询师(了解评估体系的专业绿色建筑人才,相当于 LEED AP,BEAM Pro 等)与项目团队合作完成,牵涉大量模拟计算、分析、实地测量和总结报告。部分项目条文的证明较为复杂,所需提交资料数量庞大且范围模糊,在一定程度上不利于绿色建筑的市场化推广。

因此,为降低建筑项目参与评估的难度,标准化提交材料的格式、内容和流程,可仿照美国的 LEED、日本的 CASBEE 和澳大利亚的 Green Star,制作基于 Excel 平台的绿色建筑专业评估软件。虽然国内已有《绿色办公建筑评价标准》的自评估软件 iCODES,但该软件为针对办公室评估标准深度定制,软件计算内核不具备适应多种建筑类型的灵活性。且该软件未针对模拟计算和实地测量的报告格式和输入参数模板予以详细规定。因此,未来的研究应在结合大量评估师和专家的项目咨询以及评审经验的基础上,合理设计简洁、清晰、方便、广泛适用的新建建筑的评估软件。

11.3　节能技术与可再生能源应用

根据清华大学建筑节能研究中心的统计,我国的建筑能耗在不断上升,已经超过社会总能耗的 20%。随着我国经济的发展和人民生活水平的提高,城市中的大型建筑将不断增加,其能耗将会进一步提高。目前,我国正处于城镇化发展的高潮,如何在快速的城镇化过程中实现资源节约、环境友好,从而最终实现社会的可持续发展是一项严峻的课题。

如本书第 1 章所述,绿色建筑中的能耗评估主要采取综合能耗分析和描述性节能措施两种方法。综合能耗分析是依靠模拟软件对建筑结构及其辅助系统建模计算,当前的主流软件都具有较友好的用户界面以及经过理论和实践检验的准确性,是应用广泛的节能评价工具。与建筑综合能耗模拟相对应的方式是描述性节能措施。实施该方法只需满足每项节能技术的描述性规定,就相当于达到对应的能耗指标。但是,此方法缺乏对不同技术间相互作用的分析,有可能导致实际系统整体节能效果下降。

建筑节能技术可以分为被动式和主动式节约技术两类。主动式技术通常需要额外的能耗输入,包括提高空调、热水、通风、照明和其他机电设备的运行效率,传统的建筑节能研究多集中在这方面。与之相反,被动式技术特指不需要额外能量消耗的、固定于建筑结构本身的设计,是缔造低成本、低能耗建筑的关键。常见的被动式节能技术可以归为建筑规划设计、围护结构热物理性能、建筑几何结构和气密性四大种类。目前国内外的绿色建筑标准虽然都提及被动式节能的概念,但是大部分缺乏具体的实行准则和评分方式。因此,未来绿色建筑标准应通过探讨不同种类被动式技术对建筑综合节能效果的影响,并基于该影响因子给予各种技术不同的得分权重。

此外,根据《中国绿色建筑技术经济成本效益分析研究报告》,从技术角度分析,绿色建筑增量成本最主要来源为"节能与能源利用"的相关技术,其中可再生能源利用由于成本较高,部分技术应用普遍性较小,将是未来绿色建筑发展的主要挑战之一。根据绿色建筑标准,可再生能源的应用包括建筑现场利用和场外利用两种主要方式。场外利用方式目前在国内尚未建立完善的机制和认证体系,需要吸取美国的 Green-e 认证体系的理论和实践经验。关于本书介绍的几种场内利用技术和未来发展方向简要总结如下:

（1）太阳能光伏光热利用最为普遍，未来应致力于开发高能量转化效率的新材料和运行更加稳定的混合式系统，以进一步降低应用成本。同时，应深入研究太阳能系统与建筑围护结构的创新结合方式，进一步扩大在建筑上的应用范围。

（2）太阳能制冷技术虽然与建筑冷负荷有良好的一致性，但目前较多使用的吸收式和吸附式制冷系统效率较低，且单独使用经济性不佳。因此，应开发设计与供暖、生活热水联合运行的太阳能空调系统以实现经济效益和能源效益的最大化。

（3）地源热泵虽然较传统热泵具有更高的制热/制冷系数，但其进一步推广应用往往会受到场地面积、地下基础设施和土质状况的限制。开发与建筑地基结构耦合的地埋管换热系统或者与其他冷热源联合运行的混合式系统（即与太阳能集热器或者冷却塔相结合）将是未来开拓地源热泵市场的主导方向。

（4）高层建筑对城市风场的集结效应使得建筑风力发电颇具前景，工程师和建筑师在未来的设计中应充分注意建筑周边流畅的不稳定性、风机与建筑耦合的结构安全性和运行期间对人员和环境的潜在影响。

（5）热回收技术同样在建筑空调节能领域应用广泛，包括热管、热电、复合冷凝热回收、转轮热回收和膜式热回收等多种技术。提高回收装置的传热和传质效率的同时降低生产成本将是未来热回收技术发展的主流方向。

（6）建筑给排水系统、雨水回收系统和冷却塔水循环系统蕴含的余压水头为微型水利发电机的应用创造了条件。但目前该技术在建筑中的应用尚处于试验阶段，未来应致力于开发和完善可大规模工程应用的低流量低水头的水力发电机组。

11.4　绿色环保建材

建筑生命周期的内涵能耗，运营管理费用和室内环境品质都离不开环保建材的利用。如本书第 4 章所述，建筑围护结构的透光部分（窗户等）是建筑冷负荷的主要来源，真空玻璃、镀膜玻璃和变色玻璃等技术通过全面降低辐射、对流和传导得热量，可有效控制建筑冷负荷。其中真空玻璃的隔热、隔声和抗压性能突出；而电致变色材料和光致变色纤维也是可应用于玻璃制造的高端光热控制技术。目前这些特殊玻璃在国内研发尚处于起步阶段，鉴于其在建筑和其他领域的积极作用，在未来应当得到大力推广。此外，用于玻璃表面的自清洁涂料，可以有效清除雨水、灰尘和其他有机污染物，同时具有较强的耐候性和较长的使用寿命，可以大幅度削减建筑立面的维护成本，提高建筑的运营效益。

应用于墙体表面的隔热涂料和防水剂也是有效的环保建材。石材防水隔热可以有效减少建筑冷负荷，减轻由水、空气和微生物造成的建筑结构损坏。现有的防水材料大部分属于非环保材料，有一定刺激性和腐蚀性，对人体呼吸道和皮肤有不同程度的危害，模仿荷叶表面的疏水性纳米防水材料将成为未来重点研究的环保型防水材料之一。

在室内空气质量方面，随着木屑压合板、皮革、墙纸、油漆等装修材料在装修中的大量使用，甲醛、甲苯和 TVOC 等有害物质会被缓慢的释放到室内环境，对人身健康造成危害，本书介绍的光触媒正是治理室内空气污染的有效手段之一。我国在光触媒领域尚处于起步与实验阶段，没有形成大规模产品化的普及应用，与国际上业界前沿的科技水平还有一定差距。香港理工大学可再生能源组研发的自掺杂技术生产的全光谱黑色二氧化钛光触媒，在技术上已经赶超世界先进水准，并且获得中国专利授权，拥有巨大的发展潜力，有望成为未来绿色建筑室内空气品质的保障。

11.5 绿色建筑监管

获得评估等级的绿色建筑参评项目应该在绿色建筑标识的官方网站上公示详细信息，以达到进一步宣传、监管和示范作用。美国的绿色建筑委员会和我国香港特别行政区的绿色建筑议会等机构已经建立了类似的平台，供查询各个项目的背景、得分情况和采用主要技术等。现有的网络平台大多结合地理信息技术与项目基本资料，可以简要显示项目评估结果，但尚未实现项目运行期间反馈数据的实时监控、分析和总结报告。

未来研究应致力于构件一套信息全面、反馈及时，管理科学的绿色建筑项目平台。首先整理所有已获得绿色标识等级建筑的资料和地理信息初步建立网络平台；而后逐步实现各个建筑的楼宇智能监控管理系统与该网络平台的连接，以便实时显示和检验建筑能源利用状况；最后根据大量绿色建筑的实际能源使用数据，建立并不断更新节能建筑的参考基准，分析并总结各个区域的建筑能源使用状况和潜在问题，以实现低碳建筑的可持续发展。